AF376713

# Chemie für Lehrer

(im Rahmen der Studienbücherei)

Herausgegeben von:
G. Kempter, F. Kasper, D. Kreysig, E. Uhlemann, F. Welsch

Organisch-chemisches Praktikum

# Chemie für Lehrer
# Band 1

Herausgegeben von:
G. Kempter, F. Kasper, D. Kreysig, E. Uhlemann, F. Welsch

# Studienbücherei

# Organisch-chemisches Praktikum

Von einem Kollektiv
unter Leitung von
G. Kempter

7., bearbeitete Auflage

Mit 123 Abbildungen und 32 Tabellen

Springer Fachmedien Wiesbaden GmbH

Dem Autorenkollektiv gehören an:

Dr. D. Heilmann, Dr. D. Henning, Prof. Dr. G. Kempter
Dr. G. Neunherz, Dr. G. Sarodnick, Dr. H. Schäfer, Dr. J. Spindler, Dr. G. Zeiger

Die 1. Auflage erschien unter dem Titel
„Organisch-chemisches Praktikum für das Grundstudium"

ISBN 978-3-528-33540-3          ISBN 978-3-322-87595-2 (eBook)
DOI 10.1007/978-3-322-87595-2

Verlagslektor: Gisela Sauer
Verlagshersteller: Salka Mann
Umschlaggestaltung: Rudolf Wendt
© 1978, Springer Fachmedien Wiesbaden
Ursprünglich erschienen bei Deutscher Verlag der Wissenschaften GmbH, 1978
Lizenz-Nr. 206

# Vorwort

Die vorliegende 7. Auflage des „Organisch-chemischen Praktikums" wurde auf Grund
zahlreicher Wünsche und Hinweise der Nutzer dieses Buches vollständig überarbeitet
und ergänzt.

In das Kapitel 4 „Organische Synthese" wurden Grundlagen mikrobieller und enzyma-
tischer Verfahren und damit der Stereochemie aufgenommen; dies bedingte die Erweite-
rung des Kapitels 3 „Allgemeine Arbeitsmethoden" um den Abschnitt Polarimetrie.
Ebenfalls im Kapitel 4 werden Reaktionen und Isolierung von Naturstoffen wie D-Galactose, Schleimsäure, Furfural, Trimyristin, Piperin, Hämin und Coffein beschrieben.

Im Zuge der Nutzung der Rechentechnik in allen Bereichen der Chemie wird im Kapitel 6 „Identifizierungen" ein einfaches, exemplarisches Beispiel gegeben, und zwar die Ermittlung der Summenformel einer organischen Verbindung aus den durch quantitative
Elementaranalyse ermittelten Massenanteilen mit Hilfe eines vorgegebenen BASIC-Programms.

Das Kapitel 7 „Strukturaufklärung" wurde wesentlich erweitert und enthält jetzt außer
UVS- und IR-Spektroskopie auch die im Detail wesentlich aussagekräftigeren Methoden
der kernmagnetischen Resonanzspektroskopie ($^1$H-NMR, $^{13}$C-NMR) und der Massenspektroskopie. Es wird weniger auf die physikalischen Grundlagen, dafür mehr auf deren
Anwendbarkeit für die Strukturaufklärung eingegangen. Obwohl die vorgestellten Prakti-
kumsbeispiele die Strukturaufklärung mit nur einer dieser spektroskopischen Methoden
gestatten, bedarf es in der Praxis der kombinierten Anwendung aller dieser Methoden.

Wir hoffen, daß das „Organisch-chemische Praktikum" in der vorliegenden Form weiterhin sowohl bei den Chemielehrer-Studenten als auch bei den zahlreichen anderen In-
teressenten Anklang findet.

Prof. Dr. G. Kempter
im Namen des Autorenkollektivs

# Inhaltsverzeichnis

## 1.1.     Umgang mit der Waage

Waagen werden im organisch-chemischen Laboratorium vor allem benötigt, um die verwendeten Ausgangsstoffe und die entstehenden Produkte genau abzumessen. Die Wahl der Waage richtet sich nach der Genauigkeit, mit der eine Wägung durchzuführen ist, sowie nach der Masse, die zu bestimmen ist. Im allgemeinen genügt die mittlere Genauigkeit der Präzisionswaagen (oder technischen Waagen), deren Höchstlast oft bis zu 1 kg beträgt und die einen relativen Wägefehler von etwa $\pm 2 \cdot 10^{-4}$ bis $\pm 2 \cdot 10^{-5}$ aufweisen.

Bei Benutzung von *Hebelwaagen* (Abb. 1.1) ist zu beachten, daß zur Schonung der Schneiden das Wägegut und die Massenstücke stets nur im arretierten Zustand der Waage aufzulegen und abzunehmen sind. Lediglich moderne *oberschalige Präzisionswaagen* (Abb. 1.2), die mit einer Schalteinrichtung zur Auflage der Vergleichsmassen (z. B. 100-g-Massen) und einer optischen Anzeige für Gramm und Bruchgramm sowie einem Taraausgleich versehen sind, werden nur beim Transport arretiert.

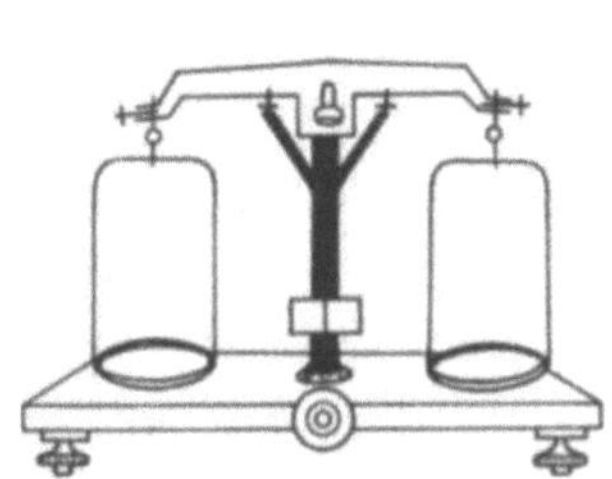

Abb. 1.1
Hebelwaage

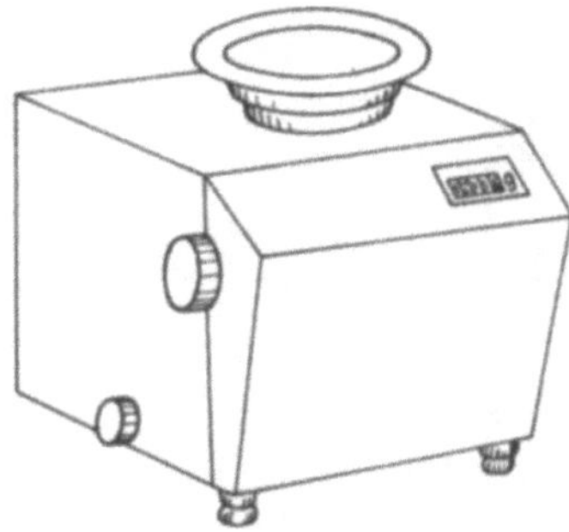

Abb. 1.2
Oberschalige Präzisionswaage

Man beachte bei solchen kostspieligen Waagen genau die ausliegende oder vom Assistenten ausgegebene Bedienungsanleitung! Peinlichst ist stets zu beachten, daß die Wägeschalen und der übrige Waagenkörper sowie benutzte Vergleichsmassenstücke nicht durch Substanzen, insbesondere durch korrodierende, verschmutzt werden. Eventuell doch verschüttete oder verspritzte Stoffe sind sofort restlos, u. U. nach Einholung spezieller Ratschläge des Assistenten, zu entfernen!

## 1.2.      Auf- und Abbau einer Apparatur

Die meisten chemischen Reaktionen im Praktikum werden in Glasgefäßen bzw. Glasapparaturen durchgeführt, die vom Praktikanten zu Beginn der Übung aus handelsüblichen Glasgeräten aufgebaut werden.

Es werden Schliffgeräte verwendet, die vorzugsweise mit Kegelschliffen der Größe NS 14,5 (laut TGL Normalschliff mit maximalem Durchmesser 14,5 mm) bzw. NS 29 versehen sind. Abbildung 1.3 zeigt eine Apparatur für eine einfache Vakuumdestillation, die aus dem Destillationskolben *(a)*, dem Claisen-Aufsatz *(b)* mit Siedekapillare *(c)* und Thermometer *(d)*, dem Liebig-Kühler *(e)*, dem Vorstoß *(f)* und der Vorlage *(g)* besteht. Die Schliffkerne bzw. -hülsen (Abbildung 1.4) der einzelnen Glasgeräte *(a)* bis *(g)* sind vor dem Aufbau der Apparatur zu fetten, und zwar bei Vakuumapparaturen mit Ramsey-Fett („mittel" oder „zäh"), für Arbeiten unter Normaldruck mit Vaseline. Das Schmiermittel ist auf Kern bzw. Hülse so aufzutragen, daß beim Zusammenfügen der Bauteile – das sollte unter leichtem Druck und Drehen erfolgen – eine klar durchsichtige Schliffverbindung entsteht, aber keinesfalls Schmiermittel aus den Schliffen herausgedrückt wird. Sollten sich beim Abbau einer Apparatur Schliffverbindungen nicht lösen, so hilft meist gelindes Erwärmen (Brandschutzbestimmungen beachten!) oder leichtes Klopfen mit einem Stück Holz an der Wulst des Schliffs.

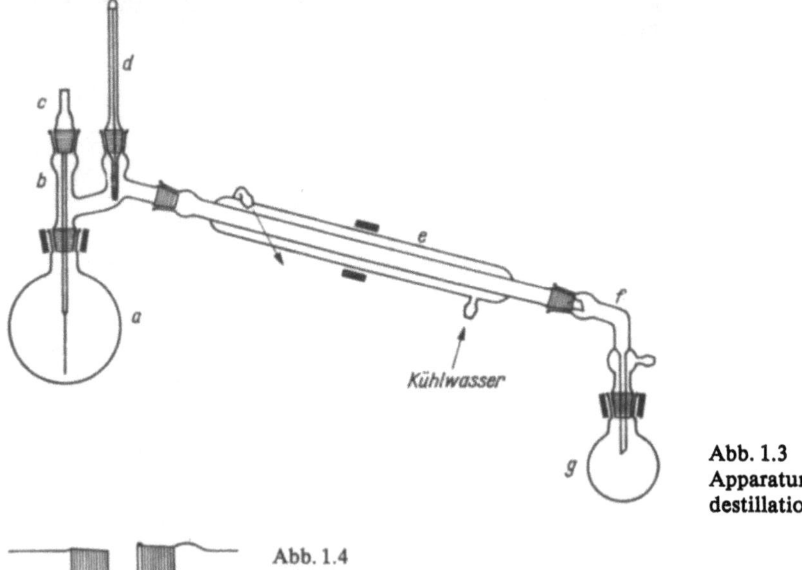


Abb. 1.3
Apparatur für Vakuum-
destillation

Abb. 1.4
Schliffkern bzw. -hülse

Die in Abbildung 1.3 dargestellte Apparatur wird mit Hilfe von drei Metallstativen sowie den nötigen Klemmen und Kreuzmuffen standfest aufgebaut.

Beim Aufbau einer Destillationsapparatur wie jeder anderen Apparatur geht man so vor, daß *zuerst* die *Heizquelle* (elektrisch- oder gasbeheiztes Wasserbad, Ölbad oder Harzbad bzw. gasbeheiztes Luftbad) auf einem Dreifuß oder Stativring installiert wird, da sie bestimmt, in welcher Höhe alle übrigen Bauteile an den Stativen zu befestigen sind. Man achtet stets auf einen sicheren Stand der Stative. Um spannungsfreie Halterungen und Schliffverbindungen aller Bauteile zu gewährleisten, sollte man das Stativmaterial (Klemmen, Muffen) zunächst lose an den Glasgeräten befestigen und erst nach dem Zusammenfügen der Schliffe jeweils am Stativ festschrauben. Danach werden dann die Klemmen und Muffen endgültig gleichmäßig angezogen. Es sollte auf einen insgesamt ästhetischen Anblick der Apparatur Wert gelegt werden (senkrechte Stellung des Thermometers, Parallelität der Stativfüße usw.).

Ehe man Schläuche anschließt, die zur Kühlwasserzufuhr bzw. -ableitung oder zum Zwecke des Evakuierens (Vakuumschlauch) benutzt werden, sind die entsprechenden Glasoliven (z. B. am Kühler *(e)* oder dem Vorstoß *(f)*) mit Glycerol zu bestreichen. Schläuche, die sich beim Abbau einer Apparatur nicht leicht abziehen lassen, sind abzuschneiden, um Glasschäden und eventuelle Verletzungen zu vermeiden.

## 1.3.    Heizen

Als Heizquelle dient am häufigsten ein Gasbrenner (Bunsen-, Teclu-Brenner, siehe auch CfL Band 2). Zur Inbetriebnahme wird das ausströmende Gas bei stark gedrosselter oder aber gesperrter Luftzufuhr entzündet. Erst danach wird die gewünschte Luftzufuhr einreguliert. Wird am Brenner bei relativ kleiner Gasflamme die Luftzufuhr zu groß gestellt, „schlägt der Brenner durch". Das gleiche passiert, wenn der Brenner bei weit geöffneter Luftzufuhr und zu geringer Gaszufuhr gezündet wird. Dann brennt das Gas unmittelbar an der Austrittsöffnung der Gasdüse im Innern des Brenners, dessen Rohr und Fuß werden dadurch sehr heiß. Dem stark rauschenden „durchgeschlagenen" Brenner entströmt ein unvollständig verbranntes Gasgemisch, das viel giftiges Kohlenmonoxid enthält. Der Brenner ist deshalb sofort abzustellen und nach Kleinstellen der Luftzufuhr neu zu zünden.

In den Übungen ist in der Regel die Art der Wärmezufuhr angegeben. Das Erwärmen einer organischen Substanz in einem Glaskolben oder einem anderen größeren Glasgefäß mit der direkten Gasflamme ist grundsätzlich untersagt. Lediglich der Inhalt von Reagenzgläsern kann unter ständigem Schütteln auf diese Art erhitzt werden. Eine schonende

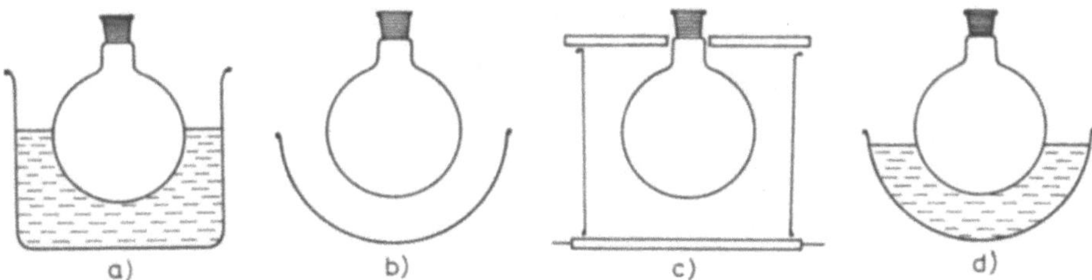


Abb. 1.5
Heizquellen

Erwärmung erfolgt im *Wasserbad* (mit Wasser gefülltes Becherglas, Abb. 1.5a, oder elektrisch beheiztes Wasserbad mit Wasserstandsregler) oder im *Luftbad* (der Kolben wird von der direkten Flamme durch eine Metallschale, Abb. 1.5b, oder ein Asbestdrahtnetz abgeschirmt, wobei der Kolben von einem großen Becherglas ohne Boden bzw. einem Glasrohr umgeben ist, das möglichst mit Asbestpappe abgedeckt wird, Abb. 1.5c).

Mit sauberem Öl gefüllte Metallschalen (Ölbäder, Abb. 1.5d) gestatten ein Erhitzen auf 200 bis 250 °C. Als äußerst vorteilhafte Badfüllung erweist sich Polyethylenoxidharz (VEB Chemische Werke Buna), das wasserlöslich ist und eine bequeme Reinigung der Reaktionsgefäße gestattet.

*Öl-* und *Harzbäder* sind mit Thermometer auszurüsten, um gefährliche Überhitzungen zu vermeiden! Sie sind, insbesondere außerhalb des Abzugs, nur so weit zu erhitzen, daß sie nicht zu qualmen beginnen. Die Füllung stark verunreinigter Öl- und Harzbäder sollte sofort ausgewechselt werden; z. B. neigen nasse Ölbäder beim Erhitzen zu plötzlichem Überschäumen.

## 1.4.    Kühlen

*Wasser* und *Eis* sind gebräuchliche Kühlmittel. Von *Leitungswasser* durchströmte Kühler (Abb. 1.6a Kugelkühler, 1.6b Liebig-Kühler, 1.6c Dimroth-Kühler) bewirken bei Rückflußoperationen bzw. Destillationen die Kondensation des Lösungsmittels bzw. des Destillats. Reaktionsgefäße oder Vorlagen werden bei manchen Operationen mit *Eis* bzw. *Eiswasser* (Wasser und überschüssige Eisstücken) oder einer *Kältemischung* (zerkleinertes Eis/Industriesalz = 3 : 1; Temperaturen bis −20 °C) gekühlt.

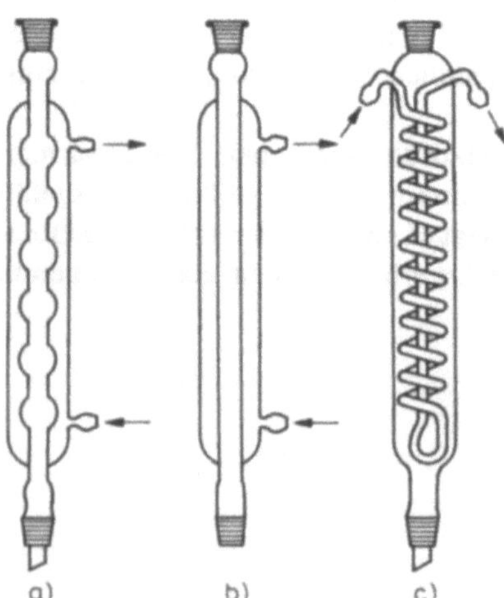


Abb. 1.6
Kühler

# 1.5.    Rühren

Das Rühren ist bei Reaktionen mit mehreren Phasen, beim Zutropfen einer Komponente oder bei vorhandenem Bodenkörper erforderlich, um eine gute Durchmischung zu erreichen bzw. Siedeverzüge zu verhindern.

Bei kurzzeitigem Erhitzen im offenen Gefäß genügt meist *manuelles Rühren* mit einem Glasstab. Ist ein Rühren über einen längeren Zeitraum oder in einem geschlossenen Gefäß vorgeschrieben, verwendet man einen mit Paraffin- oder Ricinusöl geschmierten *KPG-Rührer* (kerngezogenes Präzisions-Glasgerät, Abb. 1.7a), der von einem *Rührmotor* angetrieben wird. Um einen Bruch zu vermeiden, sind sowohl der Kolbenschliff als auch die Rührerhülse mit einer Stativklemme zu sichern (Abb. 1.7a). Die Rührerwelle wird mit einem in das Spannfutter des Rührmotors eingesetzten kurzen Glasstab durch einen etwa 5 cm langen Gummischlauch verbunden, wodurch die Apparatur an Starrheit verliert (Abb. 1.7b).

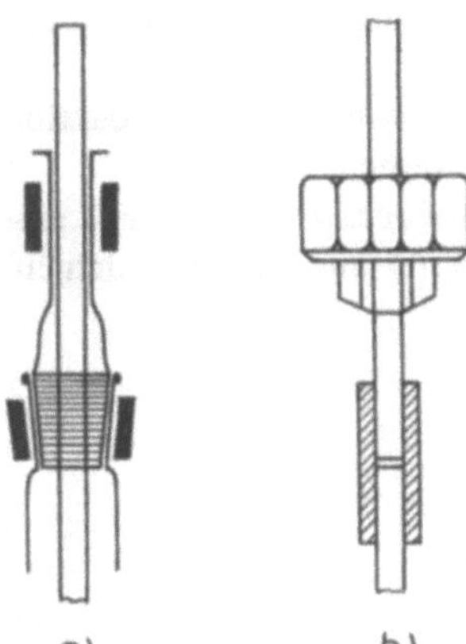


Abb. 1.7
Montage des KPG-Rührers

# 1.6.    Trocknen

Das Trocknen *fester Substanzen* kann innerhalb eines vierstündigen Praktikums nicht mit den sonst üblichen Methoden (Trockenpistole, Trockenschrank, Exsikkator) erfolgen. Eine für die Anforderungen des Grundpraktikums ausreichende Methode ist das Trocknen auf Tonplatten. Man drückt die von flüssigen Bestandteilen durch Filtrieren oder Absaugen so gut wie möglich befreite Substanz mit dem Spatel fest auf eine Tonplatte und wiederholt ggf. diese Operation in Abständen mehrmals. Man kann auch durch Abpressen zwischen frischen Rundfiltern trocknen.

Soll laut Vorschrift eine durch Extraktion einer wäßrigen Phase anfallende *organische Lösung* oder ein beliebiges *flüssiges Rohprodukt* mit einem vorgeschriebenen Trockenmittel (z.B. $Na_2SO_4$, $CaCl_2$, $K_2CO_3$) getrocknet werden, so gibt man zu der in einem Becherglas oder einem Scheidetrichter befindlichen Lösung unter Rühren bzw. Schütteln in Abständen kleinere Mengen des pulverisierten Trockenmittels; $CaCl_2$ kann in erbsen- bis bohnengroßen Stücken zugegeben werden. Scheidet sich dabei eine wäßrige Phase ab, so wird sie abgetrennt und verworfen. Zur organischen Phase wird solange Trockenmittel in kleinen Portionen gegeben, bis es im Überschuß als Pulver, d.h. nicht mehr unter Klumpenbildung vorhanden ist. Anschließend muß die trockene Flüssigkeit, zweckmäßigerweise über ein passendes Faltenfilter, vom Trockenmittel abfiltriert werden.

*Gase* werden getrocknet, indem man sie durch Waschflaschen leitet, die das vorgeschriebene Trockenmittel (z.B. konz. $H_2SO_4$) enthalten.

## 1.7.    Standardapparaturen

Die für die Übungen Ü 3 bis Ü 14 benötigten Apparaturen werden im entsprechenden Abschnitt beschrieben. Für die Übungen Ü 15 bis Ü 77 wird oft eine der folgenden fünf Standardapparaturen benötigt, deren Aufbau und Funktion anschließend erläutert werden.

Die *Standardapparatur 1* (Abb. 1.8) wird zur Umkristallisation sowie für solche Reaktionen benötigt, die durch längeres Sieden am Rückfluß bewirkt werden.

Die Apparatur besteht aus einem Rundkolben *(a)* mit Rückflußkühler *(b)* und, falls unter Feuchtigkeitsausschluß zu arbeiten ist, einem Trockenrohr *(c)* und befindet sich in

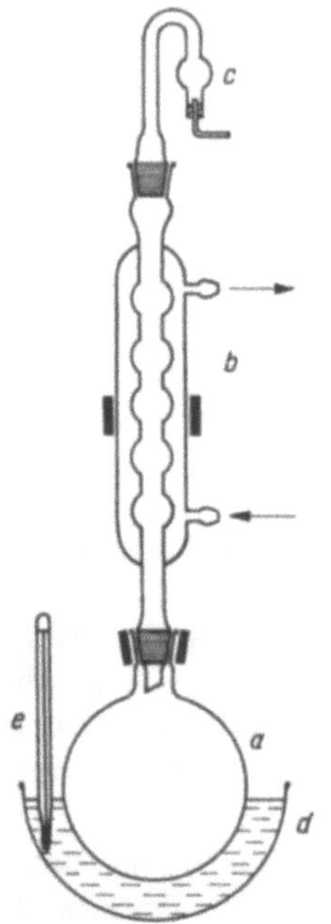

Abb. 1.8
Standardapparatur 1

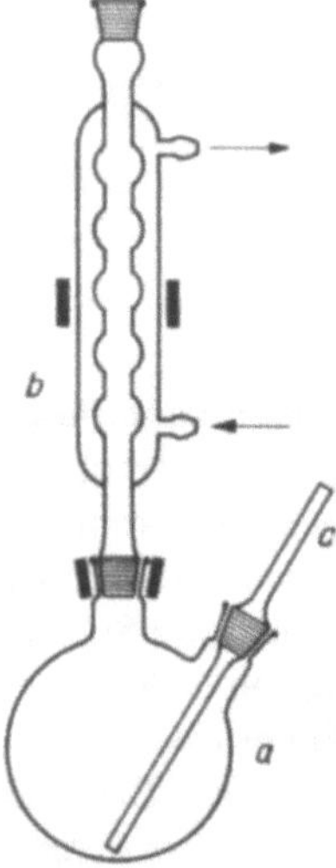

Abb. 1.9
Standardapparatur 2

einem Ölbad *(d)*, dessen Temperatur am Thermometer *(e)* kontrolliert wird. Es ist zu gewährleisten, daß das Trockenrohr *(c)* nicht durch das Trockenmittel, z.B. $CaCl_2$, verstopft ist. Der Kolben *(a)* wird am Schliff eingespannt, der Kühler *(b)* wird zur Stabilisierung nur locker geklammert.

Die *Standardapparatur 2* (Abb. 1.9) wird zum Einleiten eines Gases in eine Lösung benötigt.

Die Apparatur besteht aus einem Zweihalsrundkolben *(a)*, der mit dem Rückflußkühler *(b)* und dem Gaseinleitungsrohr *(c)*, einer nicht ausgezogenen Siedekapillare, ausgerüstet ist. Die Apparatur wird analog Abbildung 1.8 eingespannt und kann sowohl unter Kühlung (Eisbad) als auch mit einer Heizquelle betrieben werden.

Die *Standardapparatur 3* (Abb. 1.10) wird zum Zutropfen einer Flüssigkeit zu einer gerührten Lösung unter Rückfluß benötigt.

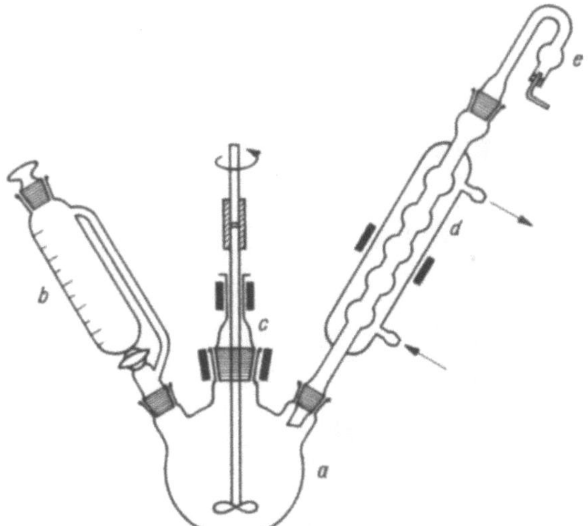

Abb. 1.10
Standardapparatur 3

Die Apparatur besteht aus dem Dreihalsrundkolben *(a)*, der mit dem Tropftrichter mit Druckausgleich *(b)*, dem KPG-Rührer *(c)*, dem Rückflußkühler *(d)* und, bei Arbeiten unter Feuchtigkeitsausschluß, dem Trockenrohr *(e)* ausgestattet ist. Das Hahnküken des Tropftrichters *(b)* ist vor dem Versuch frisch zu fetten und auf Dichtheit zu prüfen. An dieser Apparatur sind spannungsfrei zu klammern: der mittlere Schliff des Kolbens *(a)*, die Hülse des Rührers *(c)* und der Kühler *(d)*.

In die *Standardapparatur 4* (Abb. 1.11) kann ein Reaktionspartner zum anderen unter Rühren und Temperaturkontrolle getropft werden.

Sie besteht aus einem Dreihalsrundkolben *(a)*, dem Tropftrichter mit Druckausgleich *(b)* (er darf nicht verschlossen werden! *warum?*), dem KPG-Rührer *(c)* und dem Innenthermometer *(d)*. Die Hülsen des Kolbens *(a)* und des Rührers *(c)* werden eingespannt, der Tropftrichter *(b)* locker geklammert.

Die *Standardapparatur 5* (Abb. 1.12) ermöglicht die kontinuierliche Entfernung des bei einer Reaktion entstehenden Wassers aus dem Reaktionsgemisch.

2*

Sie besteht aus dem Rundkolben *(a)*, dem graduierten Wasserabscheider *(b)* und dem Rückflußkühler *(c)* und wird entsprechend Abbildung 1.12 spannungsfrei geklammert.

Dem zu trocknenden Gemisch, das sich im Kolben *(a)* befindet, wird als „Schleppmittel" eine organische Flüssigkeit zugesetzt, die mit Wasser ein azeotropes Gemisch bildet, in der Kälte mit Wasser möglichst wenig mischbar ist und sich gegenüber dem Reaktionsgut chemisch inert verhält. Beim Erhitzen des Kolbens *(a)* mittels Wasserbad oder Ölbad erfolgt eine azeotrope Destillation des Wasser-Schleppmittel-Gemisches, und im Wasserabscheider *(b)*, der zu Beginn ebenfalls mit dem Schleppmittel zu füllen ist, sinken die Wassertröpfchen zu Boden, während das kondensierte Schleppmittel in den Kolben zurückfließt.

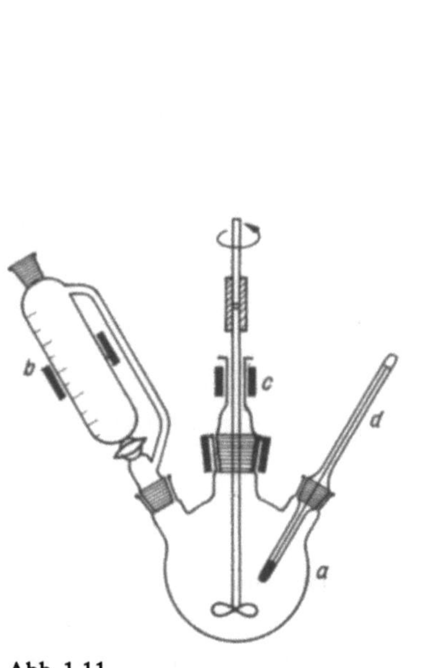

Abb. 1.11
Standardapparatur 4

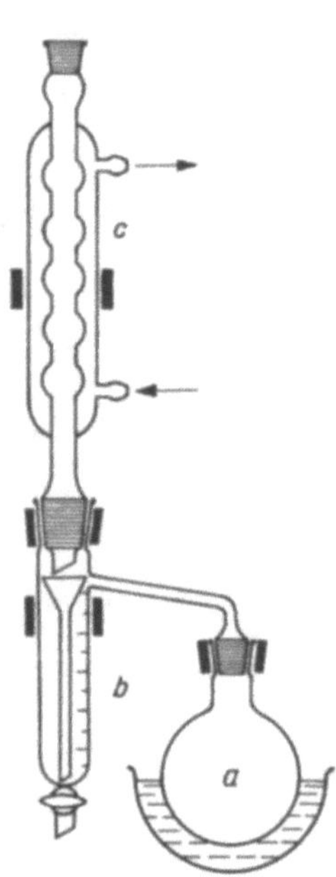

Abb. 1.12
Standardapparatur 5

Der in Abbildung 1.12 gezeigte Wasserabscheider *(b)* wird bei Schleppmitteln, die spezifisch leichter als Wasser sind (z. B. Benzen, Toluen), verwendet.

# 1.8.    Reinigung der Glasgeräte

Selbstverständlich gehören der Abbau der Apparatur und die Reinigung der Geräte zur jeweiligen Übung. Die Glasgeräte werden mit Wasser, Bürste und Scheuersand, bei hartnäckigen Verschmutzungen mit heißer konzentrierter Salpetersäure oder organischen Lösungsmitteln (Arbeitsschutzbestimmungen beachten!) gereinigt, mit einem geeigneten Lösungsmittel nachgespült und mit der Öffnung nach unten zum Trocknen gestellt. Es ist zu beachten, daß beim Aufbau beliebiger Apparaturen nur *trockene Glasgeräte* benutzt werden!

## 1.9.     Weiterführende Literatur

KEIL, B.: Laboratoriumstechnik der organischen Chemie. – Akademie-Verlag, Berlin 1961.

# 2. Gesundheits-, Arbeits- und Brandschutz

## 2.1. Gesundheits- und Arbeitsschutz

In diesem Abschnitt sind die wichtigsten Gesichtspunkte für die Arbeit des Praktikanten im organisch-chemischen Laboratorium zusammengestellt. Die berufliche Tätigkeit, die im allgemeinen mit höherer persönlicher Verantwortung verbunden ist, erfordert unbedingt ein weiterführendes Studium der gesetzlichen Bestimmungen.

- Vor Beginn des Experimentes ist die Arbeitsvorschrift genau zu studieren und dabei das Reaktionsgeschehen zu durchdenken.
- Während der Arbeit sind Aufmerksamkeit und Vorsicht unerläßlich; am Arbeitsplatz muß Sauberkeit und Ordnung herrschen. Personen, die unter Alkoholeinfluß stehen, ist der Aufenthalt im Labor nicht gestattet.
- Es ist ständig darauf zu achten, daß die übrigen Mitarbeiter im Laboratorium nicht gefährdet werden.
- Essen, Trinken und Rauchen sind im Labor verboten.
- Gefäße, die für Nahrungsmittel bestimmt sind, dürfen nicht für Chemikalien benutzt werden.
- Gefäße, die für Chemikalien bestimmt sind, dürfen nicht für Nahrungsmittel benutzt werden.
- Sämtliche Gefäße müssen deutlich und dauerhaft beschriftet sein. Frühere, anders lautende Beschriftungen sind zu entfernen.
- Apparaturen sind standsicher aufzubauen.
- Beim Einführen von Thermometern, Glasröhren und Glasstäben in Stopfen und Schläuche sind die Hände so zu schützen, daß sie beim Bruch des Glases nicht verletzt werden (mit Handtuch umwickeln). Zweckmäßig wird das Glas vorher mit Wasser oder besser mit Glycerol befeuchtet.
- Beschädigte Glasgeräte dürfen nicht benutzt werden.
- Es ist stets eine Schutzbrille zu tragen, wenn eine Verletzung der Augen nicht ausgeschlossen ist! Das Augenlicht ist unersetzlich!
- Besonders beim Arbeiten mit Glasgefäßen unter vermindertem Druck (Dewar-Gefäße, Vakuumexsikkator, Vakuumdestillation) sowie beim Umgang mit Alkalimetallen ist größte Vorsicht geboten (weitere Schutzmaßnahmen: Schutzscheibe, Splitterfangnetz, Schutzhandschuhe).
- Dünnwandige Glasgefäße nicht kugeliger Form (z. B. Erlenmeyer-Kolben) dürfen nicht evakuiert werden. Evakuierte Glasgefäße müssen vorsichtig behandelt werden; einseitiges Erhitzen ist verboten.
- Nach dem Giftgesetz werden alle Chemikalien in Klassen unterschiedlicher Giftigkeit

eingeteilt. Zu den Giften der Abteilung I gehören Quecksilberverbindungen sowie Blausäure und deren Abkömmlinge.

- Beim Arbeiten mit Quecksilber ist ein Verschütten sorgfältig zu vermeiden. Die Arbeiten sind zweckmäßig über einer Wanne auszuführen. Verschüttetes Quecksilber ist sofort restlos zu beseitigen (Aufsammeln mit der Quecksilberzange, Überstreuen der Reste mit Iodkohle oder Schwefelblüte).
- Chemikalien sollen nicht mit der menschlichen Haut in Berührung kommen. (Einige Gifte durchdringen die gesunde, unverletzte Haut!) Mit ätzenden oder giftigen Stoffen durchtränkte Kleidung ist sofort zu wechseln.
- Beim Arbeiten mit ätzenden, giftigen und übelriechenden Gasen und Dämpfen sind stets die Abzüge zu benutzen. Abzugsfenster weitgehend schließen; nicht hineinbeugen.
- Beim unerwarteten Auftreten von ätzenden bzw. giftigen Gasen oder Dämpfen in den Arbeitsräumen sind die Mitarbeiter zu warnen. Die Gefahr ist mit der notwendigen Vorsicht zu beseitigen (Atemschutzgeräte!). Ungeschützte Personen haben sich aus der Gefahrenzone zu entfernen.
- Reaktionen mit Alkalimetallen dürfen nie auf dem Wasser- oder Dampfbad ausgeführt werden (Sand- oder Ölbad benutzen!). Alkalimetalle dürfen nicht mit Halogenalkanen (z. B. Ethylbromid, Chloroform, Tetrachlorkohlenstoff) in Berührung kommen, da bei Stoß heftige Explosionen eintreten können.
- Flaschen mit ätzendem, giftigem oder brennbarem Inhalt dürfen nicht am Flaschenhals getragen werden, sondern sind am Boden zu unterstützen.
- Stahlflaschen für verdichtete und verflüssigte Gase sind liegend aufzubewahren oder gegen Umfallen zu sichern (z. B. durch Ketten). Gefüllte Flaschen sind vor starker Erwärmung und scharfem Frost zu schützen und vor Stößen und Erschütterung zu bewahren.
- Stahlflaschen dürfen nur mit aufgeschraubter Schutzkappe befördert werden. Das Entnehmen von Druckgas ohne vorschriftsmäßiges Druckminderventil ist verboten. Um ein Rücksteigen von Flüssigkeiten in die Druckgasflaschen zu vermeiden, muß ein Sicherheitsgefäß mit Entlüftungshahn zwischen Gasflasche und Apparatur geschaltet werden. Nach Beendigung der Gasentnahme ist der Sicherheitshahn sofort zu öffnen.
- Bei Sauerstoffflaschen sind Ventile, Manometer und Dichtungen frei von Öl, Fett u. dgl. zu halten. Sauerstoffmanometer (Aufschrift: „Sauerstoff, fettfrei halten!") dürfen nicht für brennbare Gase benutzt werden.
- Abfälle dürfen nicht gedankenlos verworfen werden. Stoffe, die beim Zusammentreffen mit anderen Stoffen giftige oder brennbare Gase entwickeln können, dürfen nicht in Abwasserleitungen gegeben werden. Pyrophore Stoffe (z. B. Raney-Nickel, angeätztes Zinkpulver) sowie Alkalimetalle dürfen nicht in die Abfallbehälter gegeben werden; sie werden in gesonderten Gefäßen gesammelt.
- Abfälle werden durch geeignete chemische Reaktionen (z. B. Verbrennen, Reaktion von Alkalimetallen mit Methanol) mit der notwendigen Vorsicht unschädlich gemacht.

## 2.2.  Brandschutz

### 2.2.1.  Vorbeugende Maßnahmen

- Brennbare Substanzen dürfen nur in begrenzter Menge am Arbeitsplatz aufbewahrt werden.
- Beim Umgang mit leicht entzündlichen Stoffen dürfen sich keine offenen Flammen in der Nähe befinden. Das Erhitzen erfolgt unter Benutzung von Heizbädern (Wasser-, Öl-, Paraffin-, Luft-, Sand-, Metallbad).
- Paraffin- und Ölbäder dürfen nur bis 250 °C erhitzt werden.
- Das Erhitzen von brennbaren Stoffen (z. B. Destillation) erfolgt unter ständiger Aufsicht. Man beachte Abschnitt 2.2.3.!
- In Trockenschränken dürfen brennbare Flüssigkeiten nicht verdampft und Rückstände, die diese enthalten, nicht getrocknet werden.
- Beim Arbeiten mit brennbaren Gasen oder Dämpfen ist darauf zu achten, daß sich keine explosiven Gemische bilden (Abzug!).
- Zur Peroxidbildung neigende Flüssigkeiten (z. B. Ether, Tetrahydrofuran, Dioxan) dürfen nur bis auf einen kleinen Rückstand abdestilliert werden. Vorräte sind vor Licht- und Lufteinwirkung zu schützen! Vor Gebrauch ist die Peroxidprobe durchzuführen. (Gelbfärbung beim Schütteln mit wäßriger schwefelsaurer Titanium(IV)-sulfat- oder essigsaurer Kaliumiodidlösung zeigt Peroxid an.) Gegebenenfalls sind Peroxide mit Eisen(II)-Salzen reduktiv zu zerstören. Man bewahrt die genannten Lösungsmittel über Kaliumhydroxidplätzchen in dunklen Flaschen auf.
- Mit Wasser nicht mischbare brennbare Flüssigkeiten dürfen nicht in die Ausgüsse gegossen werden. Sie sind aufzuarbeiten oder durch geeignete chemische Reaktionen (z. B. Verbrennen) zu vernichten.

### 2.2.2.  Verhalten bei Bränden

- Lautstarker Ruf: „Hilfe! Feuer!"
- Entzündbare Gegenstände entfernen!
- Gas abstellen!
- Bedienung des Feuerlöschers (bevorzugt $CO_2$-Löscher, sonst Tetralöscher bzw. Bromidlöscher): Hahn aufdrehen, Schneerohr auf das Feuer richten!
  *Beachte:* Bei Benutzung des Tetralöschers Vergiftungsgefahr durch Dämpfe bzw. gebildetes Phosgen; nach Brandbekämpfung Raum gut lüften!
- Brände von Alkalimetallen können weder mit Tetra- noch mit $CO_2$-Löscher gelöscht werden. Man verwendet trockenen Sand.
- Kleiderbrände werden unter der Löschbrause abgelöscht oder mittels Feuerlöschdecke erstickt, notfalls durch Wälzen auf dem Boden.
- Bei *größeren Bränden* erfolgt entsprechend dem Alarm- und Evakuierungsplan des jeweiligen Instituts die Bedienung des Feuermelders, Absperren von Strom und Gas am

Hauptschalter bzw. Haupthahn, telefonische Meldung an die zuständigen Leiter (Direktor, Sicherheitsinspektor, Arzt).

– Alle Personen, die nicht an der Brandbekämpfung beteiligt sind, verlassen unverzüglich die Räume, wobei zu gewährleisten ist, daß niemand zurückbleibt.

## 2.2.3. Erwärmung brennbarer Flüssigkeiten

Die Tabelle 2.1. gibt Auskunft über die Zulässigkeit der Erwärmung brennbarer Flüssigkeiten.

*Geschlossene Systeme* sind hierbei als Systeme aufzufassen, in denen entstehende Dämpfe durch Kühlvorrichtungen kondensiert oder aus denen Gase oder Dämpfe gefahrlos ins Freie abgeleitet werden können (z. B. Abbildung 1.8; 3.2).

*Offene Systeme* sind Systeme, aus denen Gase oder Dämpfe in die Atmosphäre des Gebäudes gelangen können.

Das Erwärmen brennbarer Flüssigkeiten in offenen Systemen muß in Abzügen erfolgen, deren Absaugung eingeschaltet ist. Dabei dürfen sich keine zündbaren Gemische entwickeln oder fortgeleitet werden.

# 2.3. Gefährliche Chemikalien

In den folgenden Abschnitten sind gefährliche Substanzen zusammengestellt und kurz charakterisiert. Die Übersichten erheben keinen Anspruch auf Vollständigkeit, erfassen aber auch einige Substanzklassen, die im vorliegenden Buch sonst keine Erwähnung finden. Die Hinweise für die Erste Hilfe schließen nicht aus, daß bei auftretenden Gesundheitsschädigungen in jedem Falle ein Arzt zur Hilfe gerufen wird.

## 2.3.1. Alphabetische Übersicht

Es werden folgende Abkürzungen verwendet:

*W*    Wirkung auf den Organismus
*EH*    Erste Hilfe
*Ex*    Explosive Mischung, prozentualer Anteil der Substanz in Luft
*B*    Besondere Eigenschaften

**Acetaldehyd.** *W:* Schleimhautreizung, Erstickungsanfälle; *EH:* frische Luft; *Ex:* 5 bis 60 %.

**Acetylen.** *W:* narkotisierend; enthält meist Phosphorwasserstoffe (s. u.); *EH:* frische Luft; *Ex:* 3 bis 80 %; ab 2 at explosiv, besonders in Anwesenheit von Cu oder Ag.

**Acetylnitrat.** *B:* hoch explosiv, darf nicht isoliert werden.

**Acrylaldehyd.** *W:* Schleimhautreizung, Magen- und Darmstörungen.

*Tabelle 2.1*
Erwärmen brennbarer Flüssigkeiten

| Siede-beginn | Volumen | Erwärmen brennbarer Flüssigkeiten in | | | | |
| --- | --- | --- | --- | --- | --- | --- |
| | | offenen Systemen | | geschlossenen Systemen | | |
| | | offene Flamme, elektrische Heizplatte, Infrarotstrahler | elektrisch betriebene Heizbäder, -hauben oder -bänder | offene Flamme, elektrische Heizplatte, Infrarotstrahler | flammen-beheizte Öl-, Sand- oder Metall-bäder | elektrisch betriebene Heizbäder, -hauben oder -bänder, Dampfbäder |
| ≦ 55 °C | bis 50 ml | verboten | *zulässig* | *zulässig* | *zulässig* | *zulässig* |
| | über 50 ml bis 1 l | verboten | verboten | verboten | *zulässig* | *zulässig* |
| | über 1 l bis 2 l | verboten | verboten | verboten | verboten | *zulässig* |
| | über 2 l bis 5 l | verboten | verboten | verboten | verboten | *zulässig*[1]) |
| > 55 °C | bis 50 ml | *zulässig* | *zulässig* | *zulässig* | *zulässig* | *zulässig* |
| | über 50 ml bis 1 l | verboten | *zulässig* | *zulässig* | *zulässig* | *zulässig* |
| | über 1 l bis 2 l | verboten | verboten | verboten | *zulässig* | *zulässig* |
| | über 2 l bis 5 l | verboten | verboten | verboten | verboten | *zulässig*[1]) |

[1]) Unter Verwendung einer Auffangwanne zulässig.

**Acrylonitril.** *W:* vergleichbar Blausäure (s. u.), kanzerogene Wirkung.

**Acrylsäure, -ester.** *B:* spontane, z. T. explosionsartige Polymerisation.

**Alkalimetalle.** *B:* mit Wasser, Halogenen, Halogenderivaten (z. B. $CHCl_3$, $CCl_4$), $CS_2$ Explosionen bzw. Detonationen.

**Ameisensäure.** *W:* wirkt stark ätzend.

**Amine, aliphatisch.** *W:* ätzend wie Alkalien, Atemgift; *EH:* Waschen mit verd. Säure.

**Amine, aromatisch.** *W:* stark giftig; werden von der Haut absorbiert; bei häufiger Einwirkung Dauer- und Spätschäden, Krebsgefahr (besonders bei Benzidin, $\alpha$-, $\beta$-Naphthylamin).

**Ammoniak.** *W:* starke Ätzwirkung; $2\,mg \cdot l^{-1}$ Luft wirken tödlich; *EH:* mit Wasser spülen, Sauerstoff; *Ex:* 15 bis 25 %.

**Benzen und Homologe.** *W:* Blutgift, Krebsgefahr (bei Benzen); *Ex:* 1 bis 8 % (für Benzen).

**Blausäure** (Cyanwasserstoff). *W:* starkes Atem- und Blutgift, tödliche Dosis 0,05 g bzw. $0,1\,mg \cdot l^{-1}$ Luft; *EH:* Sauerstoff, künstliche Atmung, sofortige ärztliche Behandlung; *Ex:* 5 bis 40 %.

**Bleiverbindungen** (z. B. Tetraethylplumban). *W:* Nervengifte mit chronischer Wirkung, Atem- und Hautgift; *B:* Salze (Azide u. a.) sind explosiv.

**Brom.** *W:* $0,04\,mg \cdot l^{-1}$ Luft tödliche Dosis, Verätzung der Haut und der Atmungsorgane; *EH:* Haut mit viel Ethanol abwaschen, Sauerstoff.

**Carbide.** *W:* durch Phosphorwasserstoffe, die neben Acetylen aus Carbiden und Wasser entstehen; *B:* Acetylide (Salze, z. B. mit Ag, Cu, Hg, aber auch Alkali- und Erdalkalimetallen) sind hochexplosiv.

**Chlor.** *W:* 0,06 % tödliche Dosis; Verätzung der Atmungsorgane bereits ab 0,01 ‰; *EH:* Riechen an stark verdünntem Ammoniak, Sauerstoff.

**Chloral.** *B:* Lungengift ähnlich Phosgen (s. u.).

**Chlorkohlensäureester** (Chlorameisensäureester). s. Phosgen.

**Chromium(VI)-oxid, Chromate.** *B:* explosionsartige Reaktion mit manchen organischen Substanzen (z. B. bei der Reinigung benutzter Laborgeräte!).

**Cyanwasserstoff.** s. Blausäure.

**Cyanide.** *W:* ähnlich Blausäure; *EH:* Erbrechen bei Aufnahme durch den Magen, Einnahme von verd. $KMnO_4$-Lösung und Aktivkohle, Sauerstoff, künstliche Atmung, sofortige ärztliche Behandlung.

**Diazomethan.** *W:* starkes Atemgift; *EH:* frische Luft, Sauerstoff; *B:* flüssig, gasförmig und in Lösung explosiv!

**Diazoverbindungen** (z. B. Diazoessigester). *W:* vergleichbar Diazomethan.

**Dibenzoylperoxid.** *B:* explosiv; feucht aufbewahren, in kleinen Mengen unter Vermeidung von Stoß oder Reibung handhaben; analoges gilt für alle organischen Peroxide.

**Dimethyl-sulfat.** *W:* starkes Atem- und Hautgift (hydrolysiert in der Lunge zu $CH_3OH$ und $H_2SO_4$!); *EH:* Haut mit verd. Ammoniakwasser waschen.

**Ether, aliphatisch.** *W:* Narkotikum; *EH:* frische Luft; *Ex:* 2 bis 50 %; *B:* wegen Peroxidbildung in dunklen, vollen und geschlossenen Flaschen über Na oder KOH aufbewahren.

**Ether, cyclisch** (z. B. Tetrahydrofuran, 1,4-Dioxan). *W:* giftig (Gefährdungsgruppe I); *Ex:* 2 bis 25 % (für 1,4-Dioxan); *B:* wegen Peroxidbildung in dunklen, vollen und geschlossenen Flaschen über KOH aufbewahren.

**Ethylenoxid** (Oxiran). *W:* Kopfschmerz, Übelkeit; vergleichbar Blausäure (s. o.); *Ex:* 3 bis 100 %; Explosion mit Alkali.

**Formaldehyd.** *W:* Schleimhautreizung, Erstickungsanfälle; *EH:* frische Luft.

**Glyceroltrinitrat** (Nitroglycerin). *W:* starkes Blutgift; *EH:* Sauerstoff, künstliche Atmung; *B:* explodiert bei Stoß oder Erhitzen.

**Halogenkohlenwasserstoffe, aliphatisch gesättigt** (z. B. $CCl_4$, $CHCl_3$, $CH_3Br$, Tetrachlorethan). *W:* Narkotika, Leber- und Nierengifte mit Spätwirkung, im Tierversuch krebsauslösend; *EH:* frische Luft, Sauerstoff bzw. künstliche Atmung; *Ex:* etwa 5 bis 20 %; *B:* Explosion mit Na, Natriumamid, Metallpulvern.

**Halogenkohlenwasserstoffe, aliphatisch ungesättigt** (z. B. Trichlorethen, Allylhalogenide). *W:* Atem- und Hautgift, Krebsgefahr (besonders bei Vinylchlorid); *EH:* Waschen mit Wasser und Seife; *B:* Explosion mit Na, Natriumamid, Metallpulvern.

**Halogenkohlenwasserstoffe, aromatisch.** *W:* Narkotika, Hautreizung; *EH:* Waschen mit Wasser und Seife; *Ex:* etwa 1 bis 10 %.

**Halogenwasserstoffe.** *W:* stark schleimhautreizend, 5‰ tödliche Dosis für HCl; *EH:* bei Aufnahme durch den Mund viel Wasser oder Milch trinken, MgO einnehmen.

**Hydrazin und Derivate.** *W:* giftig (Krampfgifte, Phenylhydrazin starkes Hautgift), ätzend wie Amine; *EH:* Haut mit verd. $CH_3COOH$ waschen; Traubenzucker einnehmen; *B:* Hydrazin und seine Salze sind explosiv.

**Hydrazobenzen.** leichte Umlagerung zu Benzidin (s. Amine).

**Hydride** (z. B. Alkalihydride, $LiAlH_4$). *B:* heftige Reaktionen mit Wasser, ähnlich Alkalimetallen (s. dort).

**Iod.** *W:* Schleimhaut-, Augenreizung; *B:* Explosion mit Alkalimetallen.

**Isocyanate.** *W:* Schleimhaut-, Augenreizung; *EH:* verd. Ammoniak.

**Isocyanide.** *W:* starke Atemgifte.

**Kohlenmonoxid** (u. a. im Leuchtgas!). *W:* geruchloses Blutgift, erstes Symptom: Kopfschmerzen, 0,2‰ sind schädlich, 0,3‰ auf die Dauer tödlich; *EH:* frische Luft, Sauerstoff, künstliche Atmung; *Ex:* 10 bis 75 %.

**Kohlenstoffdisulfid** (Schwefelkohlenstoff). *W:* Nerven-, Herz- und Verdauungsstörungen, kumulativer Effekt; *Ex:* 1 bis 50 %; *B:* Lösungen von S in $CS_2$ und P in $CS_2$ entzünden sich besonders leicht.

**Kohlenwasserstoffe, aromatisch.** monocyclisch s. Benzen; polycyclisch s. Abschnitt 2.3.2! *W:* Krebsgefahr.

**Methanol.** *W:* Dämpfe sind schädlich, die Einnahme bewirkt Blindheit und Tod; *Ex:* 5 bis 20 %.

**Natriumamid.** *B:* selbstentzündlich, mit Wasser Explosionen, analog Alkalimetalle (s. o.).

**Naphthylamin.** s. Amine, aromatisch.

**Nicotin.** *W:* starkes Gift, 40 bis 60 mg bewirken Tod durch Herz- und Atemlähmung; *EH:* Magenspülung, heißer Kaffee; *B:* Nicotin wird auch von der Haut absorbiert.

**Nitrite, anorganisch.** *W:* starke Kreislauf- und Blutgifte; *EH:* Erbrechen, Sauerstoff, Aktivkohle, hohe Dosen Vitamin C; *B:* $NaNO_2$ schmeckt wie Kochsalz!

**Nitrite, organisch.** (z.B. Isopentylnitrit, Ethylnitrit). *W:* wirken blutdrucksenkend, erzeugen Rauschzustände, führen zum Tod.

**Nitroverbindungen, aromatisch.** *W:* starke Blutgifte, die über die Atmung und durch die Haut absorbiert werden; *EH:* Sauerstoff, viel Milch! *B:* Metallsalze von Nitrophenolen sowie Pikrate sind explosiv.

**Oxalsäure.** *W:* Krämpfe, Tod durch Herzschwäche; *EH:* verd. $CaCl_2$-Lösung und viel Milch einnehmen; *B:* bildet mit Oxidationsmitteln explosive Gemische.

**Oxime.** *W:* siehe Nitrite, organisch.

**Perchlorsäure.** *B:* reine $HClO_4$ explodiert bei 110 °C; alle organischen Perchlorate sind unterschiedlich explosiv.

**Permanganate.** *B:* bilden mit zahlreichen organischen Substanzen explosive Gemische.

**Phenole.** *W:* ätzend, werden durch die Haut absorbiert; *EH:* mit verd. Laugen und viel Wasser waschen, Einnahme von Aktivkohle und Milch.

**Phosgen.** *W:* starkes Lungengift; tödl. Dosis 0,1 Vol.-% in der Luft; *EH:* frische Luft, Sauerstoff, keine künstliche Atmung.

**Phosphor, gelber.** *W:* starkes Gift, tödliche Dosis 0,1 g; *EH:* 0,1%ige $CuSO_4$-Lösung einnehmen, dann erbrechen, Fett streng vermeiden; Phosphor auf der Haut (z.B. bei Verbrennungen) unter Wasser abschaben und mit 2%iger $CuSO_4$-Lösung waschen; *B:* gelber Phosphor ist selbstentzündlich und bildet mit Oxidationsmitteln, besonders Chloraten, gefährlich detonierende Gemische.

**Phosphorsäureester, organisch.** *W:* starke Nervengifte, Bewußtlosigkeit, Erbrechen, Atemlähmung, Tod; starker kumulativer Effekt; *EH:* Atropin, sofortige ärztliche Behandlung; *B:* Vorkommen in Pflanzenschutz- und Schädlingsbekämpfungsmitteln, Weichmachern usw.

**Phosphorwasserstoffe.** *W:* starkes Atemgift; *B:* selbstentzündlich.

**Pyridin und Homologe.** *W:* Schädigung des Verdauungs- und Zentralnervensystems.

**Quecksilber.** *W:* Schädigung des Zentralnervensystems, kumulativer Effekt, Dämpfe sehr gefährlich.

**Quecksilberverbindungen.** *W:* schwere Verdauungsschädigungen; tödliche Dosis von $HgCl_2$ (Sublimat) 0,5 g; *EH:* Erbrechen, dann Eiweiß in jeder Form; *B:* zahlreiche Hg-Salze sind explosiv; Beseitigung von metallischem Quecksilber s. Abschnitt 2.1.

**Salpetersäure.** *W:* Hautverätzung; *EH:* mit viel Wasser waschen; *B:* explosionsartige Reaktion mit vielen organischen Substanzen.

**Salpetrige Säure.** s. Nitrite.

**Sauerstoff.** *B:* kann mit fast allen organischen Substanzen unter Explosion reagieren; über Arbeiten mit komprimiertem Sauerstoff siehe Abschnitt 2.1.

**Säurechloride, -bromide.** *W:* starke Reizung der Atmungsorgane und der Haut, Krebsgefahr bei Benzoylchlorid; *EH:* mit viel Wasser und Seife waschen; *B:* besonders reaktionsfähige Säurechloride setzen sich mit Wasser oder Alkalien explosionsartig um.

**Schwefel.** *B:* bildet mit allen Oxidationsmitteln gefährliche explosive Gemische.

**Schwefelwasserstoff.** *W:* in hohen Konzentrationen ähnlich Blausäure (s. o.), vorher Übelkeit, Krämpfe; *EH:* frische Luft, Sauerstoff, künstliche Atmung; *Ex:* 4 bis 50 %.

**Stickoxide.** *W:* ähnlich Phosgen (s. o.); *EH:* Sauerstoff.

**Toluensulfonylchloride.** analog Säurechloride (s. o.).

**Wasserstoff.** *Ex:* 4 bis 75 %; *B:* kann sich beim Ausströmen aus Druckflaschen selbst entzünden (s. a. Abschnitt 2.1.).

**Wasserstoffperoxid.** *W:* stark ätzend; *B:* Explosion bei Destillation im Vakuum und bei der Mischung mit oxidierbaren Verbindungen.

## 2.3.2.  Krebserzeugende Stoffe

Gegenwärtig sind ca. 2 000 chemische Substanzen bekannt, die sich im Tierversuch (Säugetiere) unter definierten Versuchsbedingungen als kanzerogen erwiesen haben. Keinesfalls darf aber das am Tier gewonnene Versuchsergebnis kritiklos auf den Menschen übertragen werden. Bisher konnte nur für wenige dieser Stoffe ein kausaler Zusammenhang mit der Krebsentstehung beim Menschen nachgewiesen werden. Trotzdem sind alle die Stoffe, die im Tierversuch kanzerogen wirken, für den Menschen zunächst als Risikofaktor zu betrachten, solange nicht das Gegenteil bewiesen ist. Für die Entstehung der Krankheit ist die Einwirkungsdauer des Stoffes auf den Organismus von wesentlicher Bedeutung (beim Berufskrebs meist mindestens 10 Jahre).

Die folgende Übersicht soll dazu beitragen, auch in der Ausbildung die Verwendung von krebserzeugenden Stoffen auf das notwendige Maß zu begrenzen oder durch weniger gefährliche Stoffe zu ersetzen.

*Kanzerogene mit epidemiologisch gesicherter Wirkung auf den Menschen:*

- Aromatische Amine (u. a. Benzidin, Naphth-2-ylamin)
- Arsen und Arsenverbindungen (z. B. $As_2O_3$, $PbHAsO_4$)
- Asbest und Asbestprodukte
- Benzen
- Bis(2-chlor-ethyl)sulfid (Lost, S-Yperit)
- Chromium(VI)-Verbindungen (z. B. $CrO_3$, $Na_2Cr_2O_7 \cdot 2 H_2O$, $CrO_2Cl_2$)
- polycyclische aromatische Kohlenwasserstoffe (u. a. Dibenzo[ah]anthracen, Benzo[def]chrysen – frühere Bezeichnung „Benzpyren")
- Nickelverbindungen (z. B. NiO, $NiSO_4 \cdot 6 H_2O$, $Ni(CO)_4$)
- Vinylchlorid

*Kanzerogene, über deren Wirkung auf den Menschen bisher wenige Beobachtungen vorliegen:*

- Acrylonitril
- Benzoylchlorid

- chlorierte Biphenyle
- Bis(chlormethyl)ether
- Cadmium und Cadmiumverbindungen
- 2-Chlor-buta-1,3-dien (Chloropren)
- (Chlormethyl)methylether
- Dimethyl-sulfat
- Nitrosamine
- Propan-2-ol

*Weitere Substanzen von industrieller Bedeutung mit kanzerogener Wirkung im Tierversuch:*

- Beryllium und Berylliumverbindungen
- Bis(4-amino-phenyl)methan
- Chloroform
- 1,2-Dibrom-ethan
- 2-Nitro-naphthalen
- 2-Nitro-propan
- Tetrachlorkohlenstoff
- Trichlorethen

## 2.4.  Literaturhinweise

Verordnung über gefährliche Stoffe (Gefahrstoffverordnung) vom 26. 8. 1986 (BGBl. I, S. 1470),
  1. Änderungsverordnung vom 16. 12. 1987 (BGBl. I, S. 2721)
Gesetz zum Schutz vor gefährlichen Stoffen (Chemikaliengesetz) vom 16. 9. 1980 (BGBl. I, S. 1718)
BLUMRICH, K.; SCHWARZ, H.; WINGER, A., in: HOUBEN-WEYL: Methoden der organischen Chemie.
  Bd. I/2. – Georg Thieme Verlag, Stuttgart 1959. S. 891–934
KONETZKE, G. W.; GIBEL, W.; SWART, H.; LOHS, KH.: Krebserzeugende Faktoren in der Arbeitsumwelt. – Verlag Volk und Gesundheit, Berlin 1980

# 3. Allgemeine Arbeitsmethoden (Ü 3–Ü 14)

Organische Substanzen müssen aus Reaktionsgemischen abgetrennt, gereinigt und charakterisiert werden. Diese Operationen werden in der Hauptsache durch folgende Arbeitsgänge bewerkstelligt:

*Trennverfahren*

- Destillation und Rektifikation unter Normaldruck und im Vakuum
- Wasserdampfdestillation
- Extraktion
- Chromatographie
- Kristallisation
- Sublimation

*Bestimmung charakteristischer Stoffkonstanten*

- Schmelztemperatur
- Siedetemperatur
- Brechungsindex

## 3.1. Destillation

### 3.1.1. Einfache Destillation unter Normaldruck    Ü 3

#### 3.1.1.1. Theoretische Grundlagen

Die Destillation ist die wichtigste Trenn- und Reinigungsmethode für flüssige Substanzen. Im einfachsten Fall verdampft man die Flüssigkeit durch Zufuhr von Wärme und kondensiert den Dampf in einem Kühler.

Über allen Flüssigkeiten bildet sich durch Verdunstung ein bestimmtes Flüssigkeits-Dampf-Gleichgewicht und damit ein entsprechender Dampfdruck aus. Die Größe des Dampfdruckes ist abhängig von der Art der Flüssigkeit und von der Temperatur. Mit steigender Temperatur steigt der Dampfdruck einer Flüssigkeit stark an (s. Abb. 3.1).

Die Temperatur, bei der der Dampfdruck gleich dem äußeren Druck ist, heißt *Siedetemperatur*. Der Schnittpunkt der Dampfdruckkurve des Wassers mit der 101 kPa

(760 Torr)-Geraden (s. Abb. 3.1) stellt demzufolge die Siedetemperatur des reinen Wassers beim Normaldruck von 101 kPa (760 Torr) dar. Jede Flüssigkeit, die sich nicht zersetzt, bevor ihr Dampfdruck 101 kPa (760 Torr) erreicht, hat ihre eigene charakteristische Siedetemperatur unter Normaldruck ($Kp_{101(760)}$). Wie aus Abbildung 3.1 außerdem ersichtlich ist, würde Wasser z. B. bei einem äußeren Druck von nur 26,7 kPa (200 Torr) bereits bei etwa 66 °C sieden. Wegen dieser starken Druckabhängigkeit der Siedetemperatur muß für dessen eindeutige Charakterisierung der dazugehörige Druck angegeben werden. Für das genannte Beispiel lautet die Siedetemperaturangabe: $Kp_{26,7(200)}$ 66 °C. Ist kein Druck als Index angegeben, dann ist der Normaldruck von 101 kPa (760 Torr) gemeint.

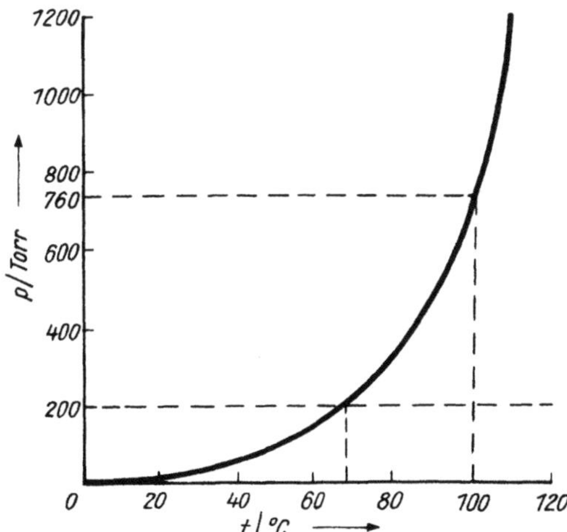

Abb. 3.1
Dampfdruckkurve des Wassers

Auf Grund der großen Druckabhängigkeit und der unterschiedlichen Beeinflussung durch Verunreinigungen ist die Siedetemperatur für die Charakterisierung von Flüssigkeiten und als Reinheitskriterium weniger geeignet als die Schmelztemperatur bei Feststoffen.

Für die Reinigung einer flüssigen Substanz, die mit geringen Mengen solcher Verbindungen verunreinigt ist, die selbst einen zu vernachlässigenden Dampfdruck bei der Siedetemperatur der Substanz besitzen (z. B. harzige, polymere Stoffe in technischen oder im Labor dargestellten Rohprodukten), ist die *einfache Destillation* die gegebene Methode.

Für Destillationen von Flüssigkeiten mit einem $Kp_{101(760)}$ zwischen ~40 und 150 °C dient eine Apparatur entsprechend Abbildung 3.2. Hierbei wird mit Hilfe einer Wärmequelle (z. B. beheiztes Öl- oder Harzbad) *(g)* im Kolben *(a)* Flüssigkeit verdampft. Der Dampf steigt in den Destillationsaufsatz *(b)* und umspült dort die Thermometerkugel *(c)*, so daß die Dampftemperatur am Thermometer verfolgt werden kann. Danach gelangt der Dampf sofort in den Kühler *(d)*, wo er kondensiert wird. Das Kondensat fließt über den Vorstoß *(e)* in die Vorlage *(f)*. Sowohl Dampf als auch Kondensat haben also insgesamt die *gleiche* Strömungsrichtung.

In Abbildung 3.2 ist der Aufsatz *(b)* in der auch für Vakuumdestillationen (s. Abschn. 3.1.3.) geeigneten Ausführung nach CLAISEN gleich an den Kühler *(d)* angeschmolzen. Beide Teile werden auch getrennt hergestellt und durch Normalschliffe verbunden.

Es ist darauf zu achten, daß die Quecksilberkugel des Thermometers so weit in den Destillationsaufsatz *(b)* hineinragt, daß sie vollständig durch die in den Kühler fließenden Dämpfe benetzt wird. Ansonsten ist das Thermometer auszuwechseln!

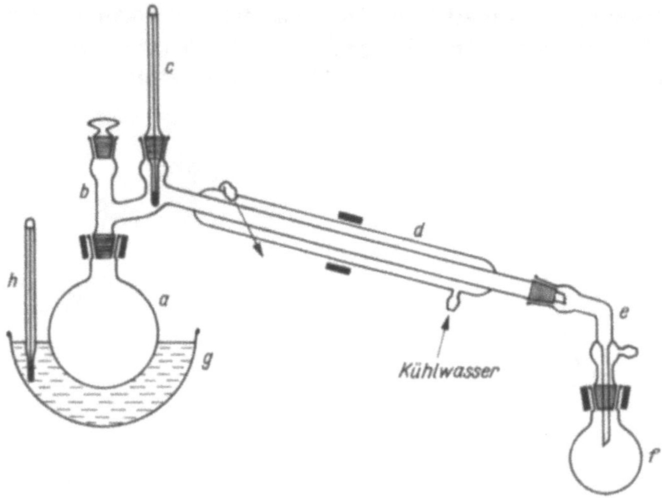


Abb. 3.2
Apparatur für die einfache Destillation bei Normaldruck

Die meisten Flüssigkeiten neigen zu Überhitzungen, d. h., sie werden erst mehr oder weniger über die eigentliche Siedetemperatur erhitzt, ehe sie dann stoßweise heftig zu sieden beginnen. Diese metastabilen Zustände, die zu *Siedeverzügen* führen, werden beseitigt, indem man in den Kolben grundsätzlich einen *„Siedestein"* (unglasierte, poröse Tonscherben) gibt.

Beim Erhitzen treten aus den Siedesteinen kleine Luftbläschen, die die Dampfbildung initiieren. Falls die Destillation unterbrochen wurde und das zu destillierende Gut abkühlen konnte, füllen sich die Poren der Siedesteine mit Flüssigkeit. Dadurch werden die Siedesteine unwirksam und sind durch neue zu ersetzen.

**Achtung!** Wurde einmal die Zugabe von Siedesteinen vergessen, muß die erhitzte Flüssigkeit erst wieder mindestens 10 °C unter die Siedetemperatur der niedrigst siedenden Komponente abkühlen, ehe man die Siedesteine in den Kolben gibt. Sonst wird der eventuelle Siedeverzug plötzlich aufgehoben, und die Flüssigkeit spritzt, sich u. U. an der Heizquelle sofort entzündend, aus der Apparatur.

Für Substanzen, die bei Normaldruck über 150 °C sieden, ist die einfache Destillation oft nicht geeignet, da diese Substanzen durch die starke thermische Belastung oft zersetzt werden. Sie sind deshalb im Vakuum zu destillieren (s. Abschn. 3.1.3., Ü 5). Werden hochsiedende Substanzen, wenn sie thermisch stabil sind, unter Normaldruck destilliert, so ist auf die Wasserkühlung zu verzichten, da es durch die große Temperaturdifferenz zwischen Kühlwasser und Dampf zum Zerspringen des Kühlers kommen kann. Es ist ratsam, einen Luftkühler zu verwenden oder eventuell einen Liebig-Kühler ohne Kühlwasser.

### 3.1.1.2. Arbeitstechnik

Das zu destillierende Gut, dessen Masse oder Volumen vorher bestimmt worden ist, wird mit Hilfe eines Trichters in den Kolben *(a)* gefüllt. Dieser ist so groß zu wählen, daß er maximal bis zu zwei Dritteln gefüllt ist. Die Siedesteine werden zugegeben und die saubere und *trockene* Destillationsapparatur entsprechend Abbildung 3.2 aufgebaut (Hinweise für das Aufbauen von Apparaturen, das Fetten und Zusammensetzen von Schliffen aus Abschnitt 1.2. beachten!) und das Kühlwasser im Gegenstromprinzip angeschlossen.

Als Heizbad *(g)* dient eine Schale mit Öl oder wasserlöslichem Polyethylenoxidharz (Harzbäder müssen vorher aufgeschmolzen werden, ohne sie bereits zu stark zu erhitzen), die durch einen Bunsenbrenner beheizt wird. Man reguliert das Heizbad, dessen Temperatur mittels eines weiteren, am Stativ befestigten Thermometers *(h)* kontrolliert wird, so ein, daß der Kolbeninhalt gleichmäßig und langsam siedet und nicht mehr als ein bis zwei Tropfen sauberen und klaren Destillats in der Sekunde übergehen. Nur so wird am Thermometer eine dem Flüssigkeits-Dampf-Gleichgewicht entsprechende Temperatur ablesbar, die man notiert. Bei zu schnellem Destillieren erfolgt leicht Überhitzung des Dampfes!

Es darf nie bis zur Trockne destilliert werden! Man bricht die Destillation ab, wenn die Siedetemperatur durch Dampfüberhitzung um 2 bis 3 °C über den bis dahin konstanten Wert ansteigt. Schließlich werden noch die Volumina bzw. Massen des Destillats und des Destillationsrückstandes bestimmt.

Enthält die Flüssigkeit geringe Mengen leichter siedender Verunreinigungen, so gehen diese als *Vorlauf* vor der Hauptmenge *(Hauptlauf)* über. Der Vorlauf ist durch Wechseln der Vorlage bei Ansteigen der Temperatur auf die Siedetemperatur des Hauptlaufes abzutrennen. Steigt die Siedetemperatur beim Übergehen des Hauptlaufes schon wesentlich vor dem Ende der Destillation trotz gleichmäßig langsamer Tropfgeschwindigkeit an, ist die Vorlage nochmals zu wechseln und der sogenannte *Nachlauf* aufzufangen.

### 3.1.1.3. Aufgaben

a) Es ist eine organische Flüssigkeit (z. B. Acrylonitril (Vorsicht! s. Abschn. 2.3.), Essigsäureethylester, Propan-2-ol, Tetrachlorethan) durch einfache Destillation unter Normaldruck zu reinigen. Dabei ist die Siedetemperatur zu bestimmen und der Siedeverlust in ml bzw. g und in Vol.-% bzw. Massen-% anzugeben. Im Versuchsprotokoll ist außerdem die Temperatur des Heizbades und ihre evtl. Veränderung während der Destillation anzugeben.

b) Ein Zweistoffgemisch, bestehend aus 35 ml Benzen und 35 ml Xylen, wird aus einem 100-ml-Siedekolben destilliert, wobei als Vorlage eine 100-ml-Mensur dient. Alle 2 Minuten wird die Siedetemperatur abgelesen und die Menge des Destillats bestimmt. In einer graphischen Darstellung ist die Siedetemperatur über den erhaltenen Millilitern Destillat aufzutragen. Der Kurvenverlauf ist zu diskutieren.

c) Es soll aus einem Zweistoffgemisch, das zu gleichen Teilen aus Methylenchlorid (*Kp* 42 °C) und Trichlorethen (*Kp* 87 °C) besteht, eine Komponente durch Destillation abgetrennt werden. Dazu füllt man in einen 100-ml-Siedekolben 70 ml des Stoffgemisches, baut die Apparatur nach Abbildung 3.2. auf und erhitzt mit kleiner Flamme. Man notiere in Abständen von zwei Minuten die Siedetemperatur und wechsele die Vorlage, wenn die Siedetemperatur länger als zwei Minuten konstant bleibt. Der prozentuale Anteil der isolierten Komponente ist zu bestimmen.

### 3.1.1.4. Kontrollfragen

1. Welche Bedingung muß erfüllt sein, damit eine Flüssigkeit siedet?
2. Charakterisieren Sie den Unterschied zwischen Sieden und Verdunsten!
3. Warum verdampft nicht sofort die gesamte Flüssigkeit bei Erreichen der Siedetemperatur?
4. Warum ist es nicht sinnvoll, 100 ml Flüssigkeit aus einem 1-l-Kolben zu destillieren?
5. Welche Aufgabe haben die Siedesteine?
6. Was versteht man unter Überhitzung einer Flüssigkeit?
7. Wie wirkt sich eine in Abbildung 3.2 zu hoch sitzende Thermometerkugel auf die Bestimmung der Siedetemperatur aus?
8. Warum ist es nicht ratsam, den Siedekolben mehr als zwei Drittel mit Flüssigkeit zu füllen?
9. Warum sollen alle Schliffe gut gefettet werden? Welche Möglichkeiten gibt es, zwei fest ineinander sitzende Schliffe zu trennen?

## 3.1.2.  Rektifikation unter Normaldruck      Ü 4

### 3.1.2.1.  Theoretische Grundlagen

Im Gegensatz zur einfachen Destillation, bei der Dampf und Kondensat auf dem gesamten Weg durch die Apparatur einmalig in gleicher Richtung fließen, läuft bei der *Gegenstromdestillation* oder *Rektifikation* fortwährend ein Teil des Kondensats wieder dem Dampf entgegen. Dieses Prinzip läßt sich in Destillationskolonnen realisieren.

Die Rektifikation dient der Trennung von Flüssigkeitsgemischen, bei denen die Siedetemperatur der Komponenten weniger als etwa 80 °C auseinanderliegen, deren Dampfdrücke also vergleichbar werden. Eine einzelne einfache Destillation führt dann nicht mehr zum Ziel. In Analogie zum Siedeverhalten einer reinen Flüssigkeit beginnt ein binäres Gemisch zweier vollständig mischbarer Flüssigkeiten bei jener Temperatur zu sieden, bei der der Gesamtdampfdruck beider Komponenten den Wert des äußeren Druckes erreicht. So beginnt z. B. ein äquimolares Gemisch von Ethanol und Butanol bei etwa 93 °C unter Atmosphärendruck zu sieden (reines Ethanol siedet bei 78 °C, reines Butanol bei 117,5 °C). Das übergegangene erste Destillat enthält allerdings einen höheren Anteil an Ethanol als die Mischung. Das Zustandekommen dieser Anreicherung an niedriger siedender Komponente, die die Grundlage für die destillative Trennung durch Rektifikation ist, soll näher betrachtet werden.

Beide Mischungskomponenten, Ethanol und Butanol, tragen bei der entsprechenden Temperatur zum Gesamtdampfdruck über der Flüssigkeit mit ihrem sogenannten *Partialdruck* bei. Nach dem *Raoultschen Gesetz* ist der Partialdruck $p_E$ gleich dem Dampfdruck $P_E$ der reinen Substanz E, multipliziert mit ihrem Molenbruch $x_E$ in der Mischung.

Der *Molenbruch (Stoffmengenanteil)* $x$ ist ein Konzentrationsmaß und bei binären Mischungen gegeben durch den Quotienten aus der Stoffmenge der betrachteten Mischungskomponente und der Summe der Stoffmenge beider enthaltenen Stoffe, z. B.:

$$x_{Ethanol} = \frac{n_{Ethanol}}{n_{Ethanol} + n_{Butanol}}$$

Da bei 93 °C der Dampfdruck von Ethanol etwa 168 kPa (1 260 Torr) beträgt, ergibt sich sein Partialdruck $p_E$ über der o.g. Mischung zu:

$$p_E = P_E \cdot x_E = 168 \cdot 1/2 = 84 \text{ kPa (630 Torr)} \tag{3.1}$$

Für Butanol ergibt sich:

$$p_B = P_B \cdot x_B = 34{,}7 \cdot 1/2 = 17{,}3 \text{ kPa (130 Torr)} \tag{3.2}$$

Der Gesamtdruck ergibt sich zu 101 kPa (760 Torr), die Mischung beginnt zu sieden. Da der Partialdruck des Ethanols aber $\frac{84}{101} \cdot 100\% = 83\%$ des Gesamtdruckes beträgt, enthält der erste abdestillierte Dampf 83 Mol-% Ethanol und nur 17 Mol-% Butanol.

Dieses Prinzip, nach dem der Dampf immer reicher an der niedriger siedenden Komponente (höherer Dampfdruck) ist, bildet die Grundlage der möglichen Auftrennung der Mischung. Da der Dampf einen höheren Ethanolanteil enthält, wird der Rückstand reicher an Butanol, d. h. dessen Molenbruch vergrößert sich. Dadurch wird aber entsprechend Gleichung (3.2) der Partialdruck der höher siedenden Komponente Butanol erhöht.

Während also insgesamt der Rückstand kontinuierlich reicher an Butanol wird, steigt gleichzeitig die Siedetemperatur an, und der Butanolanteil im Dampf nimmt langsam zu. Fängt man die übergehende Flüssigkeit bei dieser *einfachen Destillation* in Fraktionen auf, sind die ersten reicher, die letzten ärmer an Ethanol als die Mischung. Anschaulich läßt sich der Siedeverlauf am Diagramm in Abbildung 3.3 erkennen.

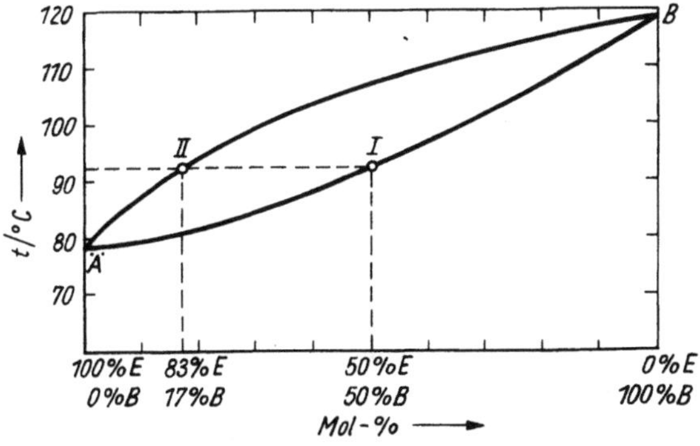


Abb. 3.3
Siedediagramm einer Ethanol/Butanol-Mischung

Die untere Kurve gibt die Abhängigkeit der Siedetemperatur beliebiger Ethanol/Butanol-Gemische von ihrer Zusammensetzung (in Mol-%) an. Die darüberliegende Kurve beschreibt die dazugehörigen Dampfzusammensetzungen nach dem Raoultschen Gesetz.

Das diskutierte 1:1-Gemisch siedet bei 93 °C (Punkt *I*) und entwickelt dabei einen Dampf der Zusammensetzung entsprechend Punkt *II* 83 Mol-% Ethanol). Durch Kondensation dieses Dampfes in der Destillationsapparatur wird der Rückstand reicher an Butanol, und die Destillation schreitet bei steigender Siedetemperatur entlang der unteren Kurve in Richtung *B* fort.

Unterwirft man die einzelnen, innerhalb bestimmter Temperaturbereiche aufgefangenen Fraktionen weiteren einfachen Destillationen entsprechend Abbildung 3.3, gelingt schließlich die Auftrennung in die beiden reinen Komponenten.

Solche Mischungen, die dem Raoultschen Gesetz zumindest näherungsweise genügen, werden als *„ideal"* bezeichnet. Bei den in der Praxis vorkommenden *„realen"* Gemischen treten z. T. bedeutende Abweichungen vom durch das Raoultsche Gesetz vorausgesagten Destillationsverhalten auf. So können in den jeweiligen Siedediagrammen Maxima oder Minima entstehen. Man hat es dort mit *azeotrop siedenden Mischungen* zu tun, die durch Destillation nicht auftrennbar sind, weil der entstehende Dampf die gleiche Zusammensetzung aufweist wie die Flüssigkeit (z. B. 96%iges wäßriges Ethanol).

Anstelle des beschriebenen aufwendigen Verfahrens wiederholter einfacher Destillationen mit jeweils diskontinuierlicher Einstellung des Flüssigkeits-Dampf-Gleichgewichtes gemäß den Gleichungen (3.1) und (3.2) läßt sich das gleiche Ergebnis durch eine *kontinuierliche Gegenstromdestillation* mittels einer *Kolonne* erreichen.

Die Funktion einer Kolonne läßt sich am besten am Beispiel der Glockenbodenkolonne erläutern (Abb. 3.4a):

Bei unserem Beispiel der 1:1-Mischung von Ethanol und Butanol (Punkt *I* in Abb. 3.3) erreicht zunächst ein Dampf der Zusammensetzung *II* die erste Kammer und kondensiert hier teilweise. Das Kondensat ist etwas reicher an Butanol als der ursprüngliche Dampf. Es sammelt sich auf dem ersten Boden. Weiterer aufsteigender Dampf wird durch die

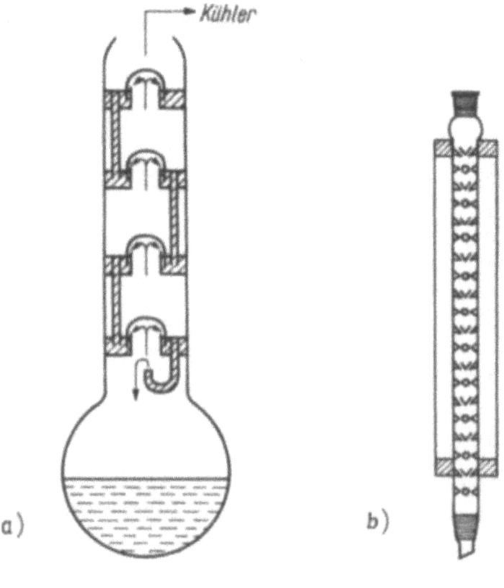


Abb. 3.4a
Glockenbodenkolonne (schematisch)

Abb. 3.4b
Vigreux-Kolonne mit Luftmantel

Glocke zu inniger Berührung mit der kondensierten Flüssigkeit gezwungen. Inzwischen hat der restliche, ethanolreichere Dampf die zweite Kammer erreicht, wo sich der ganze Prozeß wiederholt, usw.

An jedem Boden erfolgt bei genügend langsamem Siedeprozeß die Gleichgewichtseinstellung zwischen Dampf und Destillat in bezug auf Zusammensetzung und Temperatur, und es scheint, als ob das Kondensat z. T. durch den aufsteigenden heißen Dampf redestilliert würde.

Dadurch wird der Dampf in jeder Kammer reicher an Ethanol (gleichzeitig sinkt auch die Temperatur), und es hängt nur von der Wirksamkeit der Kolonne ab (ausgedrückt in *theoretischen Böden*), ob schließlich reines Ethanol die Kolonne verläßt. Die Zahl der theoretischen Böden der Kolonne ist der Zahl einfacher Destillationen äquivalent, die notwendig wären, um den gleichen Trenneffekt zu erhalten wie bei der Rektifikation mittels Kolonne.

Ein Beispiel für eine einfache Kolonnenausführung in der Laboratoriumspraxis ist die Vigreux-Kolonne, die meist zur Verringerung von Wärmeverlusten mit einem Luft- oder Vakuummantel versehen ist (Abb. 3.4b).

### 3.1.2.2.  Arbeitstechnik

In die für die einfache Destillation unter Normaldruck verwendete Apparatur (Abb. 3.2) wird zwischen Destillationskolben und Claisen-Aufsatz zusätzlich eine Vigreux-Kolonne mit Luftmantel (etwa 30 cm) eingesetzt (Abb. 3.5). Der bis zu maximal zwei Dritteln mit

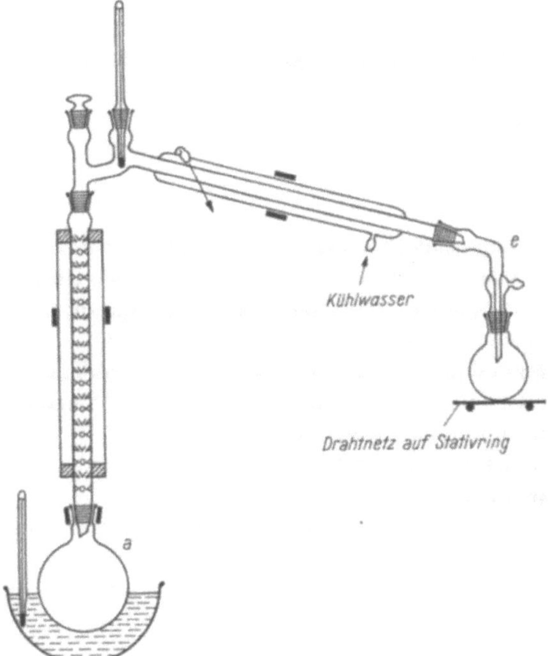


Abb. 3.5
Apparatur für die Rektifikation bei Normaldruck

dem zu trennenden Zwei-Komponenten-Gemisch gefüllte Destillationskolben wird auf dem Heizbad so erhitzt, daß der Siedeprozeß langsam und gleichmäßig beginnt und schließlich ein bis zwei Tropfen pro Sekunde übergehen. Wenn man zu schnell destilliert, strömt Dampf ohne Gleichgewichtseinstellung mit herabfließender Flüssigkeit in den Kühler, und eine Fraktionierung wird unmöglich.

Man beachte sämtliche im Abschnitt 3.1.1.2 (Destillation unter Normaldruck) gegebenen Hinweise zur Vorbereitung und Durchführung einer Destillation!

Zunächst steigt die Siedetemperatur, unter Umständen langsam, bis zu einem konstanten Wert an. Das dabei übergehende Produkt stellt den *Vorlauf* dar und kann durch Auswechseln der Vorlage abgetrennt werden. Bei konstanter Siedetemperatur folgt die *erste Hauptfraktion*. Wenn danach die Temperatur des überdestillierenden Dampfes (oftmals nach einem kurzen Temperaturabfall) erneut ansteigt, ist die erste Hauptfraktion überdestilliert und wird ebenfalls durch Auswechseln der Vorlage abgetrennt. Während des Temperaturanstieges geht eine *Zwischenfraktion* über, und bei Erreichen der zweiten konstanten Siedetemperatur wird auch diese durch Wechseln der Vorlage abgetrennt. Danach kann die *zweite Hauptfraktion* aufgefangen werden. Wird nun ein erneuter Temperaturanstieg oder Abfall der Siedetemperatur beobachtet, kann der Prozeß abgebrochen werden. (Achtung! Siedekolben nicht bis zur Trockne erhitzen!) Bei Mehrkomponentensystemen wiederholen sich diese Vorgänge je nach Zahl der trennbaren Einzelkomponenten.

### 3.1.2.3.  Aufgaben

(Vor Durchführung von Ü 4 sollte Ü 3 (Abschn. 3.1.1.) absolviert sein!)

a) Ein Gemisch von Ethanol und Butanol ist weitgehend in die Komponenten aufzutrennen.

Man fängt folgende Fraktionen auf und bestimmt ihre Volumina:
   – bis 82 °C („reines" Ethanol),
   – 83 bis 110 °C (Zwischenfraktion),
   – Rückstand.

Der Rückstand wird anschließend einer *einfachen Destillation unter Normaldruck* (s. Abschn. 3.1.1.2.) unterworfen, wobei man das bei 110 bis 118 °C übergehende Destillat als „reines" Butanol sammelt und sein Volumen bestimmt. Die Temperatur des Heizbades und vorgenommene Änderungen sind zu protokollieren.

b) Aus 70 ml des unter 3.1.1.3.c verwendeten Gemisches (Methylenchlorid/Trichlorethen) sind beide Komponenten zu isolieren. Es ist ständig der Verlauf der Siedetemperatur zu beobachten. Die Vorlage ist dreimal zu wechseln:
   – Wenn die Siedetemperatur einen fast konstanten Wert zeigt (1. Fraktion),
   – wenn die Siedetemperatur erneut ansteigt (Zwischenfraktion),
   – wenn die Siedetemperatur einen zweiten konstanten Wert erreicht hat (2. Fraktion).

Das Siedeintervall der einzelnen Fraktionen ist zu notieren und der prozentuale Anteil der Fraktionen zu bestimmen.

### 3.1.2.4.   Kontrollfragen

1. Erklären Sie, warum der Dampf über einem Flüssigkeitsgemisch immer relativ reicher an der niedriger siedenden Komponente ist!
2. Erläutern Sie die Wirkungsweise einer Glockenbodenkolonne! Was versteht man unter einem theoretischen Boden einer Kolonne?
3. Wie viele Einzeldestillationen wären notwendig, um aus einem Gemisch (Ethanol/Butanol, s. Abb.3.3), welches die Zusammensetzung 10 % Ethanol/90 % Butanol hat, reines Ethanol zu gewinnen?
4. Was versteht man unter einem azeotropen Stoffgemisch?
5. Warum wird bei zu starkem Erhitzen des zu trennenden Gemisches die Wirkung der Kolonne verringert oder gar aufgehoben?
6. Warum soll eine Kolonne gegen die Umgebung weitgehend wärmeisoliert und u. U. sogar beheizt sein?

## 3.1.3.   Vakuumdestillation                                     Ü 5

### 3.1.3.1.   Theoretische Grundlagen

Viele Substanzen zersetzen sich bei Normaldruck unterhalb ihrer Siedetemperatur. Andere haben eine sehr hohe Siedetemperatur. Bei solchen Flüssigkeiten empfiehlt sich die *einfache Destillation unter reduziertem Druck*, da der mit der Temperatur ansteigende Dampfdruck einer Flüssigkeit dem äußeren Druck um so eher gleicht, je niedriger letzterer ist. Oft genügt bereits das Vakuum einer guten Wasserstrahlpumpe (1,6...2,0 kPa/12 bis 15 Torr).

Die Abhängigkeit des Dampfdruckes von der Temperatur wird durch die *Clausius-Clapeyronsche Gleichung* beschrieben:

$$\frac{\mathrm{d}\ln p}{\mathrm{d}T} = \frac{L_\mathrm{v}}{RT^2} \tag{3.3}$$

$p$ Dampfdruck, $L_\mathrm{v}$ molare Verdampfungswärme, $T$ abs. Temperatur, $R$ Gaskonstante
Nach Integration erhält man:

$$\ln p = -\frac{L_\mathrm{v}}{RT} + C \tag{3.4}$$

($L_\mathrm{v}$ wird als temperaturunabhängig angenommen.)

Trägt man $\ln p$ über $1/T$ in einem Diagramm auf, so ergibt sich annähernd eine Gerade, deren Anstieg durch $L_\mathrm{v}$ festgelegt ist (Abb. 3.6). Bei Kenntnis dieser Geraden läßt sich demnach die Siedetemperatur einer Flüssigkeit bei einem beliebigen äußeren Druck ermitteln.

Zur groben Abschätzung kann folgende Faustregel dienen: *Eine Druckverminderung um die Hälfte erniedrigt die Siedetemperatur um etwa 15 °C.* Eine Substanz mit dem $Kp_{101(760)}$ 200 °C siedet dann bei 50,7 kPa (380 Torr) bei etwa 185 °C ($Kp_{50,7(380)}$ 185 °C), bei 25,3 kPa (190 Torr) bei etwa 170 °C ($Kp_{25,3(190)}$ 170 °C) usw.

Abbildung 3.7 zeigt die Gesamtansicht einer einfachen Vakuumdestillation. Bei Destillationen im Vakuum werden die Siedeverzüge durch eine Siedekapillare *(a)* unterbunden. Sie besteht aus einem dünnen Glasrohr, das an einen NS 14,5-Schliffkern angeschmolzen ist, mit dem atmosphärischen Druck in Verbindung steht und unten zu einer feinen Kapillare ausgezogen ist, die knapp über dem Kolbenboden endet. Bei Anlegen des Vakuums perlt aus der Kapillaröffnung eine Kette feiner Glasbläschen, die einen gleichmäßigen Siedeverlauf ermöglichen. Es ist unnötig und unangebracht, zusätzlich Siedesteine hinzuzufügen; sie führen oft zum Abbrechen der Siedekapillare während der Destillation.

Die Destillationsapparatur entspricht weitgehend der bei Normaldruck verwendeten, nur daß der Claisen-Aufsatz *(b)* jetzt die Siedekapillare zusätzlich aufnimmt.

Die Apparatur und das Manometer *(c)* werden stets über ein Sicherheitsvolumen, z. B. Woulfesche Flasche *(d)*, welches mindestens halb so groß wie das Volumen der zu evakuierenden Apparatur sein soll, an die Wasserstrahlpumpe *(e)* angeschlossen, um ein Zurücksteigen des Wassers bei plötzlich abnehmendem Wasserdruck ins Destillat bzw. ins Manometer zu verhindern. Manometer und Apparatur sind stets im Nebenschluß miteinander zu verbinden, um die Verunreinigung des Manometers zu vermeiden. Oftmals ist es

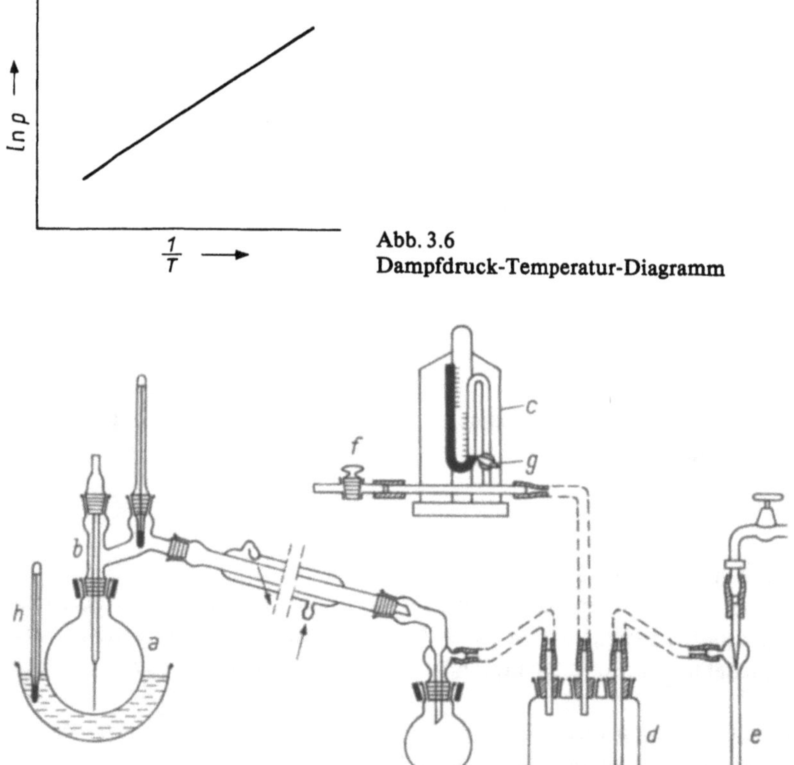

Abb. 3.6
Dampfdruck-Temperatur-Diagramm

Abb. 3.7
Einfache Vakuumdestillation

von Vorteil, das Manometer über einen Dreiwegehahn direkt auf die Woulfesche Flasche aufzusetzen. Bei diesem Aufbau entfallen die Hähne *(g)* und *(f)*.

Sollen große Lösungsmittelmengen im Vakuum von einem Reaktionsprodukt entfernt werden, ist der Rotationsverdampfer geeignet (Abb. 3.8). Dieser wird mit dem Vakuumstutzen an eine Woulfesche Flasche angeschlossen. Durch die Rotation des Siedekolbens wird die gesamte Innenfläche des Kolbens benetzt und damit die Verdampfungsfläche vergrößert, so daß pro Zeiteinheit mehr Flüssigkeit als bei stillstehendem Kolben verdampft. Durch das mittlere Rohr kann, ohne daß die Destillation unterbrochen werden muß, ständig die Lösung mit dem zu entfernenden Lösungsmittel nachgesaugt werden.

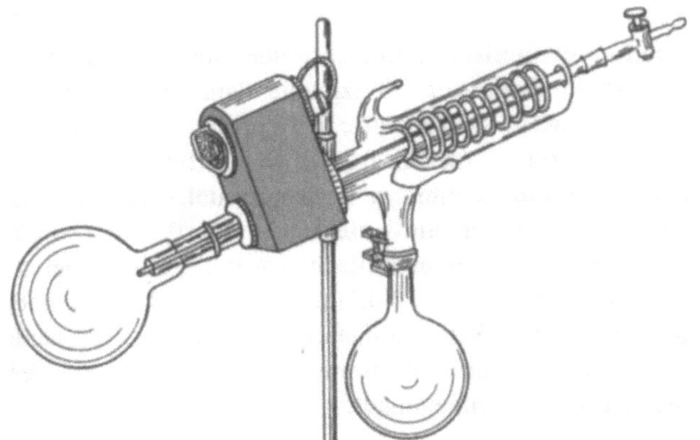

Abb. 3.8
Rotationsverdampfer

## 3.1.3.2.  Arbeitstechnik

**Während der Vakuumdestillation ist eine Schutzbrille zu tragen! Es dürfen nur Rund- bzw. Spitzkolben, aber keine Erlenmeyerkolben evakuiert werden!**

Das Füllen des Destillationskolbens *(a)* mit der im Wasserstrahlvakuum zu destillierenden Flüssigkeit (z. B. Cyclohexanon, Dimethylformamid, 1,2,3,4-Tetrahydronaphthalen, o-Toluidin) erfolgt höchstens bis zur Hälfte des Gefäßvolumens. Die gesamte Apparatur wird entsprechend Abbildung 3.7 zusammengefügt.

Die benötigte Siedekapillare erhält man, indem das Glasrohr zunächst in einer kräftigen, entleuchteten Bunsenbrennerflamme vorgezogen wird, um anschließend über kleiner Flamme durch nochmaliges Ausziehen die benötigte Feinheit zu erreichen. Die Kapillaröffnung ist fein genug, wenn beim Hineinblasen aus der in Aceton oder Methanol getauchten Spitze nur einzelne kleine Luftbläschen austreten. (Vor dieser Prüfung muß die Kapillare erkaltet sein!)

Die Verbindung von Destillationsapparatur, Manometer, Woulfescher Flasche und Wasserstrahlpumpe erfolgt mit dickwandigem Vakuumschlauch.

*Zuerst* wird stets nach Schließung des Hahns *(f)* die *Apparatur evakuiert.* Durch jeweils *kurzes* Öffnen des Manometerhahns *(g)* wird die Einstellung des Vakuums verfolgt. Aus der Siedekapillare müssen Luftbläschen austreten. Falls auf Grund undichter Schliffe kein oder nur ein ungenügendes Vakuum entsteht, sind diese sorgfältig zu reinigen und erneut zu fetten!

*Erst nach Einstellung des Vakuums* wird der Kolben mittels Heizbad *erwärmt.* Während der Destillation werden ständig Temperaturen und Vakuum verfolgt.

Bei *Beendigung der Destillation* wird *zuerst* die *Heizquelle entfernt* und, nachdem der Kolben etwas abgekühlt ist, durch *langsames* Öffnen des Hahns *(f)* das Vakuum aufgehoben. Zuletzt wird die Wasserstrahlpumpe abgestellt und durch *vorsichtiges Öffnen des Manometerhahns (g)* das Vakuum auch im Manometer aufgehoben (bei schneller Öffnung kann das zurückschlagende Quecksilber das Glasrohr zertrümmern!).

Die Volumina bzw. Massen von Destillationsrückstand und Destillat werden wiederum bestimmt.

Falls Vor- und Nachläufe auftreten, muß die Destillation entweder zum Vorlagenwechsel unterbrochen werden (zuerst immer Entfernung der Heizquelle, dann erst Aufhebung des Vakuums!), oder man verwendet spezielle Vorstöße, die die Vorlage unter Beibehaltung des Vakuums auszutauschen gestatten (vgl. Abschn. 3.1.4.). Da es oftmals nur erforderlich ist, den Vorlauf vom Hauptprodukt abzutrennen, weil ein eventueller Nachlauf im Siedekolben verbleiben kann, empfiehlt es sich, um ein Unterbrechen der Destillation zu vermeiden, zwischen Kühler und Vakuumvorstoß einen einfachen Aufsatz mit Kolben zu schalten (Abb. 3.9). Während des Abdestillierens des Vorlaufes steht der Kolben nach oben, so daß der Vorlauf in der ursprünglichen Vorlage aufgefangen werden kann. Sobald die Hauptfraktion übergeht, wird der Aufsatz mit dem zweiten Kolben nach unten gedreht und die Hauptfraktion in diesem Kolben aufgefangen.

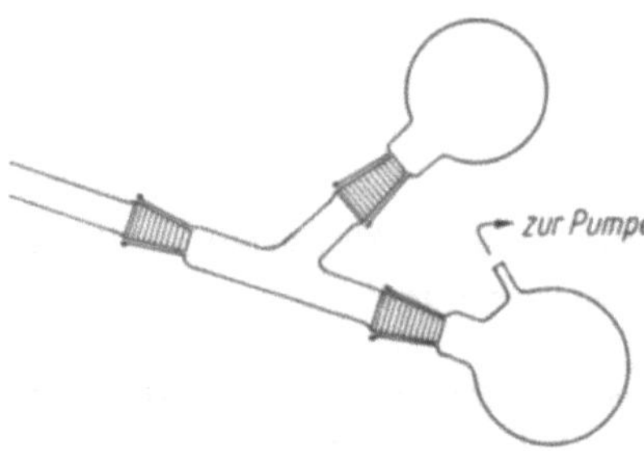


Abb. 3.9
Einfache Anordnung zum Vorlagenwechsel unter Vakuum

### 3.1.3.3.    Aufgaben

(Die Durchführung von Ü 5 setzt Absolvierung von Ü 3 (Abschn. 3.1.1.) oder Ü 4 (Abschn. 3.1.2.) voraus!)

Eine organische flüssige Substanz ist einer einfachen Destillation im Wasserstrahlpumpenvakuum zu unterwerfen. Die Siedetemperatur und das erreichte Vakuum sind zu bestimmen und ihre evtl. Veränderungen im Verlaufe der Destillation im Protokoll festzuhalten.

Der Siedeverlust ist in ml bzw. g und in Vol.-% bzw. Massen-% zu ermitteln. Die Größe ist zu diskutieren. Die Temperatur des Heizbades und beobachtete Änderungen sind zu protokollieren.

### 3.1.3.4.  Kontrollfragen

1. Warum läßt sich mit einer Wasserstrahlpumpe bei Zimmertemperatur kein Vakuum unter 1,6 kPa (12 Torr) erreichen?
2. Erklären Sie, weshalb bei der Vakuumdestillation Siedesteine nach kurzer Zeit wirkungslos sind!
3. Warum dürfen als Siedekolben und als Vorlage bei der Vakuumdestillation keine Erlenmeyerkolben verwendet werden?
4. Warum bezeichnet man den zur Hälfte gefüllten Siedekolben als „optimal" gefüllt?
5. Wodurch lassen sich größere Substanzverluste vermeiden, wenn das Destillat einen sehr hohen Dampfdruck besitzt?

## 3.1.4.  Rektifikation im Vakuum          Ü 6

### 3.1.4.1.  Theoretische Grundlagen

Es gelten die in den Abschnitten 3.1.2.1. und 3.1.3.1. gemachten Ausführungen.

### 3.1.4.2.  Arbeitstechnik

**Während der Vakuumdestillation ist eine Schutzbrille zu tragen!**

Für die Rektifikation im Vakuum wird die für einfache Destillationen im Vakuum angegebene Anordnung (Abb. 3.7, Abschn. 3.1.3.1.) mit den folgenden Änderungen verwendet:
Zwischen Destillationskolben *(a)* und Claisen-Aufsatz *(b)* wird eine Vigreux-Kolonne mit Luftmantel (etwa 30 cm) eingesetzt. Um eine Siedekapillare einführen zu können, wird als Destillationsgefäß ein Zweihalsrundkolben benötigt (Abb. 3.10). Der am Claisen-Aufsatz frei werdende Schliff wird mit einem Schliffstopfen verschlossen. Anstelle des einfachen Vorstoßes verwendet man die Ausführung nach ANSCHÜTZ und THIELE (Abb. 3.12) oder eine sogenannte „Spinne" (Abb. 3.11).
Zunächst wird der Zweihalskolben etwa bis zur Hälfte mit dem zu rektifizierenden Gut gefüllt und die gesamte Destillationsapparatur zusammengestellt. Man beachte sämtliche im Abschnitt 3.1.3.2. gegebenen Hinweise zur Vorbereitung und Durchführung einer Destillation unter vermindertem Druck!
Für alle weiteren Operationen ist es von entscheidender Bedeutung, daß die Hähne *(a)*, *(b)* und *(c)* des Anschütz-Thiele-Vorstoßes sorgfältig gefettet sind.
*Zuerst* wird die *Apparatur* durch Schließen des Hahnes *(a)* (Stellung $a_1$) bei geöffnetem Hahn *(b) evakuiert*. Am Manometer wird die Einstellung des Vakuums kontrolliert. Aus der Siedekapillare treten Luftbläschen aus. *Nachdem* sich ein *konstantes Vakuum* eingestellt hat, wird der Destillationskolben mittels Heizbad *erwärmt*. Bei einer Destillationsgeschwindigkeit von ein bis zwei Tropfen je Sekunde werden nun, wie in Abschnitt 3.1.2.2. (Rektifikation unter Normaldruck) beschrieben, die einzelnen Fraktionen nacheinander abgenommen.

Der Anschütz-Thiele-Vorstoß gestattet das Auswechseln der Vorlage nach vollständigem Übergang jeder Fraktion ohne Unterbrechung des Vakuums und damit des Destillationsvorganges:

- Durch Öffnung des Hahnes *(c)* wird das zur Volumenabschätzung im graduierten Teil *(d)* des Vorstoßes gesammelte Destillat in die Vorlage abgelassen.
- Nachdem das Ansteigen der Siedetemperatur (bei gleichbleibendem Vakuum!) angezeigt hat, daß ein Zwischenlauf oder eine neue Hauptfraktion überdestilliert, wird der Hahn *(c)* geschlossen und der Hahn *(a)* durch Drehen um 180° in Stellung $a_2$ gebracht.
- Die so belüftete Vorlage kann gegen einen leeren Kolben ausgewechselt werden, während sich das inzwischen übergehende Destillat in *(d)* sammelt.
- Nachdem die neue Vorlage angebracht ist, wird der Hahn *(b)* geschlossen und der Hahn *(a)* wieder in Stellung $a_1$ gebracht.
- Jetzt wird der neue Kolben evakuiert. Nach etwa 15 bis 30 Sekunden kann der Hahn *(b)* wieder geöffnet werden.
- Beim Übergehen der nächsten Fraktion verfährt man in der gleichen Reihenfolge.

Nach *Beendigung* der Destillation wird wieder *zuerst* die *Heizquelle entfernt* und dann das Vakuum durch Drehen des Hahnes *(a)* in Stellung $a_2$ aufgehoben.

Zum getrennten Auffangen der einzelnen Fraktionen ist auch eine sog. „Spinne" geeignet (Abb. 3.11), die einfacher in der Handhabung ist und an Stelle eines Anschütz-Thiele-Vorstoßes verwendet wird. Hierbei tritt nicht die Gefahr undichter Hähne auf, jedoch ist

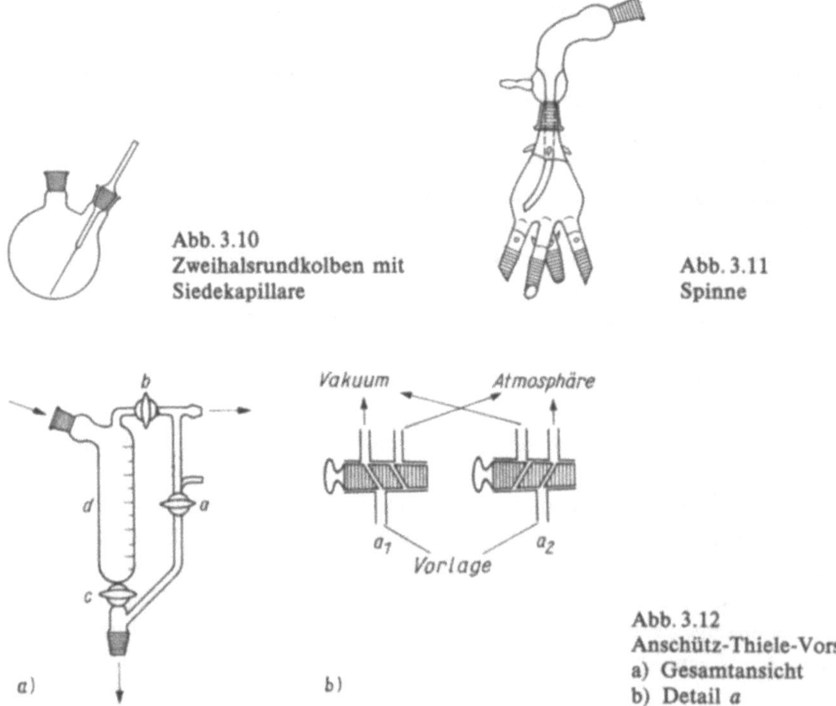


Abb. 3.10
Zweihalsrundkolben mit
Siedekapillare

Abb. 3.11
Spinne

Abb. 3.12
Anschütz-Thiele-Vorstoß
a) Gesamtansicht
b) Detail *a*

die Anzahl der abnehmbaren Fraktionen begrenzt. Da während der Destillation alle erhaltenen Fraktionen im Vakuum verbleiben, richtet sich der erreichte Druck in der Vakuumapparatur nach der Fraktion mit dem höchsten Dampfdruck. Das hat zur Folge, daß bei Fraktionen mit sehr hohem Dampfdruck nur ein geringes Vakuum erreicht wird.

### 3.1.4.3.   Aufgaben

Ü 6 setzt die Absolvierung von Ü 3 (Abschn. 3.1.1.) oder Ü 4 (Abschn. 3.1.2.) voraus!

a) Ein Gemisch von o-Xylen und Decalin (technisch) soll durch Rektifikation im Wasserstrahlpumpenvakuum möglichst weitgehend in die Bestandteile getrennt werden. Man fängt die Fraktion „reines" o-Xylen, eine Zwischenfraktion und eine zweite Hauptfraktion „reines" Decalin auf.
Da die jeweiligen Siedetemperaturen vom erreichten Vakuum abhängen, richtet man sich zur Abgrenzung der einzelnen Fraktionen prinzipiell nach dem Ansteigen bzw. Konstantbleiben der Siedetemperatur (vgl. Abschn. 3.1.2.1.).
Als zusätzliche Orientierungen dienen folgende Siedetemperaturangaben:

o-Xylen: $Kp_{1,3(10)}$ 33 bis 34 °C; $Kp_{2,0(15)}$ 42 bis 43 °C
Decalin (technisch): $Kp_{1,6(12)}$ 67 bis 71 °C

Für die einzelnen Fraktionen werden jeweils das tatsächlich erhaltene Vakuum und die beobachtete Siedetemperatur tabelliert. In die Tabelle trägt man auch die Volumina der Fraktionen und des Destillationsrückstandes ein. Außerdem sind die Temperatur des Heizbades und notwendig gewordene Änderungen zu protokollieren.

b) Ein Gemisch von 35 ml Toluen und 35 ml 1,2,3,4-Tetrahydronaphthalen soll durch Rektifikation im Wasserstrahlvakuum in die Bestandteile getrennt werden.
Es ist eine Siedekurve aufzunehmen. Dafür ist es notwendig, die Siedetemperatur alle zwei Minuten zu registrieren und diese über den Volumina der einzelnen Fraktionen aufzutragen.
Die Fraktionen sind folgendermaßen zu trennen:
- Vorlauf (Temperaturanstieg bis zu einem ersten konstanten Wert $T_1$),
- 1. Hauptfraktion (Temperatur $T_1$ bleibt konstant),
- Zwischenfraktion (Temperaturanstieg bis zu einem zweiten konstanten Wert $T_2$),
- 2. Hauptfraktion (Temperatur $T_2$ bleibt konstant).

Die Rektifikation wird beendet, wenn die Temperatur $T_2$ absinkt oder der Inhalt im Siedekolben fast verdampft ist.
Die Anteile der Hauptfraktionen sind zu bestimmen (Angabe in Vol.-%)!
Man vergleiche die Siedekurve mit der in Aufgabe b in Abschnitt 3.1.1.3. erhaltenen!

### 3.1.4.4.   Kontrollfragen

1. Erklären Sie, weshalb bei Verwendung einer „Spinne" trotz dichter Apparatur und einwandfreier Funktion der Wasserstrahlpumpe gelegentlich kein gutes Vakuum erreicht werden kann!

2. Erläutern Sie in Abbildung 3.12 die Stellung der Hähne *a, b, c*
   - während der Destillation,
   - im Moment des Entfernens der Vorlage,
   - nachdem die neue Vorlage angeschlossen wurde!

## 3.1.5.    Wasserdampfdestillation    Ü 7

### 3.1.5.1.    Theoretische Grundlagen

Das Prinzip der *Wasserdampfdestillation* beruht darauf, daß viele hochsiedende, mit Wasser nur wenig oder nicht mischbare, d. h. in Wasser nicht lösliche Stoffe, von eingeblasenem Wasserdampf verflüchtigt und mit ihm zusammen im angeschlossenen Kühler kondensiert werden können.

Die Dampfdrücke zweier solcher Substanzen beeinflussen sich nicht, im Gegensatz zu ineinander löslichen Stoffen (vgl. Abschn. 3.1.2.).

Der Totaldampfdruck $p$ ist demnach gleich der Summe der Einzeldrücke $p_A$ und $p_B$ der reinen Komponenten. Er ist unabhängig vom Mischungsverhältnis der Partner:

$$p = p_A + p_B \tag{3.5}$$

Die Siedetemperatur des heterogenen Gemisches, die dann erreicht ist, wenn die Summe der Einzeldampfdrücke gleich dem Atmosphärendruck geworden ist, liegt demnach stets tiefer als die Siedetemperatur der niedrigst siedenden Komponente und bleibt konstant, solange die beiden Phasen koexistieren. Die Zusammensetzung des Dampfes und damit des Destillats ergibt sich aus dem Gesetz von AVOGADRO. Die Komponenten A und B werden bei der Siedetemperatur im molekularen Verhältnis ihrer Dampfdrücke $p_A$ und $p_B$ übergehen.

Das absolute Verhältnis wird durch Einsetzen der Molzahlen $n_A$ bzw. $n_B$ gewonnen:

$$\frac{n_A}{n_B} = \frac{p_A}{p_B} \tag{3.6}$$

Das Masseverhältnis $m_A/m_B$ ergibt sich dann aus der Beziehung:

$$\frac{m_A}{m_B} = \frac{M_A \cdot n_A}{M_B \cdot n_B} = \frac{M_A \cdot p_A}{M_B \cdot p_B} \qquad M_A, M_B \text{ molare Massen der Komponenten.} \tag{3.7}$$

Die Anwendung dieser Gleichung erlaubt z.B. die Berechnung der Zusammensetzung des Destillats Anilin/Wasser.

Die Siedetemperatur dieses Gemisches beträgt bei Atmosphärendruck 98,5 °C. Der Dampfdruck von Anilin beträgt bei dieser Temperatur 5,7 kPa (43 Torr), der von Wasser 95,6 kPa (717 Torr). Es ergibt sich für das Massenverhältnis:

$$\frac{m_{\text{Anilin}}}{m_{\text{Wasser}}} = \frac{93 \cdot 5,7}{18 \cdot 95,6} = 0,31 \tag{3.8}$$

Das Destillat steht also im Massenverhältnis Anilin : Wasser wie 0,31 : 1.

Die Wasserdampfflüchtigkeit eines Stoffes hängt oft mit seiner Struktur zusammen. So ist z. B. o-Nitro-phenol, das eine intramolekulare Wasserstoffbrücke zwischen den beiden o-ständigen Substituenten ausbilden kann, im Gegensatz zu seinem m- und p-Isomeren mit Wasserdampf flüchtig:

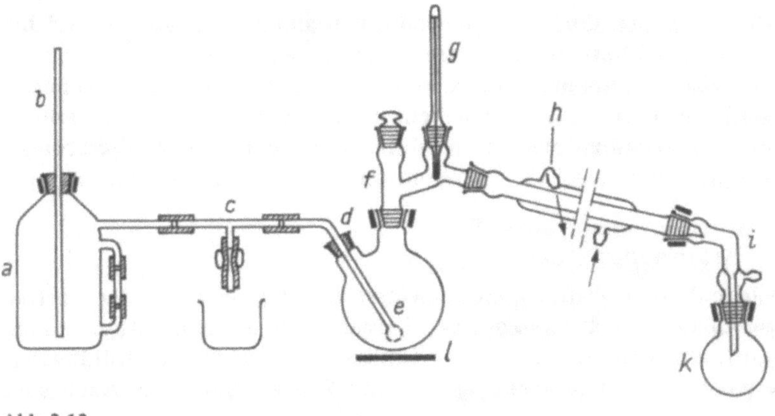

## 3.1.5.2.  Arbeitstechnik

Die Wasserdampfdestillation ist ein wichtiges, im Laboratorium und in der chemischen Großindustrie häufig angewandtes Reinigungsverfahren. Es ermöglicht die Trennung von Schmieren und Isomeren, wenn andere Methoden, wie Extraktion bzw. normale Destillation, versagen.

Um festzustellen, ob eine Substanz mit Wasserdampf flüchtig ist, erhitzt man eine kleine Menge zusammen mit 2 ml Wasser in einem Reagenzglas. Über die entweichenden Dämpfe wird der Boden eines mit Eis beschickten zweiten Reagenzglases gehalten, bis sich ein Flüssigkeitstropfen daran kondensiert hat. Ist dieser getrübt, so liegt Wasserdampfflüchtigkeit vor. Den Aufbau einer Apparatur zur Wasserdampfdestillation zeigt Abbildung 3.13.

Abb. 3.13
Apparatur zur Wasserdampfdestillation

In der Dampfkanne (a) (auch ein Standkolben ist verwendbar) wird Wasserdampf erzeugt. Das Steigrohr (b) dient zum Druckausgleich, das Zwischenstück (c) zum Ablassen von Wasserkondensat. Der Dampf tritt durch das Einleitungsrohr (d) in den Destillationskolben (e), der das zu trennende Gemisch enthält und meist zusätzlich durch einen unter ein Asbestdrahtnetz (l) gestellten Bunsenbrenner beheizt wird. Das Wasserdampfdestillat wird durch den Destillationsaufsatz *(f)* mit dem Thermometer *(g)* in den Kühler *(h)* getrieben, kondensiert dort und tropft durch den Vorstoß *(i)* in die Vorlage *(k)*.

Kleine Substanzmengen können auch unter Zugabe einer gewissen Menge Wasser ohne Verwendung einer Dampfkanne direkt überdestilliert werden.

### 3.1.5.3.  Aufgaben

**a) Reinigung von Anilin**

Zu 35 ml Anilin gibt man in einen Rundkolben *(e)* die gleiche Menge Wasser und erhitzt zum Sieden. Danach wird Wasserdampf eingeblasen, wobei der Brenner unter dem Kolben gelöscht wird. Die Destillation ist beendet, wenn das übergehende Destillat nicht mehr getrübt ist.

Zur Abtrennung des Anilins gibt man etwa je 10 g fein pulverisiertes Kochsalz auf je 100 ml Flüssigkeit und löst dieses durch Umschütteln auf (warum?).

Das Anilin wird nun aus der wäßrigen Lösung mit Chloroform extrahiert (s. Ü 8, Abschn. 3.2.), indem diese dreimal mit je 30 ml Chloroform im Scheidetrichter ausgeschüttelt wird. (Achtung: Nicht die falsche Phase verwerfen!) Die vereinigten chloroformhaltigen Extrakte werden mit einigen Stückchen Calciumchlorid getrocknet. Nach Abtrennen des Trockenmittels wird das Chloroform abdestilliert. Das zurückbleibende Anilin wird der einfachen Destillation unter Normaldruck unterworfen (Ü 3, Abschn. 3.1.1.). Man protokolliere die Siedetemperatur, bestimme den Brechungsindex (Ü 13, Abschn. 3.7.) und die Ausbeute des gereinigten Anilins (*Kp* 184 °C; $n_D^{20}$ 1,586 3).

In vereinfachter Weise erfolgt die Siedetemperaturbestimmung so, daß etwa 1,5 bis 2 ml Anilin und ein kleines Siedesteinchen in ein Reagenzglas gegeben werden, welches im Winkel von 45° an einem Stativ befestigt ist. In das Reagenzglas wird 2 bis 3 cm tief die Quecksilberkugel eines Thermometers gehalten, ohne daß diese den Rand berührt. Mit einem Bunsenbrenner wird nun das Anilin erhitzt. Wenn der Anilindampf etwa 20 bis 25 Sekunden die Quecksilberkugel des Thermometers umspült, kann die Siedetemperatur abgelesen werden.

**b) Reinigung von p-Benzochinon (Chinon)**

Im Rundkolben wird auf 3 g Rohchinon direkt Wasserdampf geleitet. In der Vorlage scheidet sich das gereinigte Chinon in goldgelben Kristallen ab. Sollte die Abscheidung im Kühler erfolgen, ist, um eine Verstopfung des Kühlers zu vermeiden, die Kühlwasserzuführung zu unterbrechen! Es wird abgesaugt und mit Wasser gewaschen. Nach dem Trocknen auf der Tonplatte oder auf Filterpapier wird die Schmelztemperatur bestimmt (*F* 115,7 °C).

**c) Reinigung von o-Nitro-phenol**

5 g o-Nitro-phenol (technisch) und 50 ml Wasser werden im Rundkolben *(e)* auf etwa 70 °C erwärmt. Anschließend leitet man Wasserdampf ein und treibt das o-Nitro-phenol über. Die Kühlwasserzufuhr ist so zu regeln, daß sich das übergehende Produkt nicht in fester Form im Kühler abscheidet. Nach dem Abkühlen des Destillats auf Zimmertemperatur wird das o-Nitro-phenol abgesaugt, mit Wasser gewaschen und auf einer Tonplatte getrocknet. Die Schmelztemperatur und die Ausbeute sind zu bestimmen (*F* 45 °C).

### 3.1.5.4.  Kontrollfragen

1. Welche Kriterien müssen erfüllt sein, damit ein Stoff der Wasserdampfdestillation unterworfen werden kann?
2. Eine saure Lösung, in welcher sich Anilin, o-Nitro-phenol und p-Nitro-phenol befindet, soll durch Wasserdampfdestillation in ihre Komponenten getrennt werden. In welcher Reihenfolge erfolgt die Trennung? An welcher Stelle und warum muß die Lösung alkalisiert werden?
3. Im Abschnitt 3.1.5.1. wird das Massenverhältnis des Destillats Anilin/Wasser mit 0,31:1 angegeben. Wieviel Massen-% Anilin sind das?
4. A und B sind zwei ineinander nicht lösliche Flüssigkeiten. Sie sieden, wenn sie unter Atmosphärendruck destilliert werden, bei 65 °C. Der Dampfdruck von A beträgt bei dieser Temperatur 47 kPa (355 Torr). Im Destillat befindet sich A mit 43 Massen-%. Wie groß ist die molare Masse von B, wenn die von A = $92\ \text{g} \cdot \text{mol}^{-1}$ ist?

# 3.2.  Extraktion                          Ü 8

## 3.2.1.  Theoretische Grundlagen

Die Überführung einer Substanz aus einer Phase, in der sie gelöst oder suspendiert ist, in eine andere flüssige Phase wird *Extraktion* genannt. Bei diskontinuierlicher Arbeitsweise spricht man auch von *Ausschütteln*, bei kontinuierlicher von *Perforation*.

Als Extraktionsmittel können z. B. Ether, Chloroform, Essigester und Pentan-1-ol, im Prinzip aber auch alle anderen flüssigen organischen Verbindungen, die nicht mit Wasser mischbar sind, verwendet werden.

Die Substanz verteilt sich auf die beiden nicht ineinander löslichen Phasen im Verhältnis ihrer Löslichkeit in jeder von ihnen. Dieses Verhältnis ist konstant, und es gilt der *Verteilungssatz von* NERNST:

$$\frac{c_E}{c_R} = k \tag{3.9}$$

$c_E$ Gleichgewichtskonzentration des verteilten Stoffes im Extraktionsmittel (z. B. organische Phase), $c_R$ Gleichgewichtskonzentration des verteilten Stoffes im Reextraktionsmittel (z. B. die zu extrahierende wäßrige Lösung).

Die Gleichgewichtskonstante $k$, der Verteilungskoeffizient, ist temperaturabhängig. Werden $c_E$ und $c_R$ gegeneinander aufgetragen, so erhält man die Verteilungsisotherme. Diese ist eine Gerade, wenn der verteilte Stoff in beiden Phasen in der gleichen Molekelart vorliegt und wenn Assoziations- bzw. Dissoziationsgrad und deren Konzentrationsabhängigkeit in beiden Phasen gleich sind.

Für eine schubweise Verteilung, welche beim Ausschütteln mittels Scheidetrichter vorliegt, ist das Verhältnis der Massen des verteilten Stoffes in beiden Phasen und das Volumenverhältnis dieser von praktischer Bedeutung. Der Nernstsche Verteilungssatz wird deshalb wie folgt umgeformt:

$$k = \frac{c_E}{c_R} = \frac{m_E \cdot V_R}{m_R \cdot V_E} \tag{3.10}$$

$m_E$, $m_R$ Massen des in den beiden Phasen verteilten Stoffes nach der Gleichgewichtseinstellung; $V_E$, $V_R$ Volumina der beiden Phasen.

Ist ein Stoff im Extraktionsmittel viel besser löslich als im Reextraktionsmittel, so ist eine Extraktion leicht möglich; $k$ ist dann wesentlich größer als eins. Soll ein Stoff mit kleinem Verteilungskoeffizienten extrahiert werden, ist die schrittweise Verteilung langwierig. In diesen Fällen wird die gleichförmige einfache Verteilung *(Perforation)* angewandt. Sie ist dadurch charakterisiert, daß eine Phase (Extraktionsmittel) durch die andere (Reextraktionsmittel) hindurchströmt. Hierbei ist es wichtig, daß die Tröpfchen des Extraktionsmittels möglichst klein sind, weil dadurch die Oberfläche der extrahierenden Phase stark vergrößert wird und somit die Gleichgewichtseinstellung schneller erfolgt.

Das Ziel einer Extraktion ist es, die Substanz möglichst quantitativ aus der meist wäßrigen Phase herauszulösen. Wie ist nun im einzelnen zu verfahren? Formal könnte man entweder mit einer größeren Menge an Extraktionsmittel auf einmal ausschütteln oder die vorgesehene Gesamtmenge in mehrere Portionen aufteilen und damit mehrmals ausschütteln.

Bei einer einmaligen Operation kann jedoch maximal die durch den Verteilungskoeffizienten und das verwendete Volumen an Extraktionsmittel festgelegte Menge an auszuschüttelnder Substanz übergehen. Wesentlich günstiger sind die Verhältnisse, wenn öfter ausgeschüttelt wird. Ein Beispiel läßt dies klar erkennen:

Eine in Wasser (W) wenig lösliche Substanz soll in einem Extraktionsmittel (EM) 500mal besser löslich sein. Das Verhältnis der Konzentration der Substanz in den beiden Phasen, Extraktionsmittel: Wasser, wird also stets 500:1 betragen, d.h., der Verteilungskoeffizient $k$ beträgt 500:

$$\frac{c_{EM}}{c_W} = \frac{500}{1} = k \tag{3.11}$$

Nimmt man an, daß die Konzentration der Substanz in einer bestimmten Menge Wasser gleich eins sei, so wird nach einem einmaligen Ausschütteln mit der gleichen Menge Extraktionsmittel die Konzentration der Substanz in Wasser nur noch 1/500 betragen.

Wiederholt man nach der Trennung der beiden Phasen diese Operation noch zweimal, wobei wiederum jeweils die gleiche Menge Extraktionsmittel verwendet wird, so beträgt die Endkonzentration der Substanz im Wasser $(1/500)^3$.

Schüttelt man andererseits die wäßrige Ausgangslösung nur einmal mit der dreifachen Menge an Extraktionsmittel, so beträgt die Endkonzentration der Substanz im Wasser noch:

$$\frac{1}{500} \cdot \frac{1}{3} = \frac{1}{1\,500}$$

*Ein gelöster Stoff wird also vollständiger extrahiert, wenn man mehrere Male mit kleinen Portionen an Extraktionsmittel ausschüttelt.*

## 3.2.2.    Arbeitstechnik

### 3.2.2.1.    Ausschütteln von Lösungen

Zum Ausschütteln benutzt man einen Scheidetrichter (Abb. 3.14) oder bei kleinen Flüssigkeitsvolumina einen Tropftrichter mit kurzem, schräg angeschliffenem Ansatzrohr.

Die auszuschüttelnde, meist wäßrige Lösung wird im Scheidetrichter mit 1/5 bis 1/3 ihres Volumens mit Extraktionsmittel versetzt, so daß das Gefäß höchstens zu 2/3 gefüllt ist.

**Bei Ether als Extraktionsmittel ist die gesamte Operation im Etherraum durchzuführen!**

Nach Verschließen des Schüttelgefäßes wird unter Festhalten des Stopfens und des Hahnkükens zunächst vorsichtig geschüttelt. Es entsteht meist ein Überdruck, der durch kurzzeitiges Öffnen des Hahnkükens bei nach oben gerichtetem Ansatzrohr abzulassen ist. Dies wird so lange wiederholt, bis kein Überdruck mehr vorhanden ist. Nun erst wird ein bis zwei Minuten lang kräftig geschüttelt. Durch Stehenlassen trennen sich die Phasen. Die untere ist durch den Auslauf abzulassen, während die darüber liegende Phase durch die obere Öffnung auszugießen ist.

Abb. 3.14
Scheidetrichter

Manche Systeme neigen zur Bildung von Emulsionen. In solchen Fällen schwenkt man den Scheidetrichter nur. Haben beide Phasen etwa die gleiche Dichte, so erfolgt oftmals eine schlechte Trennung beider. Durch Zugabe von Kochsalz kann die Dichte der wäßrigen Phase erhöht werden, so daß sich die Phasen besser trennen. Das sicherste Mittel ist immer, das Extraktionsgefäß längere Zeit ruhig stehen zu lassen.

Beim präparativen Arbeiten müssen Extraktionslösungen von Fremdstoffen befreit werden (z. B. von Säuren). Man „wäscht", d. h. schüttelt diese z. B. mit Natriumcarbonatlösung und mit Wasser.

**Vorsicht!** Beim Waschen saurer Lösungen mit Alkalicarbonaten bildet sich durch entstehendes Kohlendioxid ein starker Überdruck im Scheidetrichter! Das wird vermieden, indem man nach Zugabe der Alkalicarbonatlösung etwas wartet, den Scheidetrichter mit einem Stopfen verschließt und unter Festhalten des Stopfens den Scheidetrichter um 180°

dreht, sofort den Hahn bei nach oben gerichtetem Ansatzrohr öffnet und dann bei geöffnetem Hahn den Scheidetrichter vorsichtig schwenkt. Danach kann bei geschlossenem Hahn durchgeschüttelt werden, wobei anschließend mehrmals vorsichtig zu belüften ist.

### 3.2.2.2.    Extraktion von Feststoffen

Hierfür verwendet man automatisch arbeitende Apparaturen, z. B. den *Soxhlet-Extraktor* (Abb. 3.15). Das im Kolben befindliche Extraktionsmittel wird teilweise verdampft. Das Kondensat tropft auf das in einer Extraktionshülse befindliche Extraktionsgut und wird anschließend in den Kolben durch das seitlich angebrachte Heberrohr zurückgeführt. Dabei reichert sich die abzutrennende Komponente im Lösungsmittel an und kann durch Verdampfen desselben isoliert werden.

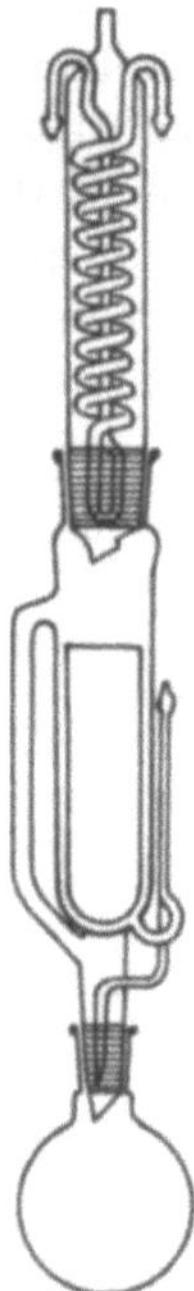

Abb. 3.15
Soxhlet-Extraktor

## 3.2.3.    Aufgaben

Nebeneinander sollte Aufgabe 1 und 2 oder 3 ausgeführt werden, wobei der Versuch 1 zu Beginn des Praktikums anzusetzen ist.

### 3.2.3.1.    Extraktion von Coffein aus Teestaub

50 g Teestaub werden in eine Soxhlet-Hülse eingewogen, mit etwas Glaswolle abgedeckt und in den Soxhlet-Extraktor gebracht. In den 500-ml-Siedekolben wird eine Mischung von 250 ml Chloroform/Ethanol (1:1) gegeben und nach Zusammenbau der Apparatur

1,5...2 Stunden zum Sieden erhitzt (Siedesteine nicht vergessen!). Nachdem die dunkel gefärbte Lösung abgekühlt wurde (Einstellen in kaltes Wasser), wird diese mit Hilfe des Rotationsverdampfers (s. Ü 5, Abschn. 3.1.3.1.) auf dem Wasserbad bis zur Trockne eingeengt und sublimiert (s. Ü 10, Abschn. 3.4.3.). Von den erhaltenen Kristallen ist die Schmelztemperatur zu bestimmen.

### 3.2.3.2.  Extraktion von Adipinsäure aus einer wäßrigen Lösung mit Butanol

Die folgende Rechenaufgabe ist vor Beginn des Praktikums zu lösen: Durch einmaliges Ausschütteln von 500 ml Wasser, in welchem 0,03 mol Adipinsäure gelöst sind, sollen 50 % der gelösten Substanz mit Butanol extrahiert werden. Wie viele ml Butanol müssen zur Extraktion verwendet werden ($k = 3{,}2$) ?

Das Ergebnis ist durch folgendes Experiment zu überprüfen: Man gibt in einen 1-l-Scheidetrichter 500 ml der 0,03 M wäßrigen Adipinsäurelösung und fügt die oben berechnete Menge Butanol hinzu. Man schüttelt gut durch, wartet, bis sich die Phasen getrennt haben, und trennt die Butanolphase ab. Die Butanollösung wird in einen 250 ml-Rundkolben (NS 29), der vorher genau gewogen wurde, überführt. Das Butanol wird auf dem Wasserbad mittels Rotationsverdampfers (s. Ü 5, Abschn. 3.1.3.1.) entfernt. (Es kann für weitere Versuche verwendet werden.) Durch erneute Wägung des Kolbens erhält man die Masse der extrahierten Adipinsäure.

Das Ergebnis ist mit der Rechnung zu vergleichen und zu diskutieren.

### 3.2.3.3.  Bestimmung des Verteilungskoeffizienten von Iod zwischen Wasser und Tetrachlorkohlenstoff

50 ml Tetrachlorkohlenstoff, die 250 mg sublimiertes Iod gelöst enthalten, werden in einen 500-ml-Scheidetrichter überführt. Dazu gibt man 250 ml Wasser und schüttelt bis zur Gleichgewichtseinstellung (etwa 50mal rasch den Scheidetrichter 180° um dessen Längsachse drehen!). Damit sich die Phasen trennen, wird der Scheidetrichter in einen Stativring gehängt, die Tetrachlorkohlenstofflösung wird in ein Becherglas abgelassen.

Zur Bestimmung des Iodgehaltes werden mittels Pipette 5 ml der Tetrachlorkohlenstofflösung in einen 250-ml Erlenmeyerkolben überführt, mit 50 ml Wasser, 5 Tropfen n-Butanol und 1 ml Stärkelösung aufgeschlämmt und mit 0,01 N Natriumthiosulfatlösung titriert bis zur Entfärbung. Es ist zu beachten, daß die Umsetzung des Iods mit der Natriumthiosulfatlösung nur in der wäßrigen Phase erfolgt. Deshalb muß nach der anfänglichen Entfärbung der wäßrigen Phase noch längere Zeit geschüttelt werden. Wenn sich dadurch diese wieder blau gefärbt hat, ist weiter zu titrieren. Diese Operation ist so lange zu wiederholen, bis nach der letzten Zugabe der Natriumthiosulfatlösung und weiterem Schütteln keine Blaufärbung mehr auftritt. Das ist dann der Fall, wenn die Tetrachlorkohlenstofflösung völlig entfärbt ist.

Aus der wäßrigen Phase werden 200 ml Lösung entnommen, ebenfalls mit 1 ml Stärkelösung versetzt und gleichfalls mit 0,01 N Natriumthiosulfatlösung titriert.

Aus dem Verbrauch an Titerlösung werden die Iodkonzentrationen ($\mathrm{mol} \cdot l^{-1}$) in den beiden Phasen errechnet und dann $k$ ermittelt:

$$k = \frac{[I_2]_{CCl_4}}{[I_2]_{H_2O}}$$

## 3.2.4.  Kontrollfragen

1. Was versteht man unter einem Verteilungsgleichgewicht?
2. Nach welchem Prinzip verteilt sich eine gelöste Substanz zwischen zwei Lösungsmitteln?
3. Warum ist es zweckmäßiger, eine Extraktion von Stoffen aus Lösungen durch mehrmaliges Ausschütteln mit kleineren Portionen des Lösungsmittels vorzunehmen und nicht mit der gesamten Lösungsmittelmenge auf einmal?
4. 1 l Wasser enthält 200 mg Iod und wird mit 100 ml Kohlenstoffdisulfid extrahiert. Wie viele Milligramm Iod bleiben in der wäßrigen Phase zurück ($k = 588$)? Wieviel Milligramm Iod bleiben in der wäßrigen Phase zurück, wenn dreimal mit jeweils 20 ml Kohlenstoffdisulfid extrahiert wird?
5. Warum wird oftmals die zu extrahierende wäßrige Phase vor der Extraktion mit Kochsalz gesättigt?
6. Wie läßt sich auf einfache Weise feststellen, welche von einer wäßrigen und einer organischen Phase die wäßrige Phase ist?

# 3.3.  Chromatographie        Ü 9

## 3.3.1.  Theoretische Grundlagen

Als *Chromatographie* bezeichnet man eine Vielzahl physikalisch-chemischer Trennmethoden (z. B. Säulen-, Dünnschicht-, Papier-, Gaschromatographie), die auf die Arbeiten von TSWETT (1903) und KUHN (1931) zurückgehen und in den letzten drei Jahrzehnten eine große Bedeutung auf allen Gebieten der Chemie erlangt haben.

Die Trennung von Substanzgemischen erfolgt dabei z. B. auf Grund unterschiedlicher Verteilung zwischen zwei flüssigen Phasen *(Verteilungschromatographie)* und auf Grund verschieden starker Adsorption an einem Adsorptionsmittel *(Adsorptionschromatographie)*, wobei eine Phase als stationäre, die andere als mobile Phase fungiert.

Bei der *Papierchromatographie* kommt in erster Linie das Verteilungsprinzip zur Wirkung, bei der die stationäre Phase in Form der hydratisierten Zellulose vorliegt. (Geeignet sind Filterpapiere für die Chromatographie des VEB Spezialpapierfabrik Niederschlag/ Erzgeb.) Das Laufmittel muß deshalb immer einen geringen Anteil Wasser enthalten. Auch andere Lösungsmittel (Petroleum, Paraffinöl) lassen sich als stationäre Phase auf dem Papier fixieren.

Wird anstatt Filterpapier Papierpulver, welches in ein Rohr gefüllt wird, eingesetzt, so kommt das Verteilungsprinzip auch bei der *Säulenchromatographie* zur Geltung. Werden dagegen für die Säulenfüllung Aluminiumoxid als stationäre Phase und wasserfreie Lösungsmittel für die mobile Phase eingesetzt, so kommt vorwiegend das Adsorptionsprinzip zur Geltung.

Ein unentbehrliches Hilfsmittel des Chemikers zur Trennung und Identifizierung kleinster, auch chemisch sehr ähnlicher Verbindungen ist die *Dünnschichtchromatographie,* für die sowohl das Verteilungs- als auch das Adsorptionsprinzip gültig ist.

Das Verteilungsprinzip gilt insofern, als sich die Komponenten eines Substanzgemisches z.B. zwischen dem von einem Träger (Adsorbens, z.B. Aluminiumoxid, Stärke, Cellulose, Kieselgur) aufgenommenen Wasser (Träger + Wasser = *stationäre Phase*) und dem durch diese stationäre Phase wandernden Lösungsmittel *(mobile Phase)* entsprechend dem Gesetz von NERNST (s. Gl. (3.9)) verteilen.

Die besser wasserlösliche Komponente wandert demnach langsamer als der in der mobilen Phase besser lösliche Partner. Das Adsorptionsprinzip kommt darin zum Ausdruck, daß sich z.B. zwischen dem Aluminiumoxid und den Komponenten des Substanzgemisches unterschiedliche Adsorptionsgleichgewichte einstellen, wodurch sich ebenfalls unterschiedliche Wanderungsgeschwindigkeiten ergeben.

Das Adsorptionsgleichgewicht ist temperaturabhängig, und bei konstanter Temperatur läßt sich für jede Substanz eine *Adsorptionsisotherme* (Abb. 3.16) angeben, die bei einem idealen Dünnschichtchromatogramm eine Gerade bildet.

Aus Abbildung 3.16 lassen sich zwei Extremfälle ableiten:

a) Die Adsorptionsisotherme fällt mit der Abszisse zusammen, d. h., die Konzentration der Substanz am Adsorbens ist gleich Null. Die Substanz löst sich vollständig im Laufmittel (mobile Phase) und wird von diesem mitgeführt (Substanz „läuft in Front").

b) Die Adsorptionsisotherme fällt mit der Ordinate zusammen, d. h., die Substanz wird vollkommen adsorbiert und bleibt ohne Wechselwirkung mit dem Laufmittel „am Start sitzen".

In der Praxis liegt die Isotherme bei geschickter Wahl von Adsorbens und Laufmittel zwischen den Extremfällen a) und b), und die Steilheit des Isothermenanstiegs gestattet eine Aussage über die Weite des Substanztransports.

Ein quantitatives Maß für die Wanderungsgeschwindigkeit einer Verbindung ist bei einem gegebenen Adsorbens und einem bestimmten Laufmittel der $R_f$-Wert (von engl. re-

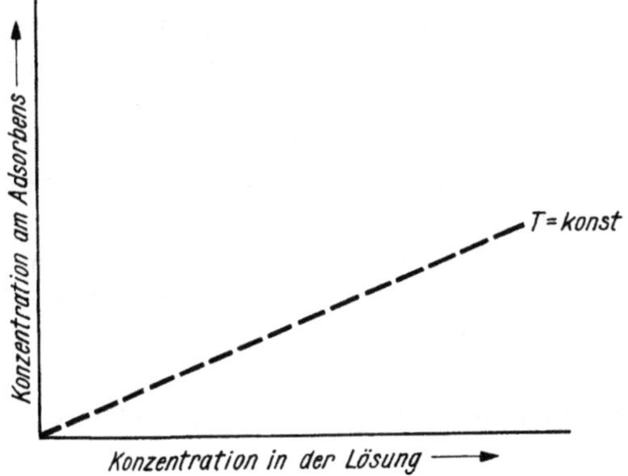


Abb. 3.16
Adsorptionsisotherme

tention factor, Rückhaltequotient). Dieser Wert ist definiert als Quotient aus der Entfernung des Substanzfleckes (Mittelpunkt) vom Startpunkt und der Entfernung der Lösungsmittelfront vom Startpunkt:

$$R_f = \frac{\text{Strecke Startpunkt–Substanz}}{\text{Strecke Startpunkt–Lösungsmittelfront}} \qquad (3.12)$$

Die $R_f$-Werte sind also stets kleiner als eins und von der Länge des Chromatogramms unabhängig. In der Regel wählt man jedoch eine Laufstrecke von 10 cm, weil die Entfernung Startpunkt/Substanz – mit dem Lineal ausgemessen – direkt den $R_f$-Wert ergibt.

Die $R_f$-Werte werden von verschiedenen Faktoren, wie Temperatur, Adsorbens, Laufmittel, Konzentration der Substanzlösung, Verunreinigungen u. a., mehr oder weniger stark beeinflußt. So wandern die Verbindungen bei niedriger Temperatur langsamer als bei höherer Temperatur. Verunreinigungen des Lösungsmittelgemisches, Inhomogenitäten des Adsorbens und Fremdionen in der Substanzlösung können Schwankungen der $R_f$-Werte bis zu 10 % hervorrufen.

## 3.3.2.    Arbeitstechnik

### 3.3.2.1.    Papierchromatographie

Auf dem zur Verfügung stehenden Chromatographiepapier wird zuerst die Laufrichtung bestimmt, falls diese nicht durch einen Pfeil in Form eines Wasserzeichens gekennzeichnet ist. Hierzu trägt man am Rand des Papiers einen Tropfen Wasser auf. Nach kurzer Zeit ist die ursprüngliche Kreisform in eine Ellipsenform übergegangen. Die Längsachse dieser Ellipse gibt die Laufrichtung an.

Entsprechend der zur Verfügung stehenden Entwicklungskammer, wofür 50 cm hohe Glaszylinder mit einem Durchmesser von etwa 15 cm am geeignetsten sind, werden Papierstreifen von solcher Breite zugeschnitten, daß diese, wenn sie in der Kammer hängen, die Glaswand nicht berühren und etwa 1,5 cm tief in das auf dem Boden der Entwicklungskammer befindliche Laufmittel eintauchen können (aufsteigende Methode). Mit Bleistift (nicht Kopierstift oder Kugelschreiber!) wird die Startlinie so markiert, daß diese sich nach Einhängen des Papierstreifens in die Entwicklungskammer 1 bis 1,5 cm über dem Laufmittel befindet.

Mit Hilfe eines Glasstabes oder einer fein ausgezogenen Tropfpipette werden auf der Startlinie 1- bis 3 %ige Lösungen der zu untersuchenden Substanzen aufgetragen. Der maximale Durchmesser der Substanzflecken soll 1 cm nicht überschreiten.

Nach dem Auftragen wird das Papier getrocknet und danach in die Entwicklungskammer eingehängt, in welcher vorher durch mehrmaliges Umschütteln des Laufmittels eine Sättigung der Atmosphäre mit dem Dampf des Laufmittels erreicht wurde.

Nach etwa 1,5 bis 2 Stunden ist das Laufmittel im Filterpapier 10 bis 12 cm hochgestiegen. Das Chromatogramm wird der Kammer entnommen und getrocknet, nachdem vorher die Lösungsmittelfront markiert wurde.

Durch Besprühen mit geeigneten Reagenzien werden die auf dem Chromatogramm befindlichen Substanzen, wenn diese nicht selbst farbig sind oder im UV-Licht fluoreszieren, sichtbar gemacht.

### 3.3.2.2. Dünnschichtchromatographie

Gegenüber anderen chromatographischen Verfahren besitzt die Dünnschichtchromatographie eine Reihe von Vorteilen, wie hohe Trennschärfe, große Empfindlichkeit, schnelle Laufzeit (10 bis 40 Minuten) und die Anwendbarkeit auch aggressiver Sprühreagenzien (Schwefelsäure u. a.).

Auf saubere, fettfreie Glasplatten ($10 \times 20$ cm oder $20 \times 20$ cm), die sich auf einer ebenen, gut haftenden Unterlage befinden, wird mit einem handelsüblichen Streichgerät oder einfacher mit einem Glasstab, der an beiden Enden Gummimanschetten trägt (Abb. 3.17), evtl. auch nur durch Aufgießen, eine gleichmäßige dünne Schicht (0,50 bis 0,75 mm, regelbar durch Stärke der Gummimanschetten) des Adsorbens aufgetragen, das z. B. aus 8 g Aluminiumoxid D (Chemiewerk Greiz-Dölau) und 15 ml Wasser im 100-ml-Erlenmeyerkolben unter Schütteln (bis zur Homogenität und Klumpenfreiheit) hergestellt wird. Der Glasstab darf beim Aufbringen des Adsorbens (Abb. 3.17) nicht gerollt werden.

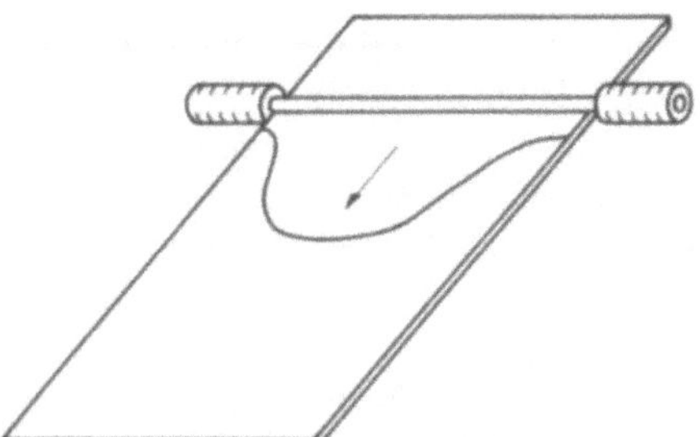

Abb. 3.17
Präparation der Glasplatte zur Dünnschichtchromatographie

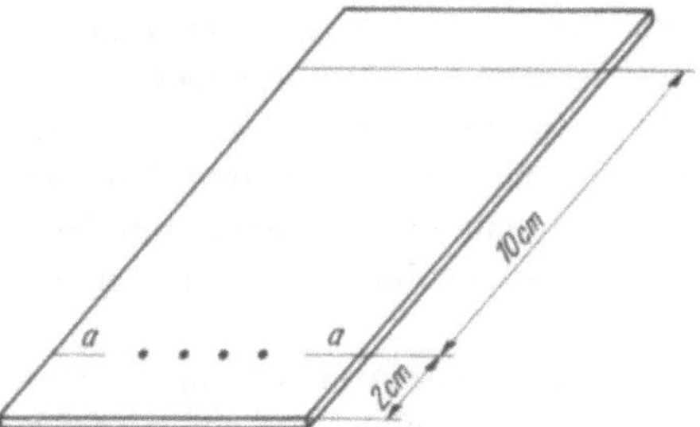


Abb. 3.18
Beschichtete Platte für Dünnschichtchromatographie
*a* Enden der Startlinie

Die beschichteten Glasplatten werden 5 bis 10 Minuten an der Luft getrocknet, dann 30 bis 40 Minuten bei 105 °C „aktiviert" und anschließend auf Raumtemperatur abgekühlt.

In Abbildung 3.18 wird gezeigt, wie mit Hilfe eines spitzen Gegenstandes (keinen Kopierstift verwenden) die Startlinie angedeutet (Linie nicht durchziehen! Warum?) und die Ziellinie sowie etwa vier Startpunkte markiert werden. Mit Hilfe einer Mikro- oder Blutpipette wird dann je ein Tropfen einer 1- bis 3 %igen Lösung der zu untersuchenden Substanzgemische an den Startpunkten aufgetragen. Der maximale Durchmesser der Flecken sollte 0,5 bis 0,7 cm betragen.

Nach Verdunsten des Lösungsmittels stellt man die Glasplatte in eine Entwicklungskammer (Abb. 3.19), deren Boden etwa 1 cm hoch mit dem Laufmittel bedeckt ist, das auf

Grund der Kapillarkräfte in der Schicht aufsteigt und die einzelnen Komponenten der zu trennenden Gemische unterschiedlich schnell transportiert. Als Entwicklungskammer eignet sich ein Exsikkator (evtl. auch ein verschlossenes Becherglas) entsprechender Größe, in dem vor dem Einbringen der Glasplatte durch mehrmaliges Umschütteln des Laufmittels (Gewährleistung des Druckausgleichs wie bei der Extraktion, vgl. Abschn. 3.2.2.) ein gewisser Dampfdruck erzeugt wird, der für die einwandfreie Entwicklung des Chromatogramms erforderlich ist.

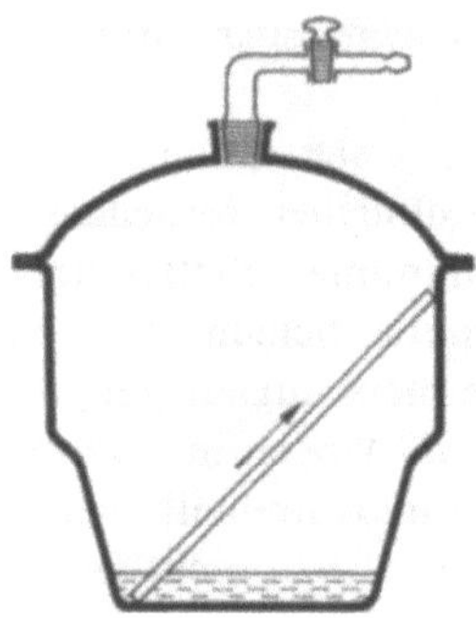

Abb. 3.19
Exsikkator als Entwicklungskammer

Erreicht nach 10 bis 30 Minuten die Lösungsmittelfront die Ziellinie, nimmt man die Glasplatte heraus und trocknet sie an der Luft oder im Trockenschrank.

Die Auswertung des Chromatogramms ist bei farbigen Substanzen sofort möglich. Farblose Substanzflecke werden beim Besprühen (handelsübliche Sprühapparate, Parfüm- oder Inhalationszerstäuber) mit geeigneten Reagenzien farbig und damit lokalisierbar, und farblose Flecke fluoreszierender Substanzen können unter der UV-Lampe erkannt werden.

Da gewisse Schwankungen der $R_f$-Werte unter diesen einfachen Bedingungen unvermeidlich sind, empfiehlt es sich, parallel zum Substanzgemisch die vermutlichen Einzelkomponenten zu chromatographieren, wodurch Fehlschlüsse bei der Lösung der folgenden Aufgaben vermieden werden können.

### 3.3.2.3.    Säulenchromatographie

In Glas- oder Metallrohren, deren Durchmesser zur Länge im Verhältnis von 1:10 bis 1:100 stehen soll, wird die säulenchromatographische Trennung von Gemischen durch *reversible Adsorption* an die stationäre Phase und *Elution* mit einem Lösungsmittel (mobile Phase) durchgeführt.

Das Adsorptionsmittel (z.B. Aluminiumoxid, Kieselgel, Zucker, Stärke, Cellulose) soll eine große Oberfläche (möglichst mehr als 100 m² pro Gramm besitzen und chemisch indifferent gegenüber der mobilen Phase und den zu trennenden Verbindungen sein. Da die einzelnen Komponenten des zu trennenden Gemisches unterschiedlich stark von der stationären Phase adsorbiert werden, wandern sie mit dem *Elutionsmittel* (z.B. Benzin, Cyclohexan, Benzen, halogenierte Aliphate wie $CCl_4$, $CHCl_3$, $CH_2Cl_2$) in unterschiedlicher Geschwindigkeit durch die Säule und bilden schließlich bei ausreichender Länge der

Säule und richtiger Wahl des Laufmittels einzelne Zonen, die in der Säule durch reine mobile Phase voneinander getrennt sind und einzeln abgenommen werden können.

Eine andere Methode besteht in der Beschickung der Säule mit unterschiedlichen Adsorbentien, welche die zu trennenden Substanzen selektiv adsorbieren. Durch getrenntes Eluieren der verschiedenen Adsorbentien, nachdem diese aus der Säule entfernt wurden, lassen sich dann die entsprechenden Substanzen isolieren.

*Säulenfüllung Methode A*

Als Adsorptionssäulen werden 20 bis 25 cm lange Glasrohre mit einem inneren Durchmesser von 12 mm benutzt. Den unteren Verschluß bildet ein einfach durchbohrter Stopfen, durch den ein kurzes Glasrohr in die Säule hineinragt. Ein lockerer Wattepfropfen im unteren Ende der Säule verhindert ein Hindurchsickern des Adsorptionsmittels durch diesen Auslauf.

Das feingepulverte Adsorptionsmittel (30 g Aluminiumoxid für die Chromatographie, Chemiewerk Greiz-Dölau) wird als Aufschlämmung (60 ml Benzin in einem 250-ml-Becherglas) mit Hilfe eines nicht zu engen Trichters so in die Säule gefüllt, daß das Adsorptionsmittel nach der schnell erfolgenden Sedimentation etwa 180 bis 200 mm hoch steht.

Die Säule muß in jedem Falle gleichmäßig und luftfrei gepackt sein, und dies wird am ehesten durch Einbringen des *aufgeschlämmten* Adsorptionsmittels gewährleistet. Füllt man die Säule jedoch mit dem trockenen Adsorptionsmittel, so ist auch durch Aufstoßen der Säule auf eine feste Unterlage oder Klopfen am Säulenmantel mit einem Glasstab meist keine dichte Packung zu erreichen, und die einzelnen Substanzen wandern dann nicht in definierten Zonen durch die Säule.

Solange noch Benzin über der horizontalen Oberfläche des Adsorptionsmittels steht, wird es mit einem lockeren Wattepfropfen bedeckt, um beim Ein- und Nachfüllen des Elutionsmittels ein Aufwirbeln zu verhindern.

Sobald das Benzin nur noch etwa 5 bis 10 mm hoch über dem Aluminiumoxid steht (die Säule darf keinesfalls „trockenlaufen"), gießt man die Lösung des zu trennenden Substanzgemisches vorsichtig in die Säule.

Für den beabsichtigten Trenneffekt ist von ausschlaggebender Bedeutung, daß die Masse der Rohrfüllung stets das 100- bis 1 000fache der Masse der aufzutrennenden Substanz beträgt.

Ist die Substanzlösung fast eingesickert, füllt man die Säule mit dem Elutionsmittel auf und wiederholt diesen Vorgang, bis sich die Komponenten in diskrete Zonen getrennt haben, die beim Austritt aus der Säule einzeln abgenommen werden.

Unproblematisch ist die Trennung farbiger Substanzen, da Beginn und Ende einer Zone visuell feststellbar sind. Sollen hingegen Gemische farbloser, flüssiger Verbindungen säulenchromatographisch getrennt werden, so ist das prinzipiell z.B. mit Hilfe der *Refraktometrie*, d.h. der Bestimmung des Brechungsindex $n_D$ im Abbé-Refraktometer, möglich (s. Ü 13, Abschn. 3.7.).

Die aus der Säule tropfende Lösung wird in diesem Fall in zahlreichen kleineren Portionen abgenommen, das Lösungsmittel wird abgedampft, und von den zurückbleibenden flüssigen Proben werden bei gleicher Temperatur die Brechungsindizes bestimmt, die oft eine Zuordnung der einzelnen Proben und damit eine Trennung des Gemisches ermöglichen.

*Säulenfüllung Methode B*

Das untere Ende der Säule wird mit einem kleinen Wattebausch verschlossen. In kleinen Portionen gibt man Aluminiumoxid (wie unter Methode A beschrieben) bis zu 2 cm Höhe in das Rohr. Durch Stoßen und leichtes Nachdrücken mit einem Glasstab, der das Rohr ausfüllt, erhält man eine genügend feste Schicht. Darüber wird ebenso eine 4 cm hohe Schicht Calciumcarbonat, welches bei 150 °C getrocknet worden ist, und anschließend eine 6 cm hohe Schicht fein pulverisierter Puderzucker, der vorher bei 100 °C im Vakuum getrocknet wurde, aufgefüllt. Das Rohr wird auf eine Saugflasche aufgesetzt, und bei schwachem, möglichst gleichmäßig gehaltenem Vakuum läßt man aus einem Tropftrichter Benzin (*Kp* 70 °C) durch die Säule laufen. Wenn das Benzin am unteren Ende austritt, wird dessen Zugabe unterbrochen und 1 bis 2 ml einer Spinatextraktlösung aufgegeben. Befindet sich diese in der Säule, läßt man weiteres Benzin durch die Säule laufen.

Es bilden sich alsbald verschiedene Zonen aus, von denen die obere gelbgrüne Schicht Chlorophyll B und die blaugrüne Chlorophyll A enthält. Darunter befindet sich eine gelbe Zone von Xanthophyll. Das gelbe Caroten wird erst vom Aluminiumoxid festgehalten.

## 3.3.3.  Aufgaben

Während eines Praktikums können mehrere Versuche parallel zueinander durchgeführt werden, z. B. a, b, c, g. Da die Papierchromatographie die längste Laufzeit benötigt, muß diese zu Beginn des Praktikums angesetzt werden.

**a) Papierchromatographische Trennung von Aminosäuren**

Ein Gemisch aus drei Aminosäuren ($H_2N-CHR-COOH$) soll getrennt werden. Die $R_f$-Werte sind zu bestimmen. Als Aminosäuregemische werden vorgeschlagen:

- Norleucin  (R = $H_3C-(H_2C)_3$,  Arginin  (R = $H_2N-C(=NH)-NH-(CH_2)_3-$,  Tyrosin (R = p-$HO-C_6H_4-CH_2-$)
- Cystin (R = $HOOC-CH(NH_2)-CH_2-S-S-CH_2-$), Glycin (R = H–), Norleucin
- Cystin, Asparaginsäure (R = $HOOC-CH_2-$), Valin (R = $(H_3C)_2CH-$)
- Arginin, Alanin (R = $H_3-$), Norleucin
- Arginin, Tyrosin, Norvalin (R = $H_3C-(CH_2)_2-$)
- Arginin, Asparaginsäure, Valin

Die Aminosäuren werden in Form von 3 %igen wäßrigen Lösungen, denen einige Tropfen Salzsäure zugesetzt sind, aufgetragen. Als Laufmittel dient Butan-1-ol/Eisessig/Wasser (4:1:1). Nach Entnahme des Chromatogramms aus der Entwicklungskammer wird es 5 Minuten bei 105 bis 110 °C getrocknet, danach mit N-CN-Indikator (25 Teile einer Lösung, bestehend aus 50 ml 0,2 %iger abs. ethanolischer Ninhydrinlösung, 10 ml Eisessig und 2 ml 2,4,6-Collidin werden kurz vor Gebrauch mit einem Teil einer 1 %igen Lösung von Kupfer(II)-nitrattrihydrat vermischt) besprüht und erneut 1 bis 2 Minuten auf 105 °C erwärmt. Es entsteht eine für die Aminosäuren charakteristische Farbe, die auch als Hinweis zu ihrer Identifizierung dienen kann.

## b) Trennung von Farbstoffgemischen durch Dünnschichtchromatographie

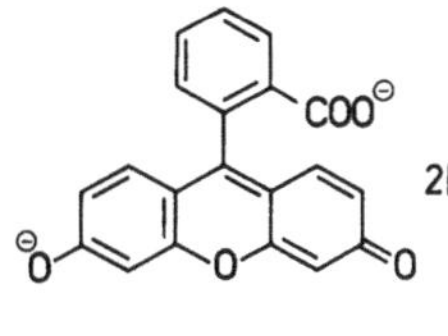

Fluorescein 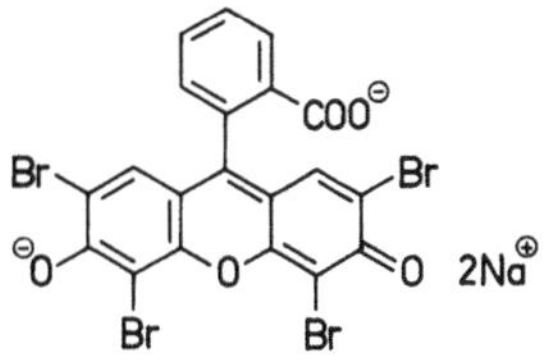      Eosin 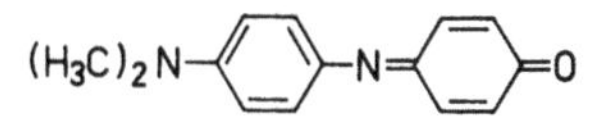      Indophenol

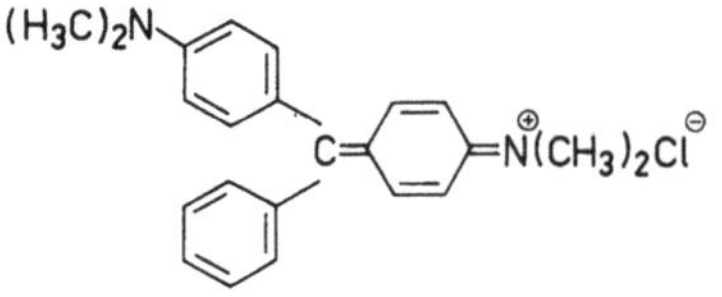

Malachitgrün 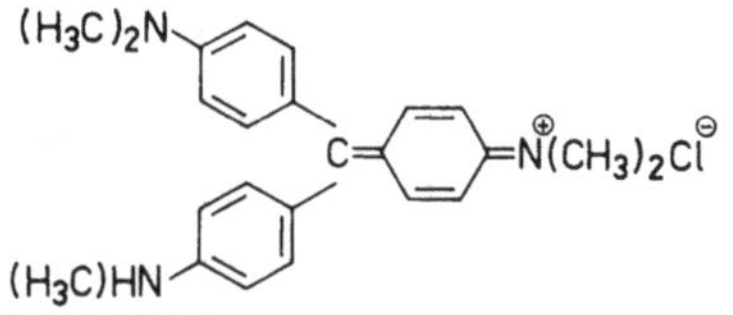      Methylviolett

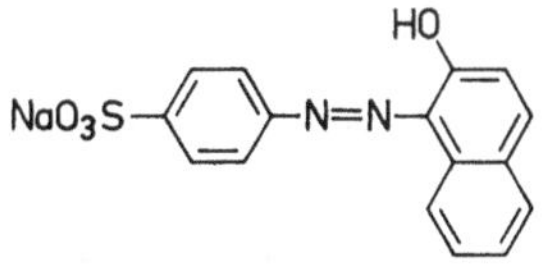

β-Naphtholorange 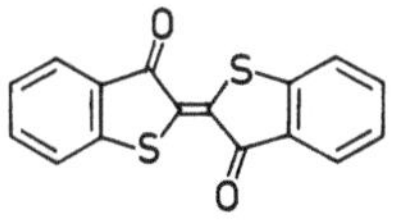      Thioindigo 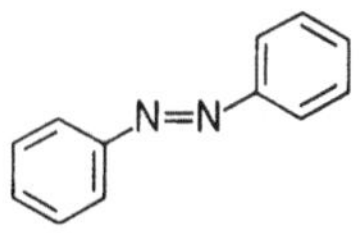      (E)-Azobenzen

- Es ist ein Farbstoffgemisch $F_1$ zu trennen, das aus maximal drei der folgenden Komponenten besteht: Eosin, Fluorescein, Methylorange, Malachitgrün, Methylviolett, β-Naphtholorange.
  Einprozentige ethanolische Lösungen des Gemisches $F_1$ sowie der sechs möglichen Komponenten werden auf sieben Bahnen von zwei entsprechend Abschnitt 3.3.2. präparierten Glasplatten im Laufmittelgemisch Butan-1-ol/Aceton/Wasser (2:7:2) aufsteigend chromatographiert und ausgewertet.
  Es ist anzugeben, aus welchen Komponenten das Gemisch $F_1$ besteht.
- Ein anderes Farbstoffgemisch $F_2$ kann aus maximal zwei der drei möglichen Komponenten bestehen: Thioindigo, Azobenzen, Indophenol.
  Es wird wie bei Gemisch $F_1$ verfahren. Als Laufmittel dient Benzen/Chloroform/Ethanol (10:2:1).

## c) Trennung der (Z)/(E)-Isomeren von Azobenzen mittels Dünnschichtchromatographie

Es ist der Einfluß von UV-Licht auf Azobenzen bei der Umlagerung von der (E)- in die (Z)-Form zu untersuchen.

Auf drei verschiedenen Platten wird eine 3 %ige Lösung von Azobenzen in Benzen aufgetragen. Während eine der Platten nicht bestrahlt wird, läßt man auf die zweite etwa 3 Minuten und auf die dritte 10 Minuten lang UV-Licht einwirken.

Anschließend werden die Platten mit Benzen als Laufmittel entwickelt. Es sind die (Z)- und (E)-Verbindungen zu charakterisieren!

## d) Trennung von Zuckern mittels Dünnschichtchromatographie

```
     CHO              CHO              CHO
      |                |                |
HO—C—H           H—C—OH           H—C—OH            CHO
      |                |                |             |
HO—C—H          HO—C—H            H—C—OH        H—C—OH
      |                |                |             |
 H—C—OH          HO—C—H           HO—C—H        HO—C—H
      |                |                |             |
 H—C—OH           H—C—OH           HO—C—H        H—C—OH
      |                |                |             |
   CH₂OH            CH₂OH             CH₃          CH₂OH

 D-Mannose        D-Galactose      L-Rhamnose      D-Xylose
```

Monosaccharide unterscheiden sich nur sehr wenig hinsichtlich ihrer $R_f$-Werte. Die Trennung folgender Paare ist aber möglich:

- D-Galactose/D-Xylose
- D-Galactose/L-Rhamnose
- D-Mannose/D-Xylose
- D-Mannose/L-Rhamnose.

Eines dieser Paare ist zu trennen, und die Komponenten sind zu identifizieren. Dazu werden Proben von fünf zweiprozentigen Lösungen (unbekanntes Paar, D-Galactose, D-Mannose, D-Xylose, L-Rhamnose, jeweils gelöst in 50 %igem Ethanol) auf eine präparierte Glasplatte aufgebracht und im Laufmittelgemisch Butan-1-ol/Aceton/Wasser (4:5:1) aufsteigend chromatographiert.

Die Trocknung erfolgt bei 50 °C, und etwa 15 Minuten nach dem Besprühen der kalten Platte mit einer zehnprozentigen ammoniakalischen Silbernitratlösung erscheinen die Flecken braun auf hellem Grund.

Es ist anzugeben, aus welchen Komponenten das untersuchte Paar besteht.

## e) Trennung von Farbstoffgemischen mittels Säulenchromatographie

Auf eine entsprechend Abschnitt 3.3.2.3., Methode A, vorbereitete Säule bringt man 0,5 ml der Lösung einer der folgenden vier Farbstoffkombinationen in Benzin:

- β-Naphtholorange/Malachitgrün
- β-Naphtholorange/Methylviolett
- Fluorescein/Methylviolett
- Eosin/Malachitgrün.

Anschließend wird mit dem Gemisch Butan-1-ol/Aceton/Wasser (2:7:2) so lange eluiert, bis die Zone des schneller wandernden Farbstoffs das Ende des Absorptionsrohrs gerade erreicht. Es ist eine Skizze mit der Lage der Farbzonen anzufertigen.

## f) Trennung eines Gemisches farbloser Komponenten mittels Säulenchromatographie

Die Brechungsindizes von reinem Essigsäurepentylester und reinem Anilin sind zu bestimmen und mit den in Tabellenwerken angegebenen Werten zu vergleichen (s. Ü 13, Abschn. 3.7.). Anschließend sind 1,5 bis 2 ml des 1:1-Gemisches dieser beiden Substanzen säulenchromatographisch zu trennen (Säulenfüllung s. Abschn. 3.3.2.3., Methode A). Es wird mit Hexan/Chloroform (4:1) eluiert.

Zu Beginn wird ein Vorlauf von etwa 30 ml Elutionsmittel abgenommen. Dann folgt der schnell wandernde Ester (Geruch, Schlierenbildung), und es werden dreimal 4 ml Lösung aufgefangen. Nun wird mit Methanol eluiert, das in Front mit dem Anilin (etwas dunklere Färbung des Aluminiumoxids) durch die Säule wandert. Auch davon werden drei- bis viermal 4 ml Lösung abgenommen.

Von allen Fraktionen wird mit Hilfe eines Föns unter dem Abzug das Lösungsmittel abgedampft, und die Brechungsindizes der zurückbleibenden Flüssigkeiten werden bestimmt.

Bei sauberem Arbeiten weist wenigstens je eine Fraktion den Wert des reinen Essigsäurepentylesters bzw. des reinen Anilins auf.

**g) Säulenchromatographische Adsorption der Blattfarbstoffe**

Im Spinatextrakt sollen durch säulenchromatographische Adsorption (Chlorophyll a und b, Carotene und Xanthophylle nachgewiesen werden:

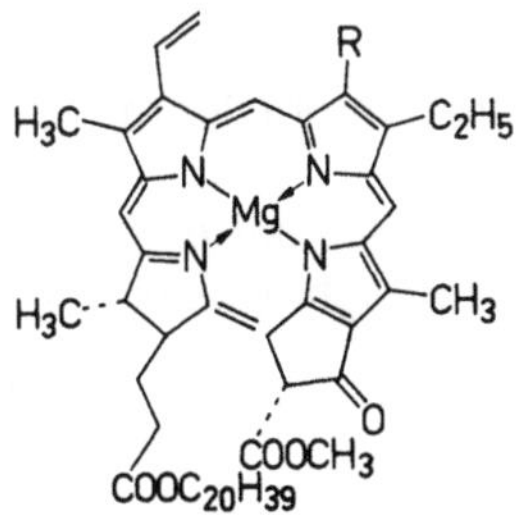

Chlorophyll a (R = CH$_3$), b (R = CHO)

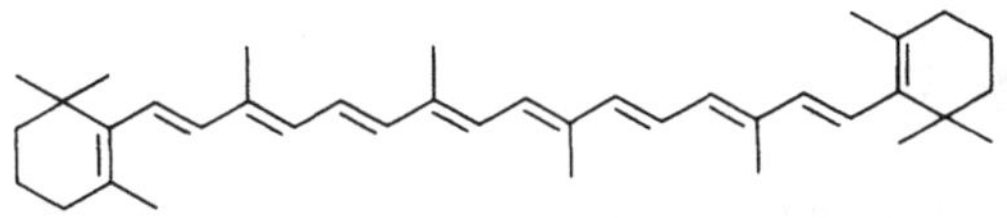

β-Caroten (β, β-Caroten)

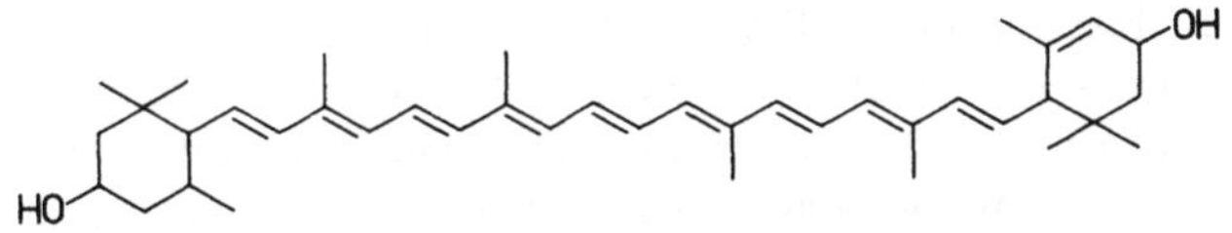

Lutein (Blattxanthophyll) (β, ε-Caroten-3,3′-diol)

Es wird die Säulenfüllung nach Abschnitt 3.3.2.3., Methode B eingesetzt.

Der auf folgendem Wege bereitete Spinatextrakt ist längere Zeit haltbar: 3 bis 4 frische Spinatblätter (Feinfrostspinat ist auch geeignet) werden in einem Erlenmeyerkolben in einem Gemisch von 45 ml Benzin (*Kp* 70 °), 5 ml Benzen und 15 ml Methanol 1,5 Stunden stehen gelassen. Der fast weiße Rückstand wird abgesaugt. Durch wiederholtes vorsichtiges Waschen mit Wasser im Scheidetrichter (nicht schütteln!) wird das Methanol vollständig entfernt. Die Lösung wird über Natriumsulfat getrocknet.

### 3.3.4.   Kontrollfragen

1. Was ist der Unterschied zwischen Adsorption und Absorption?
2. Erläutern Sie das Trennprinzip der Adsorptions- und Verteilungschromatographie!
3. Was versteht man unter dem $R_f$-Wert?
4. Unter den Bedingungen wie in Abschnitt 3.3.3. läßt sich für Maltose durch Dünnschichtchromatographie der $R_f$-Wert 0,05 ermitteln. Welche Lage hat etwa die Adsorptionsisotherme für Maltose?
5. Mit welchen Sprühreagenzien würden Sie die farblosen Flecke im Dünnschichtchromatogramm von Vertretern der folgenden Verbindungsklassen farbig und damit auswertbar machen: Aminosäuren – mehrwertige Phenole – Aldehyde – Olefine?
6. Welche Nachteile bringt das „Trockenlaufen" der Säule?
7. Wie würden Sie verfahren, wenn Sie mit Hilfe der Dünnschichtchromatographie präparative Stoffmengen trennen wollen?
8. Von zwei äußerlich wie Filterpapier aussehenden Stücken Papier soll auf einfache Weise bestimmt werden, welches von beiden Stücken Chromatographiepapier ist!

## 3.4.   Sublimation          **Ü** 10

### 3.4.1.   Theoretische Grundlagen

Der Dampfdruck einer Flüssigkeit erhöht sich mit steigender Temperatur. Das gleiche gilt auch für feste Stoffe. Viele von ihnen verdampfen beim Erwärmen ohne vorherige Verflüssigung. Diese Erscheinung wird *Sublimation* genannt. Umgekehrt kondensieren sich ihre Dämpfe unter Umgehung der flüssigen Phase direkt zu Kristallen.

Die Abhängigkeit des Dampfdrucks $p$, hier auch als Sublimationsdruck bezeichnet, eines Feststoffes von der Temperatur wird graphisch durch die *Sublimationsdruckkurve (a)* dargestellt. Sie liegt unterhalb des sogenannten *Tripelpunktes T*, bei dem Flüssigkeit und fester Stoff den gleichen Dampfdruck besitzen (Abb. 3.20).

Stoffe mit relativ hohem Dampfdruck erreichen beim Erhitzen den Atmosphärendruck bei einer Temperatur, die unterhalb ihrer Schmelztemperatur liegt. Er wird daher beim Erwärmen nicht erreicht, und diese Stoffe gehen direkt in den gasförmigen Zustand über, sie sublimieren also.

Die Temperatur, bei der der Dampfdruck des Feststoffes gleich dem äußeren Druck ist, heißt *Sublimationstemperatur*. Durch Druckerniedrigung kann auch bei festen Stoffen, die bei normalem Druck nur sehr langsam sublimieren oder schmelzen, erreicht werden, daß der Sublimationspunkt unter die Schmelztemperatur verschoben wird *(Vakuumsublimation)*.

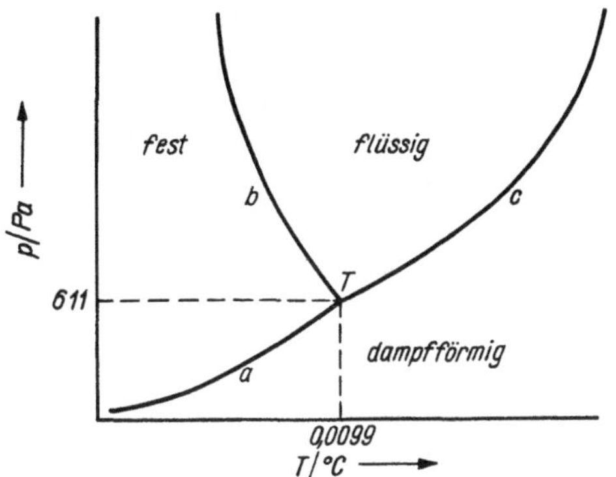


Abb. 3.20
Phasendiagramm des Wassers
*a* Sublimationskurve; *b* Schmelzdruckkurve;
*c* Dampfdruckkurve; *T* Tripelpunkt

## 3.4.2.  Arbeitstechnik

Eine Sublimation kann unter Normaldruck oder im Vakuum durchgeführt werden. Sie dient der Reinigung der betreffenden Substanzen. Wiederholte Sublimation führt gewöhnlich zu einem höheren Reinheitsgrad als Umkristallisation (s. Abschn. 3.5.). Außerdem gestattet die Sublimation auch die Reinigung kleinster Substanzmengen.

Im einfachsten Fall benutzt man im Labor zwei gleichgroße Uhrgläser (Abb. 3.21a) oder eine Porzellanschale und einen Trichter (Abb. 3.21b), dessen Durchmesser etwas kleiner sein soll als der Durchmesser der Schale. Das Trichterrohr wird mit etwas Watte verschlossen. Die zu sublimierende Substanz wird auf das untere Uhrglas bzw. in die Schale gebracht und mit einem durchlöcherten Rundfilter bedeckt, damit das Sublimationsprodukt nicht wieder in das untere Gefäß zurückfallen kann. Man erhitzt langsam auf dem Sandbad. Abbildung 3.21c zeigt eine Vakuumsublimationsapparatur nach SLOTTA.

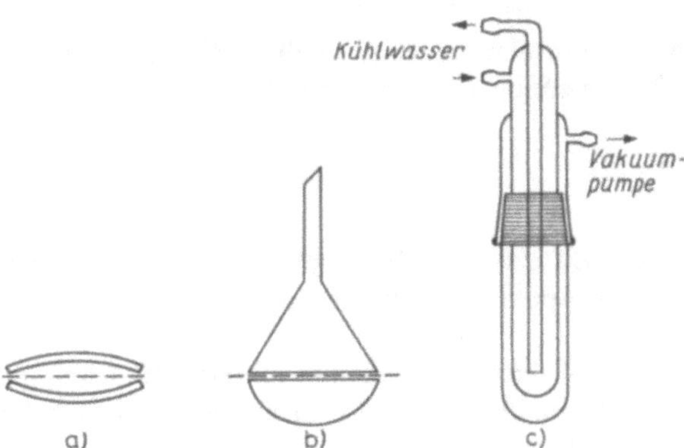


Abb. 3.21
Apparaturen zur Sublimation

5*

Es ist nicht zweckmäßig, die Sublimationsgeschwindigkeit durch Erhöhung der Temperatur zu steigern, da dann auch die Kristalle im Innern der zu sublimierenden Substanz verdampfen und das Sublimationsprodukt unter Umständen durch zerplatzende Kristalle verunreinigt wird.

Die Kühlfläche soll sich stets dicht über dem Sublimationsraum befinden, wodurch die Sublimationsgeschwindigkeit erhöht wird. Außerdem ist die Substanz fein zu pulvern, da die Sublimation von der Oberfläche her einsetzt. Alle Apparaturen sind erst nach dem völligen Erkalten auseinanderzunehmen, wobei Erschütterungen zu vermeiden sind. Eventuell muß der Schliff der Apparatur nach SLOTTA erwärmt werden.

## 3.4.3. Aufgaben

### a) Reinigung von Phthalsäureanhydrid

Phthalsäureanhydrid ist der Sublimation unter Normaldruck zu unterwerfen. Danach ist die Schmelztemperatur zu bestimmen. Zur Durchführung wird etwa 1 g Substanz in die Porzellanschale gegeben, die mit einem durchlöcherten Rundfilter bedeckt wird. Man setzt den oben mit einem Wattebausch verschlossenen Trichter auf das Filter und erwärmt langsam auf dem Sandbad. Nach beendeter Sublimation läßt man erkalten und bestimmt die Schmelztemperatur ($F$ 132 °C).

### b) Reinigung von Coffein

Coffein ist unter Normaldruck zu sublimieren. Das in Abschnitt 3.2.3.1. nach der Extraktion von Teestaub als Rohprodukt isolierte Coffein ist zu sublimieren. Dazu werden einige Spatelspitzen des nach Entfernung des Lösungsmittels erhaltenen Rohproduktes in eine Porzellanschale gebracht und auf ein Asbestnetz gestellt, welches mit kleiner Bunsenbrennerflamme erwärmt wird. Nachdem Reste des Lösungsmittels verdampft sind, treten weiße Nebel auf. Jetzt wird die Porzellanschale mit einem gleichgroßen Uhrglas abgedeckt. Nach kurzer Zeit scheidet sich am aufgelegten Uhrglas das reine Coffein in Form von großen Kristallen ab. Die Schmelztemperatur des gewonnenen Coffeins ist zu bestimmen ($F$ 236 °C).

### c) Vakuumsublimation von Benzoesäure, Oxalsäure bzw. Alizarin

Die folgenden drei Stoffe sind durch Vakuumsublimation zu reinigen, von den Substanzen (a) und (b) ist anschließend die Schmelztemperatur zu ermitteln:
- Benzoesäure, $F$ 122 °C *(1)*
- Oxalsäure (wasserfrei), $F$ 187 °C (Z.) *(2)*
- Alizarin, $F$ 290 °C *(3)*

1 g der Substanz *(1)* bzw. der Substanz *(2)* bzw. eine Spatelspitze von *(3)* wird in die Hülse der Slotta-Apparatur eingefüllt. Die Apparatur wird zusammengesetzt, wobei der Schliff gut gefettet sein muß.

Die Wasserkühlung wird angestellt. Nach Anlegen des Vakuums mittels einer Ölpumpe wird im Paraffinbad langsam erwärmt. Die Badtemperatur ist zu kontrollieren und der Sublimationsbeginn im Protokoll zu vermerken.

Nach Beendigung der Sublimation läßt man erkalten und öffnet anschließend vorsichtig die Apparatur. Festgebackene Schliffe sind vom Glasbläser lösen zu lassen. Von den Substanzen *(1)* und *(2)* sind danach die Schmelztemperaturen nach THIELE zu bestimmen.

**Zur Beachtung!** Der Schliff der Slotta-Apparatur ist nur mit Hochvakuumfett zu behandeln! Andere Fette sowie Glycerol führen zum Festbacken.

## 3.4.4.  Kontrollfragen

1. Was versteht man unter Sublimation, und welche praktische Anwendung findet sie?
2. Welcher Zusammenhang besteht zwischen dem Dampfdruck eines Feststoffes bzw. einer Flüssigkeit und der Temperatur? Die Verhältnisse sind in einem Diagramm am Beispiel des Wassers zu skizzieren (Phasendiagramm des Wassers).
3. Warum sollte eine möglichst langsame Sublimationsgeschwindigkeit gewählt werden?
4. Schätzen Sie Vor- und Nachteile der Sublimationsmethode gegenüber anderen Stofftrenn- bzw. Reinigungsverfahren ein!

# 3.5.  Kristallisation          Ü 11

## 3.5.1.  Theoretische Grundlagen

Die Kristallisation bzw. Umkristallisation ist ein wichtiges Verfahren zur Reinigung organischer Verbindungen. Durch Bestimmung der Schmelztemperatur kann der Reinheitsgrad einer Substanz jederzeit leicht abgeschätzt werden.

Neben der Umkristallisation aus der Schmelze *(Zonenschmelzverfahren)* und über die Dampfphase (s. Abschn. 3.4., *Sublimation*) besitzt das *Umkristallisieren aus der Lösung* die größte Bedeutung. Hierbei wird die verunreinigte kristalline Substanz mit einem geeigneten Lösungsmittel in der Hitze gelöst, heiß filtriert und in der Kälte auskristallisiert.

Die grundlegende Voraussetzung für eine erfolgreiche Umkristallisation ist die Wahl des geeigneten Lösungsmittels. Es darf mit der gegebenen Substanz keine chemischen Reaktionen eingehen. Der umzukristallisierende Stoff muß in dem entsprechenden Lösungsmittel bei tiefer Temperatur schlecht, bei hoher Temperatur sehr gut löslich sein. Die Löslichkeitskurve soll also möglichst steil verlaufen. Die Löslichkeit ist somit eine Funktion der Temperatur. Sie stellt die Sättigungskonzentration des gelösten Stoffes bei einer bestimmten Temperatur dar. Als Maßeinheiten werden $mol \cdot l^{-1}$, $g \cdot l^{-1}$ und $g \cdot 100\,ml^{-1}$ verwendet. Da im allgemeinen das Lösevermögen des Lösungsmittels kurz unterhalb der Siedetemperatur steiler ansteigt (Abb. 3.22), stellt man die Lösung durch Sieden unter Rückfluß her.

Die Anforderungen an das geeignete Lösungsmittel sind so komplex, daß es nur empirisch, d. h. unter Beachtung einiger allgemeiner Regeln und auf Grund eigener experimenteller Erfahrungen gefunden werden kann.

So soll im Idealfall die Löslichkeit der umzukristallisierenden Substanz im Lösungsmittel bei der Siedetemperatur sehr gut, bei Zimmertemperatur bzw. bei 0 °C hingegen möglichst gering sein, und die Verunreinigung soll entweder in der Hitze nicht löslich sein (sie wird dann beim Filtrieren der heißen Lösung abgetrennt) oder auch nach dem Abkühlen und Auskristallisieren der reinen Substanz in Lösung bleiben.

Die Siedetemperatur des Lösungsmittels soll etwa 10 bis 15 Grad unter der vermutlichen Schmelztemperatur der umzukristallisierenden Substanz liegen. Dadurch wird verhindert, daß sie sich als Öl abscheidet.

Da Verunreinigungen die Löslichkeit einer Substanz meist erhöhen, ist es nicht verwunderlich, daß sich die Löslichkeiten der umkristallisierten Substanz und des Rohproduktes oft sehr unterscheiden.

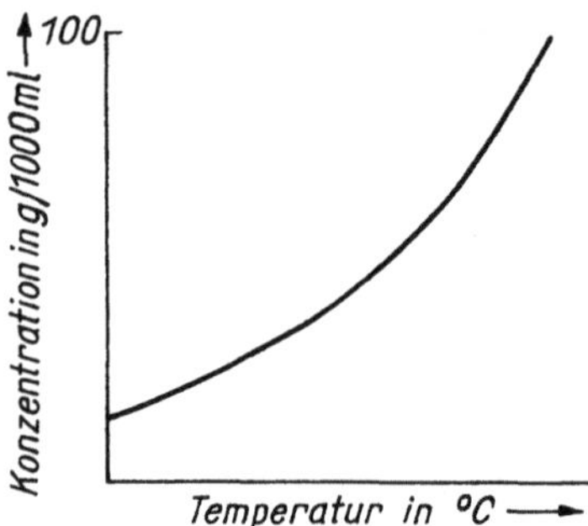


Abb. 3.22
Löslichkeitskurve (Lösungsmittel Wasser)

Eine nützliche empirische Regel, die schon lange bekannt und für jede Umkristallisation von Bedeutung ist, lautet: *„Similia similibus solvuntur“*, d. h., *„Ähnliches löst sich in Ähnlichem“*. Das bedeutet noch nicht, daß „Ähnliches aus Ähnlichem“ auch gut umkristallisiert werden kann; jedoch kann das Lösevermögen eines auf Grund dieser Regel gefundenen Lösungsmittels durch dosierte Mischung mit einem zweiten, „unähnlichen“ Lösungsmittel im angestrebten Maße verändert werden.

Bei der Betrachtung der Ähnlichkeit von Lösungsmitteln und umzukristallisierender Substanz sind z. B. *Dipolmomente, Dielektrizitätskonstanten* und die Möglichkeit der Ausbildung von *Wasserstoffbrückenbindungen* zu berücksichtigen.

Das Wasser besitzt ein ausgeprägtes Dipolmoment, eine hohe Dielektrizitätskonstante ($\varepsilon = 81{,}1$) und auf Grund seiner freien Elektronenpaare am Sauerstoff die Fähigkeit, Wasserstoffbrückenbindungen auszubilden. Eine gute Löslichkeit in Wasser zeigen deshalb außer den Salzen auch polare organische Verbindungen, wie z. B. niedrige aliphatische Alkohole und Carbonsäuren. Dagegen nimmt die Wasserlöslichkeit dieser Substanzen in dem Maße ab, wie die *hydrophile Gruppe* (-OH, -COOH) klein wird im Verhältnis zum *hydrophoben Alkylrest*, d. h. etwa ab $C_4$ bis $C_5$.

Wenig polare oder unpolare organische Substanzen, wie z. B. kondensierte aromatische Kohlenwasserstoffe oder Heteroaromaten, lösen sich hingegen in unpolaren Lösungsmitteln wie Benzen ($\varepsilon = 2{,}3$) und Hexan ($\varepsilon = 1{,}9$) oder in Diethylether, der zwar ein Dipolmoment besitzt, aber auf Grund seiner niedrigen Dielektrizitätskonstante ($\varepsilon = 4{,}3$) und der Fähigkeit zur Ausbildung von Wasserstoffbrückenbindungen geeignet ist.

Der Einfluß der Dielektrizitätskonstanten des Lösungsmittels auf die Löslichkeit eines Stoffes resultiert aus dem Coulombschen Gesetz:

$$k = \frac{q^{+} \cdot q^{-}}{\varepsilon \cdot d^{2}} \qquad d \text{ Abstand der Ladungen.} \tag{3.13}$$

In einem Lösungsmittel mit großer Dielektrizitätskonstante $\varepsilon$ wird die Anziehungskraft $k$ zwischen den Ladungen $q$ einer polaren Substanz reduziert und somit jener zwischen den Lösungsmittelmolekülen vergleichbar. Die Löslichkeit eines polaren Stoffes in einem Lösungsmittel mit großer Dielektrizitätskonstante ist also groß.

Auch die Höhe der Schmelztemperatur kann ein Kriterium für die Löslichkeit einer organischen Substanz sein. So sind die hochschmelzenden, aliphatischen Dicarbonsäuren mit gerader Anzahl von Kohlenstoffatomen schlechter wasserlöslich als die in der homologen Reihe jeweils folgenden, niedriger schmelzenden Dicarbonsäuren mit ungerader Anzahl von Kohlenstoffatomen (Abb. 3.23).

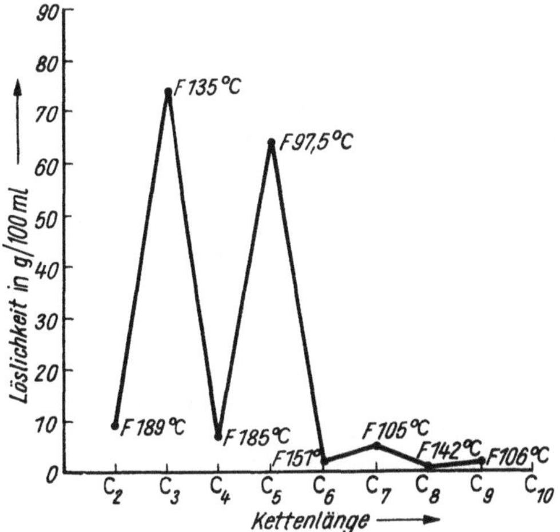


Abb. 3.23
Schmelztemperaturen und Löslichkeiten (in Wasser bei 20 °C) der Dicarbonsäuren $C_2$ bis $C_9$

Auch eine Vergrößerung des Moleküls führt im allgemeinen zu einer Verringerung der Löslichkeit; so geht der wasserlösliche, monomere Formaldehyd durch Polymerisation in den wasserunlöslichen Paraformaldehyd über.

An Isomeren kann man den Einfluß struktureller Faktoren auf die Löslichkeit erkennen; so ist die geradkettige Säure $CH_3\text{-}(CH_2)_3\text{-}COOH$ wasserunlöslich, das verzweigte Isomere $(CH_3)_3C\text{-}COOH$ aber wasserlöslich.

Von Einfluß auf die Reinheit des Endproduktes einer ein- oder mehrmaligen Umkristallisation ist auch die Kristallgröße. Durch zu schnelle Abkühlung des Filtrats entstehen meist sehr kleine Kristalle, die auf Grund der großen Gesamtoberfläche eine größere Menge der in Lösung vorhandenen Verunreinigungen adsorbieren können als die bei extrem langsamer Abkühlung anfallenden großen Kristalle, die andererseits oft Lösungsmitteleinschlüsse aufweisen.

Das optimale Kristallisat mittlerer Größe kann dadurch gewonnen werden, daß die aus dem Filtrat ausgefallenen Kristalle durch Erwärmen noch einmal gelöst werden und die klare Lösung mit regelbarer Geschwindigkeit, d. h. beispielsweise in einem sich langsam abkühlenden Wasserbad oder einfacher in einem abgeschlossenen Gefäß, zur Kristallisation gebracht wird. Eine andere Variante besteht darin, daß zum heißen Filtrat einige Kristalle der reinen Substanz zugegeben werden, welche als Kristallisationskeime wirken und verhindern, daß trotz langsamer Abkühlung zunächst keine Kristallisation eintritt, eine übersättigte Lösung entsteht, und dann plötzlich die Kristallisation des gesamten gelösten Produktes erfolgt.

Außer der hier beschriebenen *Umkristallisation* (Abtrennung der Verunreinigungen von einer im Rohprodukt als Hauptmenge vorhandenen organischen Substanz) gibt es noch die Methode der *fraktionierten Kristallisation*, in deren Verlauf durch fraktionierte Abtrennung der bei unterschiedlichen Temperaturen anfallenden Kristallisate, deren erneute mehrmalige Umkristallisation und eine sinnvolle Kombination der einzelnen Kristallisate schließlich zwei oder mehrere in einem Rohprodukt enthaltene organische Substanzen getrennt werden können. Die fraktionierte Kristallisation ist von großer Bedeutung, setzt aber beim Experimentator die perfekte Beherrschung der Methode des Umkristallisierens voraus.

(Um z. B. eine schwerer lösliche von einer leichter löslichen Komponente zu trennen, wird das bei der ersten Umkristallisation erhaltene Primärkristallisat wiederholt aus dem gleichen Lösungsmittel umkristallisiert. Dabei wird die Kristallfraktion $KA_3$ über die Fraktion $KA_1$ und $KA_2$ mit den dazugehörigen Mutterlaugen $MA_1$, $MA_2$ und $MA_3$ erhalten. $KA_3$ soll ausschließlich aus der schwerer löslichen Komponente A bestehen.
Die Mutterlauge des Primärkristallisats wird schrittweise eingeengt, wobei die Kristallfraktionen $KB_1$, $KB_2$ und $KB_3$ entstehen. $KB_3$ soll nur das leichter lösliche B enthalten, während in $KB_1$ und $KB_2$ der Gehalt an B größer als an A ist.
$KB_1$ wird aus $MA_1$, die entstehenden Kristalle $KB_1$ aus $MA_2$ umkristallisiert. Die bei der ersten Operation erhaltene Mutterlauge ($MB_1$) dient zur Umkristallisation von $KB_2$.
Man erhält so weitere Kristallfraktionen, in denen die schwerer lösliche Komponente A oder die leichter lösliche Komponente B angereichert sind. Durch mehrfache Umkristallisation und weitergehende Kombination der verschiedenen Kristallisate und Mutterlaugen können noch weitere Fraktionen mit unterschiedlichem Gehalt an beiden Komponenten gewonnen werden.)


## 3.5.2.    Arbeitstechnik

### 3.5.2.1.    Auswahl des Lösungsmittels

Man gibt etwa eine Spatelspitze der Substanz in ein trockenes Reagenzglas und versetzt mit einigen Tropfen eines Lösungsmittels. Tritt bereits in der Kälte vollständige Lösung ein, so ist dieses Lösungsmittel zur Umkristallisation ungeeignet. Ist die Substanz in der Kälte wenig löslich oder unlöslich, so erhitzt man vorsichtig zum Sieden. Um eine vollständige Auflösung zu erreichen, werden eventuell noch einige Tropfen Lösungsmittel zugesetzt. Vorteilhafter ist es jedoch, einen größeren Rückstand zu belassen und von diesem die erhaltene Lösung heiß in ein anderes Reagenzglas zu filtrieren.

Das Lösungsmittel ist geeignet, wenn die Schmelztemperatur der beim Abkühlen aus-

kristallisierten Substanz mit der bekannten Schmelztemperatur der reinen Substanz über-
einstimmt (oft nach mehrmaliger Umkristallisation!) bzw. wenn sie bei einer unbekannten Verbindung nach wiederholter Umkristallisation konstant bleibt.

Ungeeignet ist das Lösungsmittel, wenn der Stoff aus der heiß gesättigten Lösung nicht
wieder auskristallisiert oder wenn er in der Hitze unlöslich bzw. wenig löslich ist und
wenn die Schmelztemperatur nach der Umkristallisation sich gegenüber dem des Rohproduktes nicht verändert hat.

## 3.5.2.2.  Durchführung der Umkristallisation

Die Umkristallisation gliedert sich in folgende Arbeitsgänge:

- Auflösen der umzukristallisierenden verunreinigten Substanz
- Filtrieren der heißen Lösung
- Auskristallisieren der reinen Substanz
- Absaugen und Waschen der reinen Substanz
- Trocknen der gereinigten Substanz.

Die umzukristallisierende Substanz wird in einem Rundkolben mit dem zur vollständigen Auflösung in der Siedehitze nicht ausreichenden Lösungsmittel versetzt und mit aufgesetztem Rückflußkühler bis zum Sieden erhitzt (Standardapparatur 1, Abschn. 1.7.).
Zugabe eines Siedesteinchens nicht vergessen!

Durch den Kühler wird portionsweise noch soviel Lösungsmittel zugegeben, bis die
umzukristallisierende Substanz (nicht eventuell schwerlösliche Verunreinigungen!) bei
der Siedetemperatur der Lösung vollständig gelöst ist. (Die Flamme ist bei jeder Lösungs-
mittelzugabe zu entfernen!) Auch hier ist es in Zweifelsfällen ratsam, eine größere Menge
an Rückstand zu behalten, als zuviel Lösungsmittel zu verwenden.

Die Lösung wird heiß filtriert (alle Flammen in der Umgebung löschen!). Vom Absaugen sollte an dieser Stelle Abstand genommen werden, da dabei eine große Menge Lösungsmittel verdampft und das umzukristallisierende Produkt schon im Büchner-Trichter
auskristallisiert und diesen u. U. zusetzt.

Bei sofort aus der heißen Lösung wieder auskristallisierenden Substanzen wird zum
Abfiltrieren ein Heißwassertrichter verwendet, wodurch eine Abkühlung der Lösung während des Filtrierens vermieden wird.

Das Filtrat wird – wie unter Abschnitt 3.5.1. beschrieben – durch Abkühlung zur Kristallisation gebracht. Bei übersättigten Lösungen wird durch Kratzen mit dem Glasstab an
der inneren Gefäßwand oder durch Zugabe eines Impfkristalls die Kristallisation herbei-
geführt.

Nachdem die Lösung vollständig erkaltet ist, werden die ausgefallenen Kristalle mit
Hilfe eines Büchner-Trichters mit Saugflasche oder Hirsch-Trichters mit Saugfinger (bei
kleinen Mengen) durch Absaugen von der Mutterlauge getrennt. Beim Einlegen des Fil-
terpapiers in den Büchner- oder Hirsch-Trichter ist unbedingt darauf zu achten, daß das
Filterpapier nur so groß ist, daß es ohne Faltenbildung glatt auf dem Boden des Büchner-
Trichters aufliegt. Es wird vor dem Aufgeben des Kristallisats mit dem Lösungsmittel, aus
welchem umkristallisiert wurde, angefeuchtet.

Liegt das Kristallisat sehr feinkristallin vor, wodurch es hartnäckig Mutterlauge adsorbiert, so kann es durch Zusammendrücken mit dem Rücken eines Glasstopfens von weiterem Lösungsmittel befreit werden. Nachdem der größte Teil der Mutterlauge auf diese Weise entfernt wurde, unterbricht man das Vakuum durch Abziehen des Vakuumschlauches von der Saugflasche, durchfeuchtet das Kristallisat mit wenig frischem Lösungsmittel und saugt erneut ab.

Nach dem Trocknen an der Luft auf Filterpapier oder einer Tonplatte oder im Vakuumexsikkator können die Ausbeute und der Schmelzpunkt bestimmt werden.


## 3.5.3.    Aufgaben

### a)  Reinigung von Acetanilid

2 g verunreinigtes Acetanilid sind im 100-ml-Siedekolben aus Wasser umzukristallisieren.

Dabei ist zu beachten, daß ölige Tropfen, die sich während des Erhitzens in 20 ml Wasser bilden, noch keine Auflösung des Rohproduktes darstellen. Es handelt sich um geschmolzenes Acetanilid, dessen Schmelztemperatur in der Nähe der Siedetemperatur von Wasser liegt (Schmelztemperatur für reines Acetanilid: 114 °C aus Wasser). Durch weitere Wasserzugabe ist das gesamte Rohprodukt in Lösung zu bringen.

Vermerken Sie im Protokoll die Schmelztemperatur des Rohprodukts, die Schmelztemperatur der umkristallisierten Substanz, die zur Umkristallisation insgesamt benötigte Lösungsmittelmenge und die prozentuale Ausbeute!

### b)  Reinigung von Anthracen

6 g technisches Anthracen sind durch Umkristallisieren aus etwa 70 ml Essigsäureethylester unter Zusatz von A-Kohle zu reinigen. Schmelztemperatur und Ausbeute des reinen Produktes sind zu bestimmen ($F$ 216 °C).

Anmerkung: Das technische Anthracen wird – wie unter Abschn. 3.5.2.2. beschrieben – gelöst. Danach läßt man etwas abkühlen, löscht die Flamme und setzt etwa 1 g gepulverte A-Kohle zu. (Vorsicht: Ist die Lösung zu heiß, tritt plötzliches Aufschäumen ein!) Danach wird noch 2 bis 3 Minuten unter Rückfluß erhitzt. Es werden alle Flammen gelöscht, und die Lösung wird sofort durch den vorher aufgeheizten Heißwassertrichter filtriert. Ein weiches Filter ist zu verwenden, und es ist darauf zu achten, daß dieses an der Trichterwand fest anliegt!

### c)  Ermittlung der optimalen Lösungsmittelmenge

Für eine Substanz ist die zum Umkristallisieren optimale Lösungsmittelmenge zu bestimmen (z.B. 2′,4′-Dichlor-phenoxyessigsäure, $F$ 141 °C, aus verdünntem Eisessig; 2′-Methyl-4′-chlor-phenoxyessigsäure, $F$ 119 °C, aus Wasser; 4-(2′,4′-Dichlor-phenoxy)buttersäure, $F$ 119 °C, aus verdünntem Eisessig).

Es kann so verfahren werden, daß die entsprechende Substanz in einen Kolben mit Rückflußkühler gegeben wird. Eine kleine Lösungsmittelmenge wird zugegeben, zum Sieden erhitzt und dann durch den Rückflußkühler so lange weiteres Lösungsmittel zugesetzt, bis sich alles gelöst hat.

Dann läßt man unter Abkühlung auskristallisieren, saugt ab, trocknet das Kristallisat und bestimmt die Schmelztemperatur und Ausbeute.

**d) Umkristallisation unbekannter Substanzen**

Für zwei unbekannte der folgenden technischen bzw. verunreinigten Produkte ist das geeignetste Lösungsmittel zum Umkristallisieren zu ermitteln:

Naphthalen (*F* 80 °C), m-Dinitro-benzen (*F* 90 °C), p-Nitro-phenol (*F* 114 °C), Bernsteinsäure (*F* 188 °C), p-Toluidin (*F* 45 °C), Benzamid (*F* 130 °C), p-Amino-benzoesäureethylester (*F* 92 °C), Benzophenon (*F* 48 °C), 1,5-Diphenylpenta-1,4-dien-3-on (*F* 111 °C), Acetamid (*F* 82 °C). Die in Klammern angegebenen Schmelztemperaturen beziehen sich auf reine Substanzen.

Als Lösungsmittel stehen zur Verfügung:

Wasser (*Kp* 100 °C), Methanol (*Kp* 65 °C), Ethanol (*Kp* 78 °C), Aceton (*Kp* 56 °C), Essigsäureethylester (*Kp* 77 °C), 1,4-Dioxan (*Kp* 101 °C), Cyclohexan (*Kp* 80 °C), Toluen (*Kp* 110 °C), Eisessig (*Kp* 118 °C), N,N-Dimethyl-formamid (*Kp* 153 °C).

Vermerken Sie im Protokoll das Verhalten der betreffenden Substanz in den verwendeten Lösungsmitteln! Notieren Sie die zur Umkristallisation geeigneten Lösungsmittel und die Schmelztemperaturen der Stoffe nach der Umkristallisation einer Substanzprobe (Trocknung jeweils auf der Tonplatte oder Filterpapier)! Durch Vergleich der gefundenen Schmelztemperaturen mit den Literaturwerten (Fehlerbereich $\pm 5$ °C) sind die in Frage kommenden Substanzen zu benennen.

## 3.5.4.  Kontrollfragen

1. Wie ist die Löslichkeit einer Substanz definiert?
2. Warum ist ein Lösungsmittel zur Umkristallisation ungeeignet, wenn die Löslichkeit zwar gut, aber temperaturunabhängig ist?
3. Warum sind Alkohole zur Umkristallisation von Carbonsäuren wenig geeignet?
4. Welches Lösungsmittel (Alkohol, Benzen oder Wasser) ist für die Umkristallisation von Glucose geeignet?
5. Welchen Anforderungen muß ein „gutes" Lösungsmittel, das zum Umkristallisieren verwendet werden soll, genügen?
6. Wieviel reine Substanz A erhalten Sie durch Umkristallisation von 11,1 g Rohprodukt, welches 10 g A, 0,1 g B und 1 g C enthält, aus Wasser?
   Wieviel Lösungsmittel muß mindestens eingesetzt werden?
   Löslichkeit:  $A = C = 1\ g \cdot l^{-1}$ (20 °C)
   $\phantom{Löslichkeit:}A = C = 10\ g \cdot l^{-1}$ (100 °C)
   $\phantom{Löslichkeit:}B = 0\ g \cdot l^{-1}$ (20 °C, 100 °C)
   Die Löslichkeiten sollen sich im betrachteten Temperaturbereich nicht beeinflussen.
7. Was ist zu beachten, wenn zu einer heißen Lösung A-Kohle gegeben wird?
8. In welcher Weise beeinflussen zu große oder zu kleine Kristalle, die bei der Umkristallisation erhalten wurden, die Reinheit des Produktes?
9. Eine Substanz zeigt eine sehr steile Löslichkeitskurve. Würden Sie sich, wenn aus

der heißen Lösung die Verunreinigung abfiltriert werden muß, für den Einsatz eines normalen Trichters, eines Büchner-Trichters oder eines Heißwassertrichters entscheiden?

10. Entscheiden Sie nach dem Überwiegen des polaren oder unpolaren Restes im Molekül von Oxalsäure, Acetamid und Benzoesäure deren Löslichkeiten in Wasser und Ether!

# 3.6.      Schmelztemperaturbestimmung      **Ü** 12

## 3.6.1.      Theoretische Grundlagen

Zur Charakterisierung einer festen organischen Substanz und als Kriterium für ihre Reinheit wird u. a. stets ihre *Schmelztemperatur* herangezogen. Eine organische Substanz gilt dann als rein, wenn sie eine scharfe Schmelztemperatur hat, d.h., wenn sie in einem Temperaturbereich von höchstens 1 °C schmilzt. Verunreinigte Substanzen schmelzen unscharf über einen relativ weiten Temperaturbereich. Als Schmelztemperatur einer organischen Substanz wird die Temperatur angesehen, bei der der Feststoff und der geschmolzene Stoff miteinander im Gleichgewicht stehen. Die Schmelztemperatur kann auch als die Temperatur angesehen werden, bei welcher der Dampfdruck des Feststoffes und der Flüssigkeit gleich sind.

Im *Dampfdruck-Temperatur-Diagramm* (Abb. 3.24) sind diese Verhältnisse gut erkennbar. Die Kurve *AB* stellt den experimentell bestimmbaren Dampfdruck einer reinen organischen Festsubstanz X in Abhängigkeit von der Temperatur im Bereich $T_A$–$T_B$ dar. *BC* stellt den Dampfdruck derselben Substanz, jedoch in flüssigem (geschmolzenem) Zustand dar (im Temperaturbereich $T_B$–$T_C$). Bei der Schmelztemperatur $T_B$ hat die organische Substanz X als Feststoff genau den gleichen Dampfdruck wie die Schmelze, nämlich den Druck $p_B$.

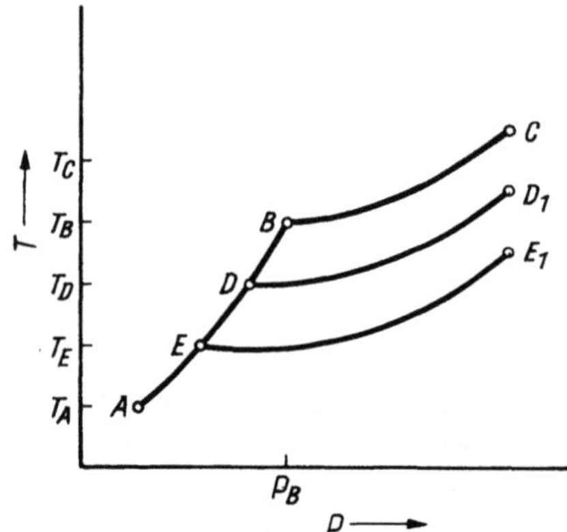



Abb. 3.24
Dampfdruck-Temperatur-Diagramm

Setzt man nun dem reinen, geschmolzenen Stoff X eine geringe Menge einer Verunreinigung Y zu, dann wird nach dem Raoultschen Gesetz der Dampfdruck der Flüssigkeit über den ganzen Temperaturbereich herabgesetzt.

Im Dampfdruck-Temperatur-Diagramm gilt für den geschmolzenen reinen Stoff die Kurve $BC$. Für die Lösung der Verunreinigung Y im Stoff X gilt jedoch die Kurve $DD_1$. Der Punkt $D$ ist der Schnittpunkt der Kurven $AD$ (Feststoff) und $DD_1$ (Lösung von Stoff Y in X), und die dazugehörige Temperatur $T_D$ wird als Schmelztemperatur des (mit Y verunreinigten) Stoffes X angesehen, da bei dieser Temperatur der letzte Rest des Feststoffes beim Erhitzen geschmolzen ist.

Versetzt man X mit steigenden Mengen Y, wird die Schmelztemperatur weiter herabgesetzt. Man erreicht schließlich jedoch eine untere Grenze der Schmelztemperatur, weil X an Y gesättigt ist, also keine weitere Verunreinigung Y gelöst werden kann. Durch weitere Zugabe von Y zu X kann die Schmelztemperatur deshalb nicht weiter herabgesetzt werden. Die tiefste mögliche Schmelztemperatur $T_E$, bei der eine Mischung aus X und Y flüssig vorliegen kann, wird als *eutektische Temperatur* bezeichnet.

Bei der Bestimmung einer Schmelztemperatur einer an Y verunreinigten Substanz X müßte der Betrachter stets ein Schmelzintervall feststellen, das durch $T_E$ (Schmelztemperatur der eutektischen Mischung) und z.B. $T_D$ ($T_D$ ist stets niedriger als die Schmelztemperatur $T_B$ der reinen Substanz X) begrenzt ist.

Bei der praktischen Bestimmung der Schmelztemperatur einer verunreinigten Substanz wird im allgemeinen ein kleineres als das theoretische Schmelzintervall beobachtet, dessen obere Grenze jedoch meist beträchtlich unter der Schmelztemperatur der reinen Substanz liegt.

Diese Zusammenhänge werden auch bei der Betrachtung eines *Phasendiagramms* oder *Schmelzdiagramms* erkennbar. In diesem Diagramm (Abb. 3.25) wird der Zusammenhang zwischen festem und flüssigem Aggregatzustand eines Gemisches zweier Komponenten in Abhängigkeit von der Temperatur und der Zusammensetzung hergestellt.

Auf der Ordinate ist die Temperatur aufgetragen, auf der Abszisse die Zusammensetzung verschiedener Gemische der beiden Substanzen X und Y, links 100 % X und 0 % Y, auf der rechten Seite 100 % Y und 0 % X. Alle anderen möglichen Zusammensetzungen liegen dann dazwischen.

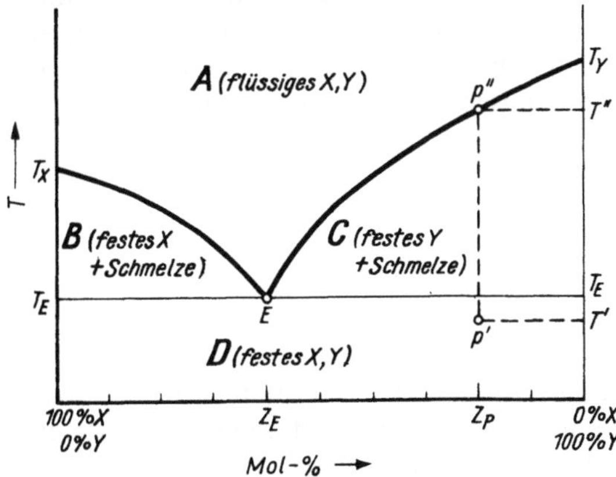


Abb. 3.25
Schmelzdiagramm

Im Diagramm sind vier verschiedene Flächen erkennbar: Im *Bereich A* liegt eine homogene Schmelze vor, d.h., das Gemisch beider Substanzen ist vollständig geschmolzen. Im *Bereich B* existiert ein Gleichgewicht zwischen Schmelze und reinem Feststoff X. Der Bereich *B* umfaßt alle möglichen Zusammensetzungen von X und Y zwischen 100 % X und $Z_E$, und die Zusammensetzung des Gleichgewichtsgemisches ist temperaturabhängig entsprechend der Kurve $T_X$–E. Der Feststoff besteht immer aus reinem X, und nur dessen Menge ändert sich in Abhängigkeit von der Temperatur. Im *Bereich C* liegt ein entsprechendes Gleichgewichtsgemisch mit Zusammensetzungen zwischen $Z_E$ und 100 % Y vor. Reiner Feststoff Y, dessen Menge temperaturabhängig ist, steht im Gleichgewicht mit der Schmelze, deren Zusammensetzung temperaturabhängig ist entsprechend der Kurve $T_Y$–E. Im *Bereich D* existieren beide festen Stoffe X und Y nebeneinander. $T_X$ und $T_Y$ sind die Schmelztemperaturen der reinen Komponenten X bzw. Y. $T_E$ ist die eutektische Temperatur, d.h. die niedrigste Temperatur, bei der ein Gemisch aus X und Y zu schmelzen beginnt. Die bei der eutektischen Temperatur $T_E$ entstandene Schmelze wird als eutektische Schmelze bezeichnet. Sie hat immer die Zusammensetzung $Z_E$. Im Gleichgewicht mit der Schmelze $Z_E$ steht stets eine reine feste Komponente, bei relativ Y-reichen Gemischen Y, bei relativ X-reichen Gemischen X.

Erhitzt man ein Gemisch der Zusammensetzung $Z_E$ von einer Temperatur unterhalb $T_E$ auf die eutektische Temperatur $T_E$, dann beginnt das Gemisch zu schmelzen. Wird die Temperatur weiter gesteigert, dann schmilzt sofort alles auf. Es liegt dann nur noch die Schmelze der Zusammensetzung $Z_E$ vor. Ein eutektisches Gemisch verhält sich also beim Erhitzen und Schmelzen wie eine reine Substanz. Ein Gemisch der Substanzen X und Y in anderer Zusammensetzung als $Z_E$ verhält sich anders.

Erhitzt man ein Gemisch der Zusammensetzung $Z_P$ von der Temperatur $T'$ (Punkt $P'$), dann beginnt es bei der Temperatur $T_E$ teilweise zu schmelzen; die Schmelze hat die Zusammensetzung $Z_E$, der Feststoff besteht aus reinem Y. Beim weiteren Erhitzen verändert die Schmelze ihre Zusammensetzung entsprechend der Kurve $EP''$, und die Menge des Feststoffes (reines Y) verringert sich. Bei und oberhalb der Temperatur $T''$ (Punkt $P''$) hat die Schmelze dann immer die Zusammensetzung $Z_P$.

Der umgekehrte Vorgang läuft ab, wenn man eine Schmelze der Zusammensetzung $Z_P$ von einer Temperatur oberhalb $T''$ abkühlt. Bei $T''$ beginnt reines Y auszukristallisieren. Seine Menge nimmt mit sinkender Temperatur zu, während sich die Schmelze in ihrer Zusammensetzung entsprechend der Kurve $P'' - E$ ändert. Ist die eutektische Temperatur $T_E$ erreicht, hat der Rest der Schmelze die Zusammensetzung $Z_E$. Unterhalb der Temperatur $T_E$ existiert dann nur noch das feste Gemisch der Zusammensetzung $Z_P$.


## 3.6.2.    Arbeitstechnik

### 3.6.2.1.    Schmelztemperatur

Zur Bestimmung der Schmelztemperatur eignet sich nur eine saubere und trockene Substanz. Sie ist, falls grobe Kristalle vorliegen, mit einem Pistill im Mörser oder bei kleinen Mengen mit einem Glasstab auf einer Tüpfelplatte zu pulverisieren. Die Schmelztemperatur kann mit dem Thieleschen Schmelztemperaturapparat, im Metallblock (Kupfer, Aluminium) oder auf dem Mikroheiztisch nach BoÉTIUS bestimmt werden.

Der *Apparat nach* THIELE (Abb. 3.26) enthält eine möglichst hoch siedende Flüssigkeit (Siliconöl, Schwefelsäure; hat sich die Schwefelsäure dunkel gefärbt, kann sie mit einem Körnchen Kaliumnitrat wieder entfärbt werden), die mit kleiner Flamme an der Stelle *(a)* erhitzt wird **(Schutzbrille tragen!)**. Durch Konvektionsströmung der erwärmten Flüssigkeit wird ein gleichmäßiger Temperaturanstieg gewährleistet. In die seitlich angesetzten Rohre *(b)* und *(c)* des Apparates wird je eine dünnwandige Glaskapillare (etwa 10 cm lang, 1 bis 2 mm Durchmesser) eingeführt, die im unteren, zugeschmolzenen Ende die Substanz enthält.

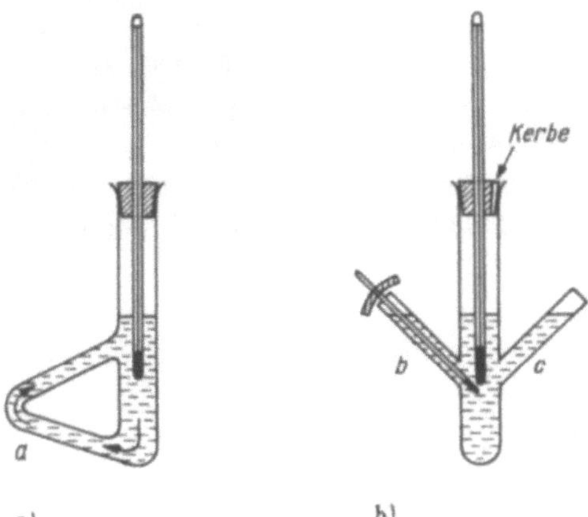


Abb. 3.26
Schmelztemperaturapparat nach THIELE
a) Seitenansicht
b) Vorderansicht

Um die Kapillare zu füllen, wird das offene Ende vorsichtig mehrmals in die Substanz gedrückt. Dann wird die Kapillare mit der zugeschmolzenen Seite nach unten einige Male auf dem Labortisch aufgestoßen. Ist dabei noch nicht alle Substanz durch die Kapillare gerutscht, läßt man sie mehrmals durch ein Glasrohr (0,5 bis 0,8 cm Durchmesser, 20 bis 40 cm lang) auf die Kachel des Labortisches fallen. Die Substanz soll die Kapillare etwa 2 bis 3 mm füllen.

Nun bringt man die Kapillare durch das seitliche Rohr in den Schmelztemperaturapparat so ein, daß das untere zugeschmolzene Ende mit der Substanz die Thermometerkugel berührt. Um zu verhindern, daß die Kapillare in die Heizflüssigkeit hineinrutscht, biegt man die Kapillare am offenen Ende vorsichtig in der Flamme zu einem Winkel oder steckt diese durch ein Stückchen eines geschlitzten Schlauches als Halter.

Da jedes Thermometer eine gewisse „Anzeigeverzögerung" aufweist, wird das Heizbad nur so schnell erhitzt, daß in der Nähe der Schmelztemperatur der Temperaturanstieg etwa 2 °C pro Minute beträgt. Vorher, d. h. bis etwa 20 °C unterhalb der Schmelztemperatur, kann selbstverständlich schneller erhitzt werden. Bei Substanzen, die sich beim Schmelzen zersetzen, ist es erforderlich, das Heizbad sehr schnell bis kurz unter den erwarteten Schmelzpunkt anzuheizen. Der Brenner bleibt während der Bestimmung an der Biegung *(a)* des Thiele-Apparates stehen; die Aufheizgeschwindigkeit wird nur durch Verändern der Größe der Brennerflamme reguliert.

Ist die Schmelztemperatur einer unbekannten Substanz zu ermitteln, ist es zweckmäßig, zwei Kapillaren zu füllen und die Schmelztemperatur zunächst mit einer Probe grob
zu bestimmen, dann das Bad etwas abkühlen zu lassen, um anschließend eine exakte
Schmelztemperaturbestimmung mit der zweiten Probe durchzuführen.

Der Schmelztemperaturapparat nach THIELE gestattet Schmelztemperaturbestimmungen bis etwa 250 °C mit einer Genauigkeit von höchstens ±0,5 °C.

Die Angabe der Schmelztemperatur soll stets so erfolgen, daß ein Schmelzintervall vom
Beginn bis zum Ende des Schmelzens angegeben wird. Es ist unsinnig, den Mittelwert des
Schmelzintervalls anzugeben!

Die Schmelztemperaturbestimmung mit dem *Metallblock* (Abb. 3.27) als Wärmeüber-
träger gestattet, Schmelztemperaturen von mehr als 250 °C bequem zu bestimmen. Die
Substanz wird wie beim Thiele-Apparat in eine Glaskapillare eingefüllt. Sinngemäß sind
alle Hinweise zu beachten, die beim Thiele-Apparat gegeben worden sind. Die Genauigkeit der Bestimmung (±1 °C) hängt wesentlich von nicht zu hoher Aufheizgeschwindigkeit, von ordnungsgemäß mit Glimmer- oder Glasscheiben (Deckgläschen) verschlossenen Fenstern des Metallblockes sowie von einem festsitzenden Thermometer ab. Die
Substanz kann im Gegenlicht oder im seitlich einfallenden Licht betrachtet werden.

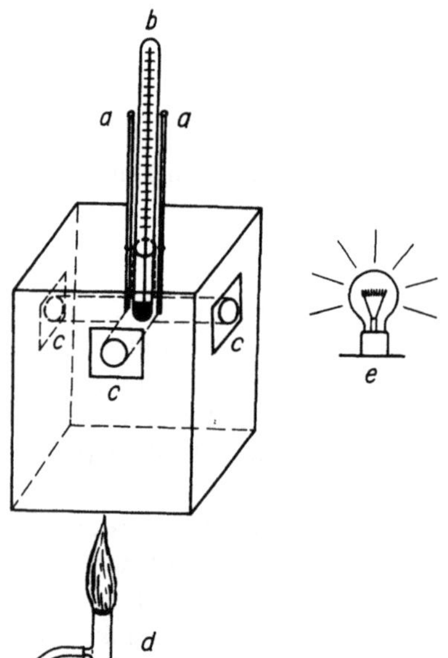


Abb. 3.27
Metallblock zur Schmelzpunktbestimmung
a Kapillare mit Substanzprobe;
b Thermometer;
c Fensteröffnungen, mit Glimmerscheibe oder
  Deckgläschen verschlossen;
d Heizquelle;
e Lichtquelle

Die Bestimmung der Schmelztemperatur kann auch auf dem *Mikroheiztisch nach* BOË-
TIUS (oder nach KOFLER) erfolgen. Der Mikroheiztisch besteht aus einem elektrisch heiz-
baren runden Metallblock, der auf den Objekttisch eines Mikroskops aufgestellt wird. Der
vorgeschriebene Temperaturanstieg von 4 °C pro Minute in der Nähe der Schmelztemperatur wird mit Hilfe eines Regelwiderstandes mit Spindelführung und stationärer Hand-
radbedienung eingestellt.

Die Skala des Regelwiderstandes enthält zwei Einstellbereiche: *Einstellbereich 1*: Aufheizgeschwindigkeit 4 °C pro Minute; *Einstellbereich 2*: Temperaturgleichgewicht. Stellt man im Einstellbereich 1 auf 100 °C, dann wird der Heiztisch so erwärmt, daß bei 100 °C die Aufheizgeschwindigkeit 4 °C pro Minute beträgt. In der gleichen Einstellung zeigt die Skala des Bereichs 2 den Wert 150 °C, d. h., bei etwa 150 °C ist das Gleichgewicht zugeführter elektrischer Energie und abgestrahlter Wärme erreicht.

Die Schmelztemperaturen werden am genauesten ermittelt, wenn man die Bestimmung im „Gleichgewicht" vornimmt. Bei „4 °C pro Minute" sollen die erhaltenen Werte etwa 0,3 °C tiefer als in der Literatur angegeben liegen. Selbstverständlich kann man vor Erreichen der Schmelztemperatur schneller aufheizen.

Zur Bestimmung der Schmelztemperatur werden etwa 0,1 mg Substanz auf einen Objektträger aufgebracht, mit einem Deckgläschen bedeckt und festgedrückt. Dann bringt man die Probe auf den Heiztisch auf und deckt mit einer kleinen und einer großen hitzebeständigen Glasplatte ab. Nachdem die Probe in das Gesichtsfeld des Mikroskops gebracht wurde, wird der Heiztisch angeheizt. Über weitere technische Details des Boëtius-Gerätes informiert der Praktikumsassistent!

Kurz vor Erreichen der Schmelztemperatur stellt man ein plötzliches Erweichen der Kristalle fest. Kurz darauf erfolgt völliges Aufschmelzen zu einer klaren Flüssigkeit. Voraussetzung dafür ist, daß sich die Substanz nicht vor Erreichen der Schmelztemperatur oder beim Schmelzen zersetzt.

Bei einer reinen Substanz sollte das Schmelzintervall (Schmelzbeginn bis zur vollständigen Verflüssigung) nicht mehr als 0,5 bis 1 °C (bei verschiedenen Verbindungen, besonders salzartigen auch etwas mehr) betragen.

Sollte eine Substanz vor Erreichen ihrer Schmelztemperatur sublimieren, was daran erkennbar ist, daß bei der Schmelztemperaturbestimmung in der Kapillare diese an dem aus der Badflüssigkeit herausragenden Teil beschlägt oder daß sich am Deckgläschen bei der Schmelztemperaturbestimmung auf dem Heiztischmikroskop plötzlich neue Kristalle ausbilden, so ist im ersten Fall die Kapillare nach Einfüllen der Substanz kurz über dieser zuzuschmelzen, im zweiten Falle eine flache Küvette (Fischer-Küvette), die ebenfalls zugeschmolzen wird, zu verwenden. Damit wird der Dampfdruck über der Substanz erhöht und der Sublimationspunkt heraufgesetzt (s. Ü 10, Abschn. 3.4.).

## 3.6.2.2.   Mischschmelztemperatur

Setzt man zu einer reinen Substanz X eine zweite Substanz Y zu und bestimmt von dem Gemisch die Schmelztemperatur (Mischschmelztemperatur), so beginnt das Gemisch in der Regel unscharf und bei niedrigerer Temperatur zu schmelzen als eine der beiden reinen Substanzen (s. Schmelzdiagramm, Abb. 3.25). Diese Tatsache benutzt man zur Identifizierung unbekannter Substanzen. Bei der Bestimmung der Mischschmelztemperatur müssen beide Substanzen in einem kleinen Mörser oder auf einer Tüpfelplatte innig vermischt werden.

Vermischt man eine unbekannte Substanz A mit einer bekannten Substanz B, und schmilzt das Gemisch beider Substanzen unscharf und bei niedrigerer Temperatur als eine der beiden Substanzen, dann ist eindeutig bewiesen, daß Substanz A nicht mit Substanz B identisch ist. Wird die Schmelztemperatur von Substanz A nicht herabgesetzt, dann ist es *wahrscheinlich*, daß die beiden Substanzen miteinander identisch sind. In diesem Falle ist es zur Sicherheit empfehlenswert, die Bestimmung der Mischschmelztemperatur noch einmal unter Variation der Mengenverhältnisse A:B durchzuführen (*warum?*).

Selbstverständlich ist die Mischschmelztemperaturbestimmung zweier Substanzen miteinander nur dann sinnvoll, wenn deren Schmelztemperaturen im Rahmen der Fehlergrenze (±5 °C) gleich sind.

Bei der Bestimmung der Mischschmelztemperatur kleinster Substanzmengen wird empfohlen, je einige kleine Kristalle der beiden Substanzen eng nebeneinander auf einen Objektträger zu bringen, mit einem Deckgläschen zu bedecken und durch vorsichtige drehende Bewegung des Deckgläschens auf dem Objektträger die Kristalle zu zerkleinern und dabei zu vermischen. Sind beide Substanzen miteinander identisch und von gleicher Reinheit, so schmilzt das Gemisch unter denselben Erscheinungen wie jede der beiden Einzelsubstanzen. Sind es jedoch unterschiedliche Substanzen, so beginnt in der Nähe der eutektischen Temperatur ein Erweichen und Aufschmelzen.

## 3.6.3.   Aufgaben

### a) Bestimmung der Schmelztemperatur bekannter Substanzen

Von fünf beliebigen bekannten Substanzen sind die Schmelzintervalle mit der Apparatur nach THIELE und mit dem Metallblock zu bestimmen.

Von den gleichen Substanzen werden die Schmelzintervalle auf dem Mikroheiztisch bestimmt. Die erhaltenen Werte sind zu tabellieren und den in der Literatur angegebenen Werten gegenüberzustellen.

Die Ergebnisse sind zu diskutieren.

### b) Identitätsnachweis

Von zwei unbekannten Substanzen (I und II) soll bestimmt werden, welche mit Anthracen identisch ist (reines Anthracen steht als Vergleichssubstanz zur Verfügung).

*Tabelle 3.1*
Schmelztemperaturen organischer Substanzen

| Substanz | $F$ in °C | Substanz | $F$ in °C |
|---|---|---|---|
| Resorcinol | 110 | Malonsäure | 134 |
| Acetanilid | 114 | Benzoin | 137 |
| Mandelsäure | 118 | m-Nitro-benzoesäure | 142 |
| Bernsteinsäureanhydrid | 120 | o-Acetoxy-benzoesäure | 143 |
| Benzoesäure | 122 | Anthranilsäure | 146 |
| β-Naphthol | 123 | p-Phenylendiamin | 147 |
| Benzamid | 130 | Phenylharnstoff | 148 |
| Phthalsäureanhydrid | 132 | Benzilsäure | 150 |
| Harnstoff | 133 | Benzoinoxim | 152 |
| Zimtsäure | 133 | Adipinsäure | 153 |

**c) Bestimmung der Schmelztemperatur unbekannter Substanzen**

Von einer unbekannten Substanz der Tabelle 3.1 ist die Schmelztemperatur auf dem Mikroheiztisch nach BOËTIUS zu bestimmen. Um Fehler auszuschließen, ist diese Bestimmung dreimal auszuführen.

Man vergleiche, welche Substanzen der Tabelle 3.1 mit der unbekannten Substanz auf Grund der Schmelztemperatur identisch sein könnten ($\pm 5\,°C$ Abweichung vom experimentell ermittelten Wert der unbekannten Substanz)! Anschließend sind auf dem Mikroheiztisch nach BOËTIUS von vier in Frage kommenden Substanzen (die man vom Assistenten erhält) und der unbekannten Substanz die Mischschmelztemperaturbestimmungen durchzuführen. Von jeder Probe sind Beginn und Ende des Schmelzens zu notieren. Die unbekannte Substanz ist zu identifizieren.

## 3.6.4. Kontrollfragen

1. Wie wirken sich folgende Fehler aus:
   - zu schnelles Aufheizen des Heizbades bzw. des Heiztisches?
   - zu dickwandige Kapillaren?
   - zu weite Kapillaren?
2. Nennen Sie Fehler in der Arbeitsweise, die am Apparat nach BOËTIUS zu hohe Schmelztemperaturen ergeben!
3. Wie bestimmt man zweckmäßig die Schmelztemperatur einer Substanz, die vor Beginn des Schmelzens merklich sublimiert?
4. Weshalb ist es zweckmäßig, eine Mischschmelztemperaturbestimmung mehrmals unter Variation der Mischungsverhältnisse vorzunehmen?
5. Warum ist die Angabe des Mittelwertes eines Schmelzintervalls nicht sinnvoll?
6. Worin kann die Ursache liegen, daß eine analytisch reine Substanz keine scharfe Schmelztemperatur zeigt?

# 3.7. Bestimmung des Brechungsindex – Refraktometrie    Ü 13

## 3.7.1. Theoretische Grundlagen

Zur Charakterisierung einer flüssigen organischen Substanz und als Kriterium für ihre Reinheit kann u. a. auch ihr *Brechungsindex n* herangezogen werden. Im Gegensatz zur Schmelztemperatur gilt nicht, daß der Brechungsindex um so größer ist, je reiner die Substanz ist. Der Brechungsindex ist eine additive Größe. Er ist der Mittelwert aus den Einzelbrechungsindizes der Komponenten eines Gemisches.

Der Brechungsindex *n* ergibt sich aus dem Snelliusschen Gesetz,

$$\frac{\sin\alpha}{\sin\beta} = \frac{c_1}{c_2} = n, \qquad c_1, c_2 \text{ Lichtgeschwindigkeiten im Medium 1 und 2,} \qquad (3.14)$$

6*

wenn monochromatisches Licht an der Grenzfläche zweier Medien gebrochen wird, wobei im allgemeinen Luft als Bezugsmedium dient (Abb. 3.28). Da der Brechungsindex temperaturabhängig ist, muß bei dessen Angabe stets die Meßtemperatur vermerkt sein. In den Tabellen sind meist die bei 25 °C gemessenen Werte angegeben.

Ferner ist eine Abhängigkeit von der Wellenlänge des verwendeten Lichtes zu verzeichnen. Im allgemeinen gibt man den Brechungsindex, welchen man bei Verwendung des gelben Natriumlichtes (D-Linie, 589 nm) erhält, an. Wellenlänge und Temperatur werden als Indizes vermerkt, z. B. $n_D^{25}$.

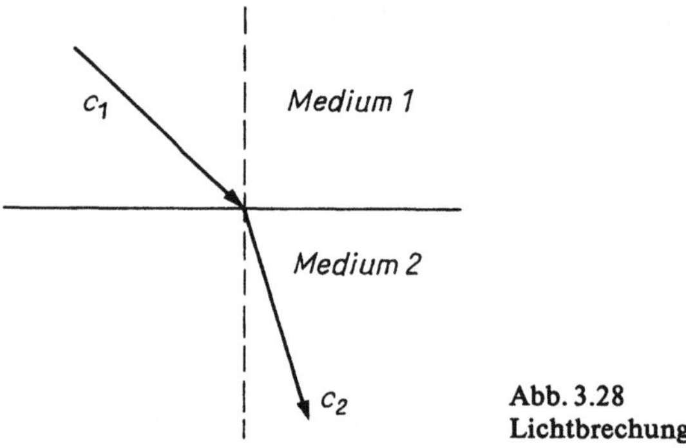


Abb. 3.28
Lichtbrechung

Die Abhängigkeit des Brechungsindex von der optischen Dichte der Medien 1 und 2 und damit von der Konzentration eines Stoffes, wenn eins der Medien als Flüssigkeit vorliegt, gestattet, Konzentrationsbestimmungen und Reinheitsprüfungen von Lösungen durchzuführen.

## 3.7.2.  Arbeitstechnik

Zur Bestimmung des Brechungsindex $n_D$ einer Flüssigkeit steht das Abbé-Refraktometer zur Verfügung, das beim Arbeiten mit gewöhnlichem weißem Licht (z. B. Tageslicht) durch Messung eines Winkels (des Grenzwinkels der Totalreflexion) die direkte Ablesung des Wertes für $n_D$ bei einer bestimmten Temperatur (meist 20 °C oder 25 °C) gestattet. Die entsprechende Meßtemperatur wird mittels Thermostat eingestellt.

Die zu vermessende Flüssigkeit wird vorsichtig, z. B. durch Auftropfen, in den Zwischenraum des aufklappbaren Doppelprismas gebracht. Dann wird das Beobachtungsfernrohr gegenüber dem Prismensatz gedreht, bis die Grenzlinie zwischen dem hellen und dem dunklen Teil des Gesichtsfeldes die Mitte des Fadenkreuzes trifft. (Der gesamte Zwischenraum muß gleichmäßig mit der Meßflüssigkeit ausgefüllt sein!)

Ein farbiger Saum der Grenzlinie, der wegen der Verwendung nichtmonochromatischen Lichtes entsteht, kann durch Drehen eines Kompensators im Tubus des Beobachtungsfernrohres beseitigt werden. Dann werden der Brechungsindex und die Temperatur abgelesen.

Die empfindlichen Prismen werden nach jeder Messung mit Watte oder einem weichen

Tuch unter Benutzung geeigneter Lösungsmittel (z.B. Methanol, Cyclohexan, Ether) vorsichtig, aber ausgiebig gereinigt und anschließend im aufgeklappten Zustand an der Luft getrocknet.

### 3.7.3. Aufgaben

**a) Brechungsindex bekannter Substanzen**

Von drei beliebigen bekannten Substanzen sind die Brechungsindizes zu bestimmen und mit den in Kapitel 8 angegebenen Werten zu vergleichen.

**b) Brechungsindex unbekannter Substanzen**

Zwei unbekannte Substanzen sind anhand ihrer Brechungsindizes zu identifizieren. Dazu ist von jeder Substanz der Brechungsindex zu bestimmen. Die erhaltenen Werte werden mit denen aus Kapitel 8 verglichen. Beim Assistenten sind die vermuteten Substanzen anzufordern. Von diesen wird ebenfalls der Brechungsindex bestimmt.

Danach wird eine Probe der angeforderten Substanz in einem sauberen Gefäß mit einer Probe der zu bestimmenden Substanz vermischt und erneut der Brechungsindex bestimmt.

**c) Analyse eines 1,4-Dioxan-Wasser-Gemisches**

Der Wassergehalt einer unbekannten 1,4-Dioxanprobe soll bestimmt werden. Hierzu werden von Proben mit 0, 15, 30, 45, 60, 75, 90 und 100 Vol-% 1,4-Dioxangehalt die Brechungsindizes bestimmt und in einer graphischen Darstellung diese über der Konzentration aufgetragen. Nachdem der Brechungsindex der unbekannten Probe ermittelt wurde, wird diesem die entsprechende Konzentration zugeordnet.

(Hinweise in Abschn. 2.3., Gefährliche Chemikalien, beachten!)

### 3.7.4. Kontrollfragen

1. Erklären Sie, warum der Brechungsindex von der Wellenlänge des verwendeten Lichtes, der Temperatur und der Konzentration der untersuchten Substanz abhängt!
2. Was versteht man unter dem Grenzwinkel der Totalreflexion?
3. Geben Sie alle Ihnen bekannten physikalischen Konstanten an, durch die eine organische Substanz charakterisiert werden kann. Schätzen Sie den Wert dieser Konstanten in bezug auf die Möglichkeit zur Identifizierung ein. Erläutern Sie, von welchen Faktoren diese „Konstanten" abhängig sind!
4. Warum darf der Prismensatz des Refraktometers nicht mit jedem beliebigen Lösungsmittel gereinigt werden?
5. Warum gilt für den Brechungsindex nicht: Je größer der Brechungsindex ist, um so reiner ist die Substanz?
6. Essigsäureethylester ist mit Toluen verunreinigt. Liegt der Brechungsindex dieses Essigsäureethylesters über oder unter dem Wert für reinen Essigsäureethylester?

# 3.8.    Polarimetrie                                    Ü 14

## 3.8.1.   Theoretische Grundlagen

Zur Charakterisierung von aus chiralen Teilchen bestehenden optisch aktiven Verbindungen, ihrer Mischungen und Lösungen bedient man sich der Polarimetrie. Hierbei wird verfolgt, um welchen *Drehwinkel* $\alpha$ und in welchem *Drehsinn* [(+) für den Messenden im Uhrzeigersinn, (−) dem Uhrzeigersinn entgegen] die Schwingungsebene linear polarisierten Lichts beim Durchlaufen der Meßflüssigkeit gedreht wird. Der Betrag des Drehwinkels $\alpha$ hängt insbesondere von der Konzentration $c$ der Meßlösung (aus konventionellen Gründen oft in g/100 ml Lösung) und der Schichtdicke $l$ der Flüssigkeit (in $10^{-1}$ m), in gewissem Maße auch von der Temperatur $T$ (in °C), der Wellenlänge $\lambda$ des linear polarisierten Lichts und dem Lösungsmittel ab. Durch Ermittlung der *spezifischen Drehung* $[\alpha]_\lambda^T$ nach der Beziehung

$$[\alpha]_\lambda^T = \frac{100 \cdot \alpha}{l \cdot c} \tag{3.15}$$

erhält man eine von den Aufnahmeparametern $c$ und $l$ unabhängige Stoffkonstante. Bei Nutzung des Lichts der Natrium-D-Linie ($\lambda = 589{,}3$ nm) und einer Temperatur von 25 °C kann die vollständige Angabe der spezifischen Drehung z. B. folgendermaßen erfolgen:

$$[\alpha]_D^{25} = +35{,}8° \ (c = 1{,}0 \ \text{g/100 ml in CHCl}_3).$$

Die Beziehung (3.15) gestattet andererseits bei Kenntnis der spezifischen Drehung einer optisch aktiven Substanz deren quantitative Bestimmung durch polarimetrische Messung des Drehwinkels $\alpha$.

Optisch aktive Substanzen, die z. B. durch eine enantioselektive Synthese bzw. durch mehr oder weniger vollständige Racemattrennung erhalten wurden, werden durch ihre *optische Reinheit* charakterisiert. Sie wird als Verhältnis der spezifischen Drehung des praktisch erhaltenen Enantiomerengemischs zu der des angestrebten reinen Enantiomeren ausgedrückt:

$$\text{opt. Reinheit} = \frac{[\alpha]_\lambda^T, \text{prakt.}}{[\alpha]_\lambda^T, \text{rein}} \cdot 100\%$$

## 3.8.2.   Arbeitstechnik

Die Größe des Drehwinkels $\alpha$ kann mittels eines *Polarimeters* bestimmt werden. In einem einfachen visuellen Polarimeter (Abb. 3.29) wird das von einer Lichtquelle $L$ (z. B. Natriumdampflampe) herrührende monochromatische Licht in einem ersten Nicolschen Prisma, dem Polarisator $P$, polarisiert. Danach durchläuft es das auf die Temperatur $T$ gebrachte Polarimeterrohr $Pr$ der Länge $l$, das die Probenmeßlösung der Konzentration $c$ enthält (beim Einfüllen und Verschließen ist darauf zu achten, daß keine Luftblasen im Rohr verbleiben). Die hierbei erfolgte Drehung der Ebene des polarisierten Lichts um den

Winkel $\alpha$ wird mittels eines zweiten Nicolschen Prismas, dem Analysator $A$, der mit einer Winkelskala verbunden ist, vermessen. Die Verfolgung des z. B. in drei Teile verschiedener Helligkeit unterteilten Beobachtungsfeldes, das auf gleichmäßige Helligkeit einzustellen ist, erfolgt durch ein Okular $Ok$.

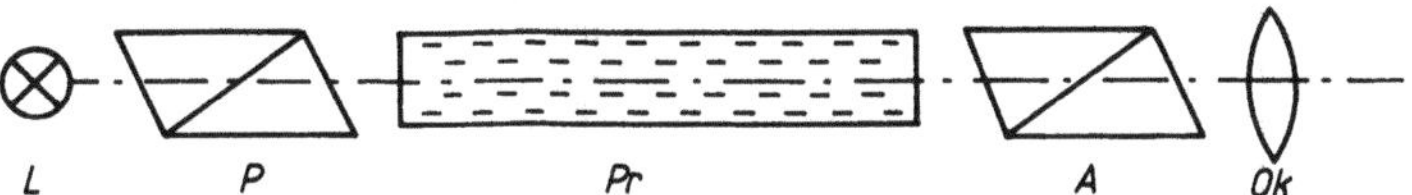


Abb. 3.29
Schema eines einfachen Polarimeters

Moderne automatische Polarimeter, die gegebenenfalls mittels Monochromator beliebige Lichtwellenlängen zu wählen gestatten, geben den Drehwinkel $\alpha$ schneller und mit höherer Genauigkeit über eine spezielle Ausgabeeinheit (Leuchtdiodenanzeige o. ä.) aus.

Über Einzelheiten der Vorbereitung und Durchführung der Messungen an einfachen oder automatischen Polarimetern informiere man sich anhand der speziellen Bedienungsvorschriften, die man vom Praktikumsassistenten erhält.

## 3.8.3.  Aufgaben

### a) Bestimmung der spezifischen Drehung bekannter Substanzen

Von drei bekannten Substanzen der Tabelle 3.2 sind anhand ihrer Lösungen in den vorgegebenen Lösungsmitteln sowie bei den genannten Konzentrationen die Drehwinkel $\alpha$ mittels Polarimeters zu bestimmen. Die Winkelbeträge und die daraus berechneten spezifischen Drehungen sind zu tabellieren, denen der Tabelle 3.2 gegenüberzustellen und die Ergebnisse sind zu diskutieren.

*Tabelle 3.2*
Spezifische Drehung optisch aktiver organischer Substanzen

| Substanz | $[\alpha]_\lambda^T$ ($c$ in g/100 ml, Lösungsmittel) |
|---|---|
| $\alpha$-D(+)-Glucose | $[\alpha]_D^{20} = +111°$ ($c = 10$ in Wasser) |
| D-Glucose ($\alpha$-, $\beta$-Gleichgewichtsgemisch) | $[\alpha]_D^{20} = +52{,}7°$ ($c = 10$ in Wasser) |
| D-Fructose | $[\alpha]_D^{20} = -92{,}4°$ ($c = 10$ in Wasser) |
| Saccharose | $[\alpha]_D^{20} = +66{,}5°$ ($c = 10$ in Wasser) |
| D(+)-Campher | $[\alpha]_D^{20} = +44{,}3°$ ($c = 10$ in Ethanol) |
| L(+)-Alanin | $[\alpha]_D^{20} = +2{,}7°$ ($c = 10$ in Wasser) |
| L(+)-Weinsäure | $[\alpha]_D^{17} = +16{,}6°$ ($c = 11$ in Wasser) |

**b) Polarimetrie von Saccharoselösungen**

Mit einem Polarimeter sind die Drehwinkel $\alpha$ von wäßrigen Saccharoselösungen der Stoffmengenkonzentrationen 0,1; 0,2; 0,3; 0,4; 0,5 und 0,6 mol·l⁻¹ bei konstanter Temperatur (z. B. 20 °C) in Polarimeterrohren gleicher Länge (z. B. 10 cm) zu vermessen und in einer graphischen Darstellung über den Konzentrationen aufzutragen. Die erhaltene Funktion ist zu diskutieren.

## 3.8.4.  Kontrollfragen

1. Welcher Zusammenhang besteht zwischen dem Drehwinkel $\alpha$ und der spezifischen Drehung $[\alpha]_\lambda^T$?
2. Welche Größe läßt sich bei Kenntnis der Polarimeterrohrlänge $l$ aus dem Anstieg der in Aufgabe b) erhaltenen „Geraden" ermitteln?

# 4. Organische Synthese (Ü 15–Ü 77)

In den folgenden Übungen führt der Praktikant chemische Reaktionen verschiedener organischer Verbindungen durch. Die Reaktionen sind nach dem Reaktionsweg und der Art der Bindungsumgruppierung der Ausgangsstoffe gegliedert (Abschn. 4.1. bis 4.13.). Mikrobielle und enzymatische Reaktionen sowie Reaktionen von Naturstoffen bzw. deren Isolierung werden gesondert (Abschn. 4.14. und 4.15.) zusammengefaßt. Einige der unter 4.14. und 4.15. angegebenen Übungen sind oft recht zeitaufwendig und nur zu einem Teil in der im Rahmen dieses Buches veranschlagten Praktikumszeit zu realisieren. Die Auswahl der Versuche ist so getroffen worden, daß der Praktikant in einem 4- bzw. 2 × 4stündigen Praktikum die entscheidenden Phasen der Übung durchführen kann.

Jede Übung hat das Ziel, durch Synthese oder in einigen Fällen durch Isolierung aus Naturstoffen einen reinen Stoff mit möglichst hoher Ausbeute zu erhalten.

Vor der Durchführung einer Übung sind die theoretischen Grundlagen und die Arbeitsvorschrift genau zu studieren.

Die durchzuführenden Operationen, die einzusetzenden Reaktionspartner (Umrechnung der molaren Massen), der Aufbau der Syntheseapparatur (Skizze) und die zu beachtenden besonderen Arbeitsschutzbestimmungen werden stichpunktartig als Kurzfassung der Arbeitsvorschrift notiert. Das erhaltene Präparat ist nach den angegebenen Verfahren (z. B. Destillation oder Umkristallisation) zu reinigen und gegebenenfalls von anhaftendem Lösungsmittel zu befreien. Die Reinheit des Syntheseproduktes wird durch die Bestimmung physikalischer Konstanten wie Siede-, Schmelztemperatur, Brechungsindex oder optisches Drehvermögen kontrolliert, wobei mit den in der Arbeitsvorschrift angegebenen Literaturwerten ($Kp$, $F$, $n_D^T$, $[\alpha]_D^T$) verglichen wird. Das angefertigte Präparat wird zusammen mit dem Protokoll (s. 4.14.) dem Praktikumsbetreuer übergeben.

## 4.1. Radikalische Substitution an Alkanen (Ü 15–Ü 17)

### 4.1.1. Theoretische Grundlagen

Als *Radikal* bezeichnet man ein Atom oder eine Atomgruppe mit einem oder mehreren ungepaarten Elektronen. Systeme mit ungepaarten Elektronen stellen magnetische Dipole dar. In einem äußeren Magnetfeld stellen sich die Radikale so ein, daß sie dieses Feld verstärken. Sie werden von ihm angezogen und deshalb als *paramagnetisch* bezeichnet.

Radikale entstehen z. B. durch Entkopplung von Elektronenpaaren. Die symmetrische Spaltung einer kovalenten Bindung wird als *Homolyse* bezeichnet. Sie stellt den wichtigsten Fall der Radikalbildung dar:

$$A-B \longrightarrow A\cdot + B\cdot$$

$$|\overline{B}r - \overline{B}r| \longrightarrow |\overline{B}r\cdot + \cdot\overline{B}r|$$

Die Bindungsspaltung erfolgt durch Zuführung der entsprechenden Dissoziationsenergie. Diese kann das Molekül in verschiedener Form erhalten: Wärmeenergie (Thermolyse), UV/S-Energie (Photolyse), energiereiche Strahlung (Radiolyse), chemische Energie, mechanische Energie.

Die Lebensdauer und Beständigkeit der Radikale ist verschieden. Sie ist davon abhängig, in welchem Maß das einsame Radikalelektron von dem übrigen Molekül beeinflußt wird. Je stärker es in mesomere Systeme einbezogen werden kann, um so stabiler ist das Radikal.

Bei radikalischen Substitutionsreaktionen wird der Wasserstoff einer C—H-Bindung durch ein Radikal substituiert. Die Reaktion verläuft nach einem *Kettenmechanismus.*

Startreaktion

$$Cl-Cl \longrightarrow 2\,Cl\cdot \qquad\qquad \Delta H = 243{,}6\ kJ\cdot mol^{-1}$$
$$(243{,}6)$$

Reaktionskette

$$Cl\cdot + H_3C-H \longrightarrow H_3C\cdot + H-Cl \qquad \Delta H = 4{,}2\ kJ\cdot mol^{-1}$$
$$(436{,}8) \qquad\qquad (432{,}6)$$

$$H_3C\cdot + Cl-Cl \longrightarrow H_3C-Cl + Cl\cdot \qquad \Delta H = -109{,}2\ kJ\cdot mol^{-1}$$
$$(243{,}6) \qquad\qquad (352{,}8)$$

Kettenabbruch

$$Cl\cdot + Cl\cdot \longrightarrow Cl-Cl \qquad\qquad \Delta H = -243{,}6\ kJ\cdot mol^{-1}$$
$$(243{,}6)$$

Radikalreaktionen laufen im allgemeinen dann von allein ab, wenn die Gesamtenergiebilanz eine exotherme Reaktion ergibt. Die Wärmetönung $\Delta H$ wird als Differenz der Dissoziationsenergien der in der Reaktion gespaltenen und neu gebildeten Bindungen erhalten. Bei der Chlorierung von Methan ergibt sich mit $\Delta H = -105\ kJ\cdot mol^{-1}$ eine exotherme Gesamtreaktion und damit die Schlußfolgerung, daß die Chlorierung von Methan abläuft, wenn z. B. durch Photolyse einmal Chlorradikale vorhanden sind.

Oft werden für die Startreaktion Verbindungen eingesetzt, die leicht in Radikale zerfallen. Solche Substanzen sind z. B. Dibenzoylperoxid und 2,2'-Azo-diisobutyronitril. Man nennt sie *Initiatoren.*

Dibenzoylperoxid bzw. 2,2'-Azo-diisobutyronitril zerfallen relativ leicht in Radikale auf Grund der niedrigen Dissoziationsenergie der Sauerstoff- und Stickstoffbindungen $D_{O-O} = 126\ kJ\cdot mol^{-1}$, $D_{N-N} = 130{,}2\ kJ\cdot mol^{-1}$ und der hohen Bildungsenthalpie von $CO_2$ bzw. $N_2$:

Die Reaktionskette kann außer durch Rekombination

$$2\,CH_3\text{-}\overset{\bullet}{C}H_2 \longrightarrow CH_2\text{=}CH_2 + CH_3\text{-}CH_3$$

auch durch Disproportionierung

$$R\cdot + \cdot R \longrightarrow R\text{-}R$$

abgebrochen werden.

Die radikalischen Bromierungen und Chlorierungen sind präparativ wichtige Substitutionsreaktionen. Fluorierungen werden wegen der großen Reaktionsfähigkeit des Fluors und der dabei unkontrollierbar ablaufenden Konkurrenzreaktionen selten durchgeführt. Iod ist nicht in der Lage, C—H-Bindungen radikalisch anzugreifen, da der Energiegewinn bei der Knüpfung einer H—I-Bindung kleiner ist als die für die C—H-Spaltung aufzuwendende Energie.

In der Technik führt man wegen der leichten Darstellbarkeit des Chlors vorwiegend Chlorierungen durch. Im Labor setzt man wegen der einfacheren Handhabung und leichteren Dosierbarkeit hauptsächlich Brom ein, um radikalische Halogenierungen durchzuführen.

## 4.1.2.  Arbeitsvorschriften

### Benzylbromid  Ü 15

**Benzylbromid ist haut- und tränenreizend! Der Versuch ist unter einem Abzug durchzuführen. Sollte Benzylbromid auf die Haut gelangen, dann ist zuerst mit Alkohol zu waschen, später mit Seifenwasser. Bei Verätzungen der Augen ist mit verdünnter Natriumhydrogencarbonatlösung zu spülen. Nach Beendigung des Versuchs sind alle Geräte unter dem Abzug gründlich mit Methanol auszuspülen.**

$$\text{C}_6\text{H}_5\text{-CH}_3 + Br_2 \longrightarrow \text{C}_6\text{H}_5\text{-CH}_2Br + HBr$$

In einen 250-ml-Zweihalskolben mit Rückflußkühler und Tropftrichter, der bis auf den Boden des Kolbens reicht, gibt man 0,3 mol Toluen und 100 ml trockenen Tetrachlorkohlenstoff. (Steht nur ein technisches Produkt zur Verfügung, ist dieses zu destillieren. Im Vorlauf geht ein azeotropes Gemisch aus Wasser und CCl$_4$ über. Die Hauptfraktion ist für den Versuch rein genug.) Die Mischung wird zum Sieden erhitzt und mit einer UV- oder einer starken Photolampe bestrahlt **(Schutzbrille tragen!)**. In die Mischung läßt man langsam 0,33 mol Brom ($D_{\text{Brom}} = 3,12\ \text{g}\cdot\text{cm}^{-3}$) so zutropfen, daß sie ständig entfärbt wird. Den durch den Kühler entweichenden Bromwasserstoff leitet man in eine Waschflasche über Wasser. Die Waschflasche ist nur soweit mit Wasser zu füllen, daß das Einleitungsrohr 1 cm über der Wasseroberfläche endet. Die entstehende Bromwasserstoffsäure ist zu sammeln. Sie kann durch Destillation zu 48%iger Bromwasserstoffsäure aufgearbeitet werden. Die Reaktion ist nach etwa einer Stunde beendet. Der Reaktionskolben dient als Siedekolben bei der sich anschließenden Vakuumdestillation. Bei mäßigem Vakuum wird zuerst der Tetrachlorkohlenstoff abdestilliert. (Diesen nicht verwerfen! Er kann für weitere Reaktionen verwendet werden.) Dann folgt eine Zwischenfraktion. Das Benzylbromid wird im Vakuum destilliert. Man bestimme Siedetemperatur, Ausbeute und Brechungsindex!

Benzylbromid: $Kp_{2,0(15)}$ 95 °C; $n_D^{24}$ 1,785; Ausbeute 80 % d. Th.

## 3-Brom-cyclohex-1-en          Ü 16

Mit N-Brom-succinimid in Gegenwart des Radikalbildners Dibenzoylperoxid können Bromierungen in Allylstellung, d. h. neben der Doppelbindung durchgeführt werden.

*Dibenzoylperoxid*

$$2 \, C_6H_5COCl + H_2O_2 + 2\,NaOH \longrightarrow C_6H_5\text{-C(O)-O-O-C(O)-}C_6H_5 + 2\,NaCl + 2\,H_2O$$

Die Mischung von 2,5 ml 30%igem Wasserstoffperoxid und 2,5 ml Wasser in einem Reagenzglas wird in Eiswasser gekühlt. Unter ständigem kräftigen Schütteln tropft man mit der Pipette abwechselnd 4N NaOH (insgesamt etwa 4 ml) und Benzoylchlorid (insgesamt 1 ml) zu. Es ist unbedingt zu beachten, daß die Lösung immer alkalisch bleibt. Die anfänglich auftretenden milchig-weißen Öltröpfchen verschwinden nach kurzer Zeit. Etwa 10 Minuten nach Ende der Reaktion wird der entstandene Niederschlag abfiltriert und auf der Tonplatte getrocknet.

Um sich von der Explosibilität des Dibenzoylperoxids zu überzeugen, kann man eine Spatelspitze der Substanz in einem trockenen Reagenzglas erhitzen.

*3-Brom-cyclohex-1-en*

In einen trockenen 250-ml-Kolben mit Rückflußkühler gibt man 0,1 mol Cyclohexen, 100 ml wasserfreien Tetrachlorkohlenstoff, 0,1 mol N-Brom-succinimid und eine Spatelspitze Dibenzoylperoxid. Die Mischung wird unter Rückfluß langsam erwärmt. Ist die Reaktion angesprungen, was an einem stärkeren Sieden zu erkennen ist, wird die Wärmezufuhr soweit eingeschränkt, daß die Mischung im Kolben gerade noch siedet. Es scheidet sich Succinimid aus, wodurch sich die Lösung trübt. Das Ende der Reaktion ist daran zu erkennen, daß das N-Brom-succinimid, welches spezifisch schwerer als CCl₄ ist, vom Boden des Kolbens verschwunden ist und sich Succinimid, welches spezifisch leichter ist als CCl₄, an der Oberfläche der Lösung ansammelt. Die Reaktionsdauer beträgt etwa eine Stunde. Danach läßt man abkühlen und saugt das Succinimid ab. (Dieses wird nicht verworfen, sondern gesammelt und kann wieder zu N-Brom-succinimid aufgearbeitet werden.) Von der gelblichen Lösung wird im schwachen Vakuum der Tetrachlorkohlenstoff abdestilliert. (Nicht verwerfen! Er kann für weitere Reaktionen verwendet werden.) Das 3-Brom-cyclohex-1-en wird im Vakuum destilliert. Man bestimme Siedetemperatur, Ausbeute und Brechungsindex!

Nach Beendigung des Versuches sind alle Geräte mit Methanol auszuspülen.

3-Brom-cyclohex-1-en: $Kp_{2,1(16)}$ 75 °C; $n_D^{20}$ 1,528 5; Ausbeute 20 % d. Th.

## Synthese von Tetramethylbernsteinsäuredinitril und Bestimmung der Zersetzungsgeschwindigkeit von 2,2′-Azo-diisobutyronitril    Ü 17

In beiden Teilen der Übung wird die Zersetzung von 2,2′-Azo-diisobutyronitril (ADIN) untersucht.

Unter a) soll durch Identifizierung (Schmelztemperaturbestimmung) eines Reaktionsproduktes der Reaktionsverlauf überprüft werden.

Unter b) soll gezeigt werden, daß der Zerfall von ADIN eine Reaktion 1. Ordnung ist, für die das Zeitgesetz gilt:

$$-\frac{d[ADIN]}{dt} = k[ADIN]$$

Nach Integration in den Grenzen $t_0$ und $t$ sowie $[ADIN]_0$ und $[ADIN]$ folgt:

$$\lg \frac{[ADIN]_0}{[ADIN]} = \frac{k(t - t_0)}{2,303}$$

Die Anfangskonzentration $[ADIN]_0$ ist gleich der Konzentration des insgesamt entstehenden Stickstoffs $[N_2]_\infty$. Die zur Zeit $t$ entwickelte Stickstoffmenge $[N_2]$ spiegelt die Konzentrationsabnahme von ADIN wider:

$$[ADIN] \stackrel{\wedge}{=} [N_2]_\infty - [N_2]$$

Wegen der Proportionalität von Konzentration und Volumen eines Gases und für $t_0 = 0$ erhält man:

$$\lg (V_\infty - V) = -\frac{k \cdot t}{2,303} + \lg V_\infty$$

$V_\infty$ wird über das Molvolumen berechnet.

Trägt man $\lg (V_\infty - V)$ gegen $t$ graphisch auf, so ergeben die Meßdaten bei Vorliegen einer Reaktion 1. Ordnung eine Gerade.

a) *Tetramethylbernsteinsäuredinitril*

$$NC-\underset{\underset{CH_3}{|}}{\overset{\overset{CH_3}{|}}{C}}-N=N-\underset{\underset{CH_3}{|}}{\overset{\overset{CH_3}{|}}{C}}-CN \longrightarrow NC-\underset{\underset{H_3C}{|}}{\overset{\overset{H_3C}{|}}{C}}-\underset{\underset{CH_3}{|}}{\overset{\overset{CH_3}{|}}{C}}-CN + N_2$$

0,5 g ADIN werden in einem 25-ml-Rundkolben mit 7 ml Wasser versetzt und 35 Minuten unter Rückfluß zum Sieden erhitzt. Das sich während der Umsetzung im Kühler abscheidende Reaktionsprodukt wird durch öfteres Abstellen des Kühlwassers in den Kolben zurückgebracht. Nach Filtration der heißen Reaktionslösung werden die nach dem

Abkühlen abgeschiedenen Kristalle abgesaugt und aus 1,5 ml Ethanol/Wasser (1:2) umkristallisiert: *F* 167...169 °C.

Bei der Bestimmung der Schmelztemperatur beachte man, daß eine bei 100 °C ablaufende Kristallumwandlung einen Schmelzvorgang vortäuscht.

**b)** *Bestimmung der Zersetzungsgeschwindigkeit von 2,2′-Azo-diisobutyronitril*

Die Bestimmungsapparatur besteht aus einem 25-ml-Zweihalskolben, der mit einer Gasableitung versehen ist. Das entweichende Gas wird in einem 100-ml-Meßzylinder pneumatisch aufgefangen. In den Kolben werden etwa 10 ml N,N-Dimethyl-formamid (DMF) eingefüllt und in einem siedenden Wasserbad erhitzt. Wenn keine Luft mehr aus dem Kolben entweicht, werden aus einer Bürette etwa 8 ml (genau ablesen!) der ausstehenden 0,5 M ADIN-DMF-Lösung entnommen und durch kurzes Öffnen des heißen Zersetzungskolbens in diesen überführt. Nach einiger Zeit setzt die Stickstoffentwicklung ein. Sobald eine ununterbrochene Reihenfolge von Gasblasen beobachtet wird, notiere man die Zeit und die Änderung des Volumens der Gasmenge in Abständen von 5 Minuten. Nach 20 bis 25 Minuten soll die letzte Messung erfolgen. Während der gesamten Messung bleibt das Wasserbad ständig in deutlichem Sieden. Bei der Messung des Stickstoffvolumens beachte man das im Meßzylinder vorhandene Luftvolumen!

Es ist $\lg(V_\infty - V)$ gegen $t$ graphisch aufzutragen! Man ermittle die Reaktionsgeschwindigkeitskonstante $k$ graphisch und durch Rechnung.

## 4.1.3.  Kontrollfragen

1. Die Dissoziationsenergien folgender Bindungen betragen:

| | | | |
|---|---|---|---|
| $CH_3$—H | 436,8 kJ · mol$^{-1}$ | H—Cl | 432,6 kJ · mol$^{-1}$ |
| $CH_3CH_2$—H | 411,6 kJ · mol$^{-1}$ | H—Br | 365,4 kJ · mol$^{-1}$ |
| $C_6H_5CH_2$—H | 315,0 kJ · mol$^{-1}$ | H—I | 298,2 kJ · mol$^{-1}$ |
| H—F | 567,0 kJ · mol$^{-1}$ | | |

   Erklären Sie, ob sich die drei erstgenannten Substanzen unter der Einwirkung von Fluor, Chlor, Brom bzw. Iod radikalisch fluorieren, chlorieren, bromieren bzw. iodieren lassen!
2. Formulieren Sie die mechanistischen Schritte der Monobromierung von Toluen unter Einbeziehung des Initiators Dibenzoylperoxid!
3. Formulieren und bezeichnen Sie alle Chlorierungsprodukte von Methan!
4. Kennzeichnen Sie die allylständigen Wasserstoffatome in Toluen, Cyclohexen, Ethylbenzen!
5. Pent-2-en soll mit N-Brom-succinimid bromiert werden. Geben Sie die Reaktionsgleichung dafür an!
6. Welche Verbindung könnte sich bei der Zersetzung von ADIN in Ethylbenzen bilden?

# 4.2. Nukleophile Substitution am gesättigten Kohlenstoffatom (Ü 18–Ü 23)

## 4.2.1. Theoretische Grundlagen

Voraussetzung für eine $S_N$-Reaktion *(nukleophile Substitution)* ist einmal das Vorhandensein eines Reagens mit einem freien Elektronenpaar, das zur Ausbildung einer neuen Bindung zur Verfügung gestellt werden kann (nukleophiles Reagens). Zum anderen muß ein Partner vorhanden sein, bei dem ein positiv polarisiertes, $sp^3$-hybridisiertes Kohlenstoffatom über eine polare Atombindung mit einem negativ polarisierten Substituenten verbunden ist $\left( \diagdown C^{\delta+}\!\!-\!X^{\delta-} \right)$.

Bei der Reaktion wird die Bindung zwischen Kohlenstoffatom und X gespalten (unter Mitnahme des Bindungselektronenpaares durch X) und eine neue Bindung zwischen C und Y hergestellt ($Y|^\ominus$ liefert das Bindungselektronenpaar):

$$\diagdown C^{\delta+}\!\!-\!X^{\delta-} + Y|^\ominus \longrightarrow \diagdown C\!\!-\!Y + X|^\ominus$$

$$z.B. \; CH_3\!\!-\!\underline{\underline{I}}| + {}^\ominus\overline{\underline{O}}H \longrightarrow CH_3\!\!-\!\underline{\underline{O}}H + |\underline{\underline{I}}|^\ominus$$

Substanzen mit genügend polaren Atombindungen sind u. a.: Alkylhalogenide (X = Cl, Br, I), Alkohole (X = OH), Ether (X = OR), Schwefelsäureester (X = $OSO_3H$). Als nukleophile Reagenzien sind u. a. einsetzbar: Hydroxidionen ($H\!\!-\!O|^\ominus$), Wasser ($H\!\!-\!O\!\!-\!H$), Alkoxidionen ($R\!\!-\!O|^\ominus$), Ammoniak ($H_3N|$), primäre, sekundäre oder tertiäre Amine (z. B. $R_3N|$), Halogenidionen (z. B. $|Cl|^\ominus$), Thioalkohole ($R\!\!-\!SH$), Nitritionen ($NO_2{}^\ominus$), Cyanidionen ($^\ominus|C\!\!\equiv\!\!N|$).

Der Ablauf einer $S_N$-Reaktion wird durch die stöchiometrische Gleichung nur ungenügend beschrieben. Prinzipiell sind zwei unterschiedliche Möglichkeiten vorhanden. Einmal kann sich die polarisierte kovalente Bindung C—X unter Ausbildung eines sogenannten *Übergangszustandes gleichzeitig* in dem Maße lösen, wie die neue Bindung C—Y geknüpft wird *(synchrone Reaktion)*:

$$Y|^\ominus + \diagdown C^{\delta+}\!\!-\!X^{\delta-} \longrightarrow \left[ Y\text{---}C\text{---}X \right]^\ominus \longrightarrow Y\!\!-\!C\diagup + X|^\ominus$$

Übergangszustand

Da am geschwindigkeitsbestimmenden Schritt der Reaktion beide Ausgangsstoffe beteiligt sind, wird die Reaktion als *bimolekular* bezeichnet ($S_N2$). Bei Einsatz eines optisch aktiven Ausgangsstoffes ist das Endprodukt ebenfalls optisch aktiv, jedoch tritt dabei Umkehr der Konfiguration am Kohlenstoffatom ein *(Inversion)*.

Die andere Möglichkeit besteht darin, daß der Bruch der alten und die Ausbildung der neuen Bindung nicht gleichzeitig ablaufen *(asynchrone Reaktion)*. Dabei löst sich zunächst in einem ersten, langsamen Schritt der Substituent X vom tetraedrischen Kohlenstoffatom unter Mitnahme des Bindungselektronenpaares ab, und es entsteht ein ebenes Carboniumkation, das im zweiten, schnell ablaufenden Schritt eine Bindung mit dem nukleophilen Partner $Y|^{\ominus}$ eingeht:

$$>\!\!C\text{—}X \xrightleftharpoons{\text{langsam}} \overset{\mid}{C}^{\oplus} + X|^{\ominus}$$

$$\overset{\mid}{C}^{\oplus} + Y|^{\ominus} \longrightarrow >\!\!C\text{—}Y \quad \text{bzw.} \quad Y\text{—}C\!\!<$$

Da das Carbokation eben und symmetrisch ist, kann der nukleophile Angriff durch $Y|^{\ominus}$ von beiden Seiten mit gleicher Wahrscheinlichkeit erfolgen. Deshalb entsteht in diesem Falle bei Einsatz eines optisch aktiven Ausgangsstoffes ein optisch inaktives Endprodukt (*Racemat*). Da am geschwindigkeitsbestimmenden Schritt der Reaktion nur ein Ausgangsstoff beteiligt ist, wird die Reaktion als *monomolekular* ($S_N1$) bezeichnet.

Nur selten läuft eine $S_N$-Reaktion nach einem reinen monomolekularen bzw. bimolekularen Mechanismus ab. In Fällen, in denen das nukleophile Reagens zwei verschiedene Stellen unterschiedlicher Nukleophilie aufweist (ambidente Ionen), sind beide Reaktionen gleichzeitig möglich (s. Ü 21):

$$R\text{–}X + NO_2^{\ominus} \begin{cases} \xrightarrow{S_N2} R\text{–}NO_2 + X^{\ominus} \\ \xrightarrow{S_N1} R\text{–}ONO + X^{\ominus} \end{cases}$$

Das Nitrition reagiert je nach Reaktionsmechanismus mit dem Stickstoff ($S_N2$) bzw. dem Sauerstoff ($S_N1$). Geeignete Reaktionsbedingungen begünstigen den einen oder den anderen Reaktionstyp. In Konkurrenz zur $S_N1$-Reaktion kann auch Eliminierung (s. Abschn. 4.3.) oder Umlagerung (s. Abschn. 4.10.) eintreten.


## 4.2.2.  Arbeitsvorschriften

### Ethylbromid und Propylbromid                     Ü 18

$$KBr + H_2SO_4 \rightarrow KHSO_4 + HBr$$
$$R\text{—}OH + HBr \rightarrow R\text{—}BR + H_2O \qquad R = CH_3CH_2,\ \ CH_3CH_2CH_2$$

In einem 100-ml-Rundkolben werden 0,3 mol konz. Schwefelsäure unter Umschütteln mit 0,3 mol Alkanol versetzt. Die warme Mischung wird mit Wasser gekühlt und unter weiterer Kühlung mit 7,5 ml Wasser und danach mit 0,1 mol feinpulverisiertem Kaliumbromid versetzt. Die Mischung destilliert man anschließend langsam über eine kleine Kolonne (s. Abb. 3.5) in einen 100-ml-Rundkolben, der mit ca. 50 ml Wasser gefüllt ist und von außen mit Eis gekühlt wird. Das entstandene Alkylbromid geht zusammen mit Wasser und anderen Nebenprodukten über und sinkt in der Vorlage in öligen Tropfen zu Boden. Es ist darauf zu achten, daß das zeitweise stark schäumende Gemisch während der Destillation nicht in die Kolonne steigt. Die Destillation ist beendet, wenn kein Alkylbromid mehr übergeht (Vorlage beobachten!). Anschließend wird das in der Vorlage gesammelte Alkylbromid (untere Schicht) mittels einer Pipette in ein trockenes Reagenzglas überführt und darin unter Außenkühlung tropfenweise mit etwa der gleichen Menge konz. Schwefelsäure versetzt. Dabei bilden sich zwei Schichten; man durchmischt einige Male mit einem Glasstab. Das Alkylbromid (jetzt obere Schicht) wird nun in einen trockenen Rundkolben pipettiert und in einer ebenfalls trockenen Apparatur destilliert.

Ethylbromid: *Kp* 38 °C; Ausbeute 70 % d. Th.
Propylbromid: *Kp* 70...71 °C; Ausbeute 65 % d. Th.

## Ethyliodid **Ü** 19

$$2\,P + 3\,I_2 \longrightarrow 2\,PI_3$$

$$3\,C_2H_5OH + PI_3 \longrightarrow 3\,C_2H_5I + P(OH)_3$$

In einem 50-ml-Rundkolben versetzt man 0,1 mol abs. Ethanol mit 0,035 mol trockenem rotem Phosphor (P). Den Kolbeninhalt versetzt man portionsweise mit 0,05 mol Iod (I₂), wobei nach jeder Zugabe mit Wasser von außen gekühlt wird (Umschütteln). Danach erwärmt man das Reaktionsgemisch 30 Minuten mit aufgesetztem Rückflußkühler zum Sieden und kühlt dann das Reaktionsgemisch auf Zimmertemperatur ab (kaltes Wasser). Danach setzt man zwischen Kolben und Rückflußkühler einen kleinen Tropftrichter mit Druckausgleich und destilliert den Hauptteil des Ethyliodids in den Tropftrichter (etwa 3...4 ml) und kühlt den Kolbeninhalt erneut auf Raumtemperatur ab, versetzt mit 10 ml Wasser und destilliert den Rest des Ethyliodids mit Wasser zusammen ebenfalls in den Tropftrichter. Das Ethyliodid wird in ein trockenes Reagenzglas pipettiert und mit 1 bis 2 Körnchen Calciumchlorid getrocknet. Das Produkt wird in einen trockenen Kolben überführt und destilliert.

*Kp* 72 °C; Ausbeute 60 % d. Th.

## Hexyliodid, Cyclohexyliodid **Ü** 20

$$2\,P + 3\,I_2 \longrightarrow 2\,PI_3$$

$$3\,R{-}OH + PI_3 \longrightarrow 3\,R{-}I + P(OH)_3$$

$$R: \ {-}CH_2{-}(CH_2)_4{-}CH_3, \ $$ 

In einem 50-ml-Rundkolben werden 0,05 mol Iod (I₂) in 0,1 mol des entsprechenden Alkohols möglichst vollständig gelöst (Schütteln!). Dazu gibt man etwa ein Drittel von insgesamt 0,035 mol trockenem rotem Phosphor (P). Wird das Reaktionsgemisch zu warm, wird in kaltes Wasser eingestellt. Im Verlauf von 10 bis 15 Minuten wird der Rest des roten Phosphors unter ständigem Schütteln portionsweise eingetragen (zwischendurch Rückflußkühler aufsetzen).

Nachdem die Hauptreaktion abgeklungen ist, wird noch 20 Minuten mit kleiner Flamme zum Sieden erhitzt (Drahtnetz). Danach versetzt man das Reaktionsgemisch mit Wasser, trennt die organische Phase ab und schüttelt die wäßrige Phase mit Chloroform aus. Die mit der organischen Phase vereinigten Chloroformauszüge trocknet man mit wasserfreiem Natriumsulfat, filtriert und destilliert das Lösungsmittel ab. Das Alkyliodid wird von nichtumgesetztem Alkohol und Nebenprodukten durch Vakuumdestillation über eine Vigreux-Kolonne getrennt.

Man bestimme die Ausbeute und notiere Siedetemperatur und Druck, bei denen die Destillation erfolgt. Die Reinheit der Substanz kann anhand des Brechungsindex kontrolliert werden.

Hexyliodid: $Kp_{1,7(13)}$ 60 °C; $n_D^{20}$ 1,492 6; Ausbeute 70 % d. Th.
Cyclohexyliodid: $Kp_{1,7(13)}$ 72 °C; $n_D^{20}$ 1,551 0; Ausbeute 65 % d. Th.

## Nitrohexan und Salpetrigsäurehexylester          Ü 21

(Formelbild s. Abschn. 4.2.1.)
Man gießt 0,06 mol Hexyliodid zu einer Mischung von 0,1 mol Natriumnitrit und 0,1 mol Harnstoff in 60 ml trockenem Dimethylformamid und schüttelt den verschlossenen 250-ml-Rundkolben eine Stunde bei Raumtemperatur. Es kann auch in einem Erlenmeyerkolben gearbeitet werden, wobei mit einem Magnetrührer gerührt wird. Danach wird die Reaktionsmischung in 150 ml Eiswasser gegossen und dreimal mit je 15 bis 20 ml Chloroform extrahiert. Die untere, organische Phase trocknet man mit wasserfreiem Calciumchlorid und destilliert nach dem Abtrennen des Trockenmittels das Lösungsmittel auf dem Luftbad ab. Den verbleibenden Rückstand rektifiziert man auf dem Luftbad über eine Vigreux-Kolonne unter Verwendung eines Anschütz-Thiele-Vorstoßes im Wasserstrahlpumpenvakuum. Es fallen drei Fraktionen an, deren Identifizierung durch Messung der Brechungsindizes erfolgt.

Salpetrigsäureester:      $Kp_{2,0(15)}$ 32 °C; $n_D^{20}$ 1,399 0; Ausbeute: 20 % d. Th.
Nitrohexan:               $Kp_{2,0(15)}$ 82 °C; $n_D^{20}$ 1,423 6; Ausbeute: 50 % d. Th.
Nachlauf (Hexyliodid):    $Kp_{2,0(15)}$ 92...94 °C; $n_D^{20}$ 1,492 6.

## tert-Butylchlorid          Ü 22

$$CH_3-\underset{\underset{CH_3}{|}}{\overset{\overset{CH_3}{|}}{C}}-OH + HCl \longrightarrow CH_3-\underset{\underset{CH_3}{|}}{\overset{\overset{CH_3}{|}}{C}}-Cl + H_2O$$

**Vorsicht! Mit konz. Salzsäure unter dem Abzug arbeiten!**
In einem 100-ml-Scheidetrichter versetzt man 0,2 mol tert-Butylalkohol mit 50 ml konz. HCl und schüttelt die Mischung gründlich durch. Nach 10 bis 15 Minuten läßt man die untere Schicht ab und versetzt die obere Phase mit etwa 20 ml 5%iger Natriumhydrogencarbonatlösung und schüttelt. Die wäßrige Phase wird abgetrennt und die organische Phase mehrmals mit Wasser durchgeschüttelt, bis kein Alkali mehr nachweisbar ist (neutrale Reaktion mit pH-Papier). Anschließend schüttelt man die abgetrennte organische Phase einige Zeit mit 3 bis 4 erbsengroßen Stückchen Calciumchlorid und destilliert nach Abtrennung des Trockenmittels.

$Kp$ 49...51 °C; Ausbeute 80 % d. Th.

## Kinetik der Verseifung von tert-Butylchlorid (Kinetik einer S$_N$1-Reaktion)

**Ü 23**

Falls die Verseifungsreaktion

$(CH_3)C—Cl + {}^{\ominus}OH \rightarrow (CH_3)_3C—OH + Cl^{\ominus}$

als monomolekulare Reaktion

$(CH_3)_3C—Cl \underset{\phantom{schnell}}{\overset{langsam}{\rightleftharpoons}} (CH_3)_3C^{\oplus} + Cl^{\ominus}$

$(CH_3)_3C^{\oplus} + {}^{\ominus}OH \xrightarrow{schnell} (CH_3)_3C—OH$

abläuft, müßte sie eine Reaktion 1. Ordnung sein, d. h., die Verseifungsgeschwindigkeit müßte unabhängig von der Konzentration der Natronlauge sein. Das ist im vorliegenden Versuch zu überprüfen. Entsprechend der Tabelle 4.1 wird tert-Butylchloridlösung in einen trockenen 25-ml-Erlenmeyerkolben aus einer Bürette eingemessen. In einen zweiten gleich großen Erlenmeyerkolben wird eine entsprechende Menge Natronlauge (aus einer Mikrobürette) und Wasser gegeben, außerdem 3 Tropfen Bromthymolblaulösung als Indikator. Die tert-Butylchloridlösung wird nun in die Natronlauge gegossen, und gleichzeitig wird eine Stoppuhr in Gang gesetzt. Es wird kurz umgeschüttelt und sofort wieder in den anderen Kolben zurückgegossen. Man mißt die Zeit, die vergeht, bis die Lösung von blau nach gelb umschlägt.

Die Geschwindigkeitskonstante $k$ der Reaktion läßt sich nach folgender Gleichung bestimmen:

$$k = \frac{2,303}{t} \lg \frac{100}{100 - \% \text{ Umsatz}}$$

Im ersten Versuchsteil wird die Laugenkonzentration verändert. Damit der Umsatz immer 10 % ist, muß auch die Konzentration des tert-Butylchlorids verändert werden. Im zweiten Teil soll mit anderen Umsätzen gearbeitet werden.

*Tabelle 4.1*
Verseifung von tert-Butylchlorid

| tert-Butylchlorid-lösung[1]) | Natronlauge | Wasser | Umsatz in % |
|---|---|---|---|
| 1. 3 ml 0,1 M | 0,3　ml 0,1 N | 6,7 ml | 10 |
| 2. 3 ml 0,05 M | 0,15　ml 0,1 N | 6,85 ml | 10 |
| 3. 3 ml 0,025 M | 0,075 ml 0,1 N | 6,93 ml | 10 |
| 4. 3 ml 0,1 M | 0,5　ml 0,1 N | 6,5 ml | 16,67 |
| 5. 3 ml 0,1 M | 0,6　ml 0,1 N | 6,4 ml | 20 |

[1]) Es steht eine 0,1 M Lösung von tert-Butylchlorid in Aceton zur Verfügung. Alle anderen Konzentrationen sind durch Verdünnen selbst herzustellen!

### 4.2.3. Kontrollfragen

1. Welches Endprodukt ist bei der Einwirkung von Kalilauge auf D-3-Brom-3-methyl-hexan zu erwarten, wenn die Reaktion monomolekular abläuft? (Begründung! Versuchen Sie den Mechanismus zu formulieren!)
2. D-Butan-2-ol soll in DL-2-Chlor-butan überführt werden. Formulieren Sie den Mechanismus!
3. Weshalb ist die Reaktion

$$R{-}Br + {}^{\ominus}OH \longrightarrow R{-}OH + Br^{\ominus}$$

   nicht realisierbar, wenn R ein aromatischer Rest ist?
4. Bei der Herstellung von Ethylbromid (s. Ü 18) ist das Rohprodukt mit Schwefelsäure zu schütteln. Welche Produkte nimmt die Schwefelsäure auf?
5. Welche der unter Abschnitt 4.2.1. angeführten nukleophilen Reagenzien sind ambidente Anionen? (Begründung)
6. Formulieren Sie die Reaktionsgleichung der Reaktion von Kaliumcyanid mit Hexyliodid!

# 4.3. Eliminierung (Ü 24–Ü 25)

### 4.3.1. Theoretische Grundlagen

Unter einer *Eliminierung* (E) versteht man den Austritt zweier Atome oder Atomgruppen aus einem organischen Molekül, ohne daß sie durch andere ersetzt werden. Stammen beide Atome bzw. -gruppen vom gleichen Kohlenstoffatom, so spricht man von einer $\alpha$-*Eliminierung*, werden sie von benachbarten Kohlenstoffatomen abgespalten, nennt man den Vorgang $\beta$-*Eliminierung*.

Während bei den relativ seltenen $\alpha$-Eliminierungen Carbene bzw. deren Folgeprodukte gebildet werden, führen die häufig vorkommenden $\beta$-Eliminierungen zu ungesättigten Produkten.

Die $\beta$-Eliminierung ist der nukleophilen Substitution eng verwandt (s. Abschn. 4.2.). Bei beiden Reaktionen wirkt ein nukleophiles Reagens $Y|^{\ominus}$ auf eine Verbindung RX ein. Während jedoch bei der $S_N$-Reaktion der Substituent X durch den nukleophilen Partner $Y|^{\ominus}$ ersetzt wird, reagiert bei der Eliminierung $Y|^{\ominus}$ mit einem Proton des benachbarten Kohlenstoffatoms, wobei sich unter Abspaltung von $X|^{\ominus}$ eine Doppelbindung ausbildet:

$$R{-}\overset{\beta}{C}{-}\overset{\alpha}{C}{-}X + Y|^{\ominus} \quad \begin{cases} \xrightarrow{S_N} R{-}C{-}C{-}Y + X|^{\ominus} \\ \xrightarrow{E} \phantom{} {}^{R}\!\!>\!\!C{=}C\!\!<\; + HY + X|^{\ominus} \end{cases}$$

Beide Reaktionstypen konkurrieren häufig miteinander, und es hängt vom räumlichen

Bau, den Eigenschaften der Reaktionspartner sowie den Reaktionsbedingungen (hohe Temperaturen begünstigen E-Reaktionen) ab, welcher überwiegt.

Analog zu den nukleophilen Substitutionen können auch Eliminierungen prinzipiell nach zwei Mechanismen ablaufen, den monomolekularen (E 1) und dem bimolekularen Mechanismus (E 2). Der geschwindigkeitsbestimmende Schritt der *monomolekularen Eliminierung* ist wie bei der $S_N1$-Reaktion die Ablösung des Substituenten X unter Bildung eines Carbokations:

$$R-\overset{|\beta}{\underset{|}{C}}-\overset{|\alpha}{\underset{|}{C}}-X \xrightarrow{\textit{langsam}} R-\overset{|\beta}{\underset{|}{C}}-\overset{\alpha}{\underset{\oplus}{C}}{\Big\langle} + XI^{\ominus}$$

Das gebildete Carbokation gibt vom β-Kohlenstoff ein Proton an die Base Y ab und stabilisiert sich zum ungesättigten Endprodukt:

$$R-\overset{|}{\underset{\underset{H}{|}}{C}}-\overset{}{\underset{\oplus}{C}}{\Big\langle} + YI^{\ominus} \xrightarrow{\textit{schnell}} \phantom{}_R^{}{\Big\rangle}C=C{\Big\langle} + HY$$

$S_N1$- und E1-Reaktionen laufen stets parallel, werden durch polare Lösungsmittel begünstigt und sind im allgemeinen nicht stereospezifisch (s. auch Abschn. 4.2.1.). Befinden sich raumfüllende Substituenten am α-ständigen Kohlenstoffatom, so überwiegt die Eliminierung, da deren Endprodukt eine vorteilhaftere sterische Anordnung aufweist als das mögliche Substitutionsprodukt.

Monomolekulare Eliminierungen sind u. a. die Verseifung tertiärer Halogenide, Sulfoniumsalze und Sulfonsäureester sowie die saure Dehydratisierung von Alkoholen.

Die Mehrzahl der β-Eliminierungen verläuft nach dem Mechanismus der *bimolekularen Eliminierung.* Ihr Verlauf ist dadurch gekennzeichnet, daß sich im gleichen Maße, wie sich die Base $YI^{\ominus}$ einem Wasserstoffatom des β-Kohlenstoffs nähert, der Substituent X am α-Kohlenstoff löst. Es bildet sich ein Übergangszustand:

$$YI^{\ominus}+ H-\overset{R}{\overset{|}{\underset{|}{C}}}-\overset{|}{\underset{|}{C}}-X \longrightarrow \left[\overset{\delta^-}{Y}\cdots H\cdots\overset{R}{\overset{|}{\underset{|}{C}}}{=\!=}\overset{|}{\underset{|}{C}}\cdots\overset{\delta^-}{X}\right]^{\ominus}$$

Während nun die Base das Proton ablöst, wird gleichzeitig am benachbarten Kohlenstoffatom der Substituent X als Anion oder Neutralteilchen abgestoßen und die teilweise schon ausgebildete Doppelbindung stabilisiert:

$$\textit{Übergangszustand} \longrightarrow HY + \phantom{}^R{\Big\rangle}C=C{\Big\langle} + XI^{\ominus}$$

Die bimolekulare Eliminierung verläuft als stereospezifische trans-Eliminierung, d. h., es werden z. B. bei der Dehydrohalogenierung des Cyclohexylbromids das Bromidion und das dazu trans-ständige Proton abgespalten:

Berliner
Stadt-
bibliothek

In den Arbeitsvorschriften für Ü 24 und Ü 25 werden vereinfachte Formelbilder verwendet.

Die E2-Reaktion wird durch starke Basen, besonders wenn diese in hohen Konzentrationen vorliegen, begünstigt. Sie wird der $S_N2$-Reaktion gegenüber immer dann überwiegen, wenn infolge sterischer Hinderung der nukleophile Angriff am $\alpha$-Kohlenstoff erschwert ist.

Bimolekulare Eliminierungen sind u. a. die Dehydrohalogenierung und die Solvolyse von Oniumsalzen $(X = -\overset{\oplus}{N}R_3, -\overset{\oplus}{P}R_3, -\overset{\oplus}{S}R_2)$.

Die Dehydratisierung der Alkohole ist von praktischem Interesse für die industrielle Synthese olefinischer Zwischenprodukte. Besondere Bedeutung besitzt dabei die Darstellung von Ethen aus Ethanol unter Verwendung von Katalysatoren:

$$CH_3-CH_2-OH \xrightarrow[-H_2O]{} CH_2{=}CH_2$$

Im Labor erhält man Ethen durch Erwärmen von Ethanol auf etwa 230 °C unter Benutzung von Polyphosphorsäure oder konzentrierter Schwefelsäure als Kalysator (s. auch Ü 26).


## 4.3.2.    Arbeitsvorschriften

### Cyclohexen                                                   Ü 24

0,2 mol Cyclohexanol und 0,02 mol konz. Schwefelsäure werden in einem 50-ml-Rundkolben gut vermischt und mit aufgesetztem absteigenden Kühler im Ölbad erhitzt. Man hält die Badtemperatur zwischen 155 und 160 °C. Nach reichlich zwei Stunden bricht man die Reaktion ab. Das Destillat versetzt man mit Natriumchlorid, solange dieses noch in Lösung geht. Dann wird das Cyclohexen im Scheidetrichter abgetrennt, mit Calciumchlorid getrocknet und schließlich aus einer trockenen Destillationsapparatur destilliert.

*Kp* 84 °C; $n_D^{20}$ 1,446 5; Ausbeute etwa 70 % d. Th.

### Cyclohexa-1,3-dien                                           Ü 25

In einem 100 ml-Zweihalskolben wird ein Gemisch von 0,1 mol 1,2-Dibrom-cyclohexan (s. Ü 28) und 0,35 mol frisch destilliertem Chinolin im Ölbad auf 160 bis 170 °C erhitzt. Die Temperatur kontrolliert man mit einem in die Lösung eintauchenden Thermometer. Der Kolben ist mit einem gut wirkenden Kühler verbunden, an den eine mit Eis gekühlte

Vorlage angeschlossen ist. Unter Dunkelfärbung setzt die Reaktion ein, wobei das gebildete Cyclohexadien abdestilliert. Wenn die Reaktion abgeklungen ist, gibt man einen neuen Siedestein in das Gemisch und steigert die Temperatur langsam auf 190 °C. Dann wird so lange weiterdestilliert, bis unter 100 °C nichts mehr übergeht. Das Destillat schüttelt man mit verd. Schwefelsäure aus, trocknet mit Calciumchlorid und fraktioniert zweimal über einem erbsengroßen Stückchen frisch entrindetem Natrium.

**Vorsicht im Umgang mit Natrium! (s. Kap. 2)**

Die Fraktion von 80 bis 82 °C besteht zu 80 bis 90 % aus Cyclohexa-1,3-dien, der Rest ist Cyclohexen. Ausbeute etwa 60 % d. Th.

### 4.3.3.   Kontrollfragen

1. Warum werden monomolekulare Eliminierungen durch polare Lösungsmittel begünstigt?
2. In der Reihe primäre, sekundäre und tertiäre Alkohole wird die Eliminierung von Wasser immer leichter. Begründen Sie diese Erscheinung!
3. Formulieren Sie die beiden Möglichkeiten der Eliminierung von Wasser aus 2-Methyl-butan-2-ol! Welche Variante ist die wahrscheinlichere?
4. Vinylchlorid soll einer Eliminierungsreaktion unterworfen werden. Geben Sie dafür mögliche Reaktionsbedingungen an und erläutern Sie den Mechanismus der Reaktion!

# 4.4.   Elektrophile Addition an Alkene (Ü 26–Ü 32)

## 4.4.1.   Theoretische Grundlagen

Eine olefinische Doppelbindung kann auf Grund der Beweglichkeit der $\pi$-Elektronen leicht polarisiert werden. Sie ist daher sowohl zu nukleophilen als auch zu elektrophilen Reaktionen befähigt.

Die von den Alkenen bevorzugte Reaktion ist die *elektrophile Addition* ($A_E$). Hierbei wirkt das Olefin gegenüber elektrophilen Agenzien (zumeist Kationen) als Elektronendonator.

Die Reaktivität des Olefins ist abhängig von der Art und Anzahl der an der Doppelbindung befindlichen Substituenten. Während +I- und +M-Substituenten die Elektronendichte der Doppelbindung vergrößern und damit die elektrophile Addition fördern, vermindern −I- und −M-Substituenten deren nukleophile Reaktivität. Als Agenzien kommen hauptsächlich Protonen- oder Lewis-Säuren in Frage, deren Reaktionsfreudigkeit mit ihrer Acidität bzw. Elektrophilie ansteigt.

Die elektrophile Addition wird durch den Angriff des Reaktionspartners $X^{\oplus}$ auf die

Doppelbindung eingeleitet. Dabei bildet sich ein lockeres Addukt, ein sogenannter
π-Komplex, der sich in ein Carbokation umlagert:

$$\begin{array}{ccc} \Large{>}\!C=\!C\!\Large{<} \ + \ X^{\oplus} & \longrightarrow & \left[ \begin{array}{c} X \\ \Large{>}\!C\overset{\oplus}{-\!-}C\!\Large{<} \end{array} \right] \end{array}$$

Diesem cyclischen Carbokation nähert sich nun – von der Gegenseite des bereits einge-
tretenen Substituenten X – ein nukleophiler Partner $Y|^{\ominus}$, bricht ein der stark polarisierten
Bindungen C—X auf und lagert sich an das freiwerdende Kohlenstoffatom an:

$$\left[ \begin{array}{c} X \\ \Large{>}\!C\overset{\oplus}{-\!-}C\!\Large{<} \end{array} \right] \ + \ Y|^{\ominus} \ \longrightarrow \ \begin{array}{c} X \\ | \\ -\!C\!-\!C\!- \\ \quad\ \ | \\ \quad\ \ Y \end{array}$$

Das Carbokation ist ein Zwischenprodukt. Befinden sich nämlich im Reaktionsgemisch
verschiedenartige nukleophile Komponenten, so werden alle theoretisch möglichen Addi-
tionsprodukte gebildet. Daß diese Partner immer in trans-Stellung angreifen, läßt sich
zwar bei kettenförmigen Alkenen nicht nachweisen; jedoch entsteht bei der Bromaddition
an Cyclohexen, dessen Kohlenstoffatome um die σ-Bindungen nicht frei drehbar sind,
ausschließlich das trans-1,2-Dibrom-cyclohexan. Analog führt die trans-Bromaddition an
Fumarsäure zur optisch inaktiven meso-Form der Dibrombernsteinsäure.

Die wichtigsten elektrophilen Additionsreaktionen sind: Anlagerung von HX (X = Ha-
logenid, $HSO_4^{\ominus}$, $H_2PO_4^{\ominus}$, $OH^{\ominus}$, $OR^{\ominus}$), $X_2$, HOX, NOX (X = Halogen), O, $O_3$.

Bei der Addition von Protonsäuren wird das Proton sofort an einem Kohlenstoffatom
lokalisiert, wobei sich bei unsymmetrisch substituierten Olefinen das jeweils thermodyna-
misch stabilste Carbokation bildet. So entsteht zum Beispiel bei der Addition von HX an
Propen nicht das Propyl-, sondern das auf Grund des +I-Effektes der Alkylgruppen stabilere Isopropylkation:

$$CH_3-CH=CH_2 + H^{\oplus} \ \begin{array}{l} \nearrow \ CH_3-\overset{\oplus}{C}H-CH_3 \\ \diagdown\!\!\!\!\!\diagup \\ \searrow \ CH_3-CH_2-\overset{\oplus}{C}H_2 \end{array}$$

Diese Erscheinung findet in der *Markovnikov-Regel* ihren Ausdruck, die besagt, daß bei
der elektrophilen Addition von Protonsäuren an unsymmetrisch substituierte Alkene das
Proton immer an das wasserstoffreichste Kohlenstoffatom der Doppelbindung tritt.

Gegensätzlich verläuft die radikalische Addition (s. Abschn. 4.5.).

Eine Additionsreaktion, die auf Grund ihrer Beeinflußbarkeit durch Lewis-Säuren an
dieser Stelle mit erwähnt werden soll, ist die *Diensynthese nach* Diels-Alder. Hierunter
versteht man die Cycloaddition einer ungesättigten Verbindung mit durch Nachbargrup-
pen aktivierter Mehrfachbindung, dem „Philodien", an einen Kohlenwasserstoff mit konjugierten Doppelbindungen, das „Dien":

Sowohl das Dien als auch die dienophile Komponente (Philodien) können weitgehend variiert werden. Diene sind: z. B. Butadien, Cyclohexadien, Anthracen, Furan; Philodiene: z. B. Maleinsäureanhydrid, Acrylaldehyd, Crotonaldehyd.

## 4.4.2.  Arbeitsvorschriften

### 1,2-Dibrom-ethan

**Ü 26**

$$C_2H_5OH \xrightarrow{(PPA)} H_2C{=}CH_2 + H_2O$$

$$H_2C{=}CH_2 + Br_2 \longrightarrow Br{-}CH_2{-}CH_2{-}Br$$

**Dieser Versuch ist unter dem Abzug auszuführen!**

*Ethendarstellung durch Eliminierung* (s. Abschn. 4.3.)

40 bis 50 g 80%ige Phosphorsäure werden in einer offenen Porzellanschale über einem Drahtnetz unter Rühren während etwa 20 Minuten langsam auf 220 °C erhitzt. Die etwas abgekühlte, aber noch heiße Säure wird in einen 250-ml-Dreihalskolben *(a)* gegeben, der nach Abbildung 4.1 mit einem Innenthermometer, Gasableitungsrohr und Tropftrichter mit Druckausgleich (gefüllt mit 0,5 mol 96%igem Ethanol und mit NS-Stopfen verschlossen) versehen ist. Damit die bei der Ethendarstellung bis hin zum Einleitungsrohr der Waschflasche *(d)* unter leichtem Druck stehende Apparatur dicht bleibt, werden die Schliffverbindungen am Kolben *(a)* und den Waschflaschen *(b)* und *(c)* zweckmäßigerweise mit Federn o. ä. gesichert. Unter Umständen genügt die Verwendung eines sehr zähen Ramsay-Fettes.

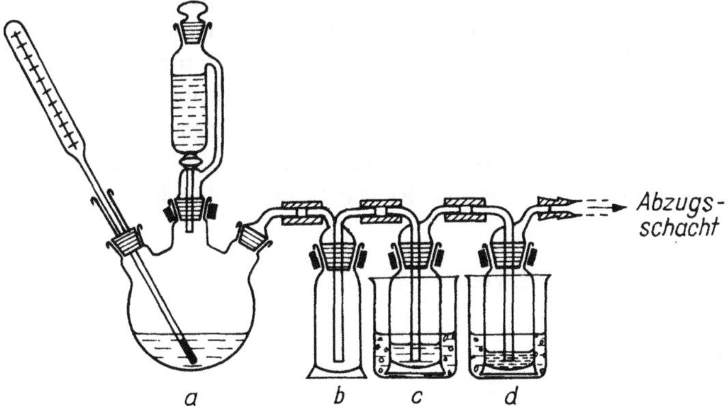


Abb. 4.1
Apparatur für Ethendarstellung und nachfolgende Bromaddition

*Bromaddition an Ethen*

An den Ethenentwickler *(a)* schließt sich über eine leere Sicherheitswaschflasche *(b)* (hier sammelt sich etwas unverändert überdestillierendes Ethanol gemeinsam mit Wasser) eine etwa 3 cm hoch mit gesättigter wäßriger Calciumchloridlösung gefüllte Waschflasche *(c)* an, in der restliche Ethanoldämpfe absorbiert werden. Die Waschflasche *(d)* ist mit 0,1 mol Brom gefüllt, das zur Herabsetzung des Verdampfungsverlustes mit etwa 3 ml Wasser überschichtet ist. Die Flaschen *(c)* und *(d)* werden mit Eiswasser gekühlt.

Im Kolben *(a)* wird die Säure über einem Drahtnetz zügig auf 230 bis 235 °C erhitzt und dann Ethanol eingetropft (etwa alle 3 Sekunden ein Tropfen). Das entstehende Ethen wird etwa 90 Minuten in Flasche *(d)* eingeleitet. Dabei verschwinden die rotbraunen Bromdämpfe. Anschließend wird die Verbindung zwischen Kolben *(a)* und den Waschflaschen gelöst sowie das Zutropfen von Ethanol und das Erhitzen eingestellt. Das in der Flasche *(d)* befindliche rohe, noch etwas elementares Brom enthaltende 1,2-Dibromethan (schwerer als Wasser) wird in einen Scheidetrichter überführt und erst mit Wasser, danach mit verdünnter Natronlauge geschüttelt, bis es farblos wird. Schließlich wird erneut mit Wasser gewaschen. Nach dem Trocknen mit festem Calciumchlorid wird destilliert. Man bestimme den Brechungsindex des Präparates!

*Kp* 132 °C; $n_D^{20}$ 1,537 9; Ausbeute 55 % d. Th.

## 1,2,3-Tribrom-propan                                                    **Ü 27**

$$H_2C{=}CH{-}CH_2{-}Br + Br_2 \rightarrow Br{-}CH_2{-}CHBr{-}CH_2{-}Br$$

**Dieser Versuch ist unter dem Abzug auszuführen!**

In einen mit KPG-Rührer, Innenthermometer und Tropftrichter mit Druckausgleich (ohne Stopfen!) versehenen 100-ml-Dreihalskolben (vgl. Abb. 1.11) gibt man ein Gemisch von 0,125 mol Allylbromid und 10 ml Chloroform und läßt unter Außenkühlung mit einer Kältemischung und ständigem Rühren eine Lösung von 0,125 mol Brom in 40 ml Chloroform langsam eintropfen. Der Farbton soll nicht dunkler als rotorange werden, da sonst eine zu hohe Konzentration an unverbrauchtem Brom auftritt. Die Temperatur soll 10 °C nicht übersteigen. Anschließend rührt man noch 10 Minuten nach. Danach versieht man den Reaktionskolben mit Siedekapillare und Destillationsaufsatz mit Thermometer sowie sich anschließendem Kühler, Vorstoß und Vorlage und destilliert unter Verwendung eines Wasserbades im leichten Vakuum (>13 kPa/100 Torr) das Lösungsmittel ab.

Das Rohprodukt wird in einen 50-ml-Zweihalskolben überführt und im Vakuum unter Verwendung eines Ölbades destilliert. Das Destillat ist fast farblos. Man bestimme den Brechungsindex!

*Kp*$_{2,4(18)}$ 100 °C; $n_D^{20}$ 1,586 8; Ausbeute 90 % d. Th.

## trans-1,2-Dibrom-cyclohexan                                             **Ü 28**

**Die Bromaddition ist unter dem Abzug durchzuführen!**

In einen mit KPG-Rührer, Innenthermometer und Tropftrichter mit Druckausgleich (ohne Stopfen) versehenen 250-ml-Dreihalskolben (vgl. Abb. 1.11, Standardapparatur 4) gibt man ein Gemisch von 0,25 mol Cyclohexen (s. Ü 24) und 30 ml Chloroform und läßt unter Außenkühlung mit einer Eis-Kochsalz-Mischung und ständigem Rühren eine Lösung von 0,225 mol Brom in 100 ml Chloroform langsam eintropfen. Die Bromfarbe verschwindet augenblicklich. Man tropft so zu, daß keine größeren Konzentrationen an unverbrauchtem Brom auftreten (Farbe!) und die Temperatur $+5\,°C$ nicht übersteigt. Danach stellt man eine Apparatur für eine einfache Vakuumdestillation zusammen, indem der als Destillationsgefäß dienende Dreihalskolben mit einer nicht zu dünn ausgezogenen Siedekapillare und einem Destillationsaufsatz mit Schliffthermometer, Liebig-Kühler, Vakuum-Vorstoß und 250-ml-Rundkolben als Vorlage versehen wird (der dritte Schliff des Dreihalskolbens wird mittels NS-Stopfens verschlossen). Unter Verwendung des Wasserbades wird das Lösungsmittel in leichtem Vakuum abdestilliert ($p > 13$ kPa/100 Torr). Um das zurückbleibende Rohprodukt zu stabilisieren, schüttelt man es im Scheidetrichter etwa 5 min mit einem Drittel seines Volumens 20%iger ethanolischer Kalilauge, verdünnt anschließend mit dem gleichen Volumen Wasser, trennt die untere Phase ab, wäscht sie mit Wasser alkalifrei und trocknet mit Natriumsulfat. Das getrocknete Rohprodukt wird schließlich einer einfachen Vakuumdestillation unterworfen. Die Hauptfraktion ($Kp_{1,6(12)}$ 96...98 °C; $Kp_{3,3(25)}$ 108...112 °C) stellt das 1,2-Dibrom-cyclohexan dar; Ausbeute etwa 70 % d. Th.

## 1,2-Dibrom-1-phenyl-ethan      **Ü 29**

$$\text{C}_6\text{H}_5\text{–CH=CH}_2 + \text{Br}_2 \longrightarrow \text{C}_6\text{H}_5\text{–CHBr–CH}_2\text{Br}$$

**Die Bromaddition ist unter dem Abzug auszuführen! Vorsicht! Das Produkt ist stark hautreizend! Gummihandschuhe!**

In einem 100-ml-Dreihalskolben mit KPG-Rührer, Innenthermometer und Tropftrichter mit Druckausgleich (vgl. Abb. 1.11) werden 0,1 mol Styren, gelöst in 15 bis 20 ml Tetrachlorkohlenstoff, vorgelegt. Unter Rühren werden 0,1 mol Brom, gelöst in 20 ml Tetrachlorkohlenstoff, so zugetropft, daß die Temperatur 40 °C nicht übersteigt. Dazu ist gegebenenfalls im kalten Wasserbad zu kühlen. Die Reaktion ist beendet, wenn die Bromfarbe längere Zeit bestehen bleibt. Dann wird, unter Rühren in einer Eis-Kochsalz-Kältemischung, auf 0 °C abgekühlt und das Reaktionsprodukt abgesaugt. Zur Reinigung wird aus etwa 30 ml 85%igen Ethanol umkristallisiert und an der Luft getrocknet. Man achte darauf, daß sich die Substanz im heißen Lösungsmittel tatsächlich auflöst und nicht noch ölige Tröpfchen ungelöst bleiben. In diesem Fall nimmt man etwas mehr Lösungsmittel.

$F$ 74 °C; Ausbeute 70 % d. Th.

Die zur Umkristallisation eingesetzte Lösungsmittelmenge ist im Protokoll anzugeben.

## meso-Dibrombernsteinsäure                    **Ü** 30

**Der Versuch ist unter dem Abzug auszuführen!**

In einen 100-ml-Zweihalskolben mit Dimroth-Kühler und Tropftrichter mit Druckausgleich und Glasstopfen wird eine Suspension von 0,05 mol feingepulverter Fumarsäure in 15 ml Wasser gegeben und über dem Drahtnetz zum kräftigen Sieden erhitzt. Aus dem Tropftrichter werden dann insgesamt 0,05 mol Brom sehr langsam so zugetropft, daß am oberen Ende des Kühlers möglichst keine Bromdämpfe entweichen. Zweckmäßigerweise läßt man jeweils 3 bis 4 Tropfen Brom in die siedende Suspension einfließen und wartet bis zur neuerlichen Zugabe, bis sich der Gasraum über der Raktionsmischung allmählich aufhellt bzw. bis vom Kühler kein elementares Brom mehr zurücktropft. Die Fumarsäure geht dabei allmählich in Lösung, und gegen Ende der Reaktion beginnt sich das Additionsprodukt abzuscheiden. Nach beendeter Bromzugabe (etwa 1½ Stunden) läßt man noch 10 Minuten kochen und kühlt dann das Reaktionsgemisch auf etwa 0 °C ab. Das Kristallisat wird scharf abgesaugt, mit etwas Eiswasser bromfrei, d. h. farblos, gewaschen und getrocknet.

*F* 256 °C (unter HBr-Abspaltung im zugeschmolzenen Schmelztemperaturröhrchen); Ausbeute 60 % d. Th.

## Diels-Alder-Addukt                    **Ü** 31
## Bicyclo[2.2.2]oct-2-en-5,6-dicarbonsäureanhydrid

In einen 50-ml-Rundkolben mit Rückflußkühler gibt man 0,025 mol Cyclohexa-1,3-dien (s. Ü 25), 0,025 mol Maleinsäureanhydrid und 5 ml Benzen. Das Reaktionsgemisch wird 30 Minuten am Rückfluß über dem Drahtnetz zum Sieden erhitzt. Die Lösung wird dann mit etwa 30 ml Cyclohexan versetzt, das Gemisch bis zur Lösung des Addukts erhitzt und heiß abgesaugt. Das aus dem Filtrat beim Erkalten ausfallende Kristallisat wird abgesaugt und auf Filterpapier an der Luft getrocknet.

*F* 147 °C; Ausbeute 90 % d. Th.

**Diels-Alder-Addukt**     **Ü** 32

**Bicyclo[2.2.2]-2,3:5,6-dibenzoocta-2,5-dien-7,8-dicarbonsäureanhydrid**

0,01 mol Anthracen, 0,01 mol Maleinsäureanhydrid und 10 ml Xylen werden in einen 50-ml-Rundkolben mit Rückflußkühler gegeben. Über dem Drahtnetz wird 15 Minuten kräftig am Rückfluß erhitzt. Man läßt etwas abkühlen, stellt dann in Eiswasser und saugt das Addukt ab. Schließlich kristallisiert man aus etwa 40 ml Xylen um und trocknet auf Filterpapier.

*F* 262 °C; Ausbeute 80 % d. Th.

Die zur Umkristallisation eingesetzte Lösungsmittelmenge ist im Protokoll anzugeben.


## 4.4.3.    Kontrollfragen

1. Vergleichen Sie die nukleophile Reaktivität des Ethens mit den Reaktivitäten des Cyclohexens und der Fumarsäure!
2. Formulieren Sie die Reaktionen von 3-Methyl-pent-2-en mit $Br_2$, HCl und HOCl!
3. Formulieren und erläutern Sie den Mechanismus der elektrophilen Bromaddition an die olefinische Doppelbindung!
4. Warum verwendet man als Lösungsmittel bei Bromadditionen nicht Ethanol, sondern besser Chloroform oder Tetrachlorkohlenstoff?
5. Welche analytische Anwendung findet die Bromaddition an C=C-Doppelbindungen?
6. Formulieren Sie die Diels-Alder-Reaktion von Buta-1,3-dien und Maleinsäureanhydrid!


# 4.5.    Radikalische Addition an Alkene (Ü 33)

## 4.5.1.    Theoretische Grundlagen

Alkene sind in der Lage, sowohl elektrophile (s. Abschn. 4.4.) bzw. nukleophile Reagenzien als auch Radikale zu addieren. So können an olefinische Doppelbindungen z. B. Halogene, Bromwasserstoff, Alkohole, Thiole und Aldehyde radikalisch angelagert werden. Aus Benzen und Chlor entsteht unter radikalischen Bedingungen Hexachlorcyclohexan, dessen γ-Isomeres, das Gammexan, als Insektizid große Bedeutung hat.

Bei der *radikalischen Addition* an Alkene wird die π-Bindung durch ein sich der Doppelbindung näherndes Radikal entkoppelt, und das Radikal tritt mit einem der beiden Elektronen in Wechselwirkung.

Für die Addition von HBr an Propen sind zwei Varianten denkbar:

$$CH_3-CH=CH_2$$

a) 2-Brom-propylradikal

b) 2-Brom-1-methyl-ethylradikal

Es entsteht das energieärmere und stabilere 2-Brom-1-methyl-ethylradikal (Variante *b*), dessen bevorzugte Bildung auch unter sterischen Aspekten verständlich ist. Das Endprodukt der ablaufenden Reaktionskette ist das 1-Brom-propan, d. h., die Addition von HBr an Alkene verläuft unter radikalischen Bedingungen *(Peroxid-Effekt)* entgegen der Markovnikov-Regel.

## 4.5.2.    Arbeitsvorschrift für 1,3-Dibrom-propan    Ü 33

$$Br—CH_2—CH=CH_2 + HBr \rightarrow Br—(CH_2)_3—Br$$

**Die Entwicklung und Addition von HBr ist unter dem Abzug auszuführen!**

In einen 100-ml-Zweihalsrundkolben *(a)*, der mit Tropftrichter (mit Druckausgleich) und Gasableitungsrohr versehen ist und in ein Wasserbad eintaucht (Abb. 4.2), werden 20 ml trockenes, reines 1,2,3,4-Tetrahydroynaphthalen (in der Vorratsflasche über wasserfreiem Natriumsulfat aufbewahrt) und 3 bis 4 Spatelspitzen Eisenpulver bzw. -feilspäne gegeben.

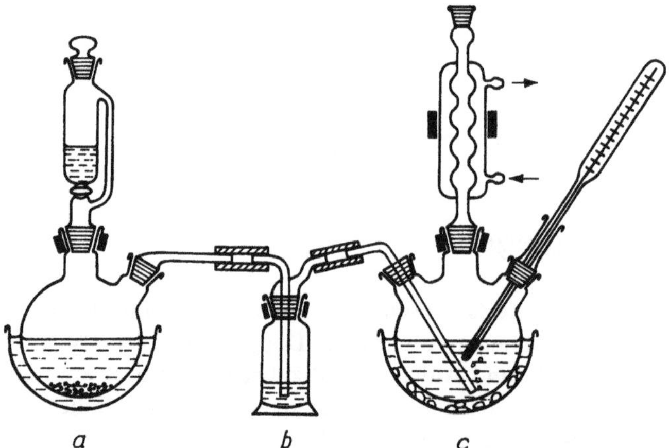


Abb. 4.2
Apparatur zur Darstellung und
Addition von HBr

Das Gasableitungsrohr wird mit einer Waschflasche *(b)* verbunden, die etwa 4 cm hoch mit trockenem 1,2,3,4-Tetrahydronaphthalen gefüllt ist, das evtl. mitgerissene Bromdämpfe auswäscht. An die Waschflasche *(b)* schließt sich das mit Eiswasser gekühlte Additionsgefäß *(c)* – bestehend aus 100-ml-Dreihalskolben mit Innenthermometer, Rückflußkühler und Gaseinleitungsrohr – an, das mit 0,2 mol Allylbromid gefüllt ist. Damit die unter leichtem Druck stehende Apparatur dicht bleibt, werden die entsprechenden Schliffverbindungen zweckmäßigerweise mit Federn o. ä. gesichert. Unter Umständen genügt die Verwendung eines zähen Ramsay-Fettes.

Aus dem Tropftrichter des HBr-Entwicklers *(a)* läßt man sehr langsam 15 ml Brom in das 1,2,3,4-Tetrahydronaphthalen eintropfen. Anfangs muß erwärmt werden, um die HBr-Entwicklung in Gang zu bringen, die dann gewöhnlich ohne weitere Wärmezufuhr abläuft. Das Reaktionsgemisch in *(c)* wird von außen mit einer UV-Lampe bestrahlt.

**Vorsicht! Augen mit geeigneter Brille vor UV-Strahlung schützen! Beachten Sie die schriftliche Bedienungsanleitung der UV-Lampe bzw. besondere Hinweise des Assistenten!**

Nach etwa zweistündiger Reaktion wird das rohe Reaktionsprodukt aus dem Kolben *(c)* in eine Destillationsapparatur überführt, die aus einem 50-ml-Rundkolben, Destillationsaufsatz, Kühler, Vorstoß und Vorlage besteht, und einer einfachen Destillation unterworfen. Als Vorlauf geht nicht umgesetztes Allylbromid über, das wieder verwendet werden kann. Danach erhält man beim $Kp$ 165...167 °C das 1,3-Dibrom-propan. Man bestimme den Brechungsindex des Additionsproduktes! Ausbeute etwa 25 %; $n_D^{20}$ 1,523 3.

## 4.5.3. Kontrollfragen

1. Formulieren Sie die Bruttogleichung der radikalischen HBr-Addition an But-1-en!
2. Formulieren und erläutern Sie den Mechanismus der $A_R$-Reaktion von HBr und Allylbromid!
3. Welches Reaktionsprodukt ist zu erwarten, wenn die Addition von HBr an Allylbromid unter elektrophilen Bedingungen erfolgt?
4. Geben Sie die Formel für 1,2,3,4-Tetrahydronaphthalen an, und formulieren Sie die Darstellung von HBr in Ü 33, Abschn. 4.5.2.!

# 4.6. Elektrophile Substitution an Aromaten (Ü 34–Ü 41)

## 4.6.1. Theoretische Grundlagen

Aromatische Verbindungen bieten auf Grund ihrer $\pi$-Elektronenwolke (z.B. sechs delokalisierte $\pi$-Elektronen im Benzen) elektrophilen Reagenzien ($X^\oplus$) zahlreiche Möglichkeiten zu *elektrophilen Substitutionsreaktionen*.

Der angreifende Partner $X^{\oplus}$ bildet mit dem Aromaten zunächst einen $\pi$-*Komplex* ($X^{\oplus}$ ist der $\pi$-Elektronenwolke zugeordnet) und daraus einen $\sigma$-*Komplex* (mesomeres Carbeniumion, X ist an eines der sechs Kohlenstoffatome gebunden), die in Substanz zwar nicht faßbare, wohl aber z. B. spektroskopisch nachweisbare Zwischenstufen darstellen:

Im Gegensatz zur elektrophilen Addition an Alkene (s. Abschn. 4.4.), die bis dahin analog verläuft, entreißt nun ein basischer Partner (z. B. das Chloridanion bei der Chlorierung) dem $\sigma$-Komplex ein Proton, und das Substitutionsprodukt liegt wieder im energieärmeren aromatischen Zustand vor. Lewis-Säuren (z. B. $FeBr_3$, $ZnCl_2$, $AlCl_3$) katalysieren die Bildung des angreifenden Partners $X^{\oplus}$, für den einige wichtige Beispiele anschließend aufgeführt sind:

| | | | |
|---|---|---|---|
| $Br^{\oplus}$, $Cl^{\oplus}$ | Halogenierung | $SO_2Cl^{\oplus}$ | Chlorsulfonierung |
| $NO^{\oplus}$ | Nitrosierung | $R^{\oplus}$ | Alkylierung |
| $NO_2^{\oplus}$ | Nitrierung | $R{-}\overset{\oplus}{C}O$ | Acylierung |
| $HSO_3^{\oplus}$ | Sulfonierung | $R{-}N_2^{\oplus}$ | Kupplung |

Diese elektrophilen Reagenzien können sowohl mit unsubstituierten als auch mit substituierten Aromaten reagieren. Ist am Aromaten schon ein Substituent vorhanden, so spricht man von einer *Zweitsubstitution*. Dabei spielt der vorhandene Substituent die dafür entscheidende Rolle, ob das elektrophile Agens in o-, m- oder p-Stellung angreift.

Nach den klassischen empirischen Hollemann-Orientierungsregeln, die unter Berücksichtigung der elektronischen Einflüsse (M-, I-Effekte) der Erstsubstituenten auf den aromatischen Ring heute theoretisch eindeutig interpretierbar sind, erhöhen *Substituenten erster Ordnung* (Alkylgruppen, Halogene, —OH, —$NH_2$, —NHR, —$NR_2$, —N═N—R) mit Ausnahme der Halogene die Reaktivität der Aromaten und dirigieren in o- und p-Stellung. *Substituenten zweiter Ordnung* (z. B. —COOH, —CHO, —$NO_2$, —$\overset{\oplus}{N}R_3$, —$SO_3H$, —CN) dirigieren unter Verminderung der Reaktivität in m-Stellung.

## 4.6.2.    Arbeitsvorschriften

### m-Dinitro-benzen    Ü 34

$$\text{C}_6\text{H}_5\text{NO}_2 + HNO_3 \longrightarrow \text{C}_6\text{H}_4(\text{NO}_2)_2 + H_2O$$

**Die Nitrierung ist unter dem Abzug auszuführen!**

In einem 50-ml-Erlenmeyerkolben werden vorsichtig 0,1 mol gekühlte konz. Schwefelsäure und 0,1 mol gekühlte rauchende Salpetersäure vermischt (**Schutzbrille!**). Nachdem das Nitriergemisch in Eiswasser auf 0 °C abgekühlt worden ist, versetzt man es langsam und portionsweise mit 0,05 mol Nitrobenzen. Anschließend wird das Reaktionsgemisch auf dem siedenden Wasserbad 15 Minuten erhitzt, auf Zimmertemperatur abgekühlt und langsam mit 20 ml kaltem Wasser, oder besser mit 20 g Eis, versetzt. Die wäßrige Phase wird abdekantiert, das kristalline Nitrierungsprodukt erneut mit 20 ml Wasser gemischt und auf einen kleinen Büchner-Trichter abgesaugt. Der Filterrückstand wird noch zweimal mit warmem Wasser gewaschen. Abschließend wird zweimal aus wenig Ethanol umkristallisiert und an der Luft getrocknet.

*F* 89...90 °C; Ausbeute 80 % d. Th.

Die zur Umkristallisation eingesetzte Lösungsmittelmenge ist im Protokoll anzugeben.

## 1-Chlor-2,4-dinitro-benzen            Ü 35

**Die Nitrierung ist unter dem Abzug auszuführen! Präparat nicht auf die Haut bringen! Es kann stark hautreizend wirken!**

0,035 mol Chlorbenzen werden in einem 50-ml-Erlenmeyerkolben portionsweise mit 0,25 mol rauchender Salpetersäure vermischt (**Schutzbrille!**), wobei von Zeit zu Zeit unter fließendem Wasser gekühlt wird. Danach gibt man allmählich 0,20 mol konz. Schwefelsäure hinzu. Das Gemisch erwärmt sich dabei von selbst. Es wird noch 1½ Stunden unter öfterem Umschütteln bzw. Umrühren auf dem Wasserbad erwärmt. Nach Abkühlung wird das Gemisch auf etwa 30 bis 40 g Eis gegossen und das abgesetzte kristalline Produkt bis zur neutralen Reaktion mit Wasser gewaschen. Man kristallisiert aus 15 bis 20 ml Ethanol um und trocknet an der Luft. Es ist darauf zu achten, daß die Substanz im heißen Lösungsmittel tatsächlich gelöst ist und keine öligen Tropfen von geschmolzenem Rohprodukt ungelöst bleiben. In diesem Fall ist etwas mehr Lösungsmittel einzusetzen.

*F* 51 °C; Ausbeute 90 % d. Th.

Die zur Umkristallisation eingesetzte Lösungsmittelmenge ist im Protokoll anzugeben.

## o-Nitro-phenol            Ü 36

**Nitrierung und Wasserdampfdestillation sind unter dem Abzug auszuführen!**

In einem 250-ml-Zweihalsrundkolben, dessen seitliche Schliffhülse mit einem Stopfen verschlossen ist, werden 0,175 mol Natriumnitrat in 40 ml warmen Wassers gelöst und noch vor dem Erkalten langsam und unter Schütteln mit 0,2 mol konz. Schwefelsäure versetzt (**Schutzbrille!**). Unter fließendem Wasser wird auf 20 °C abgekühlt. Unter kräftigem Umschwenken in kaltem Wasser (evtl. erneuern!) gibt man 0,1 mol Phenol, das vorher durch gelindes Erwärmen mit 1 mol Wasser verflüssigt wurde, langsam so zu, daß die Reaktionstemperatur, die mit einem Thermometer verfolgt wird, 20 bis 25 °C nicht übersteigt. Die Mischung wird 1 Stunde – unter gelegentlichem Umschütteln – stehen gelassen und danach im Zweihalsrundkolben direkt einer Wasserdampfdestillation unterworfen (s. Abschn. 3.1.5., Wasserdampfdestillation). Achtung! Bei zu starker Kühlung während der Wasserdampfdestillation erstarrt das Reaktionsprodukt im Kühler und verstopft ihn. Sobald sich im Kühler gelbe Kristalle bilden, ist die Kühlwasserzufuhr zu unterbrechen! Das o-Nitro-phenol befindet sich, zunächst ölig, im Destillat. Es wird nach dem Erstarren abgesaugt und auf Ton oder Filterpapier getrocknet.

*F* 45 °C; Ausbeute 25 % d. Th.

## p-Acetamino-benzensulfonylchlorid                           Ü 37

**Die Chlorsulfonierung ist unter dem Abzug auszuführen!**

0,1 mol Acetanilid werden bei 15 °C portionsweise unter Rühren mit einem Glasstab in 0,3 mol Chlorsulfonsäure, die in einem eingespannten 100-ml-Becherglas vorgelegt wird, eingetragen (**Vorsicht! Schutzbrille!**). Auf dem Drahtnetz erwärmt man auf 60 °C und rührt bis zum Nachlassen der Chlorwasserstoffentwicklung. Das Reaktionsprodukt gibt man vorsichtig unter gutem Umrühren auf etwa 40 bis 50 g Eis (HCl-Entwicklung!) und filtriert das entstandene Festprodukt ab. Der Filterrückstand wird mit kaltem Wasser gut gewaschen, scharf trockengesaugt und zur Umkristallisation in möglichst wenig 35 °C warmem Aceton gelöst. Man filtriert, kühlt in einer Eis-Kochsalz-Kältemischung auf −5° bis −10 °C ab, saugt die gebildeten Kristalle schnell ab und trocknet an der Luft.

*F* 149 °C; Ausbeute 70 % d. Th.

## Sulfanilsäure                                               Ü 38

**Die Sulfonierung ist unter dem Abzug auszuführen!**

In einem hohen 50-ml-Becherglas werden 0,05 mol reines Anilin (ggf. frisch destillieren) unter Eiskühlung und Umrühren tropfenweise zu 0,15 mol konz. Schwefelsäure gegeben (**Vorsicht! Schutzbrille! Stark exotherme Reaktion!**). Das Becherglas mit dem Reaktionsgemisch wird am Stativ befestigt und in einem Heizbad (am vorteilhaftesten ist ein Metallbad) 50 Minuten auf 180 bis 200 °C Innentemperatur erhitzt. Dann gießt man das etwas abgekühlte Produkt – unter Rühren mit dem Glasstab – in ein Becherglas mit 30 ml Eiswasser, wobei die Sulfanilsäure auskristallisiert. Nach dem vollständigen Abkühlen saugt man ab, wäscht das Produkt mit Wasser und kristallisiert aus heißem Wasser um. Die getrocknete Sulfanilsäure, die 1 bis 2 mol Kristallwasser enthält, schmilzt ab 250 °C unter Zersetzung; Ausbeute 60 % d. Th.

Die zur Umkristallisation benötigte Wassermenge ist im Protokoll zu vermerken!

## Brombenzen　　　　Ü 39

$$\text{C}_6\text{H}_6 \;+\; \text{Br}_2 \;\xrightarrow{(\text{Fe})}\; \text{C}_6\text{H}_5\text{-Br} \;+\; \text{HBr}$$

**Die Bromierung ist unter dem Abzug auszuführen!**

Ein trockener 250-ml-Zweihalskolben, der in ein Wasserbad eintaucht, wird mit 0,2 mol Benzen und 0,02 mol Eisenfeilspänen beschickt und mit Tropftrichter und einem Rückflußkühler versehen, der über ein Ableitungsrohr mit einer Waschflasche verbunden ist, in der der entstehende Bromwasserstoff in Wasser absorbiert wird (s. Ü 15). Aus dem Tropftrichter werden 0,1 mol Brom zugetropft. Anfangs wartet man nach Zugabe einiger Bromtropfen zunächst das Einsetzen der Reaktion, sichtbar an der Bromwasserstoffentwicklung, ab. Eventuell muß man die Reaktion durch leichtes Erwärmen des Wasserbades in Gang bringen. Danach regelt man die Tropfgeschwindigkeit so ein, daß die Reaktion lebhaft, aber nicht zu stürmisch abläuft. Dann wird das Reaktionsgemisch noch 30 Minuten auf dem Wasserbad erwärmt und anschließend im Zweihalsrundkolben direkt einer Wasserdampfdestillation unterworfen (s. Abschn. 3.1.5, Wasserdampfdestillation), bis keine Öltröpfchen mehr übergehen.

Die organische Phase (Brombenzen/Benzen) wird im Scheidetrichter vom Wasser abgetrennt, mit Calciumchlorid getrocknet und anschließend der Destillation unterworfen. Dabei muß sehr langsam destilliert werden, um Benzen (*Kp* 80 °C) von Brombenzen (*Kp* 156 °C; man fängt die Fraktion 152…158 °C auf) gut trennen zu können. Man bestimme den Brechungsindex!

$n_\text{D}^{20}$ 1,559 8; Ausbeute 55 % d. Th.

## Methylorange (Helianthin)　　　　Ü 40

$$\text{NaO}_3\text{S-C}_6\text{H}_4\text{-NH}_2 \;\xrightarrow[-2\text{NaCl},\,-2\text{H}_2\text{O}]{\text{NaNO}_2,\,3\text{HCl}}\; \left[\text{HO}_3\text{S-C}_6\text{H}_4\text{-}\overset{\oplus}{\text{N}}\equiv\text{N}\right]\text{Cl}^{\ominus}$$

$$\xrightarrow[\text{2)}\;+\text{NaOH},\,-\text{H}_2\text{O}]{\text{1) }+\text{C}_6\text{H}_5\text{N(CH}_3)_2,\,-\text{HCl}}\; \text{NaO}_3\text{S-C}_6\text{H}_4\text{-}\bar{\text{N}}=\bar{\text{N}}\text{-C}_6\text{H}_4\text{-N(CH}_3)_2$$

0,009 mol fein pulverisierte Sulfanilsäure ($H_2N$—$C_6H_4$—$SO_3H \cdot 1,5\,H_2O$) werden in 0,009 mol 2N Natronlauge suspendiert und zu einer Lösung von 0,009 mol Natriumnitrit in 7,5 ml Wasser gegeben. Zu diesem Gemisch gibt man, unter Kühlung in Eiswasser bei 0 °C und unter Umschütteln, innerhalb von etwa 5 Minuten tropfenweise 0,009 mol 2N Salzsäure. Dabei entsteht eine nahezu klare Lösung.

Man löst 0,0075 mol N,N-Dimethyl-anilin in 0,075 mol 2N Salzsäure und gibt diese Lösung unter ständigem Schütteln zur eisgekühlten Diazoniumsalzlösung. Beim Alkalisieren mit 2N Natronlauge fällt der Farbstoff sofort aus, den man nach dem Absaugen und Waschen mit kaltem Wasser auf Ton abpreßt. Schießlich kristallisiert man aus heißem Wasser um und trocknet nach dem Absaugen den in glänzenden Blättchen ausfallenden Indikator auf Ton oder Filterpapier; Ausbeute: 95 % d. Th.

Die zur Umkristallisation eingesetzte Wassermenge ist im Protokoll anzugeben!

## 1-Phenylazo-naphth-2-ol　　　　　　　　　　　　　**Ü 41**

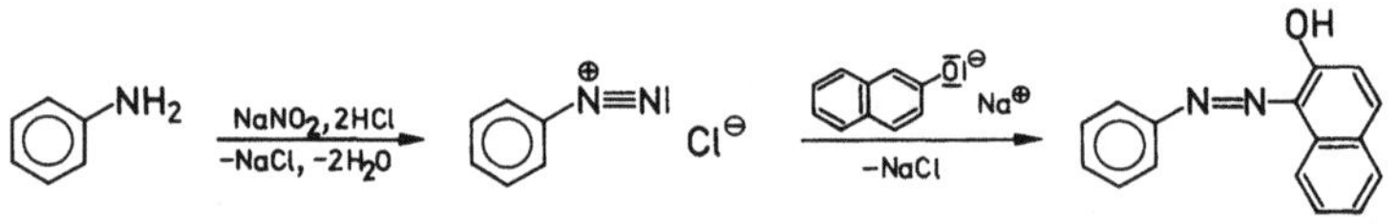

In einem Becherglas löst man 0,01 mol Anilin in 0,03 mol halbkonzentrierter, d. h. etwa 18%iger Salzsäure (die man sich aus konzentrierter, etwa 36%iger Säure bereitet). Durch Einstellen in Eiswasser wird auf mindestens 5 °C abgekühlt und danach unter Rühren langsam mit der äquivalenten Menge einer 2,5M Natriumnitritlösung versetzt. Dabei soll die Temperatur 5 °C nicht übersteigen.

In einem zweiten Becherglas löst man 0,01 mol β-Naphthol in 0,05 mol 2N Natronlauge und kühlt ebenfalls auf 5 °C ab. Zu dieser Lösung läßt man bei 5 bis 10 °C die Diazoniumsalzlösung langsam und unter ständigem Rühren mit einem Glasstab zufließen. Man kontrolliert mit Indikatorpapier, daß dabei das Reaktionsgemisch alkalisch bleibt (evtl. noch etwas 2N Natronlauge zusetzen).

Nach beendeter Zugabe des diazotierten Anilins wird noch etwa 5 Minuten nachgerührt und danach vorsichtig Eisessig (100%ige Essigsäure) bis zur neutralen Reaktion zugegeben. Der rote Farbstoff wird abgesaugt und mit kaltem Wasser gewaschen. Schließlich wird aus heißem 85%igem Ethanol umkristallisiert und der Farbstoff auf Ton oder Filterpapier getrocknet.

*F* 130 °C; Ausbeute 80 % d. Th.

Die zur Umkristallisation verwendete Lösungsmittelmenge ist im Protokoll zu vermerken!


## 4.6.3.　　Kontrollfragen

1. Erläutern Sie die katalytische Wirkung von Lewis-Säuren bei Friedel-Crafts-Reaktionen!
2. Warum muß man bei der Nitrierung von Nitro- oder Chlorbenzen rauchende

100%ige Salpetersäure anwenden, während beim Phenol mittelstarke wäßrige Salpetersäure (aus $NaNO_3$-Lösung und Schwefelsäure) genügt?

3. Begründen Sie anhand der Hollemannschen Orientierungsregeln, daß m-Dinitrobenzen bzw. o- und p-Nitro-phenol die Hauptprodukte der Mononitrierung von Nitrobenzen bzw. Phenol und 1-Chlor-2,4-dinitro-benzen das Hauptprodukt der Dinitrierung von Chlorbenzen sein müssen!

4. Weshalb ist die Ausbeute an o-Nitro-phenol, dargestellt durch Nitrierung von Phenol, stets kleiner als 50 % d. Th.?

5. Warum ist o-Nitro-phenol im Gegensatz zum p-Nitro-phenol wasserdampfflüchtig?

6. Erläutern Sie den allgemeinen Mechanismus der $S_E$-Reaktion am Aromaten!

7. Welche Aufgabe haben die bei der Bromierung von Aromaten zuzusetzenden Eisenfeilspäne?

8. Begründen Sie, weshalb bei der Diazotierung die Reaktionstemperatur bei etwa 0 °C gehalten werden muß!

# 4.7. Nukleophile Substitution am aktivierten Aromaten (Ü 42–Ü 43)

## 4.7.1. Theoretische Grundlagen

Wie in Abschnitt 4.6.1. erläutert wurde, können Aromaten auf Grund ihrer π-Elektronenwolke leicht elektrophil substituiert werden. Nukleophile Substitutionen am Aromaten (z. B. Darstellung von Phenol aus Chlorbenzen bzw. von Anilin aus Benzen und Ammoniak) sind viel schwieriger bzw. gar nicht durchführbar.

Führt man aber in den Aromaten elektronenanziehende Gruppierungen ein (z. B. o- oder p-ständige Nitrogruppen im Chlorbenzen bzw. die —N=Gruppierung des Pyridins an Stelle einer —CH=Gruppierung des Benzens), so werden bestimmte Kohlenstoffatome des Rings positiviert (Kohlenstoff der C—Cl-Gruppierung im 1-Chlor-4-nitro-benzen bzw. das Kohlenstoffatom in 2-Stellung des Pyridins), und diese dadurch aktivierten Aromaten sind der *nukleophilen Substitution* zugänglich.

Der Mechanismus dieser Reaktion ist dem der $S_N2$-Substitution am gesättigten Kohlenstoffatom (s. Abschn. 4.2.1.) ähnlich:

Das zweite Beispiel zeigt, daß bei Einführung von drei Substituenten mit $-M$-Effekt die nukleophile Substitution bereits unter sehr milden Bedingungen durchführbar ist. Es ist verständlich, daß Substituenten, die die Elektronendichte im Kern erhöhen (z. B. Alkylgruppen, —OH, —NH$_2$), den nukleophilen Austausch erschweren bzw. unmöglich machen.

## 4.7.2.  Arbeitsvorschriften

### 2,4-Dinitro-phenylhydrazin                                        Ü 42

$$O_2N\text{-}C_6H_3(NO_2)\text{-}Cl + H_2N-NH_2 \longrightarrow O_2N\text{-}C_6H_3(NO_2)\text{-}NH-NH_2 + H^{\oplus} + Cl^{\ominus}$$

In einem 100-ml-Zweihalskolben mit Rückflußkühler und Tropftrichter löst man 0,012 mol 1-Chlor-2,4-dinitro-benzen **(Vorsicht! Hautreizend!)** in 20 ml warmem Methanol (Wasserbad!). Innerhalb von 5 Minuten läßt man 0,015 mol Hydrazinhydrat ($N_2H_4 \cdot H_2O$) in Form einer 10%igen wäßrig-methanolischen Lösung unter ständigem Umschwenken zutropfen. Das Reaktionsgemisch wird 30 Minuten am Rückfluß gekocht. Man saugt heiß ab und wäscht mit 10 ml heißem Methanol und schließlich mit 5 ml Ether.

*F* 198 °C; Ausbeute 80 % d. Th.

### 2,4-Dinitro-phenol                                               Ü 43

$$O_2N\text{-}C_6H_3(NO_2)\text{-}Cl + 2\,NaOH \longrightarrow O_2N\text{-}C_6H_3(NO_2)\text{-}ONa + NaCl + H_2O$$

$$O_2N\text{-}C_6H_3(NO_2)\text{-}ONa + HCl \longrightarrow O_2N\text{-}C_6H_3(NO_2)\text{-}OH + NaCl$$

**Es ist eine Schutzbrille zu tragen (alkalische Lösung!); wegen der Giftigkeit des Produkts keine Berührung mit der menschlichen Haut!**

In einem 400-ml-Becherglas werden 0,05 mol 1-Chlor-2,4-dinitro-benzen mit 200 ml 2N Natronlauge versetzt und unter Rühren auf 90 bis 95 °C erwärmt. Nach 30 Minuten kühlt man unter fortgesetztem Rühren auf Raumtemperatur ab. Zur Vervollständigung der Kristallisation läßt man noch eine halbe Stunde stehen und saugt das Phenolat ab. Anschließend löst man das feste Produkt in 90 ml Wasser bei 50 bis 60 °C und fügt zur heiß filtrierten Lösung konz. Salzsäure bis zur sauren Reaktion hinzu. Von der auf Zimmertemperatur abgekühlten Lösung wird das 2,4-Dinitro-phenol abgesaugt und zweimal mit je 25 ml Wasser gewaschen.

*F* 114 °C; Ausbeute etwa 60 % d. Th.

## 4.7.3.  Kontrollfragen

1. Eine technische Darstellung von Pikrinsäure verläuft über folgende Stufen:
   Chlorbenzen→1-Chlor-2,4-dinitro-benzen→2,4-Dinitro-phenol→Pikrinsäure
   - Formulieren Sie die Strukturen der genannten Verbindungen!
   - Nach welchem Reaktionsmechanismus verlaufen die einzelnen Schritte?
   - Warum wird der Reaktionsweg nicht gekürzt (Chlorbenzen→Chlortrinitrobenzen→Pikrinsäure)?
   - Warum wird Pikrinsäure nicht durch direkte Nitrierung von Phenol gewonnen?
2. Ordnen Sie folgende Verbindungen nach steigender Acidität, wobei die Zahlenwerte geeigneten Tabellen zu entnehmen sind: 2,4-Dinitro-phenol, Essigsäure, o-Nitro-phenol, Phenol, Pikrinsäure!
3. Warum sollen Nitroverbindungen (z. B. Nitrobenzen) nicht mit Ätzkali getrocknet werden?
4. Wozu wird 2,4-Dinitro-phenylhydrazin verwendet?
5. Erläutern Sie, ob Thiophen, das ebenso wie Pyridin ein Heteroaromat ist, nukleophil substituiert werden kann!


# 4.8.  Nukleophile Reaktionen an Aldehyden und Ketonen (Ü 44–Ü 48)

## 4.8.1.  Theoretische Grundlagen

Die hohe Reaktivität von Aldehyden und Ketonen beruht auf der *Polarität* ($-I$-Effekt des Sauerstoffs) und leichten *Polarisierbarkeit* der Carbonylgruppe:

$$\begin{array}{l} R' \\ R'' \end{array} \!\! C \overset{\delta+}{=} \overset{\delta-}{O}$$

Aldehyde sind reaktiver als Ketone. Dem von der Carbonylgruppe ausgehenden Elektronenzug wird bei den Ketonen durch zwei Kohlenwasserstoffreste R' und R'' mit $+I$-Effekt gegenüber einem Kohlenwasserstoffrest bei den Aldehyden (R'' = H) eher nachgegeben. Das bedeutet eine Teilkompensation der positiven Ladung am Carbonylkohlenstoff. Aus dem gleichen Grunde nimmt in der homologen Reihe der Aldehyde die Reaktivität mit steigender Kohlenstoffzahl ab.

Von großer Bedeutung sind die *nukleophilen Additionen* an den positivierten Kohlenstoff der Carbonylverbindungen. So reagieren Aldehyde und Ketone mit Lewis-Basen (z. B. Wasser, Alkohole, Amine) nach folgendem Schema:

$$H\bar{B} + \;\;C = O \;\rightleftharpoons\; H - \overset{\oplus}{\underset{|}{B}} - \overset{|}{\underset{|}{C}} - \overset{\ominus}{\underset{}{O}}| \;\rightleftharpoons\; \bar{B} - \overset{|}{\underset{|}{C}} - OH$$

$$\qquad\qquad\qquad\qquad I \qquad\qquad\qquad II$$

Das dipolare Ion I stabilisiert sich durch Protonenwanderung zu II. Der Additionsschritt kann durch Säuren katalysiert werden:

$$H\bar{B} + \; {>}C = \overset{\cdot}{O} + H^{\oplus} \;\rightleftharpoons\; H - \overset{\oplus}{\underset{|}{B}} - \overset{|}{\underset{|}{C}} - OH \;\overset{-H^{\oplus}}{\rightleftharpoons}\; |B - \overset{|}{\underset{|}{C}} - OH$$

$$\qquad\qquad\qquad\qquad\qquad I \qquad\qquad\qquad II$$

Säurezugabe ist dann erforderlich, wenn das Reagens schwach nukleophil ist (z.B. 2,4-Dinitro-phenylhydrazin). Die Stufe II wird im Verlauf der weiteren Reaktion an der Hydroxy-Gruppe protonisiert und spaltet anschließend Wasser unter Bildung eines Carbokations ab, das sich durch Abgabe eines Protons (z. B. Bildung Schiffscher Basen) oder Aufnahme einer Base (z. B. Acetalbildung) stabilisiert. Dieser Kondensationsschritt schließt sich z. B. bei der Umsetzung von Aldehyden und Ketonen mit primären Aminen, Hydroxylamin oder Phenylhydrazin an.

In Tabelle 4.2 sind die wichtigsten nukleophilen Reaktionen der Aldehyde und Ketone aufgeführt. Die im Teil B der Tabelle aufgeführten Reaktionspartner besitzen keine nukleophilen Eigenschaften. Sie nehmen diese erst in Gegenwart starker Basen an:

$$|B^{\ominus} + H - \overset{|}{\underset{|}{C}} - R \;\rightleftharpoons\; BH + {>}\overset{\ominus}{C} - R$$

$$\qquad\qquad\qquad\qquad\qquad\qquad I$$

*I* reagiert dann analog HB in den oben formulierten Gleichungen.

Eine der wichtigsten Reaktionen in der Substanzklasse der Kohlenhydrate, die funktionell als Polyhydroxyaldehyde (Aldosen) und Polyhydroxyketone (Ketosen) aufzufassen sind, ist die Umsetzung mit Phenylhydrazin. Dabei entsteht primär ein Phenylhydrazon, das im weiteren Reaktionsverlauf nach der Oxidation des der Carbonylgruppe benachbarten C-Atoms in das Osazon übergeht:

$$\begin{array}{c} CHO \\ H - \overset{|}{\underset{|}{\phantom{|}}} - OH \\ R \end{array} + C_6H_5NHNH_2 \longrightarrow \begin{array}{c} HC{=}N{-}NH{-}C_6H_5 \\ H - \overset{|}{\underset{|}{\phantom{|}}} - OH \\ R \end{array} \;\xrightarrow[-C_6H_5NH_2,\, -NH_3]{+2\,C_6H_5NHNH_2}\; \begin{array}{c} HC{=}N{-}NH{-}C_6H_5 \\ {=}N{-}NH{-}C_6H_5 \\ R \end{array}$$

Hexosen, die in der Konfiguration der asymmetrischen C-Atome 3, 4 und 5 übereinstimmen, bilden dabei das gleiche Osazon.


## 4.8.2.    Arbeitsvorschriften

**Acetessigsäureethylesterethylenacetal**                                              **Ü 44**

$$CH_3CO\,CH_2COOC_2H_5 + \begin{array}{c} CH_2{-}OH \\ | \\ CH_2{-}OH \end{array} \;\overset{-H_2O}{\underset{+H_2O}{\rightleftharpoons}}\; CH_3{-}\underset{\underset{CH_2{-}CH_2}{O\quad O}}{C}{-}CH_2{-}COOC_2H_5$$

*Tabelle 4.2*
Nukleophile Reaktionen der Aldehyde und Ketone

**Teil A**

$>C=O + H-\bar{O}-H \rightleftharpoons >C\begin{smallmatrix}OH\\OH\end{smallmatrix}$    Hydrat

$>C=O + R-\bar{O}-H \rightleftharpoons >C\begin{smallmatrix}OR\\OH\end{smallmatrix} \xrightarrow[-H_2O]{+ROH} >C\begin{smallmatrix}OR\\OR\end{smallmatrix}$    Acetal

$>C=O + \begin{smallmatrix}H\\H\end{smallmatrix}\bar{N}-R \rightarrow >C=NR + H_2O$    Schiffsche Base

$>C=O + \begin{smallmatrix}H\\H\end{smallmatrix}N-OH \rightarrow >C=\bar{N}-OH + H_2O$    Oxim

$>C=O + \begin{smallmatrix}H\\H\end{smallmatrix}\bar{N}-\bar{N}H-R \rightarrow >C=\bar{N}-\bar{N}H-R + H_2O$    Hydrazon

$>C=O + \begin{smallmatrix}H\\H\end{smallmatrix}\bar{N}-\bar{N}H-C(=O)-NH_2 \rightarrow >C=\bar{N}-\bar{N}H-C(=O)-NH_2 + H_2O$    Semicarbazon

$>C=O + |S(=O)\begin{smallmatrix}OH\\ONa\end{smallmatrix} \rightleftharpoons >C\begin{smallmatrix}OH\\SO_3Na\end{smallmatrix}$    Hydrogensulfitaddukt

**Teil B**

$>C=O + H-C\equiv N \rightleftharpoons -\overset{|}{\underset{|}{C}}(-OH)(CN)$    Hydroxynitril

$>C=O + H-C\equiv CH \rightleftharpoons -\overset{|}{\underset{OH}{C}}-C\equiv CH$    Ethinylierung

$>C=O + \overset{H}{\underset{}{}}CH_2-C\overset{O}{\underset{H(R)}{}} \rightleftharpoons -\overset{|}{\underset{OH}{C}}-CH_2-C\overset{O}{\underset{H(R)}{}}$    Aldoladdition

$\xrightarrow{-H_2O}$

$>C=CH-C\overset{O}{\underset{H(R)}{}}$    Dehydratisierung

In einem 100-ml-Rundkolben mit Wasserabscheider und Rückflußkühler hält man 0,1 mol Acetessigsäureethylester mit 0,1 mol Ethylenglykol in 55 ml Toluen unter Zugabe einer kleinen Spatelspitze p-Toluensulfonsäure eine Stunde auf Siedetemperatur (s. Abb. 1.12, Standardapparatur 5). In dieser Zeit scheidet sich die berechnete Wassermenge ab. Nach beendeter Reaktion alkalisiert man mit 15 ml 1N NaOH und wäscht noch zweimal mit Wasser. Die organische Phase wird mit Natriumsulfat getrocknet und im Vakuum destilliert. Der Vorlauf besteht aus Benzen.

$Kp_{2,3(17)}$ 100 °C; $n_D^{20}$ 1,432 6; Ausbeute 85 % d. Th.

Überprüfen Sie durch Zugabe einiger Tropfen $FeCl_3$ zum Acetessigsäureethylesterethylenacetal qualitativ die Reinheit des erhaltenen Acetals!

## Cyclohexanonethylenacetal                                    Ü 45

0,1 mol Cyclohexanon, 0,1 mol Ethylenglykol, 50 ml Toluen und eine Spatelspitze p-Toluensulfonsäure werden in einem 100-ml-Rundkolben mit Wasserabscheider und Rückflußkühler (s. Abb. 1.12, Standardapparatur 5) 30 Minuten zum Sieden erhitzt, wobei sich die berechnete Menge Wasser abscheidet. Nach beendeter Reaktion läßt man abkühlen, alkalisiert mit 2 ml 1N Natronlauge, wäscht zweimal mit je 20 ml Wasser und trocknet die organische Phase mit Natriumsulfat. Nach dem Abfiltrieren des Natriumsulfats destilliert man das Cyclohexanonethylenacetal im Vakuum. Der Vorlauf besteht aus Toluen.

$Kp_{1,7(13)}$ 73 °C; Ausbeute 85 % d. Th.

## 1,5-Diphenyl-penta-1,4-dien-3-on                             Ü 46

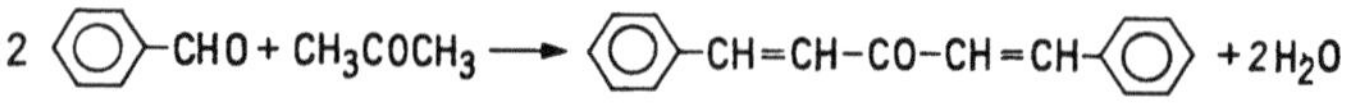

In einem 100-ml-Becherglas legt man 0,1 mol Benzaldehyd und 0,05 mol Aceton in 30 ml Methanol vor. Unter Rühren tropft man bei einer Innentemperatur von 20 bis 27 °C 10 ml einer 15%igen KOH-Lösung zu. Steigt die Temperatur höher, muß mit kaltem Wasser gekühlt werden. Zur Vervollständigung der Reaktion rührt man noch 45 Minuten nach. Das Rohprodukt wird abgesaugt, mit Wasser dreimal gewaschen und aus Methanol umkristallisiert.

$F$ 111 °C; Ausbeute etwa 75 % d. Th.

## Cyclohexanonoxim                                             Ü 47

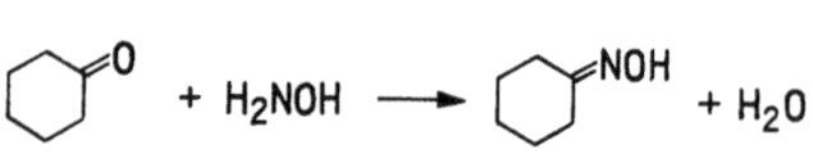

In einem 100-ml-Dreihalskolben mit Rührer, Tropftrichter und Thermometer werden 0,15 mol Hydroxylaminhydrochlorid und 0,12 mol kristallisiertes Natriumacetat ($H_3CCOONa \cdot 3\,H_2O$) in 60 ml Wasser gelöst und auf 60 °C erwärmt. Unter Rühren tropft man 0,1 mol Cyclohexanon ein und rührt noch eine halbe Stunde bei dieser Temperatur. Dann wird mit einer Eis/Kochsalz-Mischung auf 0 °C abgekühlt und das ausgefallene Oxim abgesaugt. Das rohe Oxim wird aus möglichst wenig Methanol/Wasser (1:1) umkristallisiert.

*F* 91 °C; Ausbeute 75 % d. Th.

### Osazone der D-Glucose und D-Mannose                **Ü** 48

In einem 50 ml Rundkolben werden 0,05 mol Phenylhydrazin in 10 ml 100%iger Essigsäure und 20 ml Wasser gelöst, mit einer Lösung von 0,005 mol D-Glucose in 10 ml Wasser versetzt und 30 Minuten unter Rückfluß auf dem Wasserbad erhitzt. Bereits nach kurzer Zeit fällt das gebildete Osazon aus, das mit Wasser gewaschen wird und aus Wasser/Ethanol (5:1) umkristallisiert wird, *F* 205 °C.

Nach der gleichen Vorschrift stellt man aus D-Mannose das entsprechende Osazon her und kristallisiert ebenfalls um, *F* 205 °C.

Nach der Bestimmung der Schmelztemperatur des D-Glucose- und des D-Mannoseosazons wird die Mischschmelztemperatur bestimmt, die keine Depression zeigen darf.


## 4.8.3.   Kontrollfragen

1. Erläutern Sie die Begriffe Polarität und Polarisierbarkeit an zwei Beispielen!
2. Nennen Sie je zwei organische Reste, die einen +I- und einen −I-Effekt ausüben! Stufen Sie die Reaktivität einer damit verbundenen Carbonylgruppe ab!
3. Wiederholen Sie die Säure-Basen-Theorie nach Lewis und nennen Sie vier Lewis-Säuren und vier Lewis-Basen!
4. Formulieren Sie folgende Umsetzungen:
   - p-Methoxybenzaldehyd und Anilin
   - Ethylmethylketon und Ethanol
   - tert-Butylmethylketon und Hydroxylamin!
5. Formulieren Sie die Aldolreaktion zweier Moleküle Butyraldehyd!
6. Warum bilden D-Glucose, D-Mannose und D-Fructose das gleiche Osazon?

# 4.9. Nukleophile Reaktionen an Carbonsäuren und ihren Derivaten (Ü 49–Ü 52)

## 4.9.1. Theoretische Grundlagen

Die Reaktivität von Carbonsäuren und ihren Derivaten ist analog Abschnitt 4.8.1. zu erklären.

Jedoch läßt sich das bei der Reaktion von Aldehyden und Ketonen formulierte Additionsprodukt (vgl. Abschn. 4.8.1.) bei den Reaktionen der Carboxyderivate nicht fassen, da sich stets ein Kondensationsschritt zu einem energieärmeren Säurederivat anschließt:

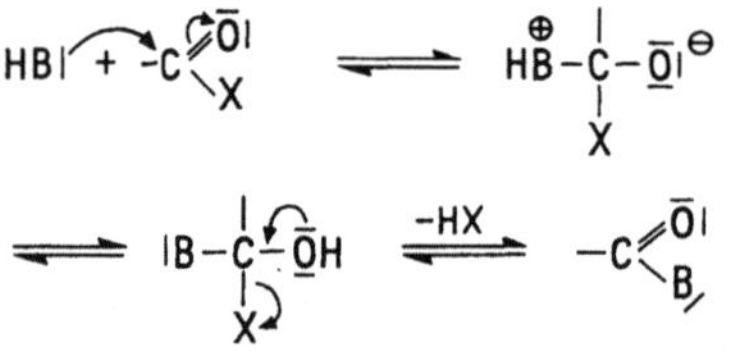

Die einzelnen Säurederivate lassen sich wie folgt mit zunehmender Reaktivität anordnen:

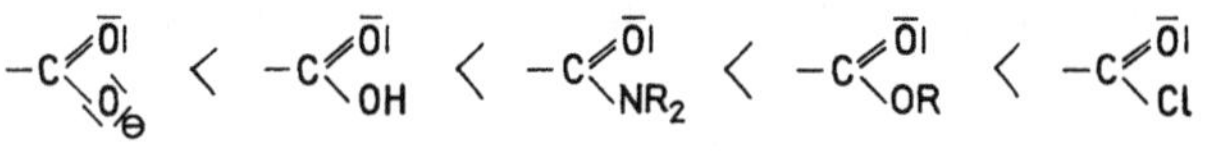

Es läßt sich stets aus einem rechts in der Reihe stehenden Säurederivat ein weiter links stehendes Derivat herstellen. Der umgekehrte Weg ist nur bei eng benachbarten, sich in ihrer Reaktivität wenig unterscheidenden Ausgangsprodukten zu realisieren.

Einige wichtige Reaktionen der Carbonsäuren und ihrer Derivate sind schematisch in Tabelle 4.3 zusammengestellt. Die Friedel-Crafts-Acylierung mit Säurechloriden wurde bereits in Abschnitt 4.6.1. behandelt.

## 4.9.2. Arbeitsvorschriften

**Benzoesäureethylester**                                           **Ü 49**

In einem 50-ml-Rundkolben werden 0,1 mol Benzoesäure und 0,5 mol abs. Ethanol mit 0,02 mol konz. Schwefelsäure versetzt und eine Stunde unter Rückfluß und Feuchtigkeitsausschluß (s. Abb. 1.8) erhitzt. Nach dem Abkühlen auf Zimmertemperatur wird die

*Tabelle 4.3*
Nukleophile Reaktionen der Carbonsäuren und Derivate

$$R-C{\overset{\overline{\underline{O}}|}{\diagdown X}} + H-\overline{\underline{O}}-H \longrightarrow R-C{\overset{\overline{\underline{O}}|}{\diagdown OH}} + HX$$

(X = Halogen, Acyloxy-)

Hydrolyse von Carbonsäurehalogeniden und -anhydriden zu Carbonsäuren

$$R-C{\overset{\overline{\underline{O}}|}{\diagdown X}} + R'-\overline{\underline{O}}-H \longrightarrow R-C{\overset{\overline{\underline{O}}|}{\diagdown OR'}} + HX$$

Alkoholyse von Carbonsäurehalogeniden zu Carbonsäureestern

$$R-C{\overset{\overline{\underline{O}}|}{\diagdown X}} + R'-\overline{N}H-R'' \longrightarrow R-C{\overset{\overline{\underline{O}}|}{\diagdown N{\diagup R' \diagdown R''}}} + HX$$

(R' auch H)

Aminolyse von Carbonsäurehalogeniden zu Carbonsäureamiden

$$R-C{\overset{\overline{\underline{O}}|}{\diagdown X}} + R'-C{\overset{\overline{\underline{O}}|}{\diagdown \overline{\underline{O}}|{\ominus}Na{\oplus}}} \longrightarrow {\overset{R-C{\overset{\overline{\underline{O}}|}{}}}{\underset{R'-C{\overset{}{\overline{\underline{O}}|}}}{\diagdown O \diagup}} + NaX$$

Umsetzung von Carbonsäurehalogeniden mit Carbonsäurealkalisalzen zu Carbonsäureanhydriden

$$R-C{\overset{\overline{\underline{O}}|}{\diagdown OR'}} + H-\overline{\underline{O}}-H \longrightarrow R-C{\overset{\overline{\underline{O}}|}{\diagdown OH}} + R'OH$$

Hydrolyse von Carbonsäureestern zu Carbonsäuren

$$R-C{\overset{\overline{\underline{O}}|}{\diagdown OR}} + R'-\overline{N}H-R'' \longrightarrow R-C{\overset{\overline{\underline{O}}|}{\diagdown N{\diagup R' \diagdown R''}}} + ROH$$

(R' auch H)

Aminolyse von Carbonsäureestern zu Carbonsäureamiden

$$R-C{\overset{\overline{\underline{O}}|}{\diagdown OR'}} + H-CH_2-C{\overset{\overline{\underline{O}}|}{\diagdown OR''}} \rightleftharpoons R-\underset{\underset{O}{\|}}{C}-CH_2-C{\overset{\overline{\underline{O}}|}{\diagdown OR''}} + R'OH$$

Esterkondensation zu $\beta$-Ketocarbonsäureestern

$$R-C{\overset{\overline{\underline{O}}|}{\diagdown OH}} + R'OH \rightleftharpoons R-C{\overset{\overline{\underline{O}}|}{\diagdown OR'}} + H_2O$$

Alkoholyse von Carbonsäuren zu Carbonsäureestern (Veresterung)

1,5fache Menge Wasser zugegeben und mit 25 ml Chloroform geschüttelt. Die organische Phase wird abgetrennt, mit konz. Sodalösung entsäuert, zweimal mit Wasser gewaschen und über Calciumchlorid getrocknet. Man destilliert das Chloroform ab, der Rückstand wird destilliert.

*Kp* 213 °C; Ausbeute 85 % d. Th.

## Essigsäurebutylester                                    Ü 50

$$CH_3COOH + H_3C-CH_2-CH_2-CH_2OH \xrightarrow{(H^\oplus)} CH_3-C\!\!\underset{OC_4H_9}{\overset{O}{\diagup}} + H_2O$$

In einen 250-ml-Rundkolben, der mit einem Wasserabscheider und Rückflußkühler (s. Abb. 1.12, Standardapparatur 5) versehen ist, gibt man 0,2 mol Essigsäure, 0,1 mol Butan-1-ol, eine Spatelspitze p-Toluensulfonsäure als Katalysator und 60 ml Benzen (Beachten Sie die Hinweise über die Gefährlichkeit, Abschn. 2.3.!) als Schleppmittel. Der Wasserabscheider wird vor Beginn der Reaktion mit Benzen gefüllt. Man erhitzt eine Stunde unter Rückfluß, wobei sich die berechnete Menge Wasser (wieviel?) abscheidet. Nach beendeter Reaktion läßt man abkühlen, wäscht mit Wasser, mit 5%iger Hydrogencarbonatlösung säurefrei und anschließend nochmals mit Wasser. Der erhaltene Rohester wird unter Normaldruck destilliert, wobei zuerst das Benzen azeotrop mit noch vorhandenen Wasserresten übergeht.

*Kp* 126 °C; $n_D^{20}$ 1,396 1; Ausbeute 80 % d. Th.

Eine azeotrope Veresterung läßt sich auch mit Chloroform oder Tetrachlorkohlenstoff als Schleppmittel durchführen, wobei aber ein anderer Wasserabscheider verwendet werden muß.

## Phenylessigsäure                                    Ü 51

$$\langle\!\bigcirc\!\rangle\text{-}CH_2\text{-}CN \xrightarrow[-NH_3]{H_2O,OH^\ominus} \langle\!\bigcirc\!\rangle\text{-}CH_2\text{-}COO^\ominus \xrightarrow{H^\oplus} \langle\!\bigcirc\!\rangle\text{-}CH_2\text{-}COOH$$

**Dieser Versuch ist unter dem Abzug durchzuführen!**

In einem 100-ml-Becherglas werden 0,1 mol festes Kaliumhydroxid in 25 ml Ethylenglycol unter gelindem Erwärmen gelöst. Die Lösung wird in einem 50-ml-Rundkolben mit 0,05 mol Benzylcyanid vermischt und unter Rückfluß zum Sieden erhitzt (Siedestein! Schliff gut fetten!). Man erwärmt 15 Minuten. Bereits nach 5 Minuten ist am Oberteil des Kühlers Ammoniak nachweisbar (feuchtes Lackmuspapier!). Nach Löschen der Flamme ist der Kolben vom Kühler sogleich zu trennen, um ein Festbacken des Schliffes zu vermeiden. Man kühlt dann die Reaktionslösung auf Zimmertemperatur ab, gießt sie in 50 ml Wasser und versetzt sie mit etwa 25 ml halbkonz. Salzsäure bis zur deutlich sauren Reaktion (Indikatorpapier!). Nach erneutem Abkühlen auf Zimmertemperatur wird das Produkt abgesaugt und aus Ethanol/Wasser (1:8) umkristallisiert. Dabei muß soviel Lösungsmittel verwendet werden, daß die heiße wäßrig-ethanolische Lösung nur aus einer Phase besteht.

*F* 78 °C; Ausbeute: 85 % d. Th.

## Cyanacetamid $\qquad$ **Ü 52**

$$NC-CH_2-COOC_2H_5 + NH_3 \longrightarrow NC-CH_2-CONH_2 + C_2H_5OH$$

**Dieser Versuch ist unter dem Abzug durchzuführen!**

In einem 250-ml-Becherglas wird 0,1 mol Cyanessigsäureethylester unter Rühren langsam mit 40 ml konz. Ammoniak versetzt. Dann wird noch 40 Minuten gerührt und anschließend auf 0 °C abgekühlt. Das sich abscheidende Amid wird abgesaugt und aus wenig Ethanol umkristallisiert.

*F* 123 °C; Ausbeute 80 % d. Th.

## 4.9.3.   Kontrollfragen

1. Ordnen Sie in die Reaktivitätsreihe der Säurederivate auch die Ketone und die Aldehyde ein und begründen Sie die Reihenfolge!
2. Warum kann die Friedel-Crafts-Acylierung sowohl im Abschnitt 4.6. als auch im Abschnitt 4.9. behandelt werden?
3. Überlegen Sie sich, aus welchen Lösungsmitteln Cyanacetamid (s. Ü 52) noch umkristallisiert werden kann!
4. Warum verläuft die Ammonolyse von Cyanessigsäureethylester leichter als die von Essigsäureethylester?
5. Warum ist Phenylessigsäure im Gegensatz zu Benzylcyanid in NaOH löslich?
6. Begründen Sie, weshalb Acetylchlorid nicht durch Einwirkung von Salzsäure auf Essigsäure hergestellt werden kann!
7. Vergleichen Sie die Siedetemperaturen von Essigsäure und Essigsäureethylester (s. Tab. 6.6) und begründen Sie den qualitativen Unterschied!
8. Was versteht man unter Polyestern bzw. Polyamiden? Geben Sie für jeweils einen Vertreter Darstellung und Verwendung an!

# 4.10.   Umlagerungen (Ü 53–Ü 54)

## 4.10.1.   Theoretische Grundlagen

Umlagerungen (R, von engl. rearrangement) sind Reaktionen, bei denen ein Substituent innerhalb eines Moleküls unter Lösung und Neuknüpfung von Bindungen wandert.

Ist der wandernde Rest ein Anion (bzw. Kation, beispielsweise Proton, bzw. Radikal), so wird die Umlagerung als *Anionotropie* oder *nukleophile Umlagerung* $R_N$ (bzw. *Kationotropie*, beispielsweise *Prototropie*, $R_E$, bzw. *radikalische Umlagerung* $R_R$) bezeichnet. Zahlreiche nukleophile Umlagerungen verlaufen über eine Zwischenstufe, in der ein Kohlenstoff- oder ein Heteroatom X lediglich ein Elektronensextett *(Sextettumlagerungen)* besitzt, das durch das freie Elektronenpaar des wandernden Anions zum stabileren Oktett aufgefüllt wird:

Das entstandene Carbokation kann sich durch eine Folgereaktion (z.B. nukleophile Substitution, Eliminierung) stabilisieren. Für $X = CH_2$ gilt:

Wichtige Beispiele für Sextettumlagerungen:

X = C   Dehydratisierung von Pinacol, Wagner-Meerwein-Umlagerung

X = N   Säureabbaureaktionen nach HOFMANN, CURTIUS und SCHMIDT; Beckmann-Umlagerung von Oximen

X = O   Hock-Phenolsynthese

Die Indolsynthese nach E. FISCHER ist eine *Mehrzentrenreaktion*, bei der die N—N-Bindung eines Phenylhydrazons gelöst, eine C—C-Bindung neu geknüpft und Ammoniak abgespalten wird:

## 4.10.2.   Arbeitsvorschriften

**ε-Caprolactam**                                                          **Ü** 53

In einem 100-ml-Kolben werden 0,05 mol Cyclohexanonoxim (s. Ü 47) mit 60 g Polyphosphorsäure gemischt. In einem bereits vorher auf 130 °C aufgeheizten Ölbad wird die Mischung 20 Minuten gerührt. Dann gießt man sie in etwa 200 g Eiswasser, wobei man mit einem Glasstab so lange rührt, bis sich die Säure gelöst hat. Unter Außenkühlung des Gefäßes mit Eis wird mit 25%igem Ammoniak bis zur schwach alkalischen Reaktion neutralisiert und die Lösung mit 3 × 30 ml Chloroform extrahiert. Die vereinigten Extrakte werden mit Natriumsulfat getrocknet. Die Lösung wird filtriert und das Chloroform unter Verwendung eines Wasserbades im leichten Vakuum abdestilliert. Der sirupöse Rückstand, der kein Chloroform mehr enthalten darf, wird mit wenig Cyclohexan (etwa 10 ml) zur Kristallisation gebracht. Das Lactam wird abgesaugt und an der Luft getrocknet.

*F* 67...68 °C; Ausbeute 70 % d. Th.

## 1,2,3,4-Tetrahydrocarbazol

Ü 54

In einem Erlenmeyerkolben gibt man zu 0,025 mol Cyclohexanonphenylhydrazon (s. Ü 66) 10 g Polyphosphorsäure und verrührt beide Stoffe mit Hilfe eines Thermometers unter gleichzeitiger Beobachtung der Temperatur. Setzt die Reaktion ein – erkennbar durch plötzliche, starke Erwärmung –, kühlt man den Kolben in einem vorher aufgeheizten, siedenden Wasserbad, so daß die Temperatur 190 °C nicht übersteigt. Setzt die Reaktion nicht von selbst ein, so erwärmt man das Gemisch im Wasserbad. Nach dem Abklingen der Reaktion versetzt man die Mischung mit etwa 25 ml Wasser, saugt das abgeschiedene 1,2,3,4-Tetrahydrocarbazol ab, wäscht mit Wasser und wenig kaltem Ethanol und kristallisiert aus Ethanol um.

*F* 119 °C; Ausbeute 80 % d. Th.

## 4.10.3. Kontrollfragen

1. Formulieren Sie den Hofmannschen Abbau der Säureamide!
2. Beurteilen Sie die Wanderungstendenzen des Methyl- und Phenylrestes sowie unterschiedlich monosubstituierter Phenylreste bei Sextettumlagerungen!

# 4.11.   Polymerisation (Ü 55–Ü 61)

## 4.11.1.   Theoretische Grundlagen

Die Polymerisation ist eine Synthesereaktion für Makromoleküle, die in mechanistischer Hinsicht als *Kettenwachstumsreaktion* zu bezeichnen ist. Die Ausgangsstoffe der Reaktion nennt man *Monomere*, die Endprodukte *Polymere*. Monomere können heterocyclische Verbindungen wie z. B. ε-Caprolactam oder Moleküle mit Mehrfachbindungen, wie z. B. Vinylchlorid, Ethen, Acrylonitril sein.

Die Startreaktion besteht in der Anlagerung eines Initiatorfragmentes, das ein Radikal, Anion oder Kation sein kann, an ein Monomeres.

Dieses aktivierte Molekül ist in der Lage, in einer Wachstumsreaktion mit weiteren Monomeren zu reagieren, wobei Molekülmassen vom $10^5$- bis $10^7$fachen des Ausgangsmoleküls auftreten können.

Je nach Art der Initiierung unterscheidet man radikalische, kationische oder anionische Polymerisation.

Die *radikalische Polymerisation* wird durch Initiatoren wie Dibenzoylperoxid, Cyclohexanonperoxid, Diacetylperoxid, 2,2'-Azo-diisobutyronitril, die leicht in reaktionsfähige Radikale zerfallen können, gestartet:

$$R'-O-O-R' \longrightarrow 2\ R'-\bar{O}\bullet$$

In der Startreaktion lagert sich das gebildete Radikal an die Doppelbindung an, und es bildet sich ein neues Radikal:

$$R'-\bar{O}\bullet\ +\ H_2C{=}CH-R \longrightarrow R'-O-CH_2-\overset{\bullet}{C}H-R$$

Dieses Radikal kann mit weiteren Olefinmolekülen reagieren:

$$R'-O-CH_2-\overset{\overset{H}{|}}{\underset{\underset{R}{|}}{C}}\bullet\ +CH_2{=}CH-R \longrightarrow R'-O-CH_2-\overset{\overset{H}{|}}{\underset{\underset{R}{|}}{C}}-CH_2-\overset{\overset{H}{|}}{\underset{\underset{R}{|}}{C}}\bullet \longrightarrow usw.$$

Durch diese Wachstumsreaktion bilden sich Makroradikale. Der Kettenabbruch kann dadurch erfolgen, daß die Makroradikale disporportionieren

oder kombinieren

oder durch Fremdradikale, die aus dem Lösungsmittel oder dem zugesetzten Initiator stammen, abgesättigt werden.

Die radikalische Polymerisation läßt sich durch Inhibitoren (Radikalfänger) verhindern. Derartige Stoffe reagieren mit den Initiator- bzw. Polymerradikalen und machen damit die Polymerisation unmöglich bzw. brechen sie ab.

Nitroverbindungen und Chinone sind für viele Monomere als besonders gute Inhibitoren bekannt:

$$C_6H_5{-}NO_2 + {}^{\bullet}CHR{-}CH_2{\sim\sim} \longrightarrow C_6H_5{-}\overset{\oplus}{N}{\overset{\bullet}{\underset{O{-}CHR{-}CH_2\sim\sim}{\phantom{|}}}}\,\bar{\underline{O}}|^{\ominus}$$

$$\xrightarrow{-R{-}\overset{\bullet}{C}H{-}CH_2\sim\sim} C_6H_5{-}NO + \sim\!CH_2{-}CHR{-}O{-}CHR{-}CH_2\!\sim$$

$$O{=}C_6H_4{=}O + {}^{\bullet}CHR{-}CH_2\sim\sim \longrightarrow {}^{\bullet}O{-}C_6H_4{-}O{-}CHR{-}CH_2\sim$$

Das mit p-Benzochinon entstehende Radikal ist zu reaktionsträge, um die Polymerisation fortzusetzen.

Käufliches Styren enthält als Stabilisator geringe Mengen Hydrochinon, da es sonst schon unter der Einwirkung von Luftsauerstoff polymerisieren würde. Hydrochinon oxidiert in Gegenwart von Sauerstoff zu p-Benzochinon. Den weiteren Schutz des Styrens übernimmt dann der Inhibitor p-Benzochinon.

Die Polymerisation ist eine Hauptreaktion der Olefine und ihrer Derivate. Sie bildet die Grundlage der Erzeugung von Plasten (Kunststoffen), Elasten (synthetischer Kautschuk) und synthetischen Fasern. Wichtige Produkte sind z. B. Polyvinylchlorid, Polyethylen, Polybutadien, Polyacrylonitril und Polyvinylacetat.

## 4.11.2.  Arbeitsvorschriften

Die Versuche Ü 55 bis Ü 61 sind nach Erfordernis und Möglichkeit zu einer Praktikumsaufgabe zu kombinieren. Die Synthesevorschriften für die Polymere sind als Reagenzglasversuche angegeben, da eine Reinigung von Kolben sehr aufwendig werden würde.

### Polyacrylonitril     Ü 55

$$n\ H_2C{=}\underset{CN}{C}H \longrightarrow \left[{-}CH_2{-}\underset{CN}{C}H{-}\right]_n$$

**Vorsicht! Acrylonitril ist ein starkes Gift! Die Reaktion ist unter dem Abzug auszuführen!**

In einem Reagenzglas gibt man zu 1 g frisch destilliertem Acrylonitril (*Kp* 77 °C) 7 ml Wasser und einen Tropfen konz. Schwefelsäure. Nach dem Umschütteln setzt man je eine Spatelspitze Kaliumdisulfit und Kaliumperoxydisulfat hinzu. Man schüttelt erneut um und erwärmt über der Flamme des Bunsenbrenners. Nach einiger Zeit erstarrt das Polyacrylonitril. Es wird abgesaugt, mit etwa 5 ml Methanol gewaschen und auf der Tonplatte bzw. zwischen Filterpapier getrocknet.

Ausbeute 75 % d. Th.

9*

## Polystyren

**Ü 56**

$$n\ \text{C}_6\text{H}_5\text{-CH=CH-COOH} \xrightarrow{-n\,\text{CO}_2} n\ \text{C}_6\text{H}_5\text{-CH=CH}_2 \longrightarrow \left[\text{C}_6\text{H}_5\text{-CH-CH}_2\text{-}\right]_n$$

5 ml frisch destilliertes Styren ($Kp_{2,7(20)}$ 46 °C) werden in einem Reagenzglas mit einer Spatelspitze Dibenzoylperoxid versetzt. Mit einem Glasstab wird der Initiator verteilt. Danach wird das Reagenzglas für eine Stunde in ein siedendes Wasserbad gestellt. Der Fortgang der Polymerisation kann am viskosen Verhalten der Flüssigkeit verfolgt werden.

## Polyvinylacetat

**Ü 57**

$$n\ \text{H}_2\text{C=CH}\ (\text{OOCCH}_3) \longrightarrow \left[\text{-H}_2\text{C-CH-}(\text{OOCCH}_3)\right]_n$$

0,1 mol frisch destilliertes Vinyl-acetat ($Kp$ 73 °C) werden in einem Reagenzglas mit etwa 50 mg Dibenzoylperoxid versetzt und auf dem Wasserbad (etwa 80 °C) erwärmt. Sollte die Reaktion zu heftig werden, entferne man das Reagenzglas aus dem Bad. Danach läßt man noch 30 Minuten im siedenden Wasserbad stehen. In 10 ml Methanol löst man einen Teil des Polymeren und fällt das Polyvinylacetat durch Eingießen in 50 ml Wasser aus.

## Polymethylmethacrylat (Piacryl)

**Ü 58**

$$n\ \text{H}_2\text{C=C}(\text{CH}_3)(\text{COOCH}_3) \longrightarrow \left[\text{-H}_2\text{C-C}(\text{CH}_3)(\text{COOCH}_3)\text{-}\right]_n$$

In einem Reagenzglas werden 4 ml frisch destillierter Methacrylsäuremethylester ($Kp$ 100 °C) mit einer Spatelspitze trockenem Dibenzoylperoxid versetzt und auf dem Wasserbad bis ca. 60 °C erhitzt. Nach einiger Zeit entsteht ein festes, durchsichtiges Polymerisat.

## Vernetzung eines ungesättigten Polyesters

**Ü 59**

In dieser Übung wird Polyester G (Buna), eine Lösung von (monomerem) Styren in einem ungesättigten Polyester, verwendet. Der eingesetzte Redox-Initiator (Dibenzoylperoxid in Gegenwart von N,N-Dimethyl-anilin) erlaubt die Polymerisation bereits bei relativ niedriger Temperatur:

$$\text{~O-CH}_2\text{-CH(CH}_3)\text{-OOC-CH=CH-COO-CH}_2\text{-CH(CH}_3)\text{-O~} + \text{H}_2\text{C=CH-C}_6\text{H}_5$$

$$\longrightarrow \text{~O-CH}_2\text{-CH(CH}_3)\text{-OOC-CH-CH-COO-CH}_2\text{-CH(CH}_3)\text{-O~}$$

**Achtung! Vorsicht! Dibenzoylperoxid und Dimethylanilin dürfen als reine Substanzen nicht miteinander in Berührung gebracht werden. Sie reagieren explosionsartig.**

Auf einem Uhrglas werden 10 ml Polyester G mit einer Spatelspitze trockenem Dibenzoylperoxid verrührt. Danach erfolgt Zugabe von 1 bis 2 Tropfen N,N-Dimethyl-anilin. Wenn das Reaktionsgemisch geliert, setzt die vernetzende Pfropfpolymerisation ein. Nach einer Stunde etwa ist das Produkt ausgehärtet.

## Verzweigtes Polymethylmethacrylat  60

Bei Polymerisationen kann die Radikalstelle vom wachsenden Polymeren oder vom Initiator an mögliche im System vorhandene Moleküle übertragen werden. In der vorliegenden Übung findet die Übertragungsreaktion mit dem im Monomeren gelösten Polymeren statt.

Es wird der käufliche kalthärtende Dentalplast Kallocryl C eingesetzt. Er besteht aus Pulver (Polymethylmethacrylat und Initiator) und der Flüssigkeit (Methacrylsäuremethylester):

$$\sim\!\!\sim\!H_2C\!-\!C(CH_3)(COOCH_3)\!-\!CH_2\!-\!C(CH_3)(COOCH_3)\!-\!CH_2\!\sim\!\!\sim$$

$$\xrightarrow[-RH]{+R\cdot}\sim\!\!\sim\!H_2C\!-\!C(CH_3)(COOCH_3)\!-\!\overset{\cdot}{C}H\!-\!C(CH_3)(COOCH_3)\!-\!CH_2\!\sim\!\!\sim$$

$$\xrightarrow{+n\,H_2C=C(CH_3)(COOCH_3)} \begin{array}{c} \sim\!\!\sim\!H_2C\!-\!C(CH_3)(COOCH_3)\diagdown \\[4pt] \sim\!\!\sim\!H_2C\!-\!C(CH_3)(COOCH_3)\diagup \end{array}\!CH\!\!\left[CH_2\!-\!C(CH_3)(COOCH_3)\!-\right]_n$$

3 g Kallocryl-Pulver werden auf dem Uhrglas mit 3 g Kallocryl-Flüssigkeit mit einem Glasstab rasch und gut verrührt. Anschließend preßt man die Masse mit den Fingern in die gewünschte Form. Dabei härtet das Produkt unter merklicher Wärmeentwicklung aus. Diese ist nach etwa 10 Minuten beendet.

## Styren durch Depolymerisation von Polystyren  61

$$\left[-CH_2-CH-\right]_n \longrightarrow (n-x)\ H_2C=CH\ +\ \dots$$

20 g zerkleinertes Polystyren werden in einem 100-ml-Rundkolben eingewogen. Am absteigenden Kühler wird bei 2,0 bis 2,7 kPa (15 bis 20 Torr) mit einem Metallbad auf 200 bis 250 °C erhitzt. Das dabei übergehende Depolymerisationsprodukt besteht zum größten Teil aus den Monomeren und wird nach Zusatz einer Spatelspitze Schwefel erneut im Vakuum destilliert und die Ausbeute bestimmt.

Styren: $Kp_{2,7(20)}$ 46 °C; $n_D^{20}$ 1,5472; Ausbeute 20 % d. Th.

Bei einer Abweichung des Brechungsindex um mehr als 0,2 % wird erneut unter Zusatz von Schwefel destilliert. Der zur thermischen Zersetzung des Polystyrens verwandte Kolben kann mit siedendem Toluen (Beachten Sie die Hinweise über die Gefährlichkeit, Abschn. 2.3.!) gereinigt werden.

### 4.11.3.   Kontrollfragen

1. Formulieren Sie die mechanistischen Schritte (Start, Wachstum, Abbruch) der
   - anionischen Polymerisation von Acrylonitril mit R—O$^\ominus$ als Initiator
   - kationischen Polymerisation von 2-Methyl-propen (Isobutylen) mit H$^\oplus$ als Initiator!
2. Geben Sie die Zahl der wachsenden Ketten an, die der Inhibitor Trinitrobenzen stoppen könnte!
3. Nennen Sie Säure und Alkohol, aus denen der ungesättigte Ester in Ü 59 aufgebaut ist!
4. Geben Sie Synthesen für die Monomere Vinylchlorid, Styren, Vinyl-acetat, Acrylonitril an!
5. Warum wird handelsübliches Acrylonitril in Ü 55 vor der Polymerisation destilliert?

# 4.12.   Hydrierung (Ü 62–Ü 64)

## 4.12.1.   Theoretische Grundlagen

Eine Vielzahl organischer Verbindungen, die Kohlenstoffmehrfachbindungen oder funktionelle Gruppen (z. B. Carbonyl-, Nitro-, Nitroso-, Nitril-, Azomethingruppe) besitzen, lassen sich bei unterschiedlichen Reaktionsbedingungen unter Verwendung von Katalysatoren mit *molekularem Wasserstoff* hydrieren.

Die *katalytische Hydrierung* spielt neben anderen Hydrierungsmethoden in der Technik eine große Rolle. Der Mechanismus der Hydrierung ist noch nicht vollständig geklärt; verschiedenen Untersuchungen zufolge kann sowohl ein radikalischer als auch ein ionischer Reaktionsmechanismus angenommen werden. Hydrierungen verlaufen in der Regel exotherm. Als Katalysatoren kommen neben den teuren Edelmetallkatalysatoren, wie Platin und Palladium, auch Eisen, Kupfer, Nickel und andere Metalle und einige Metalloxide bzw. -sulfide zur Anwendung. Die Wahl des Katalysators hängt von der Art der zu hydrierenden Substanz und den Reaktionsbedingungen ab. Einige Katalysatoren ermöglichen ein selektives Arbeiten.

Während feste Substanzen in geeigneten Lösungsmitteln, wie z. B. Wasser, Alkoholen, Estern, Säuren und Ethern, hydriert werden, können flüssige Stoffe auch ohne Lösungsmittel eingesetzt werden. Für Hydrierungen unter Normaldruck und bei Raumtemperatur verwendet man die in Abbildung 4.3 gezeigte Hydrierungsapparatur (*a* Niveaugefäß, *b* Gasometer, *c* Dreiwegehahn, *d* Trockenrohr mit CaCl$_2$, *e* Hydriergefäß, z. B. Erlenmeyerkolben mit ebenem Boden, mit Außenkühlung und Magnetrührer). Hydrierungen unter Druck und bei erhöhten Temperaturen werden dagegen in einem Autoklaven unter Beachtung spezieller Sicherheitsvorschriften durchgeführt.

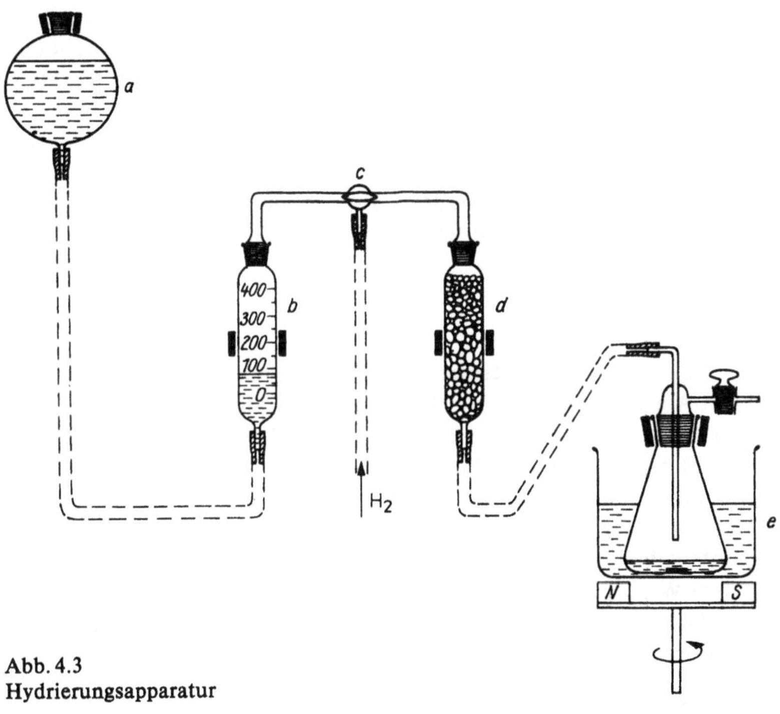


Abb. 4.3
Hydrierungsapparatur

Als besonders elegante Methode hat die *katalytische Hydrierung mit gebundenem Wasserstoff* zunehmende Bedeutung erlangt. Anstelle des molekularen Wasserstoffs werden hierbei Verbindungen eingesetzt, die in Gegenwart von Metallkatalysatoren Wasserstoff abspalten können. In Ü 64 dient Hydrazin als Wasserstoffquelle.

## 4.12.2.  Arbeitsvorschriften

### Anilin                                               **Ü 62**

$$C_6H_5{-}NO_2 + 3\,H_2 \xrightarrow{(Ni)} C_6H_5{-}NH_2 + 2\,H_2O$$

*Raney-Nickel*

Raney-Nickel ist eine Legierung, die neben Aluminium 30 bis 50 % Nickel enthält und aus der zur Darstellung des Raney-Nickel-Katalysators das Aluminium mit Natronlauge herausgelöst wird.

In einem 400-ml-Becherglas werden 3 g Raney-Nickel-Legierung mit 100 ml Wasser versetzt. Unter Umrühren mit einem Thermometer fügt man 2 g Natriumhydroxid (**Schutzbrille!**) hinzu. Nach kurzer Zeit schäumt die Mischung auf. Nach Abklingen der Reaktion gibt man noch 4 g Natriumhydroxid portionsweise hinzu und erwärmt zur Vervollständigung der Reaktion 30 Minuten auf dem Wasserbad auf 70 °C. Das Nickel setzt sich schwammig zu Boden. Die wäßrige Schicht wird langsam dekantiert. Man wäscht den Katalysator mehrmals mit 150-ml-Portionen warmen Wassers bis zur neutralen Reaktion und schließlich zweimal mit Ethanol oder Methanol.

Zur Aktivitätsprüfung des Katalysators wird eine Spatelspitze auf eine Tonplatte gebracht: Der Katalysator muß sich selbst entzünden.

Der Katalysator muß unter dem zur Verwendung kommenden Lösungsmittel aufbewahrt werden. Rückstände dürfen nicht in Abfallbehälter gegeben werden, sondern sind durch Verbrennen zu vernichten!

*Anilin*

Die katalytische Hydrierung wird bei Raumtemperatur unter Normaldruck in einer Abbildung 4.3 entsprechenden Apparatur unter Außenkühlung durchgeführt.

Im Hydriergefäß wird der hergestellte Katalysator mit 0,01 mol der zu hydrierenden Nitroverbindung versetzt und mit 50 ml Ethanol überschichtet. Man spült die Apparatur bis zur negativen Knallgasprobe mit Wasserstoff aus der Bombe, verschließt das Hydriergefäß und setzt den Magnetrührer in Gang. Der Wasserstoffverbrauch wird in Abhängigkeit von der Zeit (15-Minuten-Intervalle) graphisch ausgewertet. Die Hydrierung ist beendet, wenn die theoretisch errechnete Wasserstoffmenge aufgenommen wurde. Man filtriert vom Katalysator ab, destilliert das Lösungsmittel ab und weist das gebildete Amin als Acylierungsprodukt nach (s. Abschn. 6.1.4.4.).

## 3-Phenyl-propansäure Ü 63

Im Hydriergefäß (s. Abb. 4.3) wird 0,1 mol Zimtsäure durch Zugabe zu einer Lösung von 0,1 mol Natriumhydroxid in 30 ml Wasser in das Natriumsalz umgewandelt. Man fügt den aus 3 g Raney-Nickel-Legierung hergestellten Katalysator (s. Ü 62) so hinzu, daß er vollständig von der Flüssigkeit bedeckt ist. Nachdem die Apparatur (s. Abb. 4.3) bis zur negativen Knallgasprobe mit Wasserstoff aus der Bombe gespült ist, verschließt man das Hydriergefäß und setzt den Magnetrührer in Gang. Wenn das berechnete Volumen Wasserstoff aufgenommen worden ist, saugt man den Katalysator ab und säuert die Lösung vorsichtig mit konz. Salzsäure an. Durch Abkühlung auf etwa 0 °C scheiden sich farblose Kristalle von 3-Phenyl-propansäure ab, die abgesaugt, aus verd. Salzsäure umkristallisiert und mit wenig eiskaltem Wasser gewaschen werden.

*F* 47 °C; Ausbeute 90 % d. Th.

## 4,4′-Dichlor-azoxybenzen      **Ü 64**

$$2\ Cl-\!\!\bigcirc\!\!-NO_2\ +\ 6H_2\ \longrightarrow\ Cl-\!\!\bigcirc\!\!-\overset{\oplus}{\underset{|\overset{\ominus}{O}|}{N}}\!=\!N-\!\!\bigcirc\!\!-Cl\ +\ 3H_2O$$

In einem 250-ml-Rundkolben werden 0,6 mol 1-Chlor-4-nitro-benzen in 100 ml Ethanol unter gelindem Erwärmen gelöst und mit 7 ml 72 %igem Hydrazinhydrat versetzt. Bei etwa 40 °C fügt man den aus 3 g Raney-Nickel-Legierung erhaltenen Katalysator hinzu. (Der Katalysator wird nach Ü 62 hergestellt, wobei nur ein- bis zweimal mit 150 ml warmem Wasser ausgewaschen wird. Das Waschwasser muß noch basisch reagieren.)

Die Zugabe erfolgt in kleinen Portionen, wobei jeweils das Abklingen der lebhaften Gasentwicklung abzuwarten ist. Nach Zugabe der gesamten Katalysatormenge erhitzt man noch 45 Minuten auf dem siedenden Wasserbad am Rückfluß. Der Katalysator wird heiß abfiltriert, und beim Abkühlen beginnt die Abscheidung des Produkts, die durch langsame Zugabe von 250 ml Wasser vervollständigt wird. Das Rohprodukt wird abgesaugt und aus etwa der 10fachen Masse Ethanol umkristallisiert.

*F* 154...156 °C; Ausbeute 40 % d. Th.

Bei sehr gut ausgewaschenem Raney-Nickel geht die Reduktion bis zum p-Chlor-anilin (*F* 70...71 °C aus Ethanol).


## 4.12.3.  Kontrollfragen

1. Welche Produkte erhält man bei der Hydrierung folgender funktioneller Gruppen: Carbonyl-, Nitro-, Nitroso-, Nitril-, Azomethin-Gruppe?
2. Welche Reaktionsprodukte entstehen bei der Hydrierung von Nitroverbindungen in Eisessig?
3. Welche Faktoren sind bei der Auswertung einer quantitativen Hydrierung zu berücksichtigen?
4. Geben Sie an, ob sich Aromaten oder Olefine leichter hydrieren lassen (vgl. Ü 63!)!
5. Formulieren Sie die Darstellung von Fettalkoholen bzw. von Hexan-1,6-diamin durch katalytische Hydrierung!


# 4.13.   Oxidation und Dehydrierung (Ü 65–Ü 69)

## 4.13.1.  Theoretische Grundlagen

Oxidation bedeutet Entzug von Elektronen, z. B.:

$$Fe^{2\oplus}\ \longrightarrow\ Fe^{3\oplus}\ +\ e$$

Verbindungen werden daher um so leichter oxidiert, je höher ihre Tendenz zur Elektronenabgabe ist. Dabei ergeben sich folgende Reihenfolgen:

$$R-H \; < \; R-OH \; < \; R-NH_2$$

$$-CH_3 \; < \; >\!CH_2 \; < \; \geq\!CH$$

$$>\!C-C\!< \; < \; -C\equiv C- \; < \; >\!C=C\!<$$

Als *Oxidationsmittel* dienen Stoffe hoher Elektronenaffinität, z.B. Sauerstoff, Wasserstoffperoxid, Salpetersäure, Schwefel, Selendioxid, Halogene und Metallverbindungen höherer Wertigkeitsstufen (Eisen(III)-Verbindungen, Mangandioxid, Kaliumpermanganat, Chromium(VI)-oxid, Bleidioxid, Bleitetraacetat).

Die Oxidation organischer Verbindungen geht im allgemeinen mit einer Abgabe von Wasserstoff („Dehydrierung") oder mit einer Aufnahme von Sauerstoff einher und ist meist an ein verfügbares Wasserstoffatom gebunden. Folgende Übersicht gibt die Oxidation am primären, sekundären und tertiären C-Atom an:

$$R-CH_3 \longrightarrow R-CH_2OH \longrightarrow R-C\!\!\underset{H}{\overset{O}{<}} \longrightarrow R-C\!\!\underset{OH}{\overset{O}{<}}$$

$$\underset{R'}{\overset{R}{>}}\!CH_2 \longrightarrow \underset{R'}{\overset{R}{>}}\!CH-OH \longrightarrow \underset{R'}{\overset{R}{>}}\!C=O$$

$$R-\underset{R''}{\overset{R'}{\underset{|}{\overset{|}{C}}}}-H \longrightarrow R-\underset{R''}{\overset{R'}{\underset{|}{\overset{|}{C}}}}-OH$$

Die weitere Oxidation der angegebenen Endstufen ist nur unter Abbau des Moleküls möglich.

## 4.13.1.1.  Oxidation von Kohlenwasserstoffen

Unverzweigte gesättigte Kohlenwasserstoffe lassen sich nur sehr schwierig oxidieren; jedoch wird die Oxidierbarkeit einer Alkylgruppe wesentlich erleichtert, wenn sie an einem aromatischen Kern gebunden ist.

Die Oxidation von Alkylaromaten verläuft normalerweise bis zur Endstufe, da die entstehenden Alkohole bzw. Aldehyde leichter oxidierbar sind als die Alkylgruppen. Nur unter bestimmten Bedingungen (z.B. Einsatz von $SeO_2$ als selektives Oxidationsmittel, Abfangen der Aldehydstufe als Diacetat) lassen sich Aldehyde und unter bestimmten Bedingungen auch Alkohole darstellen.

In Ü 65 wird die Oxidation eines Alkylaromaten zur aromatischen Carbonsäure durchgeführt.

## 4.13.1.2.  Oxidation von Alkoholen und Aldehyden

Die Oxidationsprodukte von Alkoholen und Aldehyden sind in Abschnitt 4.13.1. angegeben. Da primäre und sekundäre Alkohole leichter zu oxidieren sind als die entsprechenden Kohlenwasserstoffe, gelingt die Reaktion hier bereits unter milderen Bedingungen als bei Kohlenwasserstoffen.

Die Aldehydgruppe ist leichter oxidierbar als die primäre bzw. sekundäre Hydroxygruppe, z. B.:

$$\begin{array}{c} CHO \\ \text{--OH} \\ HO\text{--} \quad \text{--OH} \quad + I_2 + 2OH^{\ominus} \longrightarrow HO\text{--} \quad \begin{array}{c} COOH \\ \text{--OH} \\ \text{--OH} \\ \text{--OH} \end{array} + 2I^{\ominus} + H_2O \\ \text{--OH} \\ CH_2OH \end{array}$$

Deshalb muß bei der Darstellung von Aldehyden durch Oxidation primärer Alkohole der entstehende Aldehyd vor der Weiteroxidation zur Carbonsäure geschützt werden. Man kann ihn z. B. laufend destillativ aus dem Reaktionsgemisch entfernen, was wegen der niedrigeren Siedetemperatur des Aldehyds gegenüber der des Alkohols oft möglich ist.

In Ü 66 wird die Oxidation eines sekundären Alkohols zum Keton durchgeführt. Die Leichtigkeit der Oxidation eines Aldehyds zur Carbonsäure belegt Ü 67; in der radikalisch ablaufenden Reaktion (vgl. Abschn. 4.1.1.!) dient Luftsauerstoff als Oxidationsmittel.

### 4.13.1.3.  Oxidation von Aromaten zu Chinonen

Durch Oxidation von Aromaten können unter gewissen Bedingungen Chinone erhalten werden. Die Bildung von Chinonen ist dann begünstigt, wenn die C=C-Doppelbindung des chinoiden Systems Bestandteil eines mehrkernigen Arens mit anellierten Ringen ist. Deshalb steigt die Leichtigkeit der Chinonbildung aus den Aromaten in folgender Reihenfolge an:

p-Benzochinon     Naphtho-1,4-chinon     Anthrachinon

Als Oxidationsmittel dienen Chromiumsäure, Wasserstoffperoxid oder Luftsauerstoff in Gegenwart von $V_2O_5$.

In Ü 68 wird die Oxidation von Anthracen zu Anthrachinon durchgeführt.

### 4.13.1.4.  Dehydrierung

Der Entzug von Wasserstoff (Dehydrierung) kann prinzipiell nach zwei Methoden erfolgen. Bei der *katalytischen Dehydrierung* (Katalysatoren: z. B. Nickel, Platin, Palladium)

$$R\text{--}CH_2\text{--}CH_2\text{--}R' \rightleftharpoons R\text{--}CH=CH\text{--}R' + H_2$$

wird das Gleichgewicht mit steigender Temperatur nach rechts verschoben. Bei der *oxidativen Dehydrierung* werden geeignete Oxidationsmittel (z. B. Schwefel, Selen, Chinone, Nitrobenzen) eingesetzt, die im Verlauf der Reaktion selbst reduziert werden. Die Leichtigkeit der Dehydrierung von Kohlenwasserstoffen steigt in der Reihenfolge: Alkane < Alkene < Cycloalkane < Cycloalkene.

In Ü 69 wird die oxidative Dehydrierung eines Tetrahydroheteroaromaten durchgeführt.

## 4.13.2.  Arbeitsvorschriften

### Aromatische Carbonsäuren      **Ü 65**

Ein Methylaromat ist nach der folgenden Arbeitsvorschrift zu oxidieren. An Hand der Schmelztemperatur der entstandenen Säure wird der eingesetzte Methylaromat bestimmt (Tab. 4.4).

*Tabelle 4.4.*
Schmelztemperaturen aromatischer Carbonsäuren

| Säure | $F$ in °C | Säure | $F$ in °C |
|---|---|---|---|
| Benzoesäure | 122 | Phthalsäure | 191...200 |
| o-Chlor-benzoesäure | 141...142 | p-Chlor-benzoesäure | 242...243 |
| o-Nitro-benzoesäure | 147 | p-Brom-benzoesäure | 251...253 |
| α-Naphthoesäure | 160...161 | Terephthalsäure | 300 |
| β-Naphthoesäure | 184 | | |

$$R\text{-}C_6H_4\text{-}CH_3 + 2\,MnO_4^{\ominus} \longrightarrow R\text{-}C_6H_4\text{-}COO^{\ominus} + 2\,MnO_2 + H_2O + OH^{\ominus}$$

$$R\text{-}C_6H_4\text{-}COO^{\ominus} + H_2SO_4 \longrightarrow R\text{-}C_6H_4\text{-}COOH + HSO_4^{\ominus}$$

Man erhitzt eine Mischung von 3 g Kaliumpermanganat, 1 g Soda, 75 ml Wasser und 1 g eines Methylaromaten zwei Stunden unter Rückfluß (Siedesteine!). Zur Beseitigung restlichen Permanganats versetzt man tropfenweise mit Ethanol und erhitzt noch kurze Zeit. Die heiße Lösung wird vom Braunstein abgesaugt und mit halbkonz. Schwefelsäure angesäuert. Nach dem Abkühlen saugt man die ausgefallene Säure ab und kristallisiert aus wenig Wasser oder 50 %igem Ethanol um.

### Cyclohexanonphenylhydrazon      **Ü 66**

$$3\,C_6H_{11}OH + Cr_2O_7^{2\ominus} + 8\,H^{\oplus} \longrightarrow 3\,C_6H_{10}O + 2\,Cr^{3\oplus} + 7\,H_2O$$

$$C_6H_{10}O + C_6H_5\text{-}NH\text{-}NH_2 \longrightarrow C_6H_{10}\text{=}N\text{-}NH\text{-}C_6H_5 + H_2O$$

Man bereitet sich die Oxidationslösung aus 0,02 mol Natrium- oder Kaliumdichromat, 5 ml konz. Schwefelsäure und 30 ml Wasser unter gelindem Erwärmen.

In einem 250-ml-Rundkolben löst man 0,06 mol Cyclohexanol (falls erforderlich, unter heißem Wasser auftauen) in 30 ml Diethylether. Im Verlaufe von 10 Minuten gibt man die kalte Oxidationslösung portionsweise zum Cyclohexanol. Zwischen den einzelnen Zugaben schüttelt man mit aufgesetztem Rückflußkühler. Die Temperatur soll 25 °C betragen; beginnt der Ether zu sieden, kühlt man von außen mit kaltem Wasser. Das Schütteln wird weitere 20 Minuten fortgesetzt. Anschließend gießt man die Reaktionsmischung in einen Scheidetrichter und trennt die wäßrige Phase ab. Die Etherphase läßt man in den gereinigten Rundkolben ab und entfernt den Ether durch vorsichtiges Anlegen von Vakuum und gelinde Erwärmung im Wasserbad. Das Reaktionsprodukt wird in 15 ml 20 %igem Ethanol gelöst und zu einer Lösung aus 0,05 mol Phenylhydrazin in 30 ml 50 %iger Essigsäure in einem 100-ml-Becherglas gegeben. Nach 10 Minuten wird der entstandene Niederschlag abgesaugt und aus 60 %igem Ethanol umkristallisiert. Nach dem Trocknen im Vakuumexsikkator werden Schmelztemperatur und Ausbeute ermittelt.

*F* 81 °C; Ausbeute 50 % d. Th.

Das Präparat wird für Ü 54 benötigt.

## Benzoesäure                                               Ü 67

$$2 \;\langle\!\bigcirc\!\rangle\!-CHO + O_2 \longrightarrow 2 \;\langle\!\bigcirc\!\rangle\!-COOH$$

Man gibt 0,2 mol destillierten Benzaldehyd und eine Spatelspitze Eisen(II)-sulfat in einen 100-ml-Zweihalskolben, den man mit einem fast bis zum Boden reichenden Einleitungsrohr und einem ausreichend langen Rückflußkühler versieht. Mit Hilfe einer Wasserstrahlpumpe, die man über die Woulfesche Flasche mit dem Kühler verbindet, saugt man einen Luftstrom durch das auf 90 bis 100 °C erhitzte Reaktionsgemisch (siedendes Wasserbad). Nach einer Stunde bricht man die Reaktion ab, alkalisiert langsam mit konz. Sodalösung, entfernt den noch vorhandenen Benzaldehyd durch Wasserdampfdestillation, filtriert den Rückstand nach Zugabe von etwas Aktivkohle heiß in ein Becherglas und säuert mit verd. Salzsäure an. Die in der Kälte anfallende Benzoesäure wird abgesaugt und zur weiteren Reinigung aus etwa 150 ml Wasser umkristallisiert.

*F* 122 °C; Ausbeute 40 % d. Th.

Den im Wasserdampfdestillat vorliegenden Benzaldehyd trennt man im Scheidetrichter ab und gibt ihn in eine Sammelflasche.

## Anthrachinon                                              Ü 68

$$\langle\!\bigcirc\!\bigcirc\!\bigcirc\!\rangle + 2CrO_3 + 6H^{\oplus} \longrightarrow \langle\!\bigcirc\!\bigcirc\!\bigcirc\!\rangle + 2Cr^{3\oplus} + 4H_2O$$

**Dieser Versuch ist unter dem Abzug auszuführen!**

Man löst 0,005 mol techn. Anthracen in 50 ml siedender 100 %iger Essigsäure und filtriert die Lösung in einen Rundkolben. Zu der heißen Lösung gibt man vorsichtig 0,025 mol Chromium(VI)-oxid, gelöst in 10 ml 60 %iger Essigsäure. Nach zweistündigem Rückflußkochen läßt man abkühlen, versetzt mit der gleichen Menge Wasser, saugt das Chinon ab, wäscht zweimal mit Wasser und kristallisiert aus 1,4-Dioxan um.

*F* 285 °C; Ausbeute 80 % d. Th.

## Carbazol  69

$$\text{Carbazol-Schema: } +2S \longrightarrow +2H_2S$$

**Die Dehydrierung ist unter dem Abzug durchzuführen!**

0,02 mol 1,2,3,4-Tetrahydrocarbazol (Ü 54) wird mit der berechneten Menge Schwefel vermischt und in einem großen, schräg eingespannten Reagenzglas unter Verwendung eines Heizbades erhitzt. Die Temperatur wird allmählich auf 250 °C gesteigert und bis zum Abklingen der Reaktion (Probe mit Bleiacetatpapier) dort gehalten. Entstehendes Carbazol sublimiert aus dem Reaktionsgemisch und setzt sich am ungeheizten Teil des Reagenzglases an. Nach dem Abkühlen wird das Sublimationsprodukt gesammelt und, falls erforderlich, erneut sublimiert.

*F* 245 °C; Ausbeute 40 % d. Th.

## 4.13.3.  Kontrollfragen

1. 1-Ethyl-2-nitro-benzen läßt sich mittels Permanganat in der Seitenkette ohne C—C-Spaltung oxidieren. Welches Produkt entsteht dabei?
2. An welchem Kohlenstoff wird Cumen oxidiert?
3. Warum färben sich Phenol und Anilin im Gegensatz zu Benzen an der Luft dunkel?
4. Woraus entsteht Terephthalsäure, und wozu wird sie verwendet?
5. Begründen Sie die Entfärbung der Permanganatlösung nach Zugabe von Ethanol in Ü 65!
6. Warum wird Benzylalkohol nicht durch direkte Oxidation des Toluens dargestellt? Wie wird er gewonnen?
7. Warum ist die in Abschnitt 4.13.1.2. erwähnte Aldehyddarstellung aus primären Alkoholen nicht auf Kohlenwasserstoffe auszudehnen?
8. Warum liegen die Siedetemperaturen der Alkohole im allgemeinen höher als die der entsprechenden Aldehyde?
9. Warum reduziert Glucose Fehlingsche Lösung, Saccharose aber nicht?
10. Warum ist Ameisensäure im Gegensatz zu anderen Carbonsäuren oxidierbar? Formulieren Sie die Reaktionsgleichung!

11. Was versteht man unter Autoxidation? Formulieren Sie den Mechanismus der Autoxidation des Benzaldehyds!
12. Formulieren Sie die Reaktionsgleichung für die katalytische Dehydrierung von Heptan zu Toluen!
13. Woraus wird Styren hergestellt, wozu wird es verwendet?

# 4.14.  Mikrobielle und enzymatische Reaktionen (Ü 70)

## 4.14.1.  Theoretische Grundlagen

Die moderne organische Synthese nutzt in zunehmendem Maße biologische Systeme für chemische Reaktionen. Durch Enzyme oder Enzymsysteme katalysierte Reaktionen verlaufen weit spezifischer als die bisher aufgeführten organisch-chemischen Reaktionen. Von besonderem Vorteil ist diese Eigenschaft bei der Herstellung optisch aktiver Verbindungen.

Von einer *mikrobiellen Transformation* spricht man, wenn die chemische Umwandlung eines Substrats durch ein zelluläres Enzym oder ein ursprünglich in Zellen produziertes Enzym katalysiert wird. Dabei können neben Reaktionen mit natürlichen Substraten auch solche mit strukturell ähnlichen Verbindungen katalysiert werden.

Von der mikrobiellen Transformation wird die *Fermentation* unterschieden, bei der das gewünschte Produkt durch den Stoffwechsel des Mikroorganismus entsteht.

Wie bei herkömmlichen Katalysatoren (vgl. Abschn. 4.12.1.) beruht die Wirkung der Enzyme auf einer Erniedrigung der Aktivierungsenergie der betreffenden Reaktion. Dabei zeichnen sich Enzyme durch eine hohe Substratspezifität aus und können zwischen Stereoisomeren und Regioisomeren unterscheiden. Wenn nur ein Enzym eine Reaktion katalysiert, kann ein einziges Produkt erwartet werden.

Die Reduktion von Carbonylverbindungen wird durch Enzyme katalysiert, die in Bäckerhefe enthalten sind. Das bei dieser mikrobiellen Transformation verbrauchte wasserstoffübertragende Coenzym NADPH (Nicotinsäureamid-adenin-dinucleotid-phosphat, reduzierte Form) kann durch Stoffwechselprozesse der Hefe im Glucose-Nährmedium (Ü 70: Saccharose) regeneriert werden.

Die enzymatische Reduktion von Acetessigester (Ü 70) führt zu einem optisch aktiven Reaktionsprodukt. Es wird ein Chiralitätszentrum gebildet und ein Enantiomeres – in unserem Falle die (S)-Form – entsteht im Überschuß. Diese Reaktion ist ein Beispiel für eine *asymmetrische Synthese*, unter der eine Reaktion verstanden wird, bei der aus einer achiralen (bzw. prochiralen) eine chirale Gruppierung so erzeugt wird, daß die stereoisomeren Produkte, Enantiomere (oder Diastereomere), in ungleichen Mengen entstehen.

Enantiomere sind Stereoisomere, die sich zueinander wie Objekt und Spiegelbild verhalten. Sie unterscheiden sich hinsichtlich der physikalischen Eigenschaften nur in der Drehrichtung der Schwingungsebene von linearpolarisiertem Licht. Auch in allen chemischen Eigenschaften sind sie identisch außer in der Reaktivität gegenüber optisch aktiven

Verbindungen. Da Enzyme chirale Katalysatoren sind, ist ihre katalytische Wirkung zur Bildung von Stereoisomeren plausibel.

Asymmetrische Synthesen können außer durch chirale Katalysatoren auch durch chiral modifizierte Reagenzien bzw. Substrate oder durch Chiralitätsübertragung (z. B. Verwendung chiraler Ausgangsstoffe oder Hilfsstoffe) realisiert werden.

Die Enzyme weisen in der Regel nur bei natürlichen Substraten eine hohe Enantioselektivität auf, d. h., es bildet sich ausschließlich nur ein Enantiomeres. Bei der Reduktion von Acetessigester mit Bäckerhefe werden beide Enantiomere, (S)-(+)- und (R)-(−)-3-Hydroxy-buttersäureester, gebildet, die Enantioselektivität ist also erniedrigt.

Bei der Synthese optisch aktiver Verbindungen ist neben der Produktausbeute auch der Anteil der Enantiomeren von Interesse.

Als Meßgröße wird der Enantiomer-Überschuß (enantiomeric excess e. e.) in % angegeben.

$$ \text{e. e. (in \%)} = \frac{X_+ - X_-}{X_+ + X_-} \cdot 100 = (2 \cdot X_+ - 1) \cdot 100 $$

$X_+$ bzw. $X_-$ Molenbruch (Stoffmengenanteil) der beiden Enantiomeren, Index + für das im Überschuß vorliegende Enantiomere.

Es läßt sich zeigen, daß der Enantiomer-Überschuß mit der optischen Reinheit (vgl. Abschn. 3.8.1.) identisch ist und sich über die Ermittlung der spezifischen Drehung des entsprechenden Enantiomerengemisches bestimmen läßt.

Eine optische Reinheit von 0 % deutet auf ein Racemat, bei 100 % optischer Reinheit liegt reines Enantiomeres vor.

## 4.14.2.  Arbeitsvorschriften

### (S)-(+)-3-Hydroxy-buttersäureethylester durch Hefereduktion von Acetessigsäureethylester Ü 70

Ü 70 setzt die Absolvierung von Ü 14 (Abschn. 3.8.) voraus.

$$ \underset{\text{(Saccharose, Bäckerhefe)}}{H_3C-\overset{\overset{O}{\|}}{C}-CH_2-COOC_2H_5 + 2H \longrightarrow H_3C-\overset{\overset{OH\ H}{|}}{C}-CH_2-COOC_2H_5} $$

Ein 1-l-Dreihalskolben, dessen mittlerer Tubus mit KPG-Rührer versehen wurde, erhält an den seitlichen Tuben ein Gärröhrchen (Blasenzähler) sowie einen NS-Stopfen. Über den mit NS-Stopfen verschließbaren seitlichen Tubus wird er mit 45 g Saccharose (käuflicher Weißzucker oder Raffinade), 225 ml Wasser und danach unter Rühren mit 30 g frischer Bäckerhefe beschickt. Die Mischung wird ca. 30 Minuten gerührt, wobei sie im Wasserbad von 30 °C temperiert wird. Die gärende Lösung entwickelt dann eine Blase Kohlendioxid in drei bis vier Sekunden. Man fügt 0,02 mol reinen Acetessigsäureethylester hinzu und rührt die gärende Lösung weitere zwei Stunden bei Raumtemperatur. Dann werden zusätzlich eine auf ca. 40 °C vorgewärmte Lösung von 30 g Saccharose in 150 ml Wasser sowie nach 20 Minuten weitere 0,02 mol Acetessigsäureethylester unter Rühren zugegeben. Die gärende Reaktionsmischung wird bis Praktikumsende gerührt und dann bei einer Raumtemperatur von 20 bis 25 °C stehen gelassen. (Falls möglich, wird die Mischung – bis zur Aufarbeitung im folgenden Praktikum – mehrfach kräftig und kurz aufgerührt. Nur so wird eine vollständige Umsetzung des Ketoesters garantiert.)

Die Aufarbeitung beginnt mit der Zugabe von ca. 10 g gekörnter Aktivkohle und zwei- bis dreiminütigem Durchrühren der Reaktionsmischung. Danach wird über einen großen Büchner-Trichter (ab 15 cm Durchmesser) abgesaugt. Nach dem Nachwaschen des Filterrückstands mit etwa 30 ml Wasser und erneutem Absaugen werden die vereinten Filtrate mit ca. 40 g Kochsalz gesättigt und im 1-l-Scheidetrichter nacheinander mit sechs 100-ml-Portionen Chloroform extrahiert.

(s. Ü 8 Abschn. 3.2. Es kommt zu starker Emulsionsbildung. Zugabe von etwas Methanol und jeweiliges gelindes Rühren mit einem Glasstab im Innern des Scheidetrichters fördern die Vereinigung der zu gewinnenden Chloroformphase. Letzte Emulsionsreste saugt man am Ende durch ein kleineres Filter und erreicht weitere Trennung. Aus Zeitgründen empfiehlt sich, die nachfolgenden Arbeitsschritte bereits zu beginnen, während letzte Extraktionen erfolgen, wobei ggf. bereits zurückgewonnenes Chloroform erneut eingesetzt werden kann.)

Die vereinten Extrakte werden über etwa 60 g wasserfreiem Natriumsulfat unter mehrmaligem Umschütteln ca. 15 Minuten getrocknet. Nach dem Abfiltrieren bzw. Absaugen des Trockenmittels wird bei einer Badtemperatur von max. 40 °C bei mäßigem Wasserstrahlvakuum (20 bis 24 kPa) das Chloroform abdestilliert, möglichst mittels Rotationsverdampfer (vgl. Ü 5). Anschließend wird der erhaltene Rückstand unter Verwendung eines Harzbades über eine 10-cm-Vigreux-Kolonne fraktioniert destilliert (vgl. Ü 6, Abschn. 3.1.4.).

$Kp_{1,6(12)}$ 71...73 °C bzw. $Kp_{2,4(18)}$ 76...78 °C; Ausbeute 55...65 % d. Th.; $[\alpha]_D^{25} =$ +35,0...38,0° ($c = 1,3$ g/100 ml in $CHCl_3$) entsprechend 81...87 % optischer Reinheit [Für das reine (S)-(+)-Enantiomere beträgt $[\alpha]_D^{25} = +43,5°$ ($c = 1,0$ g/100 ml in $CHCl_3$).]

Man ermittle die optische Reinheit aus der polarimetrisch bestimmten spezifischen Drehung des Reduktionsprodukts bei 25 °C (vgl. Ü 14, Abschn. 3.8.)!

## 4.14.3. Kontrollfragen

1. Weisen Sie auf Grund der Sequenzregeln den am Chiralitätszentrum von (S)-(+)-3-Hydroxy-buttersäureethylester befindlichen Gruppen Prioritäten zu! Zeigen Sie, daß die perspektivisch gezeichnete Formel tatsächlich der (S)-Form entspricht!
2. Erklären Sie an Hand der Definition einer asymmetrischen Synthese, daß diese nicht die Gewinnung von Enantiomeren durch Racemattrennung umfaßt!
3. Berechnen Sie den prozentualen Anteil der Stoffmenge der Enantiomeren, wenn die optische Reinheit 50 %, 88 % bzw. 96 % beträgt!

# 4.15. Reaktionen und Isolierung von Naturstoffen (Ü 71–Ü 77)

## 4.15.1. Theoretische Grundlagen

Naturstoffe sind organische Verbindungen natürlicher Herkunft. Größere Gruppen dieser Verbindungen, die chemische Gemeinsamkeiten aufweisen, können u. a. als Kohlenhydrate, Lipide, Isoprenoide, Proteine, Alkaloide, Penicilline, Pyrrolfarbstoffe, Pyrimidin- und Purinderivate sowie Nucleinsäuren klassifiziert werden.

Kohlenhydrate gehören ihrer chemischen Struktur nach zur Stoffklasse der Polyhydroxycarbonylverbindungen bzw. deren Derivaten. Als Mono-, Oligo- und Polysaccharide sind sie in der Natur weit verbreitet. Lactose oder Milchzucker, ein Disaccharid aus zwei unterschiedlichen Monosaccharidresten, kommt in Mutter- und Säugetiermilch vor. Durch saure Hydrolyse sind daraus die Monosaccharide erhältlich, und durch anschließende Oxidation läßt sich meso-Galactarsäure (Schleimsäure) isolieren. Das Mg-Salz der Schleimsäure kommt im Feigensaft vor.

Die bekanntesten Polysaccharide leiten sich von der D-Glucose ab, wie z. B. Cellulose, Amylose und Amylopektin. Aber auch Pentosen bilden Polyacetale, die wie z. B. die Xylane (bestehend aus D-Xycloseresten) als sogenannte Hemicellulosen Begleitstoffe der Cellulose sind. Durch verdünnte Säure sind die verstärkt in Maiskolben und anderen Getreidearten vorkommenden polymeren Pentosen leicht hydrolysierbar. Von dem durch anschließende Dehydratisierung zugänglichen Furfural ist der Name für den Heterocyclus Furan (lat. furfur, Kleie) abgeleitet worden.

Zu den einfachen Lipiden zählen die Fette, Ester aus Glycerol und höheren geradzahligen Fettsäuren. Meist liegen gemischte (verschiedene Carbonsäuren) Triester vor. Neben den weit verbreiteten Fettsäuren Palmitin- und Stearinsäure kommt in fast allen tierischen und pflanzlichen Fetten Tetradecansäure (Myristinsäure, $H_3C$-$(CH_2)_{12}$-COOH) vor.

Alkaloide, stickstoffhaltige Pflanzenbasen meist heterocyclischer Struktur, können nach dem ihnen zu Grunde liegenden Heterocyclus eingeteilt werden. Das Hauptalkaloid des schwarzen Pfeffers (Piper nigrum) zählt wegen des enthaltenen hydrierten Pyridinringes zu den Alkaloiden vom Pyridintyp. Piperin ist das Schärfeprinzip des schwarzen Pfeffers.

Zu den weit verbreiteten Pyrrolfarbstoffen gehören u. a. die Farbstoffkomponente des Blutes, das Häm, sowie die Chlorophylle (vgl. Abschn. 3.3.3.), die Hauptpigmente der Photosynthese in höheren Pflanzen. Charakteristisch für Häm und Chlorophylle ist ein Tetrapyrrolring und ein durch Konjugation ausgebildetes π-Elektronensystem. Die Farbstoffe sind Metallkomplexe mit Eisen bzw. Magnesium als Zentralatom.

Verbindungen, die sich vom Purin, einem bicyclischen Heterosystem aus Pyrimidin und Imidazol, ableiten, sind von großer biologischer Bedeutung.

Purin

Xanthin

Adenin und Guanin sind Bestandteile der Nucleinsäuren (DNA, RNA). Harnsäure ist Bestandteil des Harns und Endprodukt des N-Stoffwechsels bei Vögeln und Reptilien. Von Xanthin leiten sich Methylderivate ab, die u. a. als Coffein (Thein), Theophyllin und Theobromin bekannt sind. (Zur Gewinnung und Reinigung von Coffein vgl. auch Abschn. 3.2.3.1. und 3.4.3.!)

## 4.15.2.  Arbeitsvorschriften

### D-Galactose aus Lactose (Milchzucker)          Ü 71



In 70 ml Wasser, dem man 0,5 ml konzentrierte Schwefelsäure zugesetzt hat, werden 0,02 mol Milchzucker (Lactose) gelöst und 90 Minuten unter Rückfluß zum Sieden erhitzt (Siedestein!). Nach kurzem Abkühlen versetzt man mit 1–2 Spatelspitzen Aktivkohle und läßt weitere 5 Minuten sieden. Danach setzt man dem Gemisch wenig mehr als die berechnete Menge Bariumcarbonat zu. Man schüttelt kurz, bis die Kohlendioxidentwicklung beendet ist, und saugt vom Niederschlag ab. Nun wird mit 1 ml Eisessig versetzt und die Flüssigkeit im Vakuum bei niedriger Wasserbadtemperatur ($\leq 40\,°C$) auf 10...12 ml eingeengt. Der erhaltene Sirup wird ohne Abkühlung mit 20 ml Eisessig versetzt. Die klare Lösung wird mit einigen Galactosekristallen angeimpft und einen Tag bei 0...5 °C stehengelassen. Man saugt den Kristallbrei am besten mittels einer Glasfilternutsche ab und wäscht mit sehr wenig kaltem Eisessig und dann mit Methanol nach.

*F* 165 °C; Ausbeute 32 % d. Th.

### meso-Galactarsäure (Schleimsäure) aus Lactose (Milchzucker)          Ü 72

Lactose $\xrightarrow[\text{[H}^+\text{]}]{\text{H}_2\text{O}}$ β-D-Galactose + β-D-Glucose (vgl. Ü 71)



**Der Versuch ist unter dem Abzug durchzuführen!**

0,02 mol Milchzucker (Lactose) werden in einer Porzellanschale oder einem weiten Becherglas mit 70 ml verdünnter Salpetersäure (25...30 %ig) übergossen. Man erwärmt das Gefäß mit ganz kleiner Flamme bis zum Eintritt der heftigen Reaktion (gut ziehender Abzug, Abzugsscheibe schließen!). Danach erhitzt man solange weiter, bis nur noch 13...14 ml Flüssigkeit vorhanden sind (gegen Ende auf einem Harzbad, um Zersetzung zu vermeiden!). Dabei wird der Gefäßinhalt zunächst sirupös, und schließlich beginnt sich Schleimsäure auszuscheiden. Nach Abkühlen wird mit 18...20 ml Wasser verdünnt, abgesaugt und der Filterrückstand nach Abpressen (Glasstopfen) mit wenig eiskaltem Wasser gewaschen. Das Rohprodukt (Masse bestimmen) wird in wenig verdünnter Natronlauge (etwa äquivalente Menge berechnen!) gelöst und mit der berechneten Menge verdünnter Salzsäure wieder ausgefällt (beim Neutralisieren kühlen, Temperatur unter 25 °C halten). Abschließend wird abgesaugt, mit sehr wenig kaltem Wasser gewaschen und getrocknet.

*F* 212...213 °C (Zersetzung); Ausbeute 50 % d. Th.

Bei der Herstellung der Schleimsäure entsteht gleichzeitig D-Glucarsäure, die jedoch leichter löslich ist und langsamer kristallisiert.

## Furfural                                                         Ü 73

Furfural

In einen 1-l-Rundkolben gibt man 100 g Kleie, übergießt sie mit verdünnter Schwefelsäure, die man sich aus 300 ml Wasser und 50 ml konz. $H_2SO_4$ herstellt, und unterwirft diese Mischung einer einfachen Destillation. Der Siedekolben, der sich auf einem Dreibein mit Drahtnetz befindet, wird mit großer Flamme solange erhitzt, bis 200 ml Destillat übergegangen sind. Als Vorlage dient eine Mensur.

*Kp* Furfural 162 °C

*Nachweis des Furfurals im Wasser*

1 ml Anilin wird in einem Reagenzglas mit 5 ml Eisessig und 5...10 Tropfen Destillat versetzt; der entstehende blutrote Farbstoff zeigt Furfural an.

*Fällung des Furfurals als Phenylhydrazon*

Das erhaltene Destillat wird mit einer Lösung von 5 g Phenylhydrazin in 20 ml Eisessig versetzt und 15 Minuten stehengelassen. Das abgeschiedene Phenylhydrazon wird abgesaugt und zur weiteren Reinigung aus Ethanol umkristallisiert.

*F* 97 °C (Phenylhydrazon); Ausbeute 75 % d. Th.

## Trimyristin                                                            **Ü 74**

$$H_3C(CH_2)_{12}OCO-\underset{\underset{H_2C-OCO(CH_2)_{12}CH_3}{|}}{\overset{\overset{H_2C-OCO(CH_2)_{12}CH_3}{|}}{C}}-H$$

Trimyristin (Propan-1,2,3-tiryl-tri-tetradecanoat)

**Arbeiten mit Methylenchlorid sind unter dem Abzug durchzuführen!**

10 g Muskatnußsamen werden pulverisiert und während 1,5 Stunden mit 150 ml Dichlormethan unter Rückfluß erhitzt. Danach wird filtriert und der Rückstand mit 30 ml Dichlormethan gewaschen. Vom vereinigten Filtrat destilliert man das Extraktionsmittel auf dem Wasserbad ab. Der Rückstand wird mit 20 ml Ethanol versetzt. Das danach auskristallisierende Trimyristin wird durch Erhitzen vollständig in Lösung gebracht und unter Kühlung mit Eiswasser während 20 Minuten erneut zur Kristallisation gebracht. Nach dem Absaugen des Esters kann dieser durch wiederholtes Auflösen in Ethanol und Abkühlen in Eiswasser gereinigt werden.

F 56...57 °C; Ausbeute 2 g

## Piperin                                                               **Ü 75**

Piperin, N-[5-(Benzo-1,3-dioxol-5-yl)-penta-2(E),4(E)-dienoyl]-piperidin

**Arbeiten mit Methylenchlorid sind unter dem Abzug durchzuführen!**

20 g schwarzer Pfeffer werden mit 250 ml Dichlormethan in einem Soxhlet-Extraktor (vgl. Abschn. 3.2.) während 5 Stunden extrahiert. (Siedestein nicht vergessen!) Der Extrakt wird filtriert und das Extraktionsmittel am Rotationsverdampfer (vgl. Abschn. 3.1.3.1.) im Vakuum abdestilliert. Zu dem Rückstand setzt man 20 ml 10 %ige ethanolisch-wäßrige (1:1) Kaliumhydroxidlösung dazu. Die Lösung des Rohalkaloids wird filtriert und im Kühlschrank (24 Stunden) zur Kristallisation gebracht.

Die gelben Kristalle werden auf einer Glasfritte (Porengröße G2) abgesaugt, mit 2 ml Wasser gewaschen und zur Umkristallisation in 10 ml Dichlormethan unter Erhitzen im Wasserbad gelöst. Nach erfolgter Lösung trocknet man mit wasserfreiem Natriumsulfat, filtriert und versetzt bis zur leichten Trübung mit ca. 2 ml Benzin (60...85 °C). Danach wird durch Erhitzen im Wasserbad die Lösung wieder klar und kann zur Auskristallisation des Piperins in den Kühlschrank gestellt werden.

F 128...130 °C; Ausbeute 0,35 g

## Hämin aus Rinderblut                                                      Ü 76

In einem 2-l-Rundkolben wird 1 l Eisessig mit 2 ml gesättigter Kochsalzlösung versetzt und auf 100 °C erwärmt (Innentemperatur kontrollieren). Aus einem Tropftrichter mit langem Auslaufrohr, das unter dem Ende des Kolbenhalses endet, läßt man in dünnem Strahl 350 ml vorbehandeltes defibriniertes Rinderblut einfließen und schwenkt dabei häufig um. Das frisch gewonnene Blut muß dazu vorher mit einem Stab kräftig geschlagen werden und wird dann durch ein über einem hohen Becherglas befestigtes Leinentuch (Koliertuch) gegossen. Während des Einfließens des Blutes in den Eisessig darf die Kolbenwand nicht durch Blut berührt werden. Die Temperatur der Eisessiglösung muß stets bei 90...100 °C liegen. Nachdem das letzte Blut zugegeben wurde, beläßt man die Flüssigkeit im Kolben noch 15 Minuten bei schwachem Sieden. Danach läßt man auf etwa 45 °C erkalten und saugt das Hämin ab (glitzernde Kristalle). Es wird mit 50 %igem Eisessig, Wasser, Ethanol und schließlich mit Ether gewaschen.

Ausbeute 1,2 g.

## Coffein aus Tee                                                            Ü 77

**Mit Dichlormethan unter dem Abzug arbeiten!**

5 g schwarzer Tee werden mit 125 ml destilliertem Wasser 12 Minuten gekocht. Der Aufguß wird durch einen Büchner-Trichter (6 cm Ø, kein Filterpapier) gegossen, und die zurückbleibenden Teeblätter werden mit einem Glasstopfen ausgepreßt. Den Rückstand der Teeblätter läßt man danach 2mal mit je 50 ml Wasser aufkochen und trennt ihn im Büchner-Trichter von der Flüssigkeit ab. Die vereinigten wäßrigen Extrakte werden anschließend heiß mit einer Lösung von 1 g Bleiacetat in 5 ml Wasser versetzt und weitere 5 Minuten erwärmt. Der entstandene Niederschlag (Gerbsäure) setzt sich bald ab, so daß zunächst die überstehende Flüssigkeit und danach der Niederschlag durch einen Büchner-Trichter gegossen bzw. abgesaugt werden. Das erhaltene Filtrat (ca. 250 ml) wird in einen entsprechenden Tropftrichter mit Druckausgleich gefüllt. Man extrahiert das Cof-

fein dadurch, daß man den Tropftrichter auf einen 50 ml Rundkolben aufsetzt und kontinuierlich Dichlormethan (30 ml) in den Tropftrichter (mit aufgesetztem Rückflußkühler) destilliert und in den Destillierkolben zurücklaufen läßt (Wasserbad). Nach etwa 30 Minuten Extraktion wird der Dichlormethan-Extrakt mit Natriumsulfat getrocknet und durch Absorption an Aluminiumoxid (kurze, schmale Säule 50 mm × 5 mm) gereinigt. Das nach Abdestillieren des Dichlormethans (auf dem Wasserbad) erhaltene Produkt ist fast farbloses Coffein.

*F* 235 °C; Ausbeute 0,2...0,3 g.

Die Substanz kann zur weiteren Reinigung noch einer Sublimation unterworfen werden.

### 4.15.3.  Kontrollfragen

1. Begründen Sie, weshalb sowohl D-Galactose als auch Lactose die Eigenschaft der Mutarotation zeigen!
2. Begründen Sie, weshalb ein Gemisch von D-Galactose und D-Glucose (Ü 71), nicht aber ein solches von D- und L-Galactose durch Kristallisation getrennt werden kann!
3. Warum ist die Schleimsäure optisch inaktiv?
4. Welches Carbonsäurederivat liegt im Piperin vor?
5. Welche Stoffklassen entstehen bei der Hydrolyse von Piperin?
6. Wodurch unterscheiden sich die ebenfalls zu den Lipiden zählenden Wachse von den Fetten?
7. Aus welcher strukturellen Eigenschaft können Sie ableiten, daß Trimyristin von fester Konsistenz ist und nicht zu den fetten Ölen gehört?

# 4.16.  Protokollführung

Für die Übungen der Organischen Synthese hat sich die nachfolgend angegebene Gliederung und Form der Protokolle als zweckmäßig erwiesen:

Name:                                                    Datum:

Ü .......... Name des Präparats

- Reaktionsgleichung(en)
- molare Massen der Ausgangsstoffe und Reaktionsprodukte (nicht Lösungsmittel)
- Kurzfassung der Arbeitsvorschrift (Massen und Volumina der Ausgangsstoffe enthaltend)

– die wichtigsten physikalischen Konstanten der dargestellten Substanzen
$Kp_{Lit.}$     bzw.     $F_{Lit.}$     bzw.     $n_{D\,Lit.}$,
$Kp$     bzw.     $F$     bzw.     $n_D$
Weitere Angaben laut Aufgabenstellung (z. B. Ermittlung der für eine Umkristallisation notwendigen optimalen Lösungsmittelmenge) sowie Bemerkungen (eventuelle Abweichungen von der Arbeitsvorschrift).

– Ausbeuteberechnung:
erhaltene Produktmasse (g)
berechnete Produktmasse (g) für 100 % d. Theorie
berechnete Produktmasse (g) für 100 % d. Literaturangabe
berechnete Ausbeute in % d. Theorie
berechnete Ausbeute in % d. Literaturangabe

Zur Ermittlung der Ausbeute muß die nach der Reaktionsgleichung bei einseitig vollständigem Reaktionsablauf zu erwartende Stoffmenge (Produktmasse) ermittelt werden, wobei die Berechnung auf den im Unterschuß eingesetzten Reaktionspartner zu beziehen ist.

Der prozentuale Anteil der vom Praktikanten real erhaltenen Stoffmenge (Produktmasse) von der theoretisch möglichen ist dann die Ausbeute in „% d. Th.“.

Die in den Arbeitsvorschriften angegebenen prozentualen Ausbeuten wurden experimentell als Durchschnittswerte aus zahlreichen Präparationen unter den Bedingungen des Praktikums ermittelt. Durch Bezug auf die dieser Angabe zugrundeliegende Stoffmenge wird die Ausbeute in % der Literatur („% d. Lit.“) erhalten.

## 4.17.  Literaturhinweise

[1] WÜNSCH, K.-H.; MIETHCHEN, R.; EHLERS, D.: Organische Chemie – Grundkurs. 5. Aufl. – Deutscher Verlag der Wissenschaften, Berlin 1986
[2] Autorenkollektiv: Fragen und Aufgaben zur Chemie – Teil 2, Organische und physikalische Chemie. 3. Aufl. – Deutscher Verlag der Wissenschaften, Berlin 1988

| Abschnitt in diesem Buch | Zugehörige Abschnitte in | |
| --- | --- | --- |
| | [1] | [2] |
| 4.1. | 4.4., 5.8., 9.7., 11.10. | 11. |
| 4.2. | 11.4., 11.5., 13.5. | 13. |
| 4.3. | 5.10., 6.6., 11.6. | 3., 14. |
| 4.4. | 5.4., 5.6., 5.7. | 9. |
| 4.5. | 17.4., 17.7. | 12. |
| 4.6. | 9.4., 18.5., 19.3.4. | 10., 15. |
| 4.7. | 11.7., 11.8. | 13. |
| 4.8. | 3.3.2., 14. | 17., 18., 24., 25. |
| 4.9. | 15.5.–15.10. | 19.–22. |
| 4.10. | 14.4.5. | |

Fortsetzung

| Abschnitt in diesem Buch | Zugehörige Abschnitte in | |
| --- | --- | --- |
| | [1] | [2] |
| 4.11. | 23. | 12. |
| 4.12. | 5.6., 18.2.5., 18.4.1., 9.5. | 3., 6., 18. |
| 4.13. | 3.4.2., 4.4.4., 9.6., 13.6., 14.5., 14.6., 15.16. | 2., 3., 6., 11., 16.–19., 24. |
| 4.14. | 8., 16.4. | 13. |
| 4.15. | 24.–29. | 20.3., 24., 25. |
| Außerdem zu Abschnitt 4.11. | KASPER, F.; GÄRTNER, K.: Synthetische Hochpolymere. – Deutscher Verlag der Wissenschaften, Berlin 1976. | |

In einer fortgeschrittenen Phase des organisch-chemischen Praktikums werden dem Studenten nicht mehr – wie z.B. in Ü 15 bis Ü 77 – die Arbeitsvorschriften zur Verfügung gestellt, sondern es wird ihm nur der rationelle Name und die Menge der darzustellenden Substanz genannt.

Der Student hat dann die Aufgabe, in der Literatur selbständig geeignete Arbeitsvorschriften zu finden, wobei er besonders zu beachten hat, daß die benötigten Ausgangsprodukte handelsüblich sind, daß die entsprechenden apparativen Voraussetzungen in dem ihm zur Verfügung stehenden Laboratorium gegeben sind und daß im allgemeinen die Vorschrift mit der niedrigsten Zahl von Zwischenprodukten die ökonomischste ist.

Der Student fertigt eine Übersicht der von ihm vorgeschlagenen Darstellungswege an, und gemeinsam mit dem Praktikumsbetreuer wird schließlich die beste Variante ausgewählt.

## 5.1. Lehrbücher

Die Kenntnis des Inhalts einer organisch-chemischen Grundvorlesung sowie die Absolvierung eines organisch-chemischen Praktikums entsprechend Kapitel 4. sind selbstverständliche Voraussetzung für die Anfertigung von Literaturpräparaten.

Darüber hinaus ist es notwendig und zweckmäßig, sich vor Beginn des Literaturstudiums in Lehrbüchern darüber zu informieren, nach welchen allgemeinen Methoden das Grundgerüst der darzustellenden Substanz synthetisiert werden kann.

Die folgenden Lehrbücher werden dazu empfohlen:

WÜNSCH, K.-H.; MIETHCHEN, R.; EHLERS, D.: Organische Chemie – Grundkurs. 5. Aufl. – Deutscher Verlag der Wissenschaften, Berlin 1986.

HAUPTMANN, S.: Über den Ablauf organisch-chemischer Reaktionen. 5. Aufl. – Akademie-Verlag, Berlin 1986.

HAUPTMANN, S.: Einführung in die organische Chemie. 2. Aufl. – Deutscher Verlag für Grundstoffindustrie, Leipzig 1986.

HAUPTMANN, S.: Organische Chemie. 1. Aufl. – Deutscher Verlag für Grundstoffindustrie, Leipzig 1985.

Organikum. Organisch-chemisches Grundpraktikum. 17. Aufl. – Deutscher Verlag der Wissenschaften, Berlin 1988. Das „Organikum" ist ein modernes Lehr- und Praktikumsbuch der Organischen Chemie, in dem der Praktikant für die Darstellung einer sehr großen Zahl von organischen Substanzen die Vorschriften bzw. detaillierte Hinweise finden wird.

KEMPTER, G.; JUMAR, A.: Chemie organischer Pflanzenschutz- und Schädlingsbekämpfungsmittel. 3. Aufl. – Deutscher Verlag der Wissenschaften, Berlin 1986.

## 5.2. Handbücher und Referateorgane

Obwohl eine systematische und vollständige Literaturrecherche nur unter Benutzung der Referateorgane sowie der Originalliteratur möglich ist, erscheint es ökonomisch und oft sehr zeitsparend, vorher in den folgenden präparativen Handbüchern und Methodensammlungen nachzuschlagen, die eine große Anzahl überprüfter und meist reproduzierbarer Darstellungsvorschriften für organische Substanzen enthalten:

WEYGAND, C.; HILGETAG, G.: Organisch-chemische Experimentierkunst. 4. Aufl. – Johann Ambrosius Barth, Leipzig 1970.
Methoden der organischen Chemie (HOUBEN-WEYL). Hrsg.: E. MÜLLER, 4. Aufl. – Georg Thieme Verlag, Stuttgart.
Dieses Werk erscheint in 16 meist mehrteiligen Bänden und ist eine Fundgrube für den experimentell arbeitenden Organiker. Seine Herausgabe ist noch nicht abgeschlossen.
Neuere Methoden der präparativen organischen Chemie. Hrsg.: W. FOERST. – Verlag Chemie, Weinheim/Bergstr.
Das Gesamtwerk besteht aus sechs Bänden, in denen jeweils mehrere Monographien über bestimmte Substanzklassen und Arbeitsmethoden mit ausführlichen Arbeitsvorschriften enthalten sind.
Organic Reactions. Hrsg.: R. ADAMS. – John Wiley & Sons, New York.
Es liegen 17 Bände vor, die kapitelweise bestimmte Arbeitsmethoden und die entsprechenden präparativen Vorschriften enthalten.

Unter verschiedenen Herausgebern erschienen die *Organic Syntheses* in bisher 59 Bänden (Bände 1 bis 39 nach Überarbeitung zusammengefaßt in den Collective Volumes I bis IV), die ebenfalls eine sehr große Anzahl von Arbeitsvorschriften enthalten.

Die organisch-chemische Literatur bis 1979 wird in BEILSTEINS *Handbuch der organischen Chemie* umfassend referiert.

Dieses vielbändige Sammelwerk besteht bisher aus 5 Serien (s. Tab. 5.1). Das Hauptwerk umfaßt 27 Bände, die Ergänzungswerke bestehen meist aus einer unterschiedlichen Zahl von Teilbänden. Das III. und IV. Ergänzungswerk sind für den Bereich der heterocyclischen Verbindungen (Bände XVII bis XXVII) zu einer gemeinsamen Ausgabe zusammengefaßt.

Am Ende eines jeden Bandes erleichtert ein Sachregister und ab 3. Ergänzungswerk zusätzlich ein Formelregister die Orientierung. Ein Generalsachregister und ein Generalformelregister umfassen den Inhalt der ersten 3 Serien (H, E I, E II). Sammelregister kleineren Umfanges gibt es für einige Bände des 3. Ergänzungswerkes. Im 4. Ergänzungswerk sind

zu einzelnen Bänden oder Bandgruppen periodenkumulierte Gesamtregister und Gesamt-
formelregister angelegt, die den Inhalt der Serien H, E I, E II, E III und E IV enthalten.

Obwohl das dem Handbuch zugrunde liegende System im ersten Band des Hauptwer-
kes (S. 1–46 und XXXI–XXXV) beschrieben wird, soll hier kurz auf das Wesentlichste
eingegangen werden: Die organischen Verbindungen sind nach ihrem Kohlenstoffskelett
und den vorhandenen funktionellen Gruppen eingeteilt. Nach dem Kohlenstoffskelett unterscheidet man drei große Abteilungen:

a) Verbindungen, die nur Kohlenstoffketten enthalten (acyclische oder aliphatische Verbindungen), Bände I–IV
b) Verbindungen, die Kohlenstoffringe enthalten (isocyclische Verbindungen), Bände V
   bis XVI
c) Heterocyclische Verbindungen, Bände XVII–XXVII.

*Tabelle 5.1*
Serien von Bᴇɪʟsᴛᴇɪɴs Handbuch der organischen Chemie

| Serie | Abkürzung | Erfaßte Literatur |
| --- | --- | --- |
| Hauptwerk | H | bis 1909 |
| I. Ergänzungswerk | E I | 1910–1919 |
| II. Ergänzungswerk | E II | 1920–1929 |
| III. Ergänzungswerk | E III | 1930–1949 |
| III./IV. Ergänzungswerk | E III/IV | 1930–1959 |
| IV. Ergänzungswerk | E IV | 1950–1959 |
| V. Ergänzungswerk | E V | 1960–1979 |

Jede Abteilung wird nach „funktionellen" Gruppen in 28 Hauptklassen unterteilt. Die
dem Bᴇɪʟsᴛᴇɪɴ zugrunde liegenden „funktionellen" Gruppen sind, teilweise zugunsten
der Systematik, hypothetischer Natur und sollen hier nicht weiter erläutert werden.

In den Formelregistern zum Hauptwerk und zum ersten Ergänzungswerk ist das *System
von* M. M. Rɪcʜᴛᴇʀ, nach dem die Summenformeln in verschiedene Gruppen (Gruppe I:
Kohlenstoff und ein weiteres Element, z. B. Kohlenwasserstoffe; Gruppe II: Kohlenstoff
und zwei weitere Elemente, z. B. Amine) aufgeteilt sind und die Elemente in der Reihenfolge C, H, O, N, Halogene, S, P erscheinen, verwendet worden.

In den Formelregistern ab zweitem Ergänzungswerk sind die einzelnen Verbindungen
nach steigender C-Atomzahl, steigender H-Atomzahl und in alphabetischer Reihenfolge
der übrigen Elemente angeordnet (*System von* Hɪʟʟ).

Folgende Anordnung wird bei der Beschreibung einer Verbindung zugrunde gelegt:
Struktur, Konfiguration, Geschichtliches, Vorkommen, Darstellung, Eigenschaften
(Farbe, Kristallform, physikalische Konstanten), chemische Eigenschaften, physiologi-
sche Wirkung, Verwendung, analytische Angaben, Additionsverbindungen und Salze.

Da die genannten Handbücher und Vorschriftensammlungen im allgemeinen Formelregister, alphabetische Register der Substanznamen und Methodenregister enthalten, ist
ihr Studium unter dem Aspekt der Auffindung einer geeigneten Darstellungsvorschrift für

eine organische Substanz nicht sehr zeitaufwendig und sollte deshalb vor dem systematischen Literaturstudium durchgeführt werden.

Der das Literaturstudium durchführende Student muß sich darüber im klaren sein, daß ihn die Benutzung sowohl des BEILSTEINS als auch der im folgenden beschriebenen Referateorgane in keinem Falle von einem ausführlichen Studium der dort angegebenen Quellen, d. h. der Originalliteratur, entbindet.

In den Referateorganen werden Arbeiten aus der chemischen Originalliteratur kurz referiert, meist allerdings mit einem mehr oder weniger großen Zeitverzug bezüglich des Erscheinens der Originalarbeit.

Das älteste Referateorgan ist das *Chemische Zentralblatt* (Abkürzung *C.*), das 1830 unter dem Namen „Pharmaceutisches Centralblatt" gegründet wurde. Es erschien wöchentlich und gliederte seine Referate, die aus über 3 000 Zeitschriften stammten, gewöhnlich in einen theoretischen und einen Versuchsteil.

Die Übersichtlichkeit wird durch Verwendung von Abkürzungen und Fettdruck erhöht. Seit 1961 beginnen die Referate mit dem Titel, dann folgen Name des Autors, Quellenangabe, Arbeitsort und Sprache des Originals. Bei älteren Referaten ist die Reihenfolge: Autor (halbfett gedruckt), Titel (kursiv gedruckt), Referat und zum Schluß Quellenangabe und Arbeitsort.

Seit 1964 stehen vor den Referaten kursiv gedruckte Nummern, die von da an im Register zusammen mit der Heftnummer zu finden sind. Die im Chemischen Zentralblatt enthaltenen Referate sind in jährlichen Sach-, Formel-, Autoren- und Patentregistern ausgewertet. Außer den einzelnen Jahresregistern gibt es für die Jahre 1930 bis 1934 und 1935 bis 1939 Generalregister.

Da im Sachregister nicht alle Verbindungen vollständig erfaßt sind, sucht man eine exakt definierte Substanz immer im Formelregister, das bis 1955 nach dem System von RICHTER und danach nach dem System von HILL aufgebaut ist.

1970 hat das Chemische Zentralblatt sein Erscheinen eingestellt.

Ein bedeutendes Referateorgan sind die 1907 gegründeten *Chemical Abstracts* (Abkürzung C. A.), die das englischsprachige Analogon zum Chemischen Zentralblatt darstellen. Sie erscheinen zweimal monatlich. Auch hier gibt es Sach-, Formel-, Autoren- und Patentregister.

Vorteilhaft aufgebaut ist das Sachregister, da es alle Verbindungen unter dem Stichwort der Grundsubstanz registriert. Das erleichtert das Aufsuchen ähnlicher Verbindungen (z. B. Cyclohexanonoxim und 2-Chlor-cyclohexanonoxim). Besonders vorteilhaft sind das 25-Jahres-Register (1921 bis 1946) und die 10-Jahres-Register (1947 bis 1956 und 1957 bis 1966).

Seit 1953 gibt die Akademie der Wissenschaften der UdSSR das *Referativnyj Žurnal, Serija Chimija* heraus. Es erfaßt außer Originalzeitschriften auch Bücher sowie Dissertationen und Zeitungsartikel: die Referate werden nicht nach Seitenzahlen, sondern nach Referatenummern registriert, und Strukturformeln werden meist durch Summenformeln ersetzt. Sach- und Formelregister erscheinen jährlich.

Als ein weiteres Referateorgan existiert der seit 1970 vom Verlag Chemie Weinheim/ Bergstr. herausgegebene *Chemische Informationsdienst* (Chem. Inform.).

# 5.3.    Originalliteratur

Alle in der referierenden Literatur erscheinenden Zitate haben ihren Ursprung in der Originalliteratur. Man mache es sich unbedingt zur Gewohnheit, die Originalzeitschriften einzusehen; denn jedes Referat hat nur die Aufgabe, dem Benutzer eine Übersicht zu geben.

Einige der wichtigsten Zeitschriften sind anschließend mit ihrer Abkürzung nach der seit 1969 für die DDR verbindlichen TGL 20 969 (Zeitschriftenkurztitel) angegeben. (Früher galt dafür: Periodica chimica. Hrsg.: M. PFLÜCKE, A. HAWELEK, 2. Aufl. – Akademie-Verlag, Berlin; Verlag Chemie, Weinheim/Bergstraße 1961; es wird z. T. auch heute in der Originalliteratur noch verwendet.)

| | |
|---|---|
| Angewandte Chemie | Angew. Chemie |
| Archiv der Pharmazie | Arch. Pharm. |
| Bulletin de la Société chimique de France | Bull. Soc. chim. France |
| Chemische Berichte, früher: Berichte der Deutschen Chemischen Gesellschaft | Chem. Ber. Ber. dt. chem. Ges. |
| Collection of Czechoslovak Chemical Communications | Collect. czechoslov. Chem. Commun. |
| Helvetica chimica Acta | Helv. chim. Acta |
| Žurnal obščej chimii | Ž. obšč. chimii |
| Žurnal organičeskoj chimii | Ž. org. chimii |
| Journal of the American Chemical Society | J. Amer. chem. Soc. |
| Journal of the Chemical Society (London) | J. chem. Soc. [London] |
| Journal of Heterocyclic Chemistry | J. heterocycl. Chem. |
| Journal of Organic Chemistry | J. org. Chem. |
| Journal für praktische Chemie | J. prakt. Chemie |
| LIEBIGS Annalen der Chemie | Liebigs Ann. Chemie |
| Tetrahedron | Tetrahedron |
| Tetrahedron Letters | Tetrahedron Lett. |
| Zeitschrift für Chemie | Z. Chemie |

Für das Protokoll des Literaturpräparats verwendet der Praktikant die wörtliche Fassung der Originalarbeit bzw. deren exakte Übersetzung. Zusammenfassende Übersichten werden von ihm in einem klaren, sachlichen und wissenschaftlich exakten Stil und in aller Kürze formuliert.

Originalarbeiten werden nach dem folgenden Schema (Namen der Autoren, Zeitschriftentitel, Band, Jahrgang, Seite) zitiert, z. B.:

FRIEDLÄNDER, P., Ber. dt. chem. Ges. 15 (1882) 2572

SPINDLER, J.; KEMPTER, G., Z. Chemie 27 (1987) 36

Die Strukturaufklärung einer organischen Verbindung ist durch die Entwicklung physikalisch-chemischer Arbeitsmethoden, z. B. der chromatographischen Trennmethoden und besonders der spektroskopischen Methoden, wie UV-, IR-, Massen- und Kernresonanzspektroskopie, heute mit relativ geringem Zeitaufwand auszuführen. Während im vorigen Jahrhundert von der Aufstellung der Summenformel des Camphers bis zur Aufklärung der Sauerstoffunktion (Darstellung eines Oxims) 50 Jahre vergehen mußten, ist durch die modernen Methoden der Strukturaufklärung diese Frage durch ein IR-Spektrum in wenigen Minuten zu beantworten.

Das Identifizierungspraktikum, das Ü 79–Ü 94 umfassen soll, verzichtet auf die Anwendung spektroskopischer Methoden, weil diese in der Chemielehrerausbildung erst später behandelt werden. Eine solche Verfahrensweise gibt breiten Raum zum Üben der allgemeinen Arbeitsmethoden wie Umkristallisation, Schmelztemperaturbestimmung, Destillation u. a. und gestattet die Aneignung und Vertiefung synthetischer Methoden der organischen Chemie.

Die Strukturaufklärung einer für den Praktikanten unbekannten organischen Substanz erfolgt durch Vergleich mit einer ihm aus Tabellen bekannten Substanz. Für diese Identifizierung benötigt der Student einen Überblick der chemischen und physikalischen Eigenschaften der wichtigsten Stoffklassen der organischen Chemie. Ohne ein Minimum an theoretischen Kenntnissen (Stoff der Grundvorlesung Organische Chemie) sind die vorliegenden Aufgaben nicht sinnvoll durchzuführen. Der Praktikant muß ferner über bestimmte experimentelle Fertigkeiten verfügen und in der Lage sein, genau zu beobachten und Schlußfolgerungen daraus zu ziehen. Er wird dadurch befähigt, sein bisher angeeignetes theoretisches und praktisches Können zu überprüfen und, wenn notwendig, zu ergänzen.

Nach steigenden Anforderungen erhält der Student zunächst Analysensubstanzen, deren Zugehörigkeit zu einer bestimmten Stoffklasse ihm bekannt ist. Bei weiteren Analysen werden die Stoffklassen und damit besondere Strukturmerkmale wie funktionelle Gruppen unbekannt sein. Gegen Ende dieses Teils der Ausbildung werden Substanzgemische ausgegeben, deren Komponenten er meistens abtrennen und dann identifizieren muß.

Um die Identifizierungen erfolgreich durchzuführen, benötigt man das unter Abschnitt 6.6. angegebene Platzinventar.

Für ein Identifizierungspraktikum mit 16 je vierstündigen Einzelpraktika wird die folgende Versuchsaufteilung vorgeschlagen:

Ü 79 bis Ü 83: Der Student erhält je eine reine Substanz zur Charakterisierung und Identifizierung aus den Stoffklassen:

- Alkohole und Phenole
- Aldehyde und Ketone
- Carbonsäuren und Derivate
- Amine und Nitroverbindungen
- Kohlenwasserstoffe und Halogenkohlenwasserstoffe

Ü 84 bis Ü 85: Es sind zwei weitere Substanzen, von denen nur bekannt ist, daß sie zu einer der aufgeführten Stoffklassen gehören, zu identifizieren.
Ü 86 bis Ü 89: Es sind Gemische aus zwei Komponenten zu trennen; die Bestandteile sind zu identifizieren.
Ü 90 bis Ü 94: Es sind Gemische aus drei Komponenten zu trennen; die Bestandteile sind zu identifizieren.

Da es – in Abhängigkeit von der zur Verfügung stehenden Praktikumszeit – auch zahlreiche andere Varianten zur Zusammenstellung eines Identifizierungspraktikums gibt, wird das Kapitel 6 ohne Unterteilung in einzelne Übungen behandelt.

## 6.1.     Identifizierung von Einzelsubstanzen

Zur Identifizierung einer Substanz, deren Zugehörigkeit zu einer der unter Ü 79 bis Ü 83 genannten Stoffklassen nicht bekannt ist, müssen zunächst *Vorproben* (s. Abschn. 6.1.1.) durchgeführt werden. Die Aussage dieser Reaktionen gestattet eine weitgehende Einschränkung der in Frage kommenden Substanzen oder gibt schon wichtige Anhaltspunkte zur Auffindung der gesuchten Stoffklasse. Der Student ist manchmal schon nach Durchführung der Vorproben in der Lage, Vermutungen über die Verbindungsklasse, der die zu identifizierende Substanz angehören kann, anzustellen.

Die Zuordnung zu einer bestimmten Verbindungsklasse wird durch die entsprechende Charakterisierungsreaktion getroffen. Falls die Vorproben keine Hinweise ergeben haben, sind alle *Charakterisierungsreaktionen* (s. Abschn. 6.1.3.) in der angegebenen Reihenfolge abzuarbeiten.

Zur Erhärtung des erhaltenen Ergebnisses, in Zweifelsfällen oder zur weiteren Eingrenzung der Substanzklasse (z. B. primärer, sekundärer oder tertiärer Alkohol) sollten *Hinweisreaktionen* (s. Abschn. 6.1.4.) durchgeführt werden.

Bei qualitativen Nachweisreaktionen, wie z. B. Farbreaktionen, führe man stets eine Blindprobe durch (Durchführung der Reaktion unter Beteiligung aller Reaktanten und Lösungsmittel mit Ausnahme der zu identifizierenden Substanz!), um Täuschungen, die durch verunreinigte Reagenzien hervorgerufen werden, auszuschließen.

Weiterhin empfiehlt es sich, derartige Reaktionen mit einem bekannten Vertreter der zu untersuchenden Substanzklasse durchzuführen, um Irrtümer durch subjektive Fehler und/oder durch unbrauchbar gewordene Reagenzien zu vermeiden.

Sowohl die Vorproben als auch die Charakterisierungs- und Hinweisreaktionen sind auch dann angebracht und notwendig, wenn nur die Stoffklasse, z. B. Alkohole/Phenole, bekannt ist. Mit ausgewählten Reaktionen wird dann die Zuordnung Alkohol oder Phenol getroffen.

Bei Kenntnis der Stoffklasse wird ein Derivat synthetisiert. Man berücksichtige bei der Auswahl des Derivates, ob in den entsprechenden Tabellen Schmelztemperaturen angegeben sind bzw. diese höher als etwa 50 °C liegen. Durch Vergleich der Schmelztemperatur eines Derivates der gesuchten Substanz mit einer tabellierten Schmelztemperatur wird diese identifiziert.

Liegt z. B. ein bei Zimmertemperatur flüssiges primäres bzw. sekundäres Amin vor und wird für das synthetisierte Benzamid eine Schmelztemperatur von 82 °C gefunden, so folgt aus Tabelle 6.8 (s. Abschn. 6.1.6.), daß Propylamin (Benzamid $F$ 84 °C) die gesuchte Substanz ist. Kann durch eine gefundene Schmelztemperatur eines Derivates keine eindeutige Zuordnung getroffen werden, so sind ein oder eventuell zwei weitere Derivate zu synthetisieren.

Bei der Durchführung von Identifizierungen organischer Substanzen wird man nach kurzer Übung feststellen, daß fast alle Reaktionen ohne Zuhilfenahme einer Waage durchzuführen sind. Trotzdem muß man sich bemühen, besonders bei der Herstellung fester Derivate, mit etwa äquivalenten Mengen zu arbeiten. Das setzt voraus, daß man sich darüber Klarheit verschafft, welche Substanzmengen etwa mit einer Spatelspitze oder mit zehn Tropfen aus einer Pipette erfaßt werden.

Wenn man sich bei der Herstellung eines Derivats anfänglich erfolglos bemüht, eine kristalline Fällung zu erhalten, führe man den Versuch ein zweites Mal durch, jedoch mit veränderten Konzentrationsverhältnissen. Es ist gleichfalls empfehlenswert, mit einem bekannten Vertreter einer Substanzklasse übungsweise ein Derivat herzustellen, um eventuell auftretende Schwierigkeiten dabei kennenzulernen.

Bevor man kristalline Fällungen sauber auf einem kleinen Büchner-Trichter absaugt und trocknet, presse man eine Spatelspitze davon auf eine Tonplatte und wasche mit 1 bis 2 Tropfen Lösungsmittel nach. Die Schmelztemperaturbestimmung kann so schon nach wenigen Minuten erfolgen, während sie sonst nach Trocknen der Substanz im Exsikkator u. U. erst nach Stunden möglich wäre.

Sehr viele Reaktionen werden im Reagenzglas auszuführen sein.

Für Extraktionen wird möglichst kein Scheidetrichter verwendet. Man arbeitet mit einem Reagenzglas und einer Pipette schneller und sauberer.

Man mache es sich unbedingt zur Angewohnheit, feste Reagenzien aus den Vorratsflaschen stets mit einem sauberen Spatel zu entnehmen. Bei flüssigen Reagenzien sind die Vorratsflaschen so bemessen, daß man die etwa erforderliche Menge ausgießen kann, um sie dann mit einer Pipette aufzunehmen und dem Reaktionsgemisch dosiert zuzugeben. Auf keinen Fall entnehme man das flüssige Reagens mit einer Pipette direkt aus der Vorratsflasche.


## 6.1.1.    Vorproben

Physikalische Konstanten, Farbe, Geruch, Löslichkeit usw. der zu untersuchenden Verbindung sollten für den Praktikanten zu wichtigen Anhaltspunkten werden, auch dann, wenn er noch nicht über eine große Stoffkenntnis verfügt.

### 6.1.1.1. Schmelztemperatur

Die Bestimmung der Schmelztemperatur erfolgt entweder auf dem Mikroheiztisch nach
BOETIUS, in der Apparatur nach THIELE oder im Aluminiumheizblock (s. Abschn. 3.6.,
Ü 12). Obwohl die Bestimmung mit dem Aluminiumblock nicht die exaktesten Werte liefert, ist diese Art für das analytische Praktikum wegen der Ungefährlichkeit und Billigkeit
vorzuziehen. Bei allen Schmelztemperaturbestimmungen ist darauf zu achten, daß keine
verfälschenden Faktoren wirksam werden können (z. B. zu schnelles Aufheizen, fehlende
Beobachtungsfenster im Aluminiumblock, zu dicke Kapillaren u. a. m.).

Häufig müssen feste Analysensubstanzen umkristallisiert werden, u. U. sogar mehrmals
und aus verschiedenen Lösungsmitteln, um für die Schmelztemperatur den Literaturwert
bestimmen zu können, da die zu untersuchenden Substanzen nicht immer den Reinheitsgrad p. A. aufweisen. Schwierigkeiten treten bei der Reinigung fester Substanzen immer
dann auf, wenn deren Schmelztemperatur in der Nähe der Zimmertemperatur oder wenig
höher liegt. Nach Lösen der Substanz in einem Lösungsmittel sind keine Kristalle mehr
zu erhalten, da der Zusatz von Lösungsmittel zu einer starken Schmelztemperaturdepres-
sion führt. Oft ist es dann günstiger, die Substanz nicht umzukristallisieren, sondern zu
destillieren (eventuell im Vakuum). Die Schmelztemperatur des (kristallin gewordenen)
Destillats liegt dann meist höher als die der Ausgangssubstanz.

Die Schmelztemperaturbestimmung einer niedrig schmelzenden Substanz führt den
Anfänger häufig zu falschen Werten, wenn die allgemein üblichen Methoden verwendet
werden. Zu besseren Ergebnissen kommt man, wenn man die gesamte Substanz im Reagenzglas vorsichtig aufschmilzt (Wasserbad) und dabei die Temperatur der Substanz
beim Aufschmelzen und beim Auskristallisieren kontrolliert. Die Schmelztemperatur der
Substanz liegt in der Nähe der Temperatur, die dann gemessen wird, wenn die letzten
Kristalle geschmolzen sind. Zur Übung kann die Bestimmung mit einer Testsubstanz,
z. B. Phenol, durchgeführt werden.

Bei Substanzen, die unterhalb der Schmelztemperatur beträchtlich sublimieren, ist die
Bestimmung in einer beidseitig zugeschmolzenen Kapillare vorzunehmen.

### 6.1.1.2. Siedetemperatur

Zur Bestimmung der Siedetemperatur einer Einzelsubstanz (Gemische s. Abschn. 6.2.)
verwendet man bei einer Menge von 5 bis 10 ml eine Standardapparatur NS 14,5 (s.
Abschn. 3.1.1., Ü 3).

Es ist vorteilhaft, die gesamte Analysensubstanz auf einmal zu destillieren und mit
dem Destillat alle weiteren Untersuchungen vorzunehmen. Für die Destillation sind alle
Hinweise aus Ü 3 (Abschn. 3.1.1.) zu beachten. Wichtig ist die richtige Lage des Thermometers (Quecksilberkugel knapp unterhalb der Anschmelzstelle des Kühlers). Zweckmäßig arbeitet man mit Drahtnetz und Brenner (Kolben aufsetzen, Siedestein!). Man achte
darauf, daß die heißen Brennergase das Thermometer nicht direkt aufheizen können (dadurch würde eine zu hohe Siedetemperatur vorgetäuscht). Bei höher siedenden Substanzen ($Kp$ >120...150 °C) darf nicht mit Wasser gekühlt werden (s. Abschn. 3.1.1., Ü 3), der
Destillieraufsatz sollte dann jedoch mit Isoliermaterial (Asbestschnur, Glasgewebe) um-
wickelt werden. Häufig enthalten höher siedende Substanzen als Verunreinigung Wasser,

so daß bei etwa 100 °C eine geringe Menge Vorlauf aufgefangen wird. Bei Temperaturen von mehr als 100 bis 150 °C macht sich die Wärmekapazität des Thermometers bemerkbar, so daß sich die exakte Siedetemperatur erst einstellt, nachdem bereits 1 bis 3 ml Substanz überdestilliert worden sind. Aus diesem Grunde ist die Destillation auch nicht zu langsam durchzuführen. Stellt man fest, daß eine Probe in einem Intervall von mehr als 5 °C überdestilliert, so liegen entweder ein Gemisch oder wesentliche Mengen Verunreinigung vor. Es ist dann mit einer kleinen Kolonne zu arbeiten (s. Abschn. 3.1.2., Ü 4).

Zur Siedetemperaturbestimmung kleiner Mengen ist die folgende Mikromethode anwendbar: 5 bis 10 Tropfen der zu untersuchenden Flüssigkeit werden in ein kleines Reagenzglas (Glühröhrchen 5 × 75 mm) gefüllt, in das dann noch eine kleine Schmelztemperaturkapillare gesteckt wird, die 4 bis 5 mm vom unteren Ende entfernt zugeschmolzen ist. Das Reagenzglas wird mit einem Gummiring am Thermometer so befestigt, daß sich die Substanzprobe in der Nähe der Quecksilberkugel befindet. Das Thermometer mit Probenglas wird nun in einem großen Reagenzglas (30 × 200 mm) mit Heizflüssigkeit (Siliconöl, Glycerol oder konz. Schwefelsäure) unter Rühren erhitzt. Zunächst entweichen aus der Kapillare einzelne Gasbläschen. Wenn sich ein kontinuierlicher Blasenstrom eingestellt hat, entfernt man die Flamme und läßt das Bad unter Rühren abkühlen. Die Temperatur, bei der die letzte Blase entweicht und die Flüssigkeit in die Kapillare steigt, ist die Siedetemperatur. Die Methode liefert nur dann verläßliche Resultate, wenn mit sehr sauberen Flüssigkeiten gearbeitet wird. Beim Vorhandensein von niedrig siedenden Verunreinigungen (Wasser, Alkohol) werden die Siedetemperaturen stets zu niedrig bestimmt. Man kann dann nur versuchen, durch stärkeres Erhitzen des Heizbades die Verunreinigungen zu verdampfen. Die Fehlergrenze liegt bei etwa ±5 °C.

Wenn die Siedetemperatur ermittelt und Löslichkeitsuntersuchungen (s. Abschn. 6.1.1.5.) angestellt worden sind, können mit Hilfe von Tabelle 6.1 bereits gezielte Vermutungen über die unbekannte Substanz angestellt bzw. bestimmte Verbindungen ausgeschlossen werden (z. B. kann eine bei etwa 100 °C siedende, wasserunlösliche Verbindung kein Amin, kein Alkohol und keine Carbonsäure sein oder eine bei 70 °C siedende, in Wasser unendlich lösliche Verbindung kann kein Kohlenwasserstoff, kein Halogenkohlenwasserstoff, kein Aldehyd oder kein Ester sein).

## 6.1.1.3.  Farbe, Geruch und Dichte

Die Farbe kann ebenfalls gewisse Anhaltspunkte für das Vorliegen einer bestimmten Substanz bzw. Substanzklasse geben. Einige Stoffe sind häufig durch Oxidationsprodukte (Luftsauerstoff) dunkel gefärbt, nach Destillation sind sie jedoch fast farblos. Bei derartigen Stoffen kann es sich um aromatische Amine, um Phenole oder andere leicht oxidierbare Stoffe (z. B. Furfural) handeln. Bei farblosen Substanzen kann man das Vorliegen von mehreren chromophoren Gruppen bzw. von ausgedehnten chromophoren Systemen ausschließen.

Der Student sollte in der Lage sein, einen charakteristischen Geruch zu erkennen und zuzuordnen. Ein niederes aliphatisches Amin ist z. B. von einem Alkohol sofort zu unterscheiden, wenn man ein solches Amin einmal gerochen hat. Obwohl Gerüche selten eindeutig zu beschreiben sind, geben sie oft wichtige Hinweise. Ethanol ist z. B. von Methanol aufgrund des Geruches unterscheidbar. Aliphatische Ketone haben ebenfalls einen

*Tabelle 6.1*
Abhängigkeit der Siedetemperatur von der Anzahl der Kohlenstoffatome verschiedener Verbindungen; qualitative Angabe der Löslichkeit in Wasser[1])

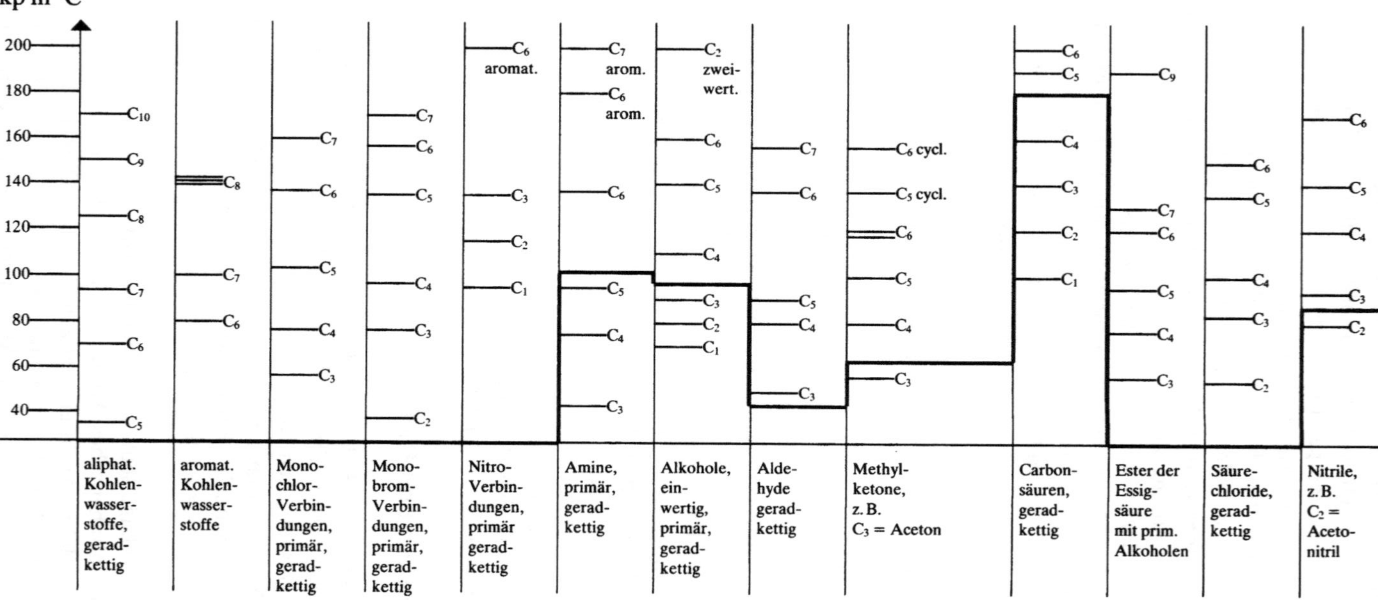


1) Verbindungen unterhalb der stark ausgezogenen Linie sind in Wasser vollständig in allen Mischungsverhältnissen löslich, Verbindungen darüber sind nur z.T. löslich bzw. unlöslich in Wasser (s. Tab. 6.2–6.10).

charakteristischen Geruch (z. B. „nach Nagellackentferner", der meist Aceton enthält). Niedere aliphatische Ester riechen fruchtartig – etherisch. Charakteristisch riechen auch einwertige Phenole, Benzoesäureester und Acetophenon. Nach bitteren Mandeln riechen Benzaldehyd und Nitrobenzen.

Die Untersuchung der Dichte einer organischen Substanz beschränkt sich im Rahmen der Identifizierungen im wesentlichen auf den Vergleich mit der Dichte des Wassers bei wasserunlöslichen flüssigen Verbindungen. Durch Zusammengeben gleicher Teile Wasser und Substanz ist leicht feststellbar, ob die Dichte größer oder kleiner als $1\,g \cdot ml^{-1}$ ist. Flüssigkeiten mit der Dichte kleiner als $1\,g \cdot ml^{-1}$ befinden sich oberhalb, solche mit der Dichte größer als $1\,g \cdot ml^{-1}$ unterhalb der wäßrigen Phase.

*Leichter als Wasser sind:* Kohlenwasserstoffe (Aromaten, Aliphaten, Cycloaliphaten), aliphatische und cycloaliphatische Monochlorkohlenwasserstoffe, Carbonsäureester, sofern sie nur aliphatische Reste enthalten, aliphatische Alkohole, Aldehyde, Ketone und Carbonsäuren.

*Schwerer als Wasser sind:* Aromatische Halogenkohlenwasserstoffe, mehrfach halogenierte Kohlenwasserstoffe, aliphatische Monobrom- und -iodkohlenwasserstoffe, Nitromethan und -ethan, alle aromatischen Nitroverbindungen, Phenole, aromatische Aldehyde und Ketone, alle Ester mit wenigstens einem aromatischen Rest, aromatische Amine, Säurechloride und -anhydride.

### 6.1.1.4.   Verhalten in der Flamme

**Diese Probe ist unter einem Abzug durchzuführen!**

Das Verhalten in der Flamme wird mit einigen Kristallen bzw. einigen Tropfen der zu untersuchenden Substanz auf einem Metallöffel oder in einer Porzellanschale untersucht. Brennt eine Substanz bereits, wenn man sie in die Nähe einer Flamme bringt, so ist sie entflammbar. Brennt sie allein weiter, wenn die Flamme wieder entfernt wird, so ist die Substanz auch brennbar. Die meisten organischen Stoffe sind brennbar, ihr Flammpunkt (Temperatur der Entflammbarkeit) liegt u. U. jedoch oberhalb der Zimmertemperatur, so daß man sie eventuell erst erhitzen muß, ehe sie entzündet werden können.

Aus der Art der Flamme kann man Rückschlüsse auf den Kohlenstoffgehalt ziehen; so verbrennen Aromaten meist rußend, gesättigte Aliphaten mit hell leuchtender Flamme bei geringer Rußbildung, Verbindungen mit hohem Sauerstoffgehalt mit fahl leuchtender oder nicht leuchtender Flamme. Auf das Vorliegen einer funktionellen Gruppe kann man aus dem Verhalten in der Flamme nicht schließen. Benzen, Phenol, Benzylalkohol brennen alle mit rußender Flamme. Nicht brennbar sind stark halogenhaltige Verbindungen wie Chloroform, Tetrachlorkohlenstoff, Hexachlorethan. Schwefelhaltige Substanzen sind beim Verbrennen am Geruch von Schwefeldioxid erkennbar. Ein Glührückstand läßt auf ein Alkali- oder Erdalkalimetalloxid (weißer Rückstand) oder auf ein Schwermetalloxid (dunkler Rückstand) schließen und damit darauf, daß ursprünglich eine organische Metallverbindung (z. B. Natrium-acetat) vorgelegen hat.

### 6.1.1.5.  Löslichkeit

Die Löslichkeit einer Substanz in einem bestimmten Lösungsmittel gibt oft wichtige Aufschlüsse über die Zugehörigkeit zu einer bestimmten Stoffklasse. Einen niedrig siedenden Alkohol kann man von einem Kohlenwasserstoff gleicher Siedetemperatur sofort auf Grund der Löslichkeit (Alkohol wasserlöslich, Kohlenwasserstoff wasserunlöslich) unterscheiden.

Die Löslichkeit ist keine absolute Größe. Manche Substanzen lösen sich mit Wasser bei jeder Temperatur und in allen Mischungsverhältnissen vollständig. Andere Substanzen sind nur zum Teil löslich (s. Tab. 6.2 bis 6.9). Vermischt man gleiche Mengen Phenol und Wasser miteinander, so bilden sich zwei Phasen. Phenol erscheint als wenig löslich, vielleicht sogar als unlöslich. Tatsächlich enthält bei 20 °C die obere Phase Phenol in Wasser (8,4 g Phenol in 100 g Wasser), die untere Phase Wasser in Phenol (38,5 g Wasser in 100 g Phenol). Andere Substanzen lösen sich in Wasser noch schlechter, z. B. aromatische Kohlenwasserstoffe, aber auch sie sind nicht völlig unlöslich.

Bei der Untersuchung der Löslichkeit einer organischen Substanz sind folgende Lösungsmittel von Bedeutung: Ether, Wasser, 5 %ige Natronlauge, 5 %ige Natriumhydrogencarbonatlösung, 5 %ige Salzsäure, konz. Schwefelsäure.

Wasser ist ein stark polares Lösungsmittel, das zur Ausbildung von Wasserstoffbrücken befähigt ist. Es ist deshalb in der Lage, andere genügend polare Substanzen zu lösen, die entweder selbst Wasserstoffbrückenbindungen ausbilden oder aber als Protonenakzeptoren wirken können.

Kohlenwasserstoffe als fast unpolare Stoffe sind deshalb ausnahmslos in Wasser unlöslich. Niedere Alkohole, wie Methanol oder Ethanol, sind sehr gut wasserlöslich, da sie einen kleinen unpolaren Rest (1 bis 2 C-Atome) mit einem stark polaren Rest im Molekül vereinigen. Ebenso gut lösen sich niedere Ketone, Aldehyde, Amine und Carbonsäuren (s. Tab. 6.2 bis 6.9). Nimmt im Molekül jedoch der unpolare Rest zu, so sinkt mit steigender Kohlenstoffzahl die Wasserlöslichkeit. Aldehyde mit mehr als sechs Kohlenstoffatomen sind bei qualitativer Untersuchung auf Grund der Wasserlöslichkeit nicht mehr von Kohlenwasserstoffen zu unterscheiden. Sind an eine längere Kohlenstoffkette von sechs und mehr Kohlenstoffatomen jedoch mehrere stark polare Gruppen gebunden, kann die Verbindung wieder wasserlöslich sein.

Die meisten organischen Substanzen sind etherlöslich, so daß Diethylether als ausgezeichnetes Extraktionsmittel wirkt, wenn man Spuren organischer Stoffe aus Wasser extrahieren will. Sind jedoch in einem Molekül keine unpolaren Gruppen oder sehr viele polare Reste enthalten, dann kann die Substanz etherunlöslich sein, wie z. B. Wasser, Ethylenglycol, Glycerol, Zucker, Polycarbonsäuren.

Nach ihrer Löslichkeit bzw. Unlöslichkeit in Wasser und/oder Ether kann man die organischen Verbindungen in vier Gruppen einteilen:

*Gruppe I (in Ether löslich, in Wasser schwer- bzw. unlöslich):* Kohlenwasserstoffe, halogensubstituierte Kohlenwasserstoffe, höhermolekulare Alkohole, Carbonylverbindungen, Amine und Carbonsäuren bzw. Derivate, Phenole, Ester, Ether.

*Gruppe II (in Wasser löslich, in Ether schwer- bzw. unlöslich):* Polyhydroxyverbindungen, Säureamide, Salze, Hydroxycarbonsäuren, Di- und Tricarbonsäuren.

*Gruppe III (in Wasser und Ether löslich):* Niedermolekulare aliphatische Vertreter (2 bis 6 Kohlenstoffatome, s. Tab. 6.1 bzw. Tab. 6.2 bis 6.9) der folgenden Substanzklassen: Alkohole, Amine, Aldehyde, Ketone, Carbonsäuren, Hydroxysäuren, Ketosäuren, Carbonsäureamide und Nitrile, außerdem mehrwertige Phenole, Aminophenole sowie Pyridin und dessen Homologe.

*Gruppe IV (in Wasser und Ether schwer- bzw. unlöslich):* Makromolekulare Verbindungen, hochkondensierte Kohlenwasserstoffe, höhere Säureamide, Anthrachinone.

Von weiterem Interesse ist die Untersuchung der wasserunlöslichen Verbindungen (hauptsächlich Gruppe I). Von diesen Verbindungen sind

– *in 5%iger Salzsäure löslich:* höhere primäre, sekundäre und tertiäre aliphatische Amine, primäre aromatische Amine (z.B. Anilin), sekundäre und tertiäre Alkylarylamine mit nur einer Arylgruppe am Stickstoff (z.B. N,N-Dimethyl-anilin); sauerstoffhaltige Verbindungen mit mittlerer Kohlenstoffzahl (Alkohole, Ester, Aldehyde, Ketone, Säureamide). Wird an Stelle verdünnter Salzsäure konz. Säure eingesetzt, steigt die Löslichkeit noch weiter an;

– *in konz. Schwefelsäure löslich* (meist unter Dunkelfärbung): alle salzsäurelöslichen (und wasserlöslichen) Verbindungen, fast alle sauerstoff- und stickstoffhaltigen Verbindungen (z.B. Alkohole, Ether, Carbonylverbindungen, Nitroverbindungen, Di- und Triarylamine), Olefine, Cycloolefine, Polyalkylbenzene (z.B. Xylene, Mesitylen);

– *in konz. Schwefelsäure unlöslich:* praktisch nur Alkane und Cycloalkane sowie deren Halogenderivate, außerdem Benzen und Toluen (letzteres nur in der Kälte), sowie aromatische Halogenkohlenwasserstoffe;

– *in 5%iger Natriumhydrogencarbonatlösung löslich:* Mono-, Di- und Polycarbonsäuren sowie durch elektronenziehende Gruppen aktivierte Phenole (Nitrophenol); unlöslich sind dagegen nicht aktivierte Phenole (wie Phenol, Cresole, Halogenphenole);

– *in 5%iger Natronlauge löslich:* alle in Wasser und Hydrogencarbonat löslichen Stoffe, Phenole, Enole, primäre und sekundäre aliphatische Nitroverbindungen, Carbonsäureimide, Oxime, Arensulfonsäurederivate primärer Amine.
Die Bestimmung der Löslichkeit sollte halbquantitativ vorgenommen werden. Man versetzt 0,1 g bzw. 0,2 ml der Substanz in einem kleinen Reagenzglas portionsweise und unter Schütteln und dauernder Beobachtung mit 3 ml Lösungsmittel. Um die Lösegeschwindigkeit und die Löslichkeit zu erhöhen, kann vorsichtig erwärmt werden. Eine Substanz erscheint bei diesem Test als löslich, wenn mindestens 5 bis 10 g Substanz in 100 ml Lösungsmittel löslich sind (Wasserlöslichkeit verschiedener Substanzen s. Tab. 6.2 bis 6.10). Man beginne mit den Lösungsmitteln Wasser und Diethylether. Bei Wasserunlöslichkeit prüfe man die Löslichkeit in folgenden Lösungsmitteln: 5%ige Salzsäure, eventuell konz. Salzsäure, konz. Schwefelsäure, 5%ige Natriumhydrogencarbonatlösung, 5%ige Natronlauge.
Bei Substanzen, die in Wasser unlöslich, jedoch in Säuren oder Basen löslich sind, versuche man durch anschließende Neutralisation der Lösung den Ausgangsstoff wieder in Freiheit zu setzen. Von ausgeschiedenen Festsubstanzen ist anschließend die Schmelz-

temperatur zu bestimmen, um festzustellen, ob beim Lösen u. U. Hydrolyse eingetreten ist. Bei Flüssigkeiten empfiehlt es sich, die Siedetemperatur zu bestimmen. Dazu ist jedoch mit einer entsprechend größeren Substanzmenge zu arbeiten.

Folgende Fehler treten häufig auf:

- Um das Lösen zu beschleunigen, wird das Gemisch erwärmt. Dabei wird die Siedetemperatur einer Komponente überschritten, so daß sie abdestilliert und sich verflüchtigt. Die an sich unlösliche Substanz scheint sich zu lösen (Beispiel Cyclohexan in Wasser).
- Zwei Flüssigkeiten haben ähnliche Brechungsindizes, so daß die Phasengrenze schwer erkennbar ist. Falsche Schlußfolgerung: die Flüssigkeiten lösen sich ineinander! Unter Umständen sollte das Reagenzglas deshalb mit einer Lupe betrachtet werden (Brechungsindex von Wasser: $n_D^{20}$ 1,329 8).
- Eine geringe Menge eines festen, wasserunlöslichen Stoffes, dessen Schmelztemperatur unter 100 °C oder etwas darüber liegt, wird mit Wasser erwärmt und schmilzt dabei. Dieser Vorgang wird irrtümlich oft mit Lösen gleichgesetzt. Tatsächlich sind beim exakten Beobachten noch zwei Phasen erkennbar: Wasser und wasserunlösliches „Öl".

## 6.1.1.6.     Nachweis von Halogen, Stickstoff, Schwefel

**Beilstein-Probe**

Ein ausgeglühter Kupferdraht, der aus mehreren zusammengedrehten einzelnen Drähten besteht, wird in die unbekannte Probe getaucht und dann in der nicht leuchtenden Flamme des Bunsenbrenners kräftig erhitzt. Wichtig ist, daß der Draht beim Eintauchen in die Substanz auch gut benetzt wird. Das ist nur der Fall, wenn er nach dem Ausglühen abgekühlt ist.

Beim Verbrennen der halogenhaltigen Substanz in Gegenwart von Kupfer entsteht leicht flüchtiges Kupferhalogenid, das die Flamme grün färbt. Diese Grünfärbung weist deshalb auf Halogen (Cl, Br, I) hin. Aromatisch gebundenes Halogen (z. B. in Brombenzen) scheint gelegentlich schwerer nachweisbar zu sein.

Andererseits ist die Beilstein-Probe überempfindlich. Bereits Spuren von halogenhaltigen Verunreinigungen geben eine positive Reaktion. Liegt in einem Gemisch eine halogenhaltige Verbindung vor, dann ist dieses Halogen auch nach der Auftrennung (durch Destillation o. a.) meist auch in den anderen abgetrennten Proben nachweisbar! Ferner bilden niedere aliphatische Carbonsäuren, wie z. B. Ameisensäure, ebenfalls flüchtige Kupfersalze, die die Flamme grün färben können.

**Lassaigne-Probe**

**Vorsicht! Abzug, Schutzbrille!**

Da Polyhalogenverbindungen, z. B. Tetrachlorkohlenstoff oder Chloroform, und einige Nitroverbindungen, z. B. Nitromethan, beim Erhitzen mit Natrium explosionsartig reagieren, muß vom Praktikumsbetreuer die Erlaubnis für die Durchführung dieser Nachweisreaktion eingeholt werden.

Ein erbsengroßes, oxidfreies Stückchen Natrium wird in einem Glühröhrchen mit einer

Spatelspitze bzw. 10 Tropfen der Substanz geschmolzen und etwa drei Minuten auf Rotglut erhitzt. Das heiße Röhrchen wird in ein Becherglas mit 10 ml Wasser getaucht. Das Glührohr zerspringt, und der Inhalt löst sich zum Teil im Wasser. Die Lösung wird filtriert und für drei Nachweise verwendet:

- 3 ml werden bis zur sauren Reaktion mit Essigsäure versetzt (Indikator!). Tritt mit Bleiacetat-Papier Schwarzfärbung (Bleisulfid) ein, so enthält die Substanz Schwefel.

- 3 ml der Aufschlußlösung werden mit einigen Körnchen Eisen(II)-sulfat versetzt und nach Zugabe einiger Tropfen Eisen(III)-chloridlösung mit Salzsäure angesäuert. Bei Anwesenheit von Stickstoff fällt Berliner Blau aus.

- 3 ml des Aufschlusses werden nach dem Ansäuern mit konz. Salpetersäure mit einigen Tropfen Silbernitratlösung versetzt. Die charakteristische Fällung von Silberhalogenid zeigt Halogen an. Ist in der Substanz Stickstoff enthalten, so muß die im sauren Aufschluß vorhandene Blausäure vor der Zugabe von Silbernitrat verkocht werden (Vorsicht! Abzug!). Bei Vorhandensein von Halogen kann die Art der Bindung (aliphatisch oder aromatisch) nach Abschnitt 6.1.3.1. untersucht werden.

## 6.1.1.7.   Probe auf ungesättigte Verbindungen

### Reaktion mit Kaliumpermanganat (Baeyer-Probe)

Man versetzt 0,1 g bzw. 0,2 ml der Analysensubstanz, welche in 2 ml Wasser, Ethanol oder Aceton gelöst ist, tropfenweise und unter kräftigem Schütteln mit einer 2%igen wäßrigen Kaliumpermanganatlösung.

Der Test ist positiv, wenn in kurzer Zeit mehr als 10 Tropfen Kaliumpermanganatlösung entfärbt werden. Die Reaktion wurde außer von olefinischen und acetylenischen Kohlenwasserstoffen auch von Aldehyden, Ameisensäure und deren Estern, Phenolen und von Arylaminen gegeben. Alkohole werden unter diesen Bedingungen nicht oxidiert, doch sie enthalten oft Verunreinigungen, die oxidierbar sind.

### Reaktion mit Brom

Zu 0,2 g bzw. 0,2 ml der Analysensubstanz in 2 ml Tetrachlorkohlenstoff tropft man unter Schütteln eine etwa 4%ige Lösung von Brom in Tetrachlorkohlenstoff (vgl. Abschn. 6.4.). Verschwindet die braune Farbe des Broms schlagartig, dann liegen Verbindungen mit Doppel- oder Dreifachbindung vor (Addition). Man schätze durch Überschlagsrechnung ab, wieviel Milliliter Bromlösung etwa entfärbt werden müßten. Wenn nur sehr wenig Bromlösung entfärbt wird (<1 ml bei 0,2 g Substanz), liegen möglicherweise Verunreinigungen in der Analysensubstanz vor. Ferner ist zu beachten, daß ungesättigte Verbindungen mit $-I/-M$-Effekten auslösenden Substituenten ($-COOH$, $-NO_2$ usw.) nur langsam entfärbt werden.

Tritt neben der Entfärbung Bromwasserstoff-Entwicklung (Bromwasserstoffnebel, Gasbläschen) auf, so ist eine Substitution durch Brom eingetreten. Unter diesen Bedingungen werden u.a. Phenole, aromatische und aliphatische Amine und enolisierbare Carbonylverbindungen durch Brom angegriffen. Carbonylverbindungen, die Brom entfärben, reagieren oft nicht mit Kaliumpermanganat (Baeyer-Probe). So reagiert Aceton sehr schnell unter Entfärbung mit Brom, ist aber gegenüber Kaliumpermanganat beständig. Benzaldehyd und Formaldehyd geben eine positive Baeyer-Probe, entfärben aber nicht Bromlösung.

## 6.1.2.    Ermittlung der Summenformel

Bei der systematischen Untersuchung einer unbekannten Substanz schließt sich an den Nachweis der in der Verbindung enthaltenen Elemente (qualitative Elementaranalyse) die quantitative Elementaranalyse an, die gewöhnlich nicht vom Praktikanten, sondern von Spezialisten einer analytischen Abteilung ausgeführt wird. Sie liefert die quantitative Zusammensetzung einer Substanz, angegeben in Massenanteilen. Aus diesen Werten lassen sich mögliche Summenformeln mit Hilfe des folgenden BASIC-Programms ermitteln:

```
 10 REM Ermittlung der Summenformel
 20 CLS
 30 PRINT "Ermittlung der Summenformel"
 40 PRINT "- - - - - - - - - - - - - -"
 50 PRINT
 60 INPUT "Wieviel % C?"; C1
 70 INPUT "Wieviel % H?"; H1
 80 INPUT "Wieviel % N?"; N1
 90 O1= 100-C1-H1-N1
100 PRINT" %O:";O1
110 C= 12.0115:H=1.00797:N=14.0067:O=15.999
120 C2= C1/C
130 H2= H1/H
140 N2= N1/N
150 O2=O1/O
160 PRINT
170 PRINT "C   H   N   O   M"
180 PRINT "- - - - - - - - - - - - - -"
190 FOR I=1 TO 20
200 K=C2/I
210 H3=H2/K
220 N3=N2/K
230 O3=O2/K
240 M=I*C+H3*H+N3*N+O3*O
250 H3= INT(100*H3+.5)/100
260 N3= INT(100*N3+.5)/100
270 O3=INT(100*O3+.5)/100
280 M=INT(100*M+.5)/100
290 PRINT I; TAB(5); H3; TAB(14); N3; TAB(23); O3; TAB(31);M
300 NEXT
```

Das Programm wurde an den Kleincomputern KC 85/1 und KC 87 (Robotron-Meßelektronik „Otto Schoen" Dresden), KC 85/2 und KC 85/3 (Mikroelektronik „Wilhelm Pieck" Mühlhausen) sowie an Commodore- und Schneider-Computern getestet. Nach geringfügigen Änderungen ist es auch an ATARI-Computern (Zeilen 20, 60–80, 290), am Sinclair ZX Spektrum (Zeile 290) sowie anderen Computertypen lauffähig.

Das Programm ist für die Elemente Kohlenstoff, Wasserstoff, Stickstoff und Sauerstoff vorgesehen; es berücksichtigt Verbindungen von $C_1$ bis $C_{20}$. Das Programm kann problemlos auf eine größere Zahl von Elementen sowie auf eine größere Anzahl von C-Atomen erweitert werden. Vom Computer wird der Benutzer zur Eingabe der prozentualen Zusammensetzung aufgefordert; der Wert für Sauerstoff ist gewöhnlich nicht bekannt, er wird vom Programm errechnet. Man braucht dann aus der auf dem Bildschirm ausgegebenen Tabelle lediglich die Zeile herauszusuchen, in der sich für die Stöchiometriezahlen annähernd ganze Zahlen ergeben.

*Beispiel*

Die Elementaranalyse ergab

C: 66,05 %
H:  6,47 %
N: 12,84 %

Aus der auf dem Bildschirm erscheinenden Tabelle ergibt sich als erste mögliche Summenformel $C_6H_7NO$ (sie entspricht beispielsweise dem p-Amino-phenol); als zweite Möglichkeit erkennt man $C_{12}H_{14}N_2O_2$ (z. B. Tryptophanmethylester) usw.

Dem Programm liegen folgende Überlegungen zugrunde: Für die Stöchiometriezahlen $\nu$ einer Verbindung $C_{\nu_C}H_{\nu_H}N_{\nu_N}O_{\nu_O}$ gilt:

$$\nu_C : \nu_H : \nu_N : \nu_O = n_C : n_H : n_N : n_O = \frac{m_C}{M_C} : \frac{m_H}{M_H} : \frac{m_N}{M_N} : \frac{m_O}{M_O}$$

$n$ Stoffmenge (mol); $m$ Masse (g); $M$ molare Masse (g · mol$^{-1}$).

Anstelle der Massen können die Massenanteile (%) eingesetzt werden. Das Programm errechnet die Quotienten und stellt im Anschluß daran fest, wievielmal soviel Wasserstoff, Stickstoff und Sauerstoff enthalten sind, bezogen auf Kohlenstoff, für den die Stöchiometriezahlen alle ganzen Zahlen von 1 bis 20 durchlaufen sollen. Die Ergebnisse werden automatisch auf eine Genauigkeit von 1/100 gerundet. Ausgegeben wird auch die molare Masse.

## 6.1.3. Charakterisierungsreaktionen zur Festlegung der Stoffklasse

Nach der Durchführung der Vorproben ist der Student meist in der Lage, Vermutungen darüber anzustellen, welcher Verbindungsklasse die zu identifizierende Substanz angehören könnte.

Mit dem Ziel der exakten Zuordnung zu einer bestimmten Verbindungsklasse wird nun die entsprechende Charakterisierungsreaktion durchgeführt.

*Falls die Vorproben keine eindeutigen Hinweise gegeben haben, sind alle Charakterisierungsreaktionen (Abschn. 6.1.3.1. bis 6.1.3.13.) in der angegebenen Reihenfolge durchzuführen.*

## 6.1.3.1.  Carbonsäureanhydride und -halogenide

Man setzt drei Tropfen der unbekannten Substanz mit fünf Tropfen Anilin um. Ist die unbekannte Substanz fest, löst man 0,1 g davon in 1 ml Toluen (eventuell unter Erwärmung) und setzt der klaren Lösung Anilin zu. Erwärmt sich die Lösung nach Zugabe von Anilin, läßt man 3 bis 5 Minuten reagieren, kühlt ab und reibt mit dem Glasstab, falls nicht spontane Kristallisation einsetzt.

Säureanhydride und -halogenide reagieren mit Anilin unter Wärmeentwicklung; es wird ein festes Anilid gebildet, dessen Schmelztemperatur man bestimmt (s. Tab. 6.6). Säuren selbst reagieren mit Anilin nicht spontan unter Bildung eines kristallinen Derivats (Ausnahmen: Ameisensäure, Chloressigsäure). Bei Vermutung auf Säurehalogenide ist das Halogen unbedingt nachzuweisen.

Man beachte, daß einige Aldehyde (z. B. Benzaldehyd) mit Anilin unter Bildung von leicht kristallisierenden Azomethinen reagieren.

Säureanhydride und -halogenide sind wasserunlöslich, sie reagieren jedoch u. U. mit Wasser zu einem sauer reagierenden Hydrolysat (Lackmus) und erscheinen dann wasserlöslich, wenn die entstehende Carbonsäure wasserlöslich ist.

## 6.1.3.2.  Carbonsäuren

0,1 g oder vier Tropfen der Substanz werden in 2 ml Wasser gelöst. Die Lösung reagiert gegen Lackmus-Papier sauer, auch dann noch, wenn 1 Tropfen 10 %ige Natriumcarbonatlösung zugesetzt worden ist. Falls die Substanz in Wasser unlöslich ist, wird zunächst in 2 ml Ethanol gelöst und danach mit 2 ml Wasser versetzt.

Bei festen, wasserunlöslichen Säuren kann die Reaktion auch so ausgeführt werden, daß man einen Tropfen Phenolphthaleinlösung und zwei Tropfen verd. Natronlauge in 1 ml Wasser löst. Zu der roten Lösung gibt man eine kleine Spatelspitze der Substanz. Beim Schütteln muß sich die Lösung entfärben. Erneute Zugabe von 1 bis 2 Tropfen Natronlauge darf jeweils nur zu kurzer Rotfärbung mit anschließender Entfärbung führen. Auch Säureanhydride und -halogenide sowie einige Ester (vor allem Ameisensäureester) hydrolysieren auch in der Kälte merklich, können also zu Verwechslungen führen.

Alle wasserunlöslichen Säuren lösen sich in verd. Natronlauge sowie in Natriumhydrogencarbonatlösung, in letzterer unter Kohlendioxidentwicklung.

## 6.1.3.3.  Alkalisalze von Carbonsäuren

Derartige Substanzen sind fest und meist gut wasserlöslich. Aus den konzentrierten wäßrigen Lösungen der Alkalisalze von Säuren mit mehr als 5 bis 6 Kohlenstoffatomen scheiden sich beim Ansäuern mit Salzsäure die freien, u. U. festen Carbonsäuren aus. Beim

Verbrennen der Alkalisalze hinterbleibt ein wasserlöslicher Glührückstand (Alkalicarbonat: Nachweis mit Lackmuspapier!).

## 6.1.3.4.  Amine

Der in Aminen enthaltene Stickstoff ist meist gut nachweisbar (Lassaigne-Reaktion, s. Abschn. 6.1.1.6.). Amine sind auf Grund des 3-bindigen Stickstoffs mehr oder weniger stark basisch und dadurch nachweisbar.

a) Wasserlösliche Amine erkennt man an der basischen Reaktion der wäßrigen Lösung (vier Tropfen der Substanz in 2 ml Wasser gelöst) gegen Lackmus. Die basische Reaktion bleibt auch dann noch bestehen, wenn ein Tropfen Essigsäure zugesetzt wird.

b) Wasserunlösliche Amine mit 6 bis 10 Kohlenstoffatomen können an ihrer Löslichkeit in 5%iger wäßriger Salzsäure erkannt werden (vier Tropfen oder 0,1 g Substanz in 2 ml Salzsäure); in sehr konzentrierter Lösung kann das Aminsalz ausfallen. In diesem Falle ist mit Wasser zu verdünnen.

c) Wasserunlösliche Amine mit mehr als zehn Kohlenstoffatomen werden mit 5%iger wäßriger Salzsäure geschüttelt (0,1 g in 2 ml Salzsäure) und filtriert. Zum klaren Filtrat gibt man das gleiche Volumen 10%iger Sodalösung. Die Entstehung eines Niederschlages oder ein starke Trübung zeigt Amin an.

d) Aromatische Amine mit einem Arylrest, die einen oder mehrere stark negativierende Substituenten am Phenylrest tragen (z. B. —$NO_2$), sowie sekundäre und tertiäre Amine mit mehr als einem Arylrest am Stickstoff sind so schwach basisch, daß sie in Salzsäure nicht mehr löslich sind.

Zur Unterscheidung von primären, sekundären und tertiären Aminen versetzt man 0,5 ml (oder 0,5 g) der als Amin erkannten Substanz tropfenweise mit etwa der gleichen Menge Acetanhydrid. Eine Temperaturerhöhung von mehr als 15 °C weist auf primäres oder sekundäres Amin hin; tertiäre Amine reagieren mit Acetanhydrid nicht. Schwach basische primäre und sekundäre Amine (z. B. p-Nitro-anilin) reagieren bei Raumtemperatur nicht spontan.

Man kann auch nach HINSBERG das Amin mit Benzen- oder p-Toluensulfonylchlorid umsetzen (s. Abschn. 6.1.5.4.). Nur die Reaktionsprodukte primärer Amine sind in Alkali löslich; die Umsetzungsprodukte sekundärer Amine sind alkaliunlöslich; tertiäre Amine reagieren mit Sulfonylchloriden überhaupt nicht und sind deshalb noch salzsäurelöslich.

Weitere Hinweisreaktionen siehe Abschnitt 6.1.4.2.

## 6.1.3.5.   Phenole, Enole

Man löst einen Tropfen oder 0,02 g der zu untersuchenden Substanz in 1 ml Ethanol, versetzt mit 1 ml Wasser und fügt anschließend einen Tropfen 5%ige Eisen(III)-chloridlösung zu. Phenol oder Enol wird durch eine grüne, violette oder rote Farbe angezeigt. Um auch geringe Farbunterschiede wahrnehmen zu können, kann man sich eine Lösung aus Eisen(III)-chlorid, Wasser und Ethanol herstellen, die man anschließend in zwei gleiche Teile teilt. Man versetzt nun nur den einen Teil mit der zu testenden Substanz. Durch

Vergleich beider Lösungen sind auch geringfügige Farbunterschiede noch erkennbar. Bei Thymol, Hydrochinon, 4-Phenyl-phenol, o-Nitro-phenol und Pikrinsäure versagt der Test. Einige Amine und Natrium-acetat geben rötliche Färbungen.

Phenole sind in Wasser meist wenig löslich (s. Tab. 6.3), jedoch löslich in Natronlauge (s. Abschn. 6.1.1.5.), darüber hinaus wirken mehrwertige Phenole reduzierend (s. Abschn. 6.1.4.4.; Tollens-Reaktion).

Weitere Hinweisreaktionen siehe Abschnitt 6.1.4.3.

### 6.1.3.6.    Alkohole

0,5 ml unbekannter Substanz werden in ein trockenes Reagenzglas gegeben. Gleichzeitig mißt man die Temperatur.

Unter Rühren mit dem Thermometer versetzt man dann mit fünf Tropfen Acetylchlorid. Tritt heftige Reaktion ein (Erwärmung), dann liegt ein primärer oder sekundärer Alkohol vor. Bleibt eine Reaktion aus, setzt man weitere fünf Tropfen Acetylchlorid zu. Man rührt mit dem Thermometer und achtet auf die Temperatur. Eine Temperaturerhöhung von mehr als 10 °C deutet auf einen tertiären Alkohol hin. Ist die unbekannte Substanz fest, löst man in einem trockenen Reagenzglas davon 0,5 g in 1 ml warmem, wasserfreiem Toluen, kühlt auf etwa 20 °C ab, stellt die Temperatur fest und setzt unter Rühren sieben Tropfen Acetylchlorid zu. Eine Temperaturerhöhung von mehr als 5 °C gilt als positiver Nachweis für einen Alkohol.

Phenole und Amine geben den Test ebenfalls; sie sind auf alle Fälle vorher auszuschließen. Da der Test auch mit Wasser positiv verläuft, muß peinlich wasserfrei gearbeitet werden.

Weitere Hinweisreaktionen auf Alkohole siehe Abschnitt 6.1.4.3.

### 6.1.3.7.    Aldehyde

1 ml Schiffsches Reagens werden mit einem Tropfen der zu untersuchenden Substanz versetzt. Aldehyde geben eine intensiv violette Färbung.

Wasserunlösliche Verbindungen (zwei Tropfen oder 0,05 g) werden in 1 ml Ethanol gelöst und mit 1 ml Schiffschem Reagens versetzt. Der Test ist negativ, wenn die Violettfärbung erst nach längerer Zeit eintritt. Dann bewirkt auch Luftsauerstoff eine violette Färbung. Ist man im Zweifel, weil die Färbung sehr langsam erscheint, verteilt man das Reagens auf zwei Reagenzgläser und versetzt nur eines mit der Testsubstanz.

Der Test ist nicht spezifisch für Aldehyde, er wird von allen Substanzen gegeben, die stark reduzierend wirken oder die solche Substanzen als Verunreinigungen enthalten wie Amine, die oft mit N-Arylhydroxylamin verunreinigt sind, oder primäre Alkohole, die oft Spuren von Aldehyd enthalten.

Weitere Hinweisreaktionen siehe Abschnit 6.1.4.4.

### 6.1.3.8.    Carbonsäureester

Man kann einen Ester dadurch charakterisieren, daß man 2 Tropfen oder eine Spatelspitze der Analysensubstanz mit 2 ml Ethanol und 3 Tropfen Phenolphthaleinlösung versetzt. Taucht man in diese Lösung einen mit sehr stark verdünnter Natronlauge benetzten Glasstab, so tritt eine rote Färbung auf, die beim Erhitzen verschwindet, da bei der Hydrolyse des Esters Hydroxidionen verbraucht werden. Bei erneuter Zugabe von Lauge mittels Glasstab tritt wieder Rotfärbung auf, die beim Erhitzen wiederum verschwindet. Läßt sich dieser Vorgang mehrmals wiederholen, liegt ein Ester vor.

Die Reaktion wird auch von anderen Säurederivaten (Anhydride, Halogenide, Lactone, Amide, Nitrile) gegeben, ebenfalls von Aldehyden, die am $\alpha$-ständigen Kohlenstoffatom nicht über Wasserstoff verfügen (Cannizzaro-Reaktion verbraucht Hydroxidionen), weiter von geminalen Trihalogenverbindungen (Chloroform, Benzylidintrichlorid) und anderen leicht hydrolysierbaren Halogenkohlenwasserstoffen. Niedrig siedende Ester können sich beim Erwärmen verflüchtigen, Arylreste enthaltende Ester hydrolysieren oft schwer; in beiden Fällen wird ein negativer Test vorgetäuscht.

Weitere Hinweisreaktionen siehe Abschnitt 6.1.4.5.

### 6.1.3.9. Ketone

Man versucht, ein Semicarbazon oder ein 2,4-Dinitro-phenylhydrazon (s. Abschn. 6.1.5.2.) darzustellen.

Hinweis auf Methylketone siehe Abschnitt 6.1.4.3., Iodoform-Reaktion.

### 6.1.3.10. Carbonsäureamide und Nitrile

Beim Erhitzen mit wäßriger Kalilauge erfolgt Hydrolyse und Abspaltung von Ammoniak oder Amin.

Man löst fünf Plätzchen Kaliumhydroxid in fünf Tropfen Wasser, fügt 2 ml 2,2'-Oxydiethanol und acht Tropfen oder 0,2 g der unbekannten Substanz hinzu. Es wird vorsichtig bis zum Sieden erhitzt und der Dampf von Zeit zu Zeit mit feuchtem, rotem Lackmuspapier geprüft. Entsteht Ammoniak oder ein aliphatisches Amin, wird das Lackmuspapier gebläut. Spritzt Kaliumhydroxidlösung an das Papier, werden falsche Resultate erhalten.

Ist die zu untersuchende Substanz ein Salz eines aliphatischen Amins, so wird der Test ebenfalls gegeben.

### 6.1.3.11. Nitroverbindungen

0,3 g bzw. 10 Tropfen der Substanz werden in 10 ml 50%igem Ethanol gelöst und 0,5 g Ammoniumchlorid sowie 0,5 g Zinkstaub zugesetzt. Die Mischung wird geschüttelt und zwei Minuten auf Siedetemperatur gehalten. Nach dem Abkühlen filtriert man und gibt Tollens-Reagens zu (s. Abschn. 6.1.4.4.).

Aliphatische und aromatische Nitro- und Nitrosoverbindungen werden unter den angegebenen Bedingungen zu entsprechenden Hydroxylaminen, Hydrazinen oder Aminophenolen reduziert, diese geben dann mit Tollens-Reagens (s. Abschn. 6.4.) eine Abscheidung von metallischem Silber (grauer, flockiger Niederschlag). Die Reaktion ist nicht aussagefähig, wenn bereits die Analysensubstanz Tollens-Reagens reduziert.

### 6.1.3.12.  Halogenkohlenwasserstoffe

Enthält die Substanz keinerlei funktionelle Gruppen, ist aber Halogen nachgewiesen worden, dann liegt ein Halogenkohlenwasserstoff vor. Die Substanz ist völlig unlöslich in Wasser und in konz. Salzsäure. In konz. Schwefelsäure unlöslich sind gesättigte aliphatische und cycloaliphatische Halogenkohlenwasserstoffe, ebenfalls aromatische Halogenkohlenwasserstoffe, falls sie keine reaktionserleichternden Substituenten enthalten.

Die Art der Bindung des Halogens (aliphatisch, aromatisch) siehe Abschnitt 6.1.4.1.

### 6.1.3.13.  Kohlenwasserstoffe

Ein Kohlenwasserstoff liegt meist dann vor, wenn die zu identifizierende Substanz keiner der Gruppen in den Abschnitten 6.1.3.1. bis 6.1.3.12. zugeordnet werden kann.

a) Gesättigte aliphatische Kohlenwasserstoffe sind in Wasser und in konz. Schwefelsäure auch in der Hitze unlöslich.

b) Ungesättigte (olefinische) Kohlenwasserstoffe lösen sich in konz. Schwefelsäure, addieren Brom (s. Abschn. 6.1.1.7.) und entfärben Kaliumpermanganatlösung (s. Abschn. 6.1.1.7.).

c) Aromatische Kohlenwasserstoffe sind in konz. Schwefelsäure nur dann löslich, wenn Alkyl- oder andere Reste substitutionserleichternd wirken (Benzen ist unlöslich, Toluen ist in der Kälte unlöslich – in der Hitze jedoch löslich, Xylene und Polyalkylbenzene sind auch in der Kälte löslich).
Weitere Hinweise siehe Abschnitt 6.1.4.6.

## 6.1.4.  Hinweisreaktionen

### 6.1.4.1.  Hinweis auf hydrolysierbares Halogen

*Reaktion mit ethanolischer Silbernitratlösung*

Zu 2 ml einer 2 %igen ethanolischen Silbernitratlösung fügt man einige Tropfen der Analysensubstanz, die man in Wasser oder Ethanol gelöst hat. Wenn nach drei Minuten keine Fällung beobachtet wird, erhitzt man die Lösung kurz zum Sieden. Bei Bildung eines Niederschlages von Silberhalogenid muß dieser auch nach Zugabe einiger Tropfen konz. Salpetersäure unlöslich sein.

In der Kälte ausgeschiedenes Silberhalogenid weist auf Säurehalogenide, tertiäre Alkylhalogenide, Alkyliodide und Allylhalogenide hin. Tritt eine Fällung bei erhöhter Temperatur ein, so sind primäre und sekundäre Alkylchloride, Dinitrochlorbenzene und vicinale Dibromide zu vermuten. Arylhalogenide, Vinylhalogenide, Tetrachlorkohlenstoff u. a. geben unter den angegebenen Bedingungen keine Reaktion.

*Reaktion mit Natriumiodid in Aceton*

Beachte: Die Lösung von Natriumiodid in Aceton ist unbrauchbar, sobald sie eine rotbraune Farbe angenommen hat.

Zu 1 ml einer Lösung von Natriumiodid in Aceton (vgl. Abschn. 6.4.) gibt man 2 Tropfen bzw. 0,1 g, in möglichst wenig Aceton gelöst, der Analysensubstanz, schüttelt kräftig und läßt einige Minuten stehen. Sollte kein Niederschlag von Natriumchlorid oder -bromid auftreten, so wird 5 bis 10 Minuten auf dem Wasserbad erwärmt, ohne daß Aceton verdampft.

Ein auftretender Niederschlag zeigt die Anwesenheit von aliphatisch gebundenem Chlor oder Brom an. Der Test wird auch von Säurechlorid bzw. -bromid gegeben. Aromatisch gebundenes Halogen ist unter diesen Bedingungen nicht abspaltbar. Bei einigen Verbindungen geht mit der Niederschlagsbildung eine Farbänderung nach Braun (Iodfreisetzung) einher.

## 6.1.4.2.   Hinweis auf Amine

*Reaktion mit Chloroform und Natronlauge (Isocyanid-Reaktion)*

**Vorsicht! Stark giftig! Abzug!**

Unter einem gut ziehenden Abzug versetzt man ein Gemisch aus 0,1 ml bzw. 0,1 g der Analysensubstanz und 2 ml Ethanol mit 2 ml 10 %iger Natronlauge und einigen Tropfen Chloroform und erhitzt zum Sieden.

Das Auftreten des widerwärtigen Isocyanid-Geruches (eventuell Vergleichsprobe mit einem bekannten primären Amin!) deutet auf ein primäres Amin. Der Reaktion ist zum Teil überempfindlich und spricht bereits auf Spuren primären Amins an, das in anderen Aminen technischer Reinheit enthalten sein kann. Andererseits können hochsiedende Isocyanide auf Grund ihres geringen Dampfdruckes gar nicht oder nur schwer wahrnehmbar sein.

**Achtung!** Nach Beendigung des Versuches wird die Reaktionsmischung mit konz. Salzsäure versetzt, um entstandenes Isocyanid zu zerstören. Erst danach darf der Inhalt des Reagenzglases verworfen werden **(Abzug!)**.

*Reaktion mit salpetriger Säure*

Liegt ein primäres Amin vor (Isocyanid-Reaktion!), so löst man 0,5 ml bzw. 0,5 g der Analysensubstanz in 2 ml konz. Salzsäure, verdünnt mit 3 ml Wasser und kühlt die Reaktionsmischung in einem Eisbad auf 0 °C ab. Unter Schütteln gibt man solange tropfenweise eine Lösung von 0,5 g Natriumnitrit in 3 ml Wasser zu, bis ein Tropfen der Reaktionsmischung auf Iodidstärkepapier eine Blaufärbung durch überschüssige salpetrige Säure hervorruft. Man beobachte, ob schon während der Darstellung des Diazoniumsalzes eine starke Gasentwicklung auftritt!

4 ml der Diazoniumsalzlösung werden zu 2 ml $\beta$-Naphthol-Natronlauge-Lösung (vgl. Ü 41 und Abschn. 6.5.) gegeben.

Die Bildung eines orangeroten Farbstoffes läßt auf ein primäres aromatisches Amin schließen. Eine starke Stickstoffentwicklung bei der Zugabe der Natriumnitritlösung deutet auf die Anwesenheit eines aliphatischen primären Amins hin. Sekundäre aliphatische und aromatische Amine bilden mit salpetriger Säure Nitrosamine, welche sich meist als gelbliches Öl abscheiden. Niedere aliphatische Nitrosamine sind in Wasser allerdings gut löslich.

Ein eventuell gebildetes Nitrosamin wird in der fünf- bis zehnfachen Menge Diethylether aufgenommen, dieser mit 5 %iger Natronlauge gewaschen und anschließend abdestilliert. Der Rückstand wird in der 2fachen Menge geschmolzenen Phenols gelöst und mit einigen Tropfen konz. Schwefelsäure angesäuert. Es tritt eine rote Färbung auf, die nach Zusatz von 10 %iger Natronlauge in Blau umschlägt.

Die Nitroso-Gruppe des Nitrosamins führt zur Bildung von N-(4'-Hydroxy-phenyl)-p-benzochinonimin:

$$O{=}\langle\rangle{=}N{-}\langle\rangle{-}OH \text{ rot} \qquad O{=}\langle\rangle{=}N{-}\langle\rangle{-}O^{\ominus}Na^{\oplus} \text{ blau}$$

Tertiäre Amine reagieren unter den angeführten Bedingungen nicht.

### 6.1.4.3.   Hinweis auf Phenole, Alkohole

*Reaktion mit Ceriumammoniumnitrat*

**Achtung! 1,4-Dioxan ist hochtoxisch! Abzug!**

Fünf Tropfen der in Wasser gelösten Analysensubstanz werden zu einer Lösung von 0,5 ml Ceriumammoniumnitrat-Reagens (vgl. Abschn. 6.4.) in 3 ml Wasser gegeben.

Eine wasserunlösliche Analysensubstanz wird in 1,4-Dioxan gelöst. Davon werden fünf Tropfen zu einer Lösung von 0,5 ml Ceriumammoniumnitrat-Reagens in 3 ml 1,4-Dioxan gegeben. Nach dem jeweiligen Umschütteln wird eine eventuelle Farbänderung festgestellt.

Alkohole geben sich durch eine Farbänderung von gelb nach rot zu erkennen. Bei Anwesenheit von Phenolen entsteht in wäßriger Lösung eine braune Fällung, in 1,4-Dioxan tritt eine rote bis braune Färbung auf. Die Farbreaktionen sind bei Alkoholen und Phenolen, die nicht mehr als 10 C-Atome enthalten, eindeutig. Die Gegenwart weiterer funktioneller Gruppen wie z. B. —COOH, —CHO stört nicht. Aromatische Amine und Verbindungen, die leicht mitunter auch zu farbigen Substanzen oxidiert werden können, stören die Reaktion.

*Reaktion mit salpetriger Säure (Liebermann-Nitroso-Reaktion)*

Zu 2 ml konz. Schwefelsäure, in der man eine Spatelspitze Natriumnitrit gelöst hat, werden 0,1 g der Analysensubstanz gegeben. Dieses Gemisch wird in 25 ml Eiswasser gegossen und anschließend mit Natronlauge alkalisiert.

Gebildetes N-(4'-Hydroxy-phenyl)-p-benzochinonimin – im sauren Milieu rot, im alkalischen Milieu blau – zeigt an, daß ein in o- und p-Stellung nicht substituiertes Phenol vorgelegen hat.

*Reaktion mit Kupfersulfat*

Einige Tropfen der Analysensubstanz werden in 5 %iger Natronlauge gelöst und mit einigen Tropfen einer stark verdünnten wäßrigen Kupfersulfatlösung (vgl. Abschn. 6.4.) versetzt.

Bei Anwesenheit mehrwertiger Alkohole wird das Kupferhydroxid komplex in Lösung gehalten und fällt nicht wie üblich im alkalischen Milieu aus.

*Reaktion mit Natriumhypoiodit (Iodoform-Reaktion)*

**Achtung! 1,4-Dioxan ist hochtoxisch! Abzug!**

Zu 5 ml 1,4-Dioxan werden 0,1 g oder 0,1 ml der zu prüfenden Substanz gegeben. Anschließend versetzt man die Lösung mit etwa 1 ml 10%iger Natronlauge und tropft nun Iod-Kaliumiodid-Lösung (vgl. Abschn. 6.5.) hinzu, bis die dunkle Iodfarbe auch nach dem Schütteln nicht mehr verschwindet. Danach erwärmt man etwa zwei Minuten auf einem etwa 60 °C warmen Wasserbad. Verschwindet die Iodfarbe, so wird erneut mit Iod-Kaliumiodid-Lösung versetzt und wiederum kurz erwärmt. Am Ende wird überschüssiges Iod durch Zugabe einiger Tropfen 10%iger Natronlauge beseitigt. Man versetzt nun mit etwa 5 bis 10 ml Wasser und läßt 15 Minuten stehen. Ausgeschiedenes gelbes Iodoform hat eine Schmelztemperatur von 119 bis 121 °C.

Folgende Verbindungen geben den Test: $CH_3$—CO—R und $CH_3$—CH(OH)—R für R=H, Alkyl, Aryl. Andere Verbindungen wie zum Beispiel Acetessigester ($CH_3$—CO—$CH_2$—$COOC_2H_5$), Cyanaceton ($CH_3$—CO—$CH_2$—CN) und Nitroaceton ($CH_3$—CO—$CH_2$—$NO_2$) geben die Iodoform-Reaktion nicht.

*Reaktion mit Zinkchlorid (Lukas-Reaktion)*

Zu 1 ml der zu untersuchenden Substanz werden auf einmal 8 ml Lukas-Reagens (vgl. Abschn. 6.5.) gegeben; man schüttelt das Reagenzglas kräftig durch und beobachtet danach das Verhalten der Flüssigkeit.

Bei tertiären Alkoholen bilden sich alsbald zwei Phasen, von denen die eine das Alkylchlorid ist. Sekundäre Alkohole lösen sich zunächst klar, die Lösung trübt sich jedoch bald; nach einiger Zeit scheidet sich das Alkylchlorid tropfenförmig ab. Primäre Alkohole bis etwa 5 C-Atome werden gelöst, ohne daß eine Trübung eintritt. Der Test ist nur dann sinnvoll, wenn der zu untersuchende Alkohol im Reagens klar löslich ist. Benzyl- und Allylalkohol reagieren wie tertiäre Alkohole.

*Reaktion mit Quecksilbersulfat (Denigès-Reaktion)*

Zu 2 ml Denigès-Reagens (vgl. Abschn. 6.5.) gibt man einige Tropfen der Analysensubstanz und erhitzt zum Sieden.

Tertiäre Alkohole werden durch die im Reagens enthaltene Schwefelsäure dehydratisiert. Die gebildeten Olefine geben mit Quecksilberionen gelbe bis rote Niederschläge. Die mit primären und sekundären Alkoholen erhaltenen Niederschläge sind meist farblos.

## 6.1.4.4.   Hinweis auf Aldehyde und reduzierende Substanzen

*Reaktion mit Benedict-Reagens*

Zu 5 ml Benedict-Reagens (vgl. Abschn. 6.5.) wird eine Lösung bzw. Suspension von 0,2 g bzw. 0,2 ml der Analysensubstanz in etwa 5 ml Wasser gegeben.

Ein sofort oder nach dem Erhitzen anfallender roter, gelber oder gelbgrüner Niederschlag von Kupfer(I)-oxid zeigt die Anwesenheit von $\alpha$-Hydroxyaldehyden (z. B. Aldosen), $\alpha$-Hydroxyketonen (z. B. Ketosen, Benzoin) oder $\alpha$-Ketoaldehyden an. Einfache aliphatische und aromatische Aldehyde (z. B. Butyraldehyd, Benzaldehyd) werden durch Benedict-Reagens nicht oxidiert. Hydrochinon gibt einen positiven Test.

*Reaktion mit Fehling-Reagens*

Unmittelbar vor dem Versuch werden je 2 ml Fehling I (vgl. Abschn. 6.4.) und Fehling II (vgl. Abschn. 6.4.) vermischt und mit etwa 0,2 g bzw. 0,2 ml der Analysensubstanz versetzt. Anschließend erhitzt man die Mischung einige Minuten zum Sieden.

Das Verschwinden der tiefblauen Farbe und die Bildung eines roten bzw. gelbroten Niederschlages zeigt die Anwesenheit von aliphatischen Aldehyden, Polyhydroxy-Verbindungen, reduzierenden Zuckern, Hydrazinen oder Hydroxylaminen an. Aromatische Aldehyde wie z. B. Benzaldehyd geben diese Reaktion nicht.

*Reaktion mit Tollens-Reagens*

Zu 2 ml frisch bereitetem Tollens-Reagens (vgl. Abschn. 6.4.) gibt man 0,2 g bzw. 0,2 ml der Analysensubstanz. Erfolgt in der Kälte keine Abscheidung von metallischem Silber, so erwärmt man einige Zeit im Wasserbad.

Die Abscheidung eines Silberniederschlags oder die Bildung eines Silberspiegels verursachen aliphatische und aromatische Aldehyde, reduzierende Zucker, $\alpha$-Diketone, $\alpha$-Hydroxyketone, mehrwertige Phenole, $\alpha$-Naphthole, Aminophenole, Hydrazine, Hydroxylamine, Phenylendiamine. Leicht hydrolysierbares Halogen kann zu einem weißen Niederschlag von Silberhalogenid führen.


## 6.1.4.5.    Hinweis auf Carbonsäureester

*Reaktion mit Hydroxylamin/Eisen(III)-chlorid (Hydroxamsäuretest)*

Vor Ausführung dieses Tests muß die Anwesenheit von Phenolen und/oder Enolen ausgeschlossen werden (s. Abschn. 6.1.3.5.).

2 Tropfen bzw. eine Spatelspitze der Analysensubstanz werden zu 1 ml ethanolischer Hydroxylaminhydrochloridlösung (s. Abschn. 6.4.) und 8 Tropfen 6 N Natronlauge gegeben. Das Gemisch wird zum Sieden erhitzt und nach dem Abkühlen mit 2 ml 1 N Salzsäure versetzt. Eine eventuelle Trübung beseitigt man durch Zugabe von 2 ml 96 %igen Ethanols. Nun gibt man einen Tropfen 5 %ige Eisen(III)-chloridlösung zu und beobachte die Farbänderung! Sollte die Farbe nicht bestehen bleiben, so setze man weitere Tropfen Eisen(III)-chloridlösung zu.

Eine rote oder purpurne Farbe wird außer von Carbonsäureestern auch von Lactonen, Säurechloriden, Säureanhydriden, Trihalogenverbindungen wie Chloroform und Benzylidintrichlorid gegeben. Von den Carbonsäuren gibt nur die Ameisensäure eine rote Färbung. Phthalsäure, die gewöhnlich Phthalsäureanhydrid enthält, gibt ebenfalls einen positiven Test.

Primäre und sekundäre Nitroverbindungen, die unter den entsprechenden Bedingungen die aci-Form bilden, reagieren mit Eisen(III)-chlorid unter Rotfärbung. Aldehyde, die kein $\alpha$-ständiges Wasserstoffatom besitzen, wie Formaldehyd und Benzaldehyd geben eine schwache Rotfärbung.

### 6.1.4.6.   Hinweis auf aromatische Kohlenwasserstoffe

*Reaktion mit Aluminiumchlorid und Chloroform*

**Achtung! Aluminiumchlorid verätzt die Haut. Es ist sehr feuchtigkeitsempfindlich und reagiert in trockenem Zustand mit Wasser explosionsartig; unter dem Abzug arbeiten!**

Bei dieser Reaktion ist unbedingt mit wasserfreien Substanzen und Lösungsmitteln zu arbeiten. Eine eventuell flüssig vorliegende Analysensubstanz wird vor dem Versuch mit wasserfreiem Natriumsulfat getrocknet. Das verwendete Chloroform ist über Natriumsulfat (s. Abschn. 6.4.) zu trocknen!

In einem trockenen Reagenzglas gibt man zu 2 ml Chloroform 0,1 ml bzw. 0,1 g der Analysensubstanz und versetzt mit 1 g gepulvertem Aluminiumchlorid.

Aromatische Kohlenwasserstoffe und Halogenkohlenwasserstoffe geben dabei charakteristisch gefärbte Lösungen: Benzen und Derivate – rot bis orange, Naphthalen – blau, Phenanthren und Diphenyl – purpur, Anthracen – grün. Die Reaktion ist nur sinnvoll, wenn die Analysensubstanz in konzentrierter Schwefelsäure in der Kälte unlöslich ist. Aliphatische Kohlenwasserstoffe, die ebenfalls in konz. Schwefelsäure unlöslich sind, geben nur eine leicht gelbliche oder keine Färbung.

## 6.1.5.   Darstellung von Derivaten

Nach der Durchführung der Vorproben (s. Abschn. 6.1.1.), der Charakterisierungsreaktionen (s. Abschn. 6.1.3.) und gegebenenfalls der Hinweisreaktionen (s. Abschn. 6.1.4.) hat der Praktikant schließlich die Aufgabe, seine unbekannte Substanz durch Überführung in ein festes, kristallisiertes Derivat mit einer scharfen, konstanten Schmelztemperatur zu identifizieren.

In den Tabellen 6.2 bis 6.15 (s. Abschn. 6.1.6.) sind die Schmelztemperaturen jeweils mehrerer Derivate zahlreicher Vertreter der wichtigsten Verbindungsklassen übersichtlich zusammengestellt.

Es ist notwendig, vor Beginn des Versuches in der entsprechenden Tabelle (z. B. Tab. 6.2 für Alkohole) nachzuschlagen und festzustellen, welches Derivat am günstigsten hergestellt werden sollte. Als solches kommt in Frage:

– ein Derivat mit einer möglichst hohen Schmelztemperatur und
– ein Derivat, bei dem die Abweichung der Schmelztemperatur zu benachbarten Verbindungen der gleichen (senkrechten) Spalte möglichst groß ist.

Bei fast allen Umsetzungen können drastischere Bedingungen gewählt werden, als in den Vorschriften beschrieben (anstelle von Erhitzen im siedenden Wasserbad kann auch über freier Flamme erwärmt werden); in jedem Falle ist jedoch darauf zu achten, daß bei der Reaktion keine Zersetzungserscheinungen auftreten (starke Dunkelfärbung), da Zersetzungsprodukte die Kristallisation der Derivate meist unmöglich machen.

Ferner ist stets so zu arbeiten, daß sich niedrig siedende Substanzen (*Kp* der Analysensubstanz beachten!) beim Erhitzen nicht verflüchtigen und sich dadurch dem Nachweis entziehen.

Falls ein Derivat nicht kristallin erhalten werden kann, versucht man zunächst durch Anreiben mit einem Glasstab an der Wand des Glasgefäßes die Kristallisation einzuleiten. Eventuell ist dabei noch zusätzlich zu kühlen. Zu konzentrierte Lösungen (hoher Viskosität) sind gegebenenfalls durch ein Lösungsmittel zu verdünnen. Zu verdünnte Lösungen (falls das Derivat in einem Lösungsmittel gelöst ist) sind einzuengen.

Ferner verschaffe man sich Klarheit über die Art möglicher, die Kristallisation des Derivates hemmender Verunreinigungen (z. B. überschüssige Ausgangsstoffe, Nebenprodukte u. ä. m.) und versuche diese durch schonende Extraktion zu entfernen.

Falls auch nach längerem Stehen (eventuell über Nacht unter Kühlung) ein Derivat nicht kristallin erhalten wird, wiederhole man die Herstellung des Derivates mit einem bekannten Vertreter der gleichen Substanzklasse. Falls dann ebenfalls kein Kristallisat erhalten werden kann, hat man entweder die Reaktionsbedingungen nicht eingehalten, oder die verwendeten Reagenzien waren nicht einwandfrei.

## 6.1.5.1.    Hydroxyverbindungen

### a) Alkohole

*Benzoesäure-, p-Nitro-benzoesäure-* oder *3,5-Dinitro-benzoesäureester*

$$R{-}OH + Cl{-}CO{-}C_6H_5 \longrightarrow R{-}O{-}CO{-}C_6H_5 + HCl$$

$$R{-}OH + Cl{-}CO{-}C_6H_4{-}NO_2 \longrightarrow R{-}O{-}CO{-}C_6H_4{-}NO_2 + HCl$$

$$R{-}OH + Cl{-}CO{-}C_6H_3(NO_2)_2 \longrightarrow R{-}O{-}CO{-}C_6H_3(NO_2)_2 + HCl$$

**Vorsicht! Abzug!**

Man versetzt 0,5 g (oder 20 Tropfen) des Alkohols oder Phenols in einem Reagenzglas mit 20 Tropfen Benzoylchlorid oder 0,5 g p-Nitro- bzw. 3,5-Dinitro-benzoylchlorid. Unter Schütteln wird das Gemisch auf dem siedenden Wasserbad für drei bis fünf Minuten erhitzt, danach abgekühlt und mit 10 ml 5 %iger Sodalösung durchgeschüttelt. Man filtriert den festen Rückstand ab und wäscht mit Wasser. Es wird aus Ethanol-Wasser umkristallisiert. Bei säureempfindlichen (tertiären) Alkoholen wird der Alkohol zunächst in 1 ml Pyridin gelöst und danach das Säurechlorid zugesetzt.

Beim Nachweis von Alkoholen ist das Säurechlorid u. U. im Überschuß einzusetzen. Beim Nachweis von Phenolen kann überschüssiges Phenol eventuell mit kalter verd. Natronlauge entfernt werden.

Wird nicht exakt nach Vorschrift gearbeitet, ist es möglich, daß freie Benzoesäure, p-Nitro-benzoesäure bzw. 3,5-Dinitro-benzoesäure als Derivat erhalten wird. 3,5-Dinitro-benzoylchlorid kann man aus der freien Säure wie folgt herstellen (**Achtung! Unter dem Abzug arbeiten!**): Man erhitzt 3,5-Dinitro-benzoesäure mit etwas mehr als der äquivalenten Menge Phosphor(V)-chlorid in einem Reagenzglas bis zur Verflüssigung der Mischung. Nach Eintritt der Reaktion wird noch fünf Minuten weiter erwärmt (schwaches Sieden), dann auf ein Uhrglas gegossen und, nachdem die Kristallisation eingetreten ist, auf eine poröse Tonplatte gepreßt. Dadurch wird das entstandene Phosphoroxidchlorid eingesaugt. Das zurückbleibende 3,5-Dinitro-benzoylchlorid kann ohne weitere Reinigung für die Herstellung eines Derivates verwendet werden.

*Phenyl- oder α-Naphthylurethane*

$$R{-}O{-}H \; + \; O{=}C{=}N{-}C_6H_5 \; \longrightarrow \; O{=}C\begin{smallmatrix}NH{-}C_6H_5\\O{-}R\end{smallmatrix}$$

$$R{-}O{-}H \; + \; O{=}C{=}N{-}C_{10}H_7 \; \longrightarrow \; O{=}C\begin{smallmatrix}O{-}R\\NH{-}C_{10}H_7\end{smallmatrix}$$

**Vorsicht! Isocyanate sind tränenreizend! Abzug! Absolut wasserfrei arbeiten!**

10 bis 15 Tropfen Phenyl- oder α-Naphthylisocyanat werden in 0,5 ml Chloroform, Tetrachlorkohlenstoff oder Ligroin mit 0,5 ml oder 0,5 g des vorher getrockneten Alkohols oder Phenols versetzt und einige Minuten gelinde erwärmt.

Fällt nach Beendigung der Reaktion das Urethan nicht kristallin aus, wird das Lösungsmittel vorsichtig verdampft. Es kann auch ohne Lösungsmittel gearbeitet werden. Zur Reinigung kristallisiert man aus einem indifferenten Lösungsmittel (z. B. Benzin, CCl$_4$) um. Wurde nicht wasserfrei gearbeitet, können als Reaktionsprodukt N,N'-Diphenylharnstoff (*F* 239 °C) bzw. N,N'-Di-α-naphthyl-harnstoff (*F* 284 °C) entstehen.

*2-Alkyl-hydrogen-3-nitro-phthalate*

$$R{-}OH \; + \; \text{(3-Nitrophthalsäureanhydrid)} \; \longrightarrow \; \text{(2-Alkyl-hydrogen-3-nitro-phthalat)}$$

In einem Reagenzglas erhitzt man vorsichtig ein Gemisch aus dem zu untersuchenden Alkohol (0,5 bis 1 ml) und 0,5 g 3-Nitro-phthalsäureanhydrid bis zum Sieden. Bei niedrigsiedenden Alkoholen sind dabei Siedeverluste zu vermeiden. Nach fünf- bis zehnminütigem Erhitzen läßt man auf Zimmertemperatur abkühlen und verdünnt mit wenig Wasser (bei Alkoholen bis 4 C-Atome) oder verdünnter Salzsäure. Das erhaltene Produkt wird aus wenig Wasser umkristallisiert, um das mit entstandene Isomere zu entfernen. Gelegentlich wird das hergestellte 2-Alkyl-hydrogen-3-nitro-phthalat nicht sofort kristallin erhalten. In diesem Falle muß man die Lösung längere Zeit stehenlassen.

*Acetate*

siehe Abschnitt 6.1.5.1., b

**b) Phenole**

*Benzoesäure-, p-Nitro-benzoesäure-* und *3,5-Dinitro-benzoesäureester* sowie *Phenyl-* und *α-Naphthylurethane*

siehe Abschnitt 6.1.5.1., a

*Bromderivate*

$$R-\langle\!\!\bigcirc\!\!\rangle\!-OH + nBr_2 \longrightarrow R-\langle\!\!\bigcirc\!\!\rangle\!-OH + nHBr$$

**Vorsicht! Abzug!**

Man löst eine geringe Menge des Phenols in Wasser oder Aceton und versetzt unter kräftigem Schütteln tropfenweise mit so viel Brom-Kaliumbromid-Lösung in Wasser, bis die gelbe Farbe nicht mehr verschwindet. Der erhaltene Niederschlag wird abgesaugt und kräftig mit Wasser gewaschen. Man kristallisiert aus 96 %igem oder 50 %igem Ethanol um.

*Aryloxyessigsäuren*

$$\langle\!\!\bigcirc\!\!\rangle\!-OH + Cl-CH_2-COOH \longrightarrow \langle\!\!\bigcirc\!\!\rangle\!-O-CH_2-COOH + HCl$$

**Vorsicht! Chloressigsäure ist stark hautreizend!**

Zu einer Lösung von etwa 1 g Chloressigsäure und 0,6 g des Phenols in 2 ml Wasser gibt man 1,5 bis 2 g Natriumhydroxid, in 3 ml Wasser gelöst. Man verdünnt bei Bedarf mit mehr Wasser, um eine vollständige Lösung zu erreichen. Anschließend wird 30 bis 60 Minuten auf 80 bis 100 °C erhitzt. Man läßt danach abkühlen und neutralisiert mit verd. Salzsäure gegen Kongorot oder Methylorange und extrahiert die Phenoxyessigsäure mit Ether. Die Etherschicht wird mit Wasser gewaschen und anschließend mit verd. Sodalösung durchgeschüttelt. Aus der entstandenen wäßrigen Lösung des Natriumsalzes wird die Säure durch Zugabe von Salzsäure freigesetzt. Man saugt ab und kristallisiert aus Wasser um.

*Acetate (z. B. Hydrochinon)*

$$\langle\!\!\bigcirc\!\!\rangle + 2(CH_3CO)_2O \longrightarrow \langle\!\!\bigcirc\!\!\rangle + 2CH_3COOH$$

Die Reaktion ist für einige mehrwertige Alkohole und Phenole besonders geeignet (s. Tab. 6.2 u. 6.3).

Man erhitzt die zu untersuchende Substanz mit wenig mehr als der äquivalenten Menge Acetanhydrid und einer Spur eines der nachfolgenden Katalysatoren (Natrium-acetat, Schwefelsäure, Zinkchlorid, Bortrifluoriddietherat) bis zum Sieden (etwa fünf Minuten). Es kann auch mit einer Mischung aus Acetanhydrid-Pyridin gearbeitet werden. Nach Abkühlen gießt man die Reaktionslösung in wenig Wasser. Die erhaltenen Kristalle werden abgesaugt und aus wenig Ethanol umkristallisiert.

### 6.1.5.2.  Aldehyde und Ketone

*p-Nitro-phenylhydrazone und 2,4-Dinitro-phenylhydrazone*

$$\frac{R}{R'}C{=}O + H_2N{-}NH{-}\bigcirc{-}NO_2 \longrightarrow \frac{R}{R'}C{=}N{-}NH{-}\bigcirc{-}NO_2 + H_2O$$

$$\frac{R}{R'}C{=}O + H_2N{-}NH{-}\bigcirc{-}NO_2 \longrightarrow \frac{R}{R'}C{=}N{-}NH{-}\bigcirc{-}NO_2 + H_2O$$
(jeweils mit $NO_2$ in ortho-Stellung)

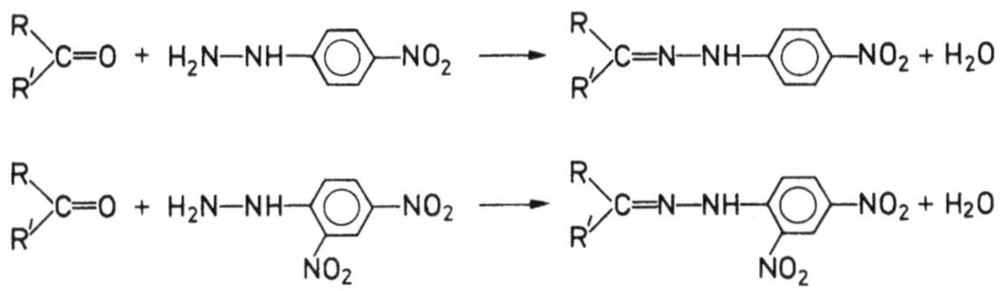

1 g oder 1 ml der Carbonylverbindung werden im Rundkolben mit 0,7 g des Hydrazins und 25 ml Ethanol bis zum Sieden erhitzt. Als Katalysator wird noch 1 ml konz. Salzsäure durch den Rückflußkühler zugegeben. Das zur Reaktion verwendete Ethanol muß frei von Aldehyd sein!

Das Derivat soll nach 15 Minuten Sieden aus der kalten Lösung auskristallisieren. Es wird aus Ethanol umkristallisiert.

*Semicarbazone*

$$\frac{R}{R'}C{=}O + H_2N{-}NH{-}CO{-}NH_2 \longrightarrow \frac{R}{R'}C{=}N{-}NH{-}CO{-}NH_2 + H_2O$$

Es werden 0,5 g Semicarbazidhydrochlorid und 1 g Natrium-acetat in 3 ml Wasser im Reagenzglas gelöst. Dazu gibt man 20 Tropfen oder 0,5 g Carbonylverbindung sowie eine genügende Menge Ethanol, um eine homogene Lösung herzustellen. Man erhitzt anschließend 10 Minuten auf dem siedenden Wasserbad, kühlt, filtriert den entstandenen Niederschlag ab und kristallisiert aus wäßrigem Ethanol um.

*Oxime*

$$\frac{R}{R'}C{=}O + H_2N{-}OH \longrightarrow \frac{R}{R'}C{=}N{-}OH + H_2O$$

Man versetzt eine Lösung von 0,5 g Hydroxylaminhydrochlorid und 0,5 g Natriumacetat in 3 bis 5 ml Wasser mit 0,5 ml oder 0,5 g der zu prüfenden Carbonylverbindung. Ist letztere wasserunlöslich, so wird eine geringe Menge Ethanol hinzugefügt. Dann erhitzt man 30 Minuten lang unter Rückfluß und läßt anschließend im Eisbad auskristallisieren. Mitunter ist längeres Stehen erforderlich.

Es ist auch möglich, gleiche Mengen Carbonylverbindung und Hydroxylaminhydrochlorid (etwa 0,5 g) mit 5 ml einer Mischung aus gleichen Teilen Pyridin und absolutem Ethanol ein bis zwei Stunden unter Rückfluß zu erhitzen. Danach vertreibt man die Lösungsmittel (**Abzug!**), verreibt den entstandenen Rückstand mit wenig eiskaltem Wasser und filtriert das Oxim von der Lösung des Pyridiniumchlorids ab. Das Oxim wird aus Ethanol umkristallisiert.

## 6.1.5.3.    Carbonsäuren und Derivate

### a) Carbonsäuren

*Phenacyl- oder p-Brom-phenacylester*

**Vorsicht! Phenacylbromid ist tränen- und hautreizend! Abzug!**

$$R{-}COONa \;+\; BrCH_2{-}CO{-}C_6H_5 \longrightarrow R{-}CO{-}O{-}CH_2{-}CO{-}C_6H_5 \;+\; NaBr$$

$$R{-}COONa \;+\; BrCH_2{-}CO{-}C_6H_4{-}Br \longrightarrow R{-}CO{-}O{-}CH_2{-}CO{-}C_6H_4{-}Br \;+\; NaBr$$

Man löst 1 g oder 1 ml der Säure in sehr wenig Ethanol (oder Wasser, bei wasserlöslichen Säuren) in einem Rundkolben. Dann versetzt man mit einigen Tropfen Phenolphthaleinlösung und gibt anschließend soviel verdünnte Natronlauge zu, daß gerade noch keine Rotfärbung auftritt (eventuell mit 1 bis 2 Tropfen verd. Salzsäure zurücktitrieren). Dazu gibt man 1 g Phenacyl- oder p-Brom-phenacylbromid und erhitzt bis zum Sieden. Durch den Rückflußkühler setzt man genügend Ethanol zu, um eine homogene Lösung zu erhalten. Nach einer Stunde Reaktionszeit verdünnt man mit 10 bis 15 ml Wasser, filtriert den Niederschlag ab, wäscht mit Wasser und kristallisiert aus Ethanol um. Bei mehrbasigen Säuren ist die Reaktionszeit auf zwei bis drei Stunden auszudehnen. Bei dieser Vorschrift ist ein Überschuß an p-Brom-phenacylbromid (*F* 109 °C) zu vermeiden, da das Derivat sonst damit verunreinigt anfallen kann.

*Carbonsäureamide und -anilide*

$$R{-}COOH \;+\; PCl_5 \longrightarrow R{-}CO{-}Cl \;+\; POCl_3 \;+\; HCl$$
$$R{-}COOH \;+\; SOCl_2 \longrightarrow R{-}CO{-}Cl \;+\; SO_2 \;+\; HCl$$
$$R{-}CO{-}Cl \;+\; H_2N{-}R' \longrightarrow R{-}CO{-}HN{-}R' \;+\; HCl$$

$$R' = H,\; C_6H_5$$

**Vorsicht! Abzug!**

Nach der folgenden Vorschrift ist die Darstellung von Säureamiden nur bei Säuren mit mindestens sechs Kohlenstoffatomen möglich.

Man erwärmt etwa 0,2 g bis 0,3 g der wasserfreien (!) Säure mit einem geringen Überschuß an Phosphor(V)-chlorid mehrere Minuten im heißen Wasserbad (Abzug!). Die abgekühlte Mischung wird in wenigen Millilitern Petrolether aufgenommen. Um die Phosphorhalogenide zu beseitigen, muß die organische Phase mit einigen Tropfen Wasser durchgeschüttelt werden. Die erhaltene Lösung des Säurehalogenids wird sofort weiterverarbeitet.

- Zur Darstellung des Amids schüttelt man die Lösung mit etwa 6 ml kaltem konz. Ammoniak durch. Die erhaltenen Kristalle werden abgesaugt und aus Ethanol umkristallisiert.
- Zur Darstellung des Anilids versetzt man die Lösung des Säurechlorids in Petrolether unter Schütteln mit etwa 20 Tropfen Anilin. Anschließend schüttelt man mit wenigen Millilitern verd. Natronlauge. Das erhaltene Produkt wird filtriert und je einmal mit wenig verd. Salzsäure und verdünnter Bicarbonatlösung gewaschen. Man kristallisiert aus wenig Ethanol um.

Die folgende Vorschrift eignet sich auch für Säuren mit weniger als sechs Kohlenstoffatomen:

- 1 g der Säure wird mit 5 ml Thionylchlorid 15 Minuten unter Rückfluß erhitzt. Die abgekühlte Lösung wird vorsichtig in 15 ml eiskalten Ammoniak eingetropft. Man saugt das erhaltene Säureamid ab und kristallisiert aus Wasser oder Ethanol um.
- Man erhitzt 1 g der Säure oder ihres Natriumsalzes mit 2 ml Thionylchlorid 30 Minuten lang unter Rückfluß (Abzug!). Danach wird gekühlt und eine Lösung von 1 bis 2 ml Anilin in 30 ml Benzen hinzugefügt. Man erwärmt einige Minuten. Die Benzenlösung wird abgegossen und nacheinander mit wenig Wasser, 5 %iger Salzsäure, 5 %iger Sodalösung und zuletzt mit Wasser gewaschen. Man vertreibt das Benzen und kristallisiert aus Wasser oder Ethanol um.

### b) Carbonsäureanhydride und -chloride

*Carbonsäureanilide*

$$\begin{array}{c}RCO \\ RCO\end{array}\!\!\!>\!\!O \;+\; H_2N\!-\!\langle\bigcirc\rangle \;\longrightarrow\; RCO\!-\!NH\!-\!\langle\bigcirc\rangle \;+\; RCOOH$$

$$RCO\!-\!Cl \;+\; H_2N\!-\!\langle\bigcirc\rangle \;\longrightarrow\; RCO\!-\!NH\!-\!\langle\bigcirc\rangle \;+\; HCl$$

Man versetzt vorsichtig 20 Tropfen oder 0,5 g der zu untersuchenden Substanz mit 20 Tropfen Anilin und 5 ml 10 %iger Natronlauge. Man rührt, erhitzt eine Minute im siedenden Wasserbad und kühlt ab. Das Anilid kristallisiert gut aus, wenn kein Überschuß an Amin eingesetzt wurde. Setzt keine Kristallisation ein, dann trennt man das Öl ab und wäscht es mit verd. Salzsäure aus. Das erhaltene Kristallisat ist aus Ethanol oder Ethanol/ Wasser umzukristallisieren.

Aus Säureanhydriden und Säurehalogeniden lassen sich nach Überführen in die entsprechenden Säuren auch die Phenacyl- oder p-Brom-phenacylester (s. Abschn.6.1.5.3., a) darstellen.

### c) Alkalisalze von Carbonsäuren

*Phenacyl- oder p-Brom-phenacylester*

Es wird sinngemäß nach der unter Abschnitt 6.1.5.3., a angegebenen Vorschrift gearbeitet, indem die wäßrige Lösung des Salzes mit Phenacyl- oder p-Brom-phenacylbromid umgesetzt wird.

*Säureamide und -anilide*

Diese Derivate werden unter sinngemäßer Anwendung der unter Abschnitt 6.1.5.3., a angegebenen Vorschrift hergestellt (d. h. u. U. nach Überführung des Natriumsalzes der Säure in die freie Säure).

### d) Carbonsäureester

*3,5-Dinitro-benzoesäureester der Alkoholkomponente*

$$R'-O-CO-R \; + \; Cl-OC\!-\!C_6H_3(NO_2)_2 \; \longrightarrow \; R'-OOC\!-\!C_6H_3(NO_2)_2 \; + \; RCOCl$$

**Vorsicht! Abzug!**

Man versetzt 1 ml oder 1 g des Esters in einem Rundkolben mit 1 g 3,5-Dinitro-benzoylchlorid und 1 ml konz. Schwefelsäure. Es wird unter Rückfluß 20 Minuten auf dem Wasserbad (keinesfalls auf freier Flamme) erhitzt. Der Kolben wird dabei von Zeit zu Zeit geschüttelt, um eine gute Durchmischung zu erreichen. Falls nicht die gesamte Substanz in Lösung geht, ist das ohne negative Auswirkung. Nach Abkühlen setzt man 25 ml Wasser zu, überführt in einen Scheidetrichter und extrahiert mit 25 ml Diethylether. Die Etherschicht wird abgetrennt und nacheinander mit Wasser, verd. Sodalösung und erneut mit Wasser gewaschen. Man engt die Etherlösung ein und nimmt den Rückstand in 3 bis 5 ml Ethanol auf. Durch Eiskühlung bewirkt man die Kristallisation, u. U. durch Anreiben mit einem Glasstab.

*p-Brom-phenacylester der Säurekomponente*

$$R'-O-CO-R \; + \; NaOH \; \longrightarrow \; R'-OH \; + \; NaOCO-R$$

$$R-COONa \; + \; BrCH_2CO\!-\!C_6H_4\!-\!Br \; \longrightarrow \; R-COOCH_2CO\!-\!C_6H_4\!-\!Br \; + \; NaBr$$

Man erhitzt in einem Kolben mit aufgesetztem Rückflußkühler eine Mischung aus 1 bis 2 ml des zu untersuchenden Esters mit 10 ml 20 %iger Natronlauge zum Sieden. Niedrig siedende Ester ($Kp \leqq 120\,°C$) sind nach etwa 30 Minuten unter den angegebenen Reaktionsbedingungen völlig verseift. Höher siedende Ester erfordern eine längere Zeit (bis 2 Stunden, teilweise auch länger). Das Fortschreiten der Verseifung erkennt man am Verschwinden der Esterschicht und am Verschwinden des Estergeruches. Die organische Phase verschwindet nicht, wenn der bei der Verseifung entstandene Alkohol schlecht im Wasser löslich ist.

Nach Verseifung des Esters wird die erhaltene Lösung des Natriumsalzes der Carbonsäure gegen Phenolphthalein mit verd. Salzsäure neutralisiert und mit 1 g Phenacyl- oder p-Brom-phenacylbromid umgesetzt, entsprechend der Vorschrift zur Herstellung von Phenacyl- bzw. p-Brom-phenacylestern (s. Abschn. 6.1.5.3., a).

*N-Benzylamide der Säurekomponente*

$$R—CO—O—R' + H_2N—CH_2—C_6H_5 \rightarrow R—CO—NH—CH_2—C_6H_5 + R'—OH$$

Die Arbeitsvorschrift ist nur mit Methyl- oder Ethylestern durchführbar. Ester höherer Alkohole müssen vorher umgeestert werden. Dazu erhitzt man 1 g des Esters mit 5 ml abs. Methanol unter Zusatz eines kleinen Stückchens Natrium 30 Minuten lang unter Rückfluß.

Eine Mischung aus 1 g Ester, 3 ml Benzylamin und 0,1 g Ammoniumchlorid wird eine Stunde unter Rückfluß erhitzt. Nach Kühlung wäscht man den Überschuß an Amin mit wenig Wasser, dem eine geringe Menge Salzsäure zugesetzt worden ist, aus (ein Überschuß an Salzsäure löst das Amid!). Nichtumgesetzter Ester wird gegebenenfalls durch Aufkochen mit wenig Wasser verdampft. Das erhaltene feste Amid saugt man ab, wäscht mit wenig Ligroin und kristallisiert aus wäßrigem Ethanol um.

## e) Carbonsäureamide und Nitrile

*Phenacyl- und p-Brom-phenacylester*

$$RCO—NHR' + NaOH \longrightarrow RCOONa + H_2NR'$$

$$RCN + H_2O + NaOH \longrightarrow RCOONa + NH_3$$

$$R—COONa + Br—CH_2—\underset{O}{\overset{\|}{C}}—\langle O\rangle—Br \longrightarrow R—COO—CH_2—\underset{O}{\overset{\|}{C}}—\langle O\rangle—Br + NaBr$$

Man versetzt 1 g oder 1 ml der zu untersuchenden Substanz mit überschüssiger 5 N Natronlauge und erhitzt unter Rückfluß. Nach 30 Minuten wird abgekühlt und gegen Phenolphthalein mit verd. Salzsäure möglichst genau neutralisiert. Aus der wäßrigen Lösung des Natriumsalzes der Säure kann der Phenacyl- oder p-Brom-phenacylester direkt hergestellt werden (s. Abschn. 6.1.5.3., a).

## 6.1.5.4.    Amine und Nitroverbindungen

### a) Primäre und sekundäre Amine

*Acetamide (aus Aminen mit mehr als fünf Kohlenstoffatomen)*

$$R-NH_2 + O(OC-CH_3)_2 \longrightarrow R-NH-CO-CH_3 + HOOC-CH_3$$

Man versetzt 20 Tropfen oder 0,5 g des Amins mit 20 Tropfen Essigsäureanhydrid in einem Reagenzglas und erhitzt auf dem Wasserbad (80 bis 90 °C) wenige Minuten. Nach Abkühlen gießt man in wenig Wasser. Das Derivat wird durch Anreiben zur Kristallisation gebracht. Man wäscht mit Wasser nach und kristallisiert aus Ethanol, Ethanol/Wasser oder aus Cyclohexan um. Falls das Reaktionsprodukt nicht kristallisiert, ist mit verd. Salzsäure zu schütteln, um eventuell vorhandenes überschüssiges Amin auszuwaschen.

Wird bei der Reaktion der Ausgangsstoff zurückerhalten (salzsäurelöslich), lag ein tertiäres Amin vor.

*Benzamide*

$$2R-NH_2 + Cl-CO-C_6H_5 \longrightarrow R-NH-CO-C_6H_5 + \left[R-NH_3^{\oplus}\right]Cl^{\ominus}$$

Zu 0,5 g des Amins wird etwa die gleiche Menge Benzoylchlorid gegeben. Unter Schütteln erhitzt man auf dem siedenden Wasserbad wenige Minuten. Nach Abkühlung wird mit 8 bis 10 ml 5 %iger Sodalösung durchgeschüttelt. Der feste Rückstand ist abzufiltrieren, mit Wasser zu waschen und aus Ethanol/Wasser umzukristallisieren.

Bei der Umsetzung kann auch mit einem Pyridinzusatz von 1 ml gearbeitet werden.

*Benzensulfonamide und p-Toluensulfonamide (Hinsberg-Reaktion)*

primäre Amine:

$$Ar-SO_2-Cl + H_2N-R + NaOH \longrightarrow Ar-SO_2-\overset{\ominus}{N}-R \ \overset{\oplus}{Na} + NaCl + 2H_2O$$
$$\text{Na-Salz des Sulfonamids}$$

$$Ar-SO_2-\overset{\ominus}{N}-R \ \overset{\oplus}{Na} + HCl \longrightarrow Ar-SO_2-NH-R + NaCl$$
$$\text{Sulfonamid des primären Amins}$$

Eventuelle Nebenreaktion:

$$2Ar-SO_2-Cl + H_2N-R + 2NaOH \longrightarrow (Ar-SO_2-)_2N-R + 2NaCl + 2H_2O$$
$$\text{Disulfonylderivat}$$

sekundäre Amine:

$$Ar-SO_2-Cl + HN{<}^{R^1}_{R^2} + NaOH \longrightarrow Ar-SO_2-N{<}^{R^1}_{R^2} + NaCl + H_2O$$
$$\text{Sulfonamid des sekundären Amins}$$

**Vorsicht! Schutzbrille!** Man versetzt 0,2 g oder 7 bis 12 Tropfen des primären bzw. sekundären Amins mit 4 ml 10 %iger Natronlauge und gibt portionsweise 0,4 g oder 13 Tropfen ·Benzensulfonylchlorid bzw. 0,4 g p-Toluensulfonylchlorid hinzu. Dann wird kurze Zeit – bei öfterem Umschütteln – im Wasserbad erwärmt, bis der Geruch des Sulfonylchlorids verschwunden ist. Liegen sekundäre Amine vor, wird hierbei das Sulfonamid – zunächst oft ölig – bereits abgeschieden.

Falls bei Vorliegen von primären Aminen hier bereits ein Feststoff abgeschieden wird, handelt es sich entweder um ein als Nebenprodukt entstandenes Disulfonylderivat, das in Natronlauge unlöslich ist, abgetrennt und verworfen werden kann, *oder* um einen Konzentrationsniederschlag des Natriumsalzes des Sulfonamids des primären Amins, der mit etwas Wasser wieder in Lösung gebracht wird.

Die alkalische Reaktionsmischung wird mit verdünnter Salzsäure unter guter Durchmischung angesäuert. Liegen primäre Amine vor, wird hierbei das entsprechende Sulfonamid abgeschieden, das vorher als Natriumsalz in der alkalischen Reaktionsmischung gelöst war.

Der Niederschlag des jeweiligen Sulfonamids wird abgesaugt und mit wenig kaltem Wasser gewaschen. Falls das Sulfonamid ölig bzw. halbflüssig angefallen ist, wird es unter Kühlen und Anreiben mit einem Glasstab zur Kristallisation gebracht und – wie oben beschrieben – abgetrennt und gewaschen. Das Rohprodukt wird aus Ethanol bzw. wäßrigem Ethanol umkristallisiert.

Erhält man den Ausgangsstoff zurück (*Kp*; *F*; salzsäurelöslich), hat ein tertiäres Amin vorgelegen.


*Phenylthioharnstoffe*

$$R-NH_2 + S=C=N-C_6H_5 \longrightarrow R-NH-\underset{\underset{S}{\parallel}}{C}-NH-C_6H_5$$

**Vorsicht! Abzug!**

Man löst gleiche Mengen Phenylisothiocyanat und Amin in wenig Ethanol. Falls die Reaktion nicht sofort einsetzt (Erwärmung), wird wenige Minuten über einer kleinen Flamme erhitzt. Nach erfolgter Umsetzung läßt man im Eisbad abkühlen. Fällt das Reaktionsprodukt nicht kristallin an, vertreibt man den Alkohol auf dem Wasserbad. (Aliphatische Amine reagieren langsamer und kristallisieren schlechter als aromatische.) Man kristallisiert aus Ethanol oder Ethanol/Wasser um.


*Pikrate*

Falls bei primären und sekundären Aminen die Darstellung anderer Derivate aus bestimmten Gründen unangebracht ist oder mißlingt, können Pikrate nach der unter Abschnitt 6.1.5.4., b angegebenen Vorschrift hergestellt werden.

## b) Tertiäre Amine

### *Pikrate*

Zu 10 ml einer siedenden gesättigten absolut-ethanolischen Pikrinsäurelösung werden zehn Tropfen Amin gegeben. Nach Abkühlung fällt das Pikrat aus und kann aus Ethanol umkristallisiert werden. Falls aus Gründen der Löslichkeit Ethanol die Kristallisation stark behindert, kann das Pikrat auch nach Abschnitt 6.1.5.5., c hergestellt werden.

Man beachte, daß Pikrinsäure selbst bei 122 °C schmilzt.

### *Methylammonium-iodide*

Man erwärmt ein Gemisch gleicher Teile Amin und Methyliodid über einer kleinen Flamme zum Sieden (Rückflußkühler). Danach kühlt man im Eisbad. Das kristalline Produkt wird aus abs. Ethanol oder Methanol umkristallisiert. Bei niedrig siedenden Aminen (mit $Kp < 100$ °C) sind die Ausgangsstoffe vor dem Mischen gut zu kühlen!

### *Methylammonium-p-toluensulfonate*

Das Amin wird mit reichlich der doppelten Menge p-Toluensulfonsäuremethylester in wenig trockenem Benzen etwa 15 bis 20 Minuten zum Sieden erhitzt. Die erhaltenen Kristalle werden abgesaugt, in so wenig wie möglich heißem Ethanol gelöst und mit Essigsäureethylester ausgefällt. Zur vollständigen Auskristallisation wird die Lösung in einem Eisbad gekühlt und die Schmelztemperatur möglichst sofort bestimmt.

## c) Nitroverbindungen

### *Nitrierungsprodukt (Weiternitrierung aromatischer Nitroverbindungen)*

**Vorsicht! Schutzbrille! Abzug!**

Zur Nitrierung versetzt man eine Mischung aus 1 ml oder 1 g der Substanz und 4 ml kalter, konz. Schwefelsäure unter Schütteln und Kühlung (kaltes Wasser, Eisbad oder Eis-Kochsalz-Bad, wenn die Reaktion sehr heftig sein sollte) mit 4 ml rauchender Salpetersäure ($D = 1{,}52$) vorsichtig Tropfen für Tropfen. Nachdem die Hauptreaktion abgeklungen ist (die Mischung erwärmt sich nicht mehr von allein), erwärmt man noch etwa 10 Minuten auf dem siedenden Wasserbad. (Dabei ist öfter zu rühren.) Die abgekühlte Reaktionsmischung wird auf zerstoßenes Eis gegossen, das erhaltene feste Produkt abfiltriert und aus Ethanol oder Ethanol/Wasser umkristallisiert.

*Primäre Amine (durch Reduktion)*

$$R-NO_2 + 6H \longrightarrow R-NH_2 + 2H_2O$$

Zur Reduktion erhitzt man 0,5 bis 1 g der Nitroverbindung mit 10 bis 20 ml verd. Salzsäure unter Zusatz von etwa 2 g feinem Zinn 30 Minuten unter Rückfluß. Nach dem Abkühlen wird von nicht umgesetztem Zinn abgegossen, mit wenig Wasser verdünnt und ausgeethert, um restliche Ausgangsstoffe zu entfernen. Anschließend alkalisiert man die wäßrige Phase durch Zusatz von konz. Natronlauge und extrahiert das Amin mit Diethylether. Der Ether wird getrocknet (Zusatz von Natriumsulfat), abdestilliert und das erhaltene Amin direkt identifiziert (s. Abschn. 6.1.5.4., a).

Bei der Reduktion saurer Nitroverbindungen (Nitrophenole oder Nitrobenzoesäuren) muß der Nachweis der Aminoverbindungen direkt aus der alkalisierten Lösung erfolgen. Sind die Ausgangsnitroverbindungen sehr wenig löslich, empfiehlt sich ein Zusatz von wenig Ethanol zur Reduktionslösung.

Die Reduktion aliphatischer Nitroverbindungen ist nur sinnvoll, wenn das zu erwartende primäre Amin nicht gasförmig ist.

*Farbreaktion mit Eisen(III)-chlorid und Natronlauge (für primäre und sekundäre aliphatische Nitroverbindungen)*

$$R-CH_2-NO_2 + NaOH \longrightarrow \left[ R-\overset{\ominus}{C}H-NO_2 \longleftrightarrow R-CH=\overset{\oplus}{N} \right] Na^{\oplus} + H_2O$$

Die Nitroverbindung wird mit wenig konz. Natronlauge in das Natriumsalz überführt, das in etwas Wasser gelöst und mit 5 %iger Eisen(III)-chloridlösung versetzt wird, wobei eine blutrote Färbung entsteht.

## 6.1.5.5. Kohlenwasserstoffe und Halogenkohlenwasserstoffe

### a) Aliphatische Halogenkohlenwasserstoffe

*S-Alkyl-isothiuronium-pikrate*

$$RX + S=C{\overset{NH_2}{\underset{NH_2}{}}} \longrightarrow \left[ R-S=C{\overset{NH_2}{\underset{NH_2}{}}} \right]^{\oplus} X^{\ominus} \xrightarrow[-HX]{\text{Pikrinsäure}} \left[ R-S=C{\overset{NH_2}{\underset{NH_2}{}}} \right]^{\oplus}$$

Eine Mischung aus gleichen Teilen Thioharnstoff und Alkylhalogenid wird in etwa der zehnfachen Menge Ethanol wenige Minuten auf Siedetemperatur gehalten. In einem anderen Reagenzglas erhitzt man wenig Pikrinsäure in gerade soviel Ethanol, daß eine heiß gesättigte Lösung entsteht. Beide Lösungen werden miteinander vermischt und zur Auskristallisation abgekühlt. Die S-Alkyl-isothiuronium-pikrate sind aus Ethanol umzukristallisieren.

Zum Nachweis von Alkylchloriden empfiehlt sich ein Zusatz von Kaliumiodid, um die Reaktion zu beschleunigen, und ein Zusatz von etwas Wasser, um anorganische Salze vollständig zu lösen.

*Anilide*

$$RX + Mg \longrightarrow RMgX \xrightarrow{C_6H_5NCO} \underset{}{\overset{MgX}{\underset{}{}}}\text{[Ph–N(MgX)–COR]} \xrightarrow[-Mg(OH)X]{+H_2O} \text{[Ph–NH–CO–R]}$$

**Achtung! Absolut wasserfrei arbeiten!**

In einem kleinen Rundkolben mit aufgesetztem Rückflußkühler und Trockenrohr werden 0,3 bis 0,5 g Magnesiumspäne mit einem Körnchen Iod durch Erhitzen aktiviert. Man setzt 5 bis 10 ml trockenen Diethylether und 1 ml der Halogenverbindung zu. Nach Einsetzen der Reaktion erwärmt man auf dem Wasserbad 30 Minuten lang so, daß der Ether eben siedet. Sobald fast alles Magnesium in Lösung gegangen ist, wird filtriert und das Filtrat mit 0,5 ml Phenylisocyanat, gelöst in wenig Ether, versetzt. Nach kurzem Stehen gießt man die erkaltete Lösung in wenige Milliliter kaltes Wasser, dem man vorher 1 ml konz. Salzsäure zugesetzt hat. Die etherische Schicht wird abgetrennt, mit Natriumsulfat getrocknet und der Ether abdestilliert. Der Rückstand ist aus Methanol umzukristallisieren.

## b) Aromatische Halogenkohlenwasserstoffe

*Arensulfonsäureamide über Arensulfonylchloride*

$$\text{Cl–C}_6\text{H}_4\text{–H} \xrightarrow[-HCl, -H_2SO_4]{2 HOSO_2Cl} \text{Cl–C}_6\text{H}_4\text{–SO}_2\text{Cl} \xrightarrow[-NH_4Cl]{2 NH_3} \text{Cl–C}_6\text{H}_4\text{–SO}_2\text{NH}_2$$

**Vorsicht! Schutzbrille! Abzug!**

Eine Lösung von 0,5 g der Halogenverbindung in 4 ml Chloroform wird in einem Reagenzglas gekühlt (Eisbad) und unter dem Abzug langsam und unter Schütteln mit 2 bis 3 ml Chloroschwefelsäure aus einer Pipette versetzt. Nach Reaktionsbeginn wird die Mischung aus dem Kühlbad genommen und bei Raumtemperatur 20 bis 25 Minuten unter gelegentlichem Schütteln stehengelassen. Danach gießt man das Ganze so langsam auf Eis, daß die Temperatur nie 5 °C übersteigt. Eventuell wird während des Zugießens weiteres Eis zugegeben. Dann trennt man die Chloroformschicht ab, wäscht mit Wasser, trocknet mit Natriumsulfat und vertreibt das Lösungsmittel. Das rohe Chlorid wird mit überschüssigem Ammoniak 10 Minuten erhitzt, anschließend mit Wasser verdünnt und das erhaltene Amid schließlich filtriert. Die Reinigung erfolgt durch Auflösen des Amids in wenig verdünnter Sodalösung in der Hitze, Filtrieren und Ausfällen mit einem Überschuß an verd. Salzsäure. Es wird aus verd. Ethanol umkristallisiert.

*Nitrierungsprodukte*

$$\text{Ar} + HNO_3 \longrightarrow \text{Ar–}NO_2 + H_2O$$

Man arbeitet analog Abschnitt 6.1.5.4., c.

## c) Aromatische Kohlenwasserstoffe

*Sulfonamide*

(analog Abschn. 6.1.5.5., b)

*Nitroverbindungen*

(analog Abschn. 6.1.5.4., c)

Sind im aromatischen Ring noch reaktionserleichternde Substituenten vorhanden (Methylgruppen), ist die rauchende Salpetersäure ($D = 1,52$) durch konz. ($D = 1,40$) oder sogar noch weiter verdünnte zu ersetzen (z.B. bei der Nitrierung von Xylen oder 1,2,3,4-Tetrahydronaphthalen). Man beginne die Nitrierung also zunächst mit konz. Salpetersäure ($D = 1,40$). Nur wenn dabei kein befriedigendes Resultat zu verzeichnen ist, verwende man rauchende Salpetersäure ($D = 1,52$).

*Aroylbenzoesäuren*

$$\text{R–Ar} + \text{Phthalsäureanhydrid} \xrightarrow{(AlCl_3)} \text{R–Ar–CO–Ar'–COOH}$$

**Achtung! Unter dem Abzug arbeiten! Absolut trocken arbeiten!**

Man löst in einem Kolben mit aufgesetztem Rückflußkühler 0,5 ml oder 0,5 g des trockenen aromatischen Kohlenwasserstoffs zusammen mit 0,5 g frisch geschmolzenem bzw. sublimiertem Phthalsäureanhydrid in 5 ml Kohlenstoffdisulfid und versetzt mit 1 g wasserfreiem Aluminiumchlorid. Das Gemisch wird 20 Minuten auf dem Wasserbad erhitzt, bis das Aluminiumchlorid in Lösung gegangen ist. Danach kühlt man ab, trennt und verwirft die Kohlenstoffdisulfidschicht. Der Rückstand wird unter Kühlung und Schütteln mit halbkonz. Salzsäure versetzt. Fällt das Produkt kristallin an, saugt man ab und wäscht mit Wasser. Erhält man nur ein Öl, wäscht man mehrmals mit kaltem Wasser und dekantiert. Das Rohprodukt wird mit wenig verd. Ammoniak unter Zusatz von Aktivkohle in der Hitze gelöst und nach Filtrieren durch wenig konz. Salzsäure wieder ausgefällt. Es ist zu filtrieren und aus verd. Ethanol umzukristallisieren.

*Pikrate* (s. auch Abschn. 6.1.5.4., b)

$$nR-\langle\bigcirc\rangle \;+\; \underset{\underset{OH}{}}{\overset{\overset{NO_2}{}}{O_2N\langle\bigcirc\rangle NO_2}} \longrightarrow nR-\langle\bigcirc\rangle \cdot \underset{\underset{OH}{}}{\overset{\overset{NO_2}{}}{O_2N\langle\bigcirc\rangle NO_2}}$$

**Achtung! Umsetzung ist nur auf dem Wasserbad auszuführen!**

Äquivalente Mengen von Kohlenwasserstoff und Pikrinsäure werden bis zur Schmelze im Wasserbad erhitzt. Die nach. dem Abkühlen erstarrte Schmelze wird gepulvert und aus Ethanol, Essigsäureethylester oder Benzen umkristallisiert. Sollte beim Umkristallisieren Zersetzung des Pikrates eintreten, so wäscht man dieses nur mit Diethylether.

## 6.1.6.  Tabellen physikalischer Daten und Derivate von Verbindungsklassen

In den Tabellen 6.2 bis 6.15 werden folgende Abkürzungen verwendet:

| | | | | |
|---|---|---|---|---|
| W. | Wasser | | l. | löslich |
| Z. | Zersetzung | | l. l. | leicht löslich |
| n. l. | nicht löslich | | ∞ | in jedem Verhältnis mischbar |
| s. w. l. | sehr wenig löslich | | h. W. | heißes Wasser |
| w. l. | wenig löslich | | | |

Die Löslichkeit ist angegeben in Gramm fester oder flüssiger Substanz, die sich in 100 g Wasser lösen, bezogen auf die beigefügte Temperatur (keine Temperaturangabe bedeutet Raumtemperatur): 2,8/30 heißt, daß sich 2,8 g Substanz in 100 g Wasser bei 30 °C lösen. Die Angaben für die Schmelztemperatur ($F$) bzw. die Siedetemperatur ($Kp$) erfolgen in °C. Die Siedetemperatur bezieht sich, wenn nicht anders vermerkt, auf einen Druck von 101 kPa (760 Torr): Die Angabe 126/1,6(12) bedeutet, daß die Substanz bei einem Druck von 1,6 kPa (12 Torr) bei 126 °C siedet.

Wenn nicht besonders gekennzeichnet, beziehen sich die Schmelztemperaturen von Derivaten polyfunktioneller Analysensubstanzen auf das polyfunktionelle Reaktionsprodukt, z. B. ist $F$ 72...75 für das Benzoat des Glycerols die Schmelztemperatur des Tribenzoats.

# 6.2.  Identifizierung von Substanzen in Gemischen

Hat man durch Vorproben, Hinweis- und/oder Charakterisierungsreaktionen Anhaltspunkte über die Stoffklassen erhalten, die im Gemisch vorliegen, so erfolgt die Identifizierung durch Derivatbildung nach Abschnitt 6.1.5. direkt oder nach Trennung des Gemisches.

Die Synthese von Derivaten der Einzelkomponenten ist nur dann ohne Trennung des Gemisches möglich, wenn die Derivatbildung durch die Anwesenheit der anderen Komponente(n) nicht gestört wird. So läßt sich aus einem Gemisch von Ethanol/Butanon (die Einzelkomponenten haben fast die gleichen Siedetemperaturen – sind also durch Destillation nicht trennbar) sowohl das 2,4-Dinitro-phenyl-hydrazon des Butanons (Ethylmethylketons), als auch das 3,5-Dinitro-benzoat des Ethanols darstellen, ohne das Gemisch vorher zu trennen.

In vielen anderen Fällen muß das Gemisch jedoch erst getrennt werden, wenn aus den Komponenten Derivate hergestellt werden sollen.

Die Trennung organisch-chemischer Substanzgemische ist ganz im Gegensatz zum Trennungsgang der Analyse anorganischer Stoffe in verschiedener Weise möglich. So ist ein Gemisch durch einfache physikalische Methoden wie Destillation mit und ohne Kolonne unter Normaldruck und im Vakuum bzw. Wasserdampfdestillation zerlegbar. In einigen Fällen wird man die Destillation erst dann erfolgreich durchführen können, wenn eine Komponente in ein Derivat überführt worden ist. So ist aus einem Gemisch von Cyclohexan (*Kp* 81 °C) und Cyclohexen (*Kp* 83 °C) das Cyclohexan erst nach Überführung des Cyclohexens in 1,2-Dibrom-cyclohexan (*Kp* 222 °C) abtrennbar.

Ein weiterer möglicher Trennungsweg ist die Extraktion, bei der die unterschiedliche Löslichkeit organischer Verbindungen ausgenutzt wird.

## 6.2.1.  Destillation

Zwei miteinander mischbare Substanzen können für analytische Zwecke (kleine Substanzmengen und kleine Apparaturen, langsame Destillation) ausreichend getrennt werden, wenn ihre Siedetemperaturen um wenigstens 40 °C differieren.

So lassen sich Toluen (*Kp* 110 °C) und Tetrachlorkohlenstoff (*Kp* 77 °C) durch Destillation unter Normaldruck trennen. Rücken die Siedetemperaturen näher aneinander, so muß über eine Kolonne destilliert werden.

Trennungen sind bei *azeotropen Gemischen* nicht möglich. So siedet ein Gemisch aus 47,5 % Toluen (*Kp* 110 °C) und 52,5 % Propanol (*Kp* 97 °C) bei 92,6 °C (101 kPa/760 Torr) und geht in dieser Zusammensetzung über. Unvollständig wird die Trennung auch dann, wenn die Komponenten miteinander in starke Wechselwirkung treten (Beispiel: Phenol – Pyridin).

Da organische Substanzen thermisch relativ instabil sind, ist die Destillation bei Normaldruck nicht über 140 °C durchzuführen, da andernfalls die Gefahr besteht, daß im Rückstand vorhandene Komponenten zersetzt werden. Örtliche Überhitzungen sind durch Verwendung eines Heizbades zu vermeiden.

*Tabelle 6.2*
Alkohole

| Alkohol | F | Kp | Löslichkeit in g/100 g W. | p-Nitro-benzoat F |
|---|---|---|---|---|
| Methyl- | | 65 | ∞ | 96 (180) |
| Ethyl- | | 78 | ∞ | 57 |
| Isopropyl- | | 82 | ∞ | 110 |
| tert-Butyl- | 25 | 83 | ∞ | 116 |
| Propyl- | | 97 | ∞ | 35 |
| Allyl- | | 97 | ∞ | 29 |
| sec-Butyl- | | 99 | 12,5/15 | 26 |
| tert-Pentyl- | | 102 | 12,5 | 85 |
| Isobutyl- | | 108 | 10/15 | 69 |
| Pentan-3-ol | | 116 | 5,5/30 | 17 |
| Butyl- | | 118 | 7,4/15 | 36 (70) |
| Pentan-2-ol | | 120 | 4/20 | 17 |
| Ethylenglycol-monomethylether | | 124 | ∞ | 51 |
| Ethylenglycol-monoethylether | | 135 | ∞ | |
| Pentyl- | | 138 | 2,7/22 | 11 |
| Hexyl- | | 157 | 0,6/20 | 5 |
| Cyclohexyl- | 25 | 161 | 3,6/20 | 50 |
| Ethylenglycol | | 198 | ∞ | 141 |
| Butan-1,3-diol | | 204 | ∞ | |
| Benzyl- | | 205 | 4/17 | 86 |
| Butan-1,4-diol | | 230 | ∞ | 175 |
| Glycerol | | 290 | ∞ | 188 |
| Zimt- | 33 | 257 | w.l. | 78 |
| Glucitol (Sorbit) | 98 (93) | | l.l. | |
| Benzoin | 137 | 344 | w.l. | 123 |
| Mannitol | 166 | | 13/14 | |
| Pentaerythritol | 253 | | 5,6/15 | |

[1]) wasserfrei, [2]) Mono

| 3,5-Dinitro-benzoat F | 2-Alkylhydro-gen-3-nitro-phthalat F | Phenyl-urethan F | α-Naphthyl-urethan F | Benzoat F | Benzoat Kp |
|---|---|---|---|---|---|
| 108 | 153[1]) | 47 | 124 | | 199 |
| 93 | 158 | 52 | 79 | | 212 |
| 123 | 154 | 88 | 106 | | 218,5 |
| 143 | | 136 | 101 | | 94/1,3 (10) |
| 74 | 146 | 57 | 80 | | 230 |
| | | | | | |
| 50 | 124 | 70 | 109 | | 228 |
| 76 | 131 | 64 | 97 | | 235 |
| 117 | | 42 | 72 | | 128/2,9 (22) |
| 88 | 180 | 86 | 104 | | 241,5 |
| 98 | 121 | 48 | 95 (71) | | |
| | | | | | |
| 64 | 147 | 61 | 71 | | 249 |
| 62 | 103 | | 76 | | |
| | 129 | | 113 | | |
| | | | | | |
| 75 | 118 | | 67 | | |
| | | | | | |
| 46 | 136 | 46 | 68 | | 138/2,0 (15) |
| 61 | 124 | 42 | 59 (62) | | 272 |
| | | | | | |
| 113 | 160 | 82 | 129 | | 193/8,1 (61) |
| 169 | | 157 | 176 | 38[2]) | 165/2,0 (15) |
| | | 123 | 184 | | |
| 113 | 176 | 78 | 134 | | 190/2,4 (18) |
| | Acetat | 183 | 199 | 82 | |
| | | 180 | 192 | 72...75 | |
| 121 | | 91 | 114 | 38,5 | |
| | 99 | | | 216...217 | |
| | 83 | 165 | 140 | 125 | |
| | 126 | 303 | | 149 | |
| | 84 | | | 99 | |

*Tabelle 6.3*
Phenole

| Phenol | $F$ | $Kp$ | Löslichkeit in g/100 g W. | Benzoat $F$ | Phenyl-urethan $F$ |
|---|---|---|---|---|---|
| Resorcinolmono-methylether | −18 | 243 | l. | 111 | |
| Eugenol | − 9 | 254 | s.w.l. | 69 | 96 |
| Salicylsäure-ethylester | 1 | 234 | n.l. | 87 | 99 |
| o-Brom-phenol | 5 | 195 | s.w.l. | 86 | |
| o-Chlor-phenol | 7 | 176 | 2,8/20 | | 121 |
| m-Cresol | 12 | 203 | <2,5/20 | 54 | 122 |
| o-Cresol | 31 | 192 | <2,5/20 | | 143 |
| m-Brom-phenol | 32 | 236 | s.w.l. | 86 | |
| Guajacol | 32 | 205 | 1,7/15 | 57 | 136 |
| m-Chlor-phenol | 33 | 214 | 2,6/20 | 71 | |
| p-Cresol | 36 | 202 | <2,5/20 | 71,5 | 115 |
| Phenol | 42 | 182 | 8,2/15 ∞/65,3 | 68 | 126 |
| p-Chlor-phenol | 43 (37) | 217 | 2,7/20 | 93 | 149 |
| o-Nitro-phenol | 45 | 216 | <1,5/20 | 59 | 107 |
| p-Brom-phenol | 64 | 236 | 1,42/15 | 102 | 144 |
| Vanillin | 81 | 285 | 1/14 | 78 | 116 |
| α-Naphthol | 94 | 280 | w.l.h.W. | 56 | 178 |
| m-Nitro-phenol | 97 | 194/9,3 (70) | 1,3/20 | 95 | 129 |
| Brenzcatechin | 105 | 246 | 45/20 | 84 | 169 |
| Resorcinol | 110 | 280 | 147/12,5 229/30 | 117 | 164 |
| p-Nitro-phenol | 114 | | 1,6/25 | 142 | 148 |
| m-Amino-phenol | 122 | | | 174 | |
| Pikrinsäure | 122 | | 1,23/20 | 163 | |
| β-Naphthol | 123 | 286 | 0,1/15 | 107 | 156 |
| Pyrogallol | 133 | 301 | 44/13 | 90 | 173 |
| Hydrochinon | 172 | 286 | 6,16/15 | 199 | 224 |
| Phloroglucinol | 219 | | 1/15 | 173 | 191 |

[1]) Di, [2]) Tri, [3]) Tetra

| α-Napthyl-urethan | Brom-derivat | Aryloxy-essig-säure | p-Nitro-benzoat | 3,5-Di-nitro-benzoat | Acetat | |
|---|---|---|---|---|---|---|
| $F$ | $F$ | $F$ | $F$ | $F$ | $F$ | $Kp$ |
| 129 | 104[2] | 118 | 88 | | | |
| 122 | 118[3] | 100 (80) | 81 | 131 | 29 | 279 |
| | | | 108 | | | 272 |
| 129 | 95[2] | 143 | | | | 155/4,7 (35) |
| 120 | 76[1] | 145 | 115 | 143 | 20 | 103/2,0 (15) |
| 128 | 84[2] | 102 | 90 | 162 | | 212 |
| 142 | 56[1] | 152 | 94 | 138 | | 208 |
| | | 108 | | | | 149/5,3 (40) |
| 118 | 116[2] | 121 | 93 | 141 | | 143/6,7 (50) |
| 158 | | 110 | 99 | 156 | | 116,5/2,8 (21) |
| 146 | 108[3] | 138 | 98 | 187 | | 209 |
| 133 | 95[2] | 99 | 127 | 146 | | 195 |
| 166 | 90[1] | 156 | 171 | 186 | 7...8 | 226 |
| 113 | 117[1] | 158 | 141 | 155 | 41 | 253 |
| 169 | 95[1] | 157 | 180 | 191 | 21,5 | 235...240 |
| | 160 | 189 | 189 | | 102 | |
| 152 | 105[1] | 192 | 143 | 217 | 46 (49) | |
| 167 | 91[1] | 155 | 174 | 159 | 56 | |
| 175 | 192[3] | | 169 | 152 | 65 | |
| | 116[1] | 195 | 182 | 201 | | 278 |
| 151 | 118 (142) | 186 | 159 | 188 | 82 | |
| | | | | | 148 | |
| s. auch Tab.6.8 | | | | | 76 | |
| Naphthalen-Additionsverbindung: 150 | | | | | | |
| 157 | 84 | 155 | 169 | 210 | 72 | |
| | 158[1] | 198 | 230 | 205 | 173 | |
| 247 | 186[1] | 251 | 258 | 317 | 123 | |
| | 151[2] | | 283 | 162 | 104 | |

*Tabelle 6.4*    Aldehyde

| Aldehyd | F | Kp | Löslichkeit in g/100 g W. | p-Nitro-phenyl-hydrazon F | 2,4-Dinitro-phenyl-hydrazon F | Semi-carbazon F | Phenyl-hydrazon F | Oxim F |
|---|---|---|---|---|---|---|---|---|
| Form- | | −21 | ∞ | 182 | 167 | 169 | 145 | |
| Acet- | | 21 | ∞ | 129 | 168 (147) 161 | 162 | 99 (63) | 47 |
| Propion- | | 50 | 20/20 | 124 | 155 | 89 (154) | | 40 |
| Isobutyr- | | 64 | 11/20 | 132 | 182 | 125 | | |
| Butyr- | | 74 | 4/20 | 92 | 122 | 106 | | |
| Trichloracetaldehyd | | 98 | >450/17 | 131 | 131 | 90 | | 56 |
| Valer- | | 103 | 's. w. l. | 75 | 98 (107) | | | 52 |
| Hexanal | | 128 | 0,5/20 | | 104 | 106 | | 51 |
| Heptanal | | 156 | 0,02/20 | 73 | 108 | 109 | | 57 |
| 2-Furaldehyd | | 161 | 9,1/13 | 54 | 214 (230) | 202 | 97 | 76 (92) |
| Succin- | | 170 | l. | 185 | 280 | 188 | 127 | 172 |
| Octanal | | 171 | s. w. l. | 80 | 106 | 101 | | 60 |
| Benz- | | 179 | 0,3 | 192 | 237 | 222 | 158 | 35 |
| Salicyl- | | 196 | w. l. | 223 | 248 | 231 | 142 | 57 (63) |
| p-Anis- | | 248 | s. w. l. | 161 | 254 | 203 | 121 | 45 (64; 133) |
| Zimt- | | 252 | s. w. l. | 195 | 255 | 215 | 68 | 138 (65) |
| o-Methoxy-benz- | 38 | 246 | n. l. | 205 | 254 | 215 | 121 | 92 |
| o-Nitro-benz- | 44 | | s. w. l. | 263 | 250 (192) | 256 | 156 | 102 (154) |
| Trichloracetaldehyd-hydrat | 52 | 96 Z. | 474/17 | 131 | 131 | 90 | | 56 |
| m-Nitro-benz- | 58 | | s. w. l. | 247 | 293 (268) | 246 | 120 (124) | 122 |
| 3,4-Dimethoxy-benz- | 58 | 285 | n. l. | | 163 (265) | 177 | 121 | 95 |
| p-Dimethylamino-benz- | 74 | | n. l. | 182 | 325 | 222 | 148 | 185 |
| Vanillin | 80 | 285 | 1/14 | 229 | 271 | 230 | 105 | 122 (117) |
| p-Nitro-benz- | 106 | | 0,02/15 | 249 | 320 | 221 | 159 | 129 |
| Terephthal- | 117 | 245 | n. l. | 281 | 385 | | 278 (154) | 200 |

| Keton | F | Kp | Löslichkeit in g/100 g W. | p-Nitro-phenyl-hydrazon F | 2,4-Dinitro-phenyl-hydrazon F | Phenyl-hydrazon F | Semi-carbazon F | Oxim F |
|---|---|---|---|---|---|---|---|---|
| Aceton | | 56 | ∞ | 150 | 128 | 42 | 189 | 59 |
| Ethylmethyl- | | 80 | 30...37/20 | 129 | 117 | | 146 | |
| Butan-2,3-dion | | 88 | 25/15 | 230 | 315 | 134 | 235[1]); 279[2]) | |
| Isopropylmethyl- | | 94 | s. w. l. | 109 | 120 | | 114 | |
| Methylpropyl- | | 102 | s. w. l. | 117 | 144 | | 112 | |
| Diethyl- | | 102 | 4 | 144 | 156 | | 139 | |
| tert-Butylmethyl- | | 106 | s. w. l. | 139 | 125 | | 158 | 79 |
| Diisopropyl- | | 124 | s. w. l. | | 96 | | 160 | 34 |
| Butylmethyl- | | 129 | s. w. l. | 88 | 108 | | 125 | 49 |
| 4-Methyl-pent-3-en-2-on | | 130 | 3/20 | 134 | 203 | 142 | 164 | 49 |
| Cyclopentanon | | 131 | w. l. | 154 | 146 | 55 | 203–10 | 56 |
| Pentan-2,4-dion | | 139 | 12,5 | | 209 | | 122[1]); 209[2]) | 149 |
| Dipropyl- | | 144 | | | 75 | | 133 | |
| Cyclohexanon | | 156 | w. l. | 147 | 162 | 81 | 167 | 91 |
| Propiophenon | 19 | 218 | | 147 | 191 | 147 | 174 | 54 |
| Butyrophenon | 12 | 230 | | 163 | 191 | 200 | 188 | 50 |
| Acetophenon | 20 | 202 | | 185 | 250 (238) | 105 | 199 | 60 |
| Phenylaceton | 27 | 216 | | 145 | 156 | 86 | 199 | 69 |
| 2,6-Dimethyl-hepta-2,5-dien-4-on | 28 | 199 | | | 112 (118) | | 186 (221) | 48 |
| p-Methyl-acetophenon | 28 | 226 | | 198 | 260 | 96 | 205 | 88 |
| p-Methoxy-acetophenon | 38 | 258 | | 195 | 220 (234) | 142 | 198 | 87 |
| 4-Phenyl-but-3-en-2-on | 41 | 262 | | 166 | 227 | 157 | 187 | 115 |
| Benzophenon | 48 | 306 | | 155 | 238 | 137 | 166 | 143 |
| Phenacylbromid | 50 | | | 248 | 213 | 126 | 146 | 90 (97) |
| p-Brom-acetophenon | 51 | 256 | | | 230 (237) | 126 | 208 | 129 |
| Benzil | 95 | 347 | | 193[1]); 290[2]) | 189[1]) | 134[1]); 225[2]) | 182[1]); 244[2]) | 140[1]); 237[2]) |
| p-Brom-phenacylbromid | 109 | | | | | | | 115 |
| Benzoin | 137 | 344 | | 150 | 245 | 158 (106) | 206 | 152 (99) |
| D,L-Campher | 178 | 205 | | 217 | 164 | 233 | 247 | 118 |

[1]) Mono, [2]) Di

*Tabelle 6.6*
Carbonsäuren, Carbonsäureester, -amide, -chloride, -anhydride, Nitrile (weitere Carbonsäureester s.

| Säure | F | Kp | Löslichkeit in g/100 g W. | Methylester | | Ethylester | |
|---|---|---|---|---|---|---|---|
| | | | | F | Kp | F | Kp |
| Kohlen- | | | | | 90 | | 126 |
| Ameisen- | 8 | 100 | ∞ | | 32[5] | | 54[6] |
| Essig- | 17 | 118 | ∞ | | 57[5] | | 77[8] |
| Acryl- | 13 | 140 | ∞ | | 80 | | 101 |
| Propion- | | 140 | ∞ | | 79 | | 98 |
| Isobutter- | | 155 | 20/20 | | 92 | | 110 |
| Butter- | | 163 | ∞ | | 102 | | 120 |
| Brenztrauben- | 13 | 165 | ∞ | | 136 | | 155 |
| Valerian- | | 186 | 3,3/16 | | 128 | | 146 |
| Dichloressig- | | 194 | ∞ | | 143 | | 158 |
| Hexan- | | 205 | 1,1/20 | | 151 | | 168 |
| D,L-Milch- | 18 | 119[12] | ∞ | | 144 | | 155 |
| Öl- | 14 | 223[10] | n.l. | −20 | 227[21] | | 207[13] |
| Decan- | 31 | 269 | 0,003/15 | | 224 | | 244 |
| Lävulin- | 34 | 245 | l.l. | | 191 | | 206 |
| Trichloressig- | 58 | 197 | l.l. | | 152 | | 167 |
| Chloressig- | 63 | 189 | l.l. | | 130 | | 145 |
| Palmitin- | 63 | 222[16] | | 29,5 | 196[18] | 24 | |
| Cyanessig- | 66 | | | | 201 | | 207 |
| Stearin- | 70 | | | 38 | | 33 | |
| Phenylessig- | 78 | | 1,2/10 l.l./70 | | 215 | | 227 |
| Glutar- | 98 | 303 | 64/20 | | 214 | | 237 |
| Phenoxyessig- | 100 | | | | 245 | | 251 |
| Citronen- | 100[1] | | 73/20 | 79 | | | 294 |
| Oxal- | 100[2] | | 9/20 | 54 | 163 | | 186 |
| o-Methoxy-benzoe- | 101 | | | | 245 | | 261 |
| Pimelin- | 105 | 223[15] | | 5 | 182[17] | | 149[17] |
| D,L-Mandel- | 118 | | 16/20 | 58 | 250 | 37 | 255 |
| Benzoe- | 122 | | 2,2/75 | | 198 | | 213 |
| Sebacin- | 133 | 243[15] | | 28 | 175[4], [18] (20 Torr) | 37[3] | 297[4] |
| Zimt- | 133 | | n.l. | 36 | 261 | | 271 |
| Malon- | 133 | | 78/25 | | 181 | | 198 |
| 2-Acetoxy-benzoe- | 135 | | 1,37 | 49 | | | 272 |
| Malein- | 132 | | 79/25 | | 205 | | 225 |

Tab. 6.7)

| Amid F | Chlorid F | Chlorid Kp | Anhydrid F | Anhydrid Kp | Nitril F | Nitril Kp | Phenacylester F | p-Bromphenacylester F | Anilid F | Benzylamid F |
|---|---|---|---|---|---|---|---|---|---|---|
| 133[4] | | 8[4] | | | | 25,7 | | | 238[4] | 169 |
| 3 | | | | | | 25 | | 135 | 50 | 60 |
| 82 | | 52 | | 140 | | 82 | 50 | 85 | 114 | 60 |
| 85 | | 76 | | 97[22] | | 77 | | | 105 | 68 |
| 79 | | 80 | | 168 | | 97 | | 59 | 105 | 43 |
| 129 | | 92 | | 182 | | 108 | | 77 | 105 | 87 |
| 115 | | 100 | | 198 | | 117 | | 63 | 96 | 38 |
| 124 | | | | | | 93 | | | 104 | |
| 106 | | 128 | | 218 | | 140 | | 75 | 63 | 42 |
| 97 | | 107 | | 215 | | 112 | | 99 | 119 | 96 |
| 100 | | 153 | | 245 | | 160 | | 72 | 95 | 52 |
| 79 | | | | 260 | | 182 | 96 | 112 | 59 | 75 |
| 76 | | 213[13] | 22,2 | | | 336 | | 40 (46) | 41 | 226 |
| 108 | | 114[15] | 23,9 | | | 237 | | 67 | 70 | |
| 108 | | | | | | 235 | | 84 | 102 | |
| 141 | | 118 | | 223 | | 83 | | | 94 | 94 |
| 119 | | 105 | 46 | | | 127 | 52,5 | 105 | 137 | 94 |
| 106 | 12 | | 64 | | 31 | | | 86 | 91 | 95 |
| 123 | | | | | 30 | 222 | 64 | | 198 | 124 |
| 109 | 23 | | 72 | | 41 | | | 90 | 96 | 99 |
| 157 | | 210 | 72 | | | 234 | 50 | 89 | 118 | 122 |
| 174 | | 217 | 56 | 288 | | 286 | 105 | 137 | 224 | 170 |
| 101 | | 226 | 68 | | | 240 | 148 | 148 | 99 | 90 |
| 210 | | | | 213 | | | 104 | 148 | 199 | 169 |
| 219[3]<br>ca.<br>350[4] | | 64 | | | | −20,7 | 165,5 | 244 | 149<br>250[4] | 223 |
| 129 | | 254 | 72 | | 25 | 256 | | 113 | 131 | 131 |
| 175[4] | | 137[15] | 55 | | | 176[14] | 72 | 137[4] | 156[4] | 154 |
| 134 | | 116 | | | 22 | 170 | 84 | 113 | 152 | 98 |
| 130 | | 197 | 42 | | | 190 | 119 | 119 | 162 | 105 |
| 210[4] | | 203[20] | 80 | | | 200[15] | 80 | 147[4] | 202[4] | 167 |
| 147 | 36 | 257 | 136 | | 20 | 256 | 140 | 146 | 153 | 226 |
| 170 | | 58[19] | | | 30 | 222 | 106 | | 225 | 142 |
| 138 | 49 | 135[12] | 85 | | | 254 | 105 | | 136 | 102 |
| 181 | | | 52 | 202 | 32 | | 129 | 169 | 187 | 148 |

*Tabelle 6.6* (Fortsetzung)

| Säure | F | Kp | Löslichkeit in g/100 g W. | Methylester F | Methylester Kp | Ethylester F | Ethylester Kp |
|---|---|---|---|---|---|---|---|
| Mesowein- | 140 | | 125/15 | 114 | | 60 | |
| Anthranil- | 146 | | 0,35/14 | 24 | 300 | 13 | 226 |
| o-Nitro-benzoe- | 147 | | 0,65/20 | | 275 | 30 | 275 |
| Benzil- | 150 | | | 73 | | 34 | |
| Adipin- | 153 | | 1,4/15 | | 115[23] | | 245 |
| Salicyl- | 158 | | 2,6/75 | | 223 | | 234 |
| p-Anis- | 184 | | 0,03/19 | 48 | 256 | | 263 |
| Bernstein- | 188 | 235 | 6,1/18 | 19 | 195 | | 218 |
| p-Amino-benzoe- | 188 | | | 112 | | 92 | |
| Phthal- | 200 | | 0,54/14 | | 283 | | 298 |
| 3,5-Dinitro-benzoe- | 207 | | | 108 | | 95 | |
| Trauben- | 206 | | 20,6/20 | 90 | | | 138[23] |
| p-Hydroxy-benzoe- | 213 | | 2,7/55 | 131 | | 116 | 297 |
| p-Nitro-benzoe- | 241 | | | 96 | | 57 | |
| Gallus- | 253 | | w.l. | 202 | | 158 | |

[1]) Monohydrat; wasserfrei 153
[2]) Dihydrat; wasserfrei 190
[3]) Mono
[4]) Di
[5]) Löslichkeit: 21,2/20
[6]) Löslichkeit: 11,7/18
[7]) Löslichkeit: 24,4/20
[8]) Löslichkeit:  8,5/20

[9]) 1,2 kPa (9 Torr)
[10]) 1,3 Kpa (10 Torr)
[11]) 1,5 Kpa (11 Torr)
[12]) 1,6 Kpa (12 Torr)
[13]) 1,7 Kpa (13 Torr)
[14]) 1,9 Kpa (14 Torr)
[15]) 2,0 Kpa (15 Torr)
[16]) 2,1 Kpa (16 Torr)

[17]) 2,4 kPa (18 Torr)
[18]) 2,7 kPa (20 Torr)
[19]) 3,6 kPa (27 Torr)
[20]) 4,0 kPa (30 Torr)
[21]) 4,1 kPa (31 Torr)
[22]) 4,7 kPa (35 Torr)
[23]) 0,4 kPa (3 Torr)

Da ein gleichmäßiger Siedeverlauf für eine optimale Trennung erforderlich ist, vergesse man nie, zu der zu destillierenden Substanz ein Siedesteinchen hinzuzufügen.

Zunächst wird das zu trennende Substanzgemisch mittels eines *Wasserbades* erhitzt. Mit Erreichen der Siedetemperatur der Badflüssigkeit (100 °C) sind alle Substanzen mit Siedetemperaturen <80 °C übergegangen.

Anschließend wird das Wasserbad gegen ein *Wachsbad* ausgetauscht, und damit werden alle Substanzen mit Siedetemperaturen bis 130 °C überdestilliert (Badtemperatur bis etwa 150 °C!).

Der höher siedende Destillationsrückstand wird auf Raumtemperatur abgekühlt und unter *Wasserstrahlvakuum* im Wasser- bzw. Wachsbad destilliert. Dabei gehen alle Verbindungen mit Siedetemperaturen bis etwa 180 bzw. 230 °C über.

Einen Hinweis auf die in den einzelnen Fraktionen eventuell enthaltenen Verbindungen gibt Tabelle 6.1. Im Rückstand der Vakuumdestillation können theoretisch Vertreter aller Stoffklassen vorhanden sein.

| Amid F | Chlorid | | Anhydrid | | Nitril | | Phenacylester F | Bromphenacylester F | Anilid F | Benzylamid F |
|---|---|---|---|---|---|---|---|---|---|---|
| | F | Kp | F | Kp | F | Kp | | | | |
| 190[4]) | | | | | 131 | | 130 | 215 | 194[3]) | 207 |
| 109 | | | | | 50 | 266 | 181[4]) | 172[4]) | 121 | 125 |
| 175 | 20 | 148[8]) | 135 | | 110 | | 125 | 101 | 161 | 141 |
| 155 | | | | | 120 | | 125 | 152 | 175 | |
| 220 | | 132 | 22 | | | 295 | 88 | 155 | 235 | 189 |
| 139 | 20 | 92[15]) | | | 98 | | 110 | 140 | 135 | 137 |
| 163 | 22 | 145[15]) | 99 | | 61 | 240 | 134 | 152 | 171 | 131 |
| 242 | | 190 | 120 | 261 | 56 | 268 | 148 | 211 | 226 | 206 |
| 179 | 31 | | | | 86 | | 186[4]) | 200[4]) | 162 | 89 |
| 220 | | 281 | 132 | | 141 | | 154 | 153 | 251 | 178 |
| 183 | 69 | 196[11]) | 219 | | 130 | | | 159 | 234 | 201 |
| 226[4]) | | | | | | | | 209 | 235[4]) | 210 |
| 162 | | | | | 113 | | 178 | 191 | 197 | 142 |
| 201 | 72 | 154[15]) | | | | | | 137 | 211 | 142 |
| 189 | | | | | 223 | | | 134 | 207 | |

*Tabelle 6.7*
Ameisen-, Essig- und Benzoesäureester[4])

| Ester | Formiat Kp | Acetat Kp | Benzoat Kp |
|---|---|---|---|
| Propyl- | 81 | 101 | 231 |
| Isopropyl- | 71 | 91 | 218 |
| Isobutyl- | 98 | 117 | 241 |
| Butyl- | 107 | 126 | 249 |
| Benzyl- | 203 | 217 | 323[1]) |
| Pentyl- | 132 | 148 | 267 |
| Born-2-yl- | | 221[2]) | |
| Phenyl- | 173 | 196 | 299[3]) |

[1]) $F$ 19 °C, [2]) $F$ 29 °C, [3]) $F$ 68 °C, [4]) Alle Ester sind schwer- bzw. unlöslich in Wasser.

*Tabelle 6.8* Amine, primär und sekundär

| Amin | $F$ | $Kp$ | Löslichkeit in g/100 g W. | Acet-amid $F$ | Benzamid $F$ | Benzen-sulfon-amid $F$ | p-Toluen-sulfon-amid $F$ | Pikrat $F$ | Phenyl-thioharn-stoff $F$ |
|---|---|---|---|---|---|---|---|---|---|
| Methyl- | | −6 | ∞ | 28 | 80 | 30 | 75 | 215 (207) | 113 |
| Dimethyl- | | 7 | ∞ | | 41 | 47 | 79 | 158 | 135 |
| Ethyl- | | 17 | ∞ | | 71 | 58 | 63 | 165 | 106 (135) |
| Isopropyl- | | 33 | ∞ | | | 26 | 49 | | 101 |
| Propyl- | | 49 | ∞ | | 84 | 36 | 52 | 135 | 63 |
| Diethyl- | | 56 | ∞ | | 42 | 42 | 60 | 155 | 34 |
| Allyl- | | 58 | ∞ | | 17 | 39 | 64 | 140 | 98 |
| Isobutyl- | | 69 | ∞ | | 57 | 53 | 78 | 150 | 82 |
| Butyl- | | 77 | ∞ | | 42 | | 48 | 151 | 65 |
| Isopentyl- | | 96 | ∞ | | | | 65 | 138 | 102 |
| Pentyl- | | 104 | l. | | | | | 139 | 69 |
| Piperidin | | 106 | ∞ | 114 | 48 | 94 | 96 | 152 | 101 |
| Ethylendi- | | 116 | ∞ | 172 | 249 | 168 | | 233 | 102 |
| 1,2-Propandi- | | 120 | ∞ | 139 | 192 | | 103 | 135 | |
| Morpholin | | 130 | ∞ | | 75 | 118 | 147 | 146 | 136 |
| Hexyl- | | 130 | s. w. l. | | 40 | 96 | 60 | 126 | 77 |
| Cyclohexyl- | | 134 | ∞ | 104 | 149 | 89 | 88 | 158 | 148 |
| Diisobutyl- | | 139 | s. w. l. | | 55 (57) | | | 121 | 113 |
| Benzyl- | | 184 | l. l. | 65 | 105 | 88 | 116 (185) | 194 | 156 |
| Anilin | | 184 | 3,6/18 | 114 | 160 | 112 | 103 | 180 | 154 |
| α-Phenyl-ethyl- | | 187 | 4,2/20 | 57 | 120 | | 83 | 171 | 106 |
| N-Methyl-anilin | | 196 | 0,01/25 | 102 | 63 | 79 | 94 | 145 | 87 |
| β-Phenyl-ethyl- | | 198 | l. | 51 | 116 | 69 | 66 | 174 (167) | 135 |
| o-Toluidin | | 200 | 1,5/25 | 111 | 146 | 124 | 109 | 213 | 136 |
| m-Toluidin | | 203 | w. l. | 65 | 125 | 95 | 114 | 200 | 94 |
| N-Ethyl-anilin | | 205 | n. l. | 54 | 60 | | 88 | 132 (138) | 89 |
| o-Chlor-anilin | | 209 | n. l. | 87 | 99 | 129 | 193 (105) | 134 | 156 |
| 2,5-Dimethyl-anilin | 16 | 215 | s. w. l. | 139 | 140 | 138 | 233 (119) | 171 | 148 |

| | | | | | | | | | |
|---|---|---|---|---|---|---|---|---|---|
| 2,4-Dimethyl-anilin | | 217 | s. w. l. | 133 | 192 | 130 | 181 | 209 | 152 |
| o-Anisidin | 5 | 225 | s. w. l. | 85 (88) | 60 (84) | 89 | 127 | 200 | 136 |
| o-Phenetidin | | 229 | n. l. | 79 | 104 | 102 | 164 | | 137 |
| m-Chlor-anilin | | 230 | s. w. l. | 72 | 119 | 121 | 138 (210) | 177 | 124 (116) |
| Phenylhydrazin | 19 | 242 | n. l. | 128<br>Di-: 107 | 168<br>Di-: 177 | 148 | 151 | 152 | 172 |
| m-Phenetidin | | 248 | n. l. | 97 | 103 | | 157 | 158 | 138 |
| p-Phenetidin | 2 | 248 | n. l. | 137 | 173 | 143 | 106 | 69 | 136 |
| m-Anisidin | | 251 | s. w. l. | 81 | | | 68 | 169 | |
| m-Brom-anilin | 18 | 251 | n. l. | 87 | 120 (136) | | | 180 | 143 |
| o-Brom-anilin | 32 | 229 | n. l. | 99 | 116 | | 90 | 129 | 146 (161) |
| p-Toluidin | 45 | 200 | 0,74/21<br>1,1/32 | 147 | 158 | 120 | 118 | 182 | 141 |
| α-Naphthyl- | 50 | 300 | 0,17/15 | 159 | 160 | 167 | 157 (147) | 163 (181) | (165) |
| Diphenyl- | 54 | 302 | n. l. | 101 | 180 | 124 | 141 | 182 | 152 |
| 2-Amino-pyridin | 56 | 204 | l. | 71 | 165 | | | 216 | 164 |
| p-Anisidin | 58 | 240 | l./80 | 129 | 154 (157) | 95 | 114 | 164,5 | 157 (171) |
| 2,4-Dichlor-anilin | 63 | 245 | n. l. | 145 | 117 | 128 | 126 | 106 | 157 |
| m-Phenylendi- | 63 | 283 | l. l. | 88; 191[4] | 125; 240[4] | 194 | 172 | 184 | 161 |
| p-Brom-anilin | 66 | 245 | n. l. | 168 | 204 | 134 | 101 | 180 | 148 |
| o-Nitro-anilin | 71 | | l./80 | 93 | 98 (110) | 104 | 142 | 73 | 142 |
| p-Chlor-anilin | 72 | 232 | n. l. | 179 (172) | 192 | 122 | 95 (119) | 178 | 152 |
| o-Phenylendi- | 102 | 257 | l./80 | 185[4] | 301[4] | 185 | 260[4] | 208 | 290 |
| β-Naphthyl- | 112 | 306 | l. l./80 | 132 | 162 | 102 | 133 | 195 | 129 |
| m-Nitro-anilin | 114 | | 0,11/20 | 155 | 155 | 136 | 138 | 143 | 160 |
| m-Amino-phenol | 122 | | 2,6/0 | 148<br>101[4] | 174 | | 157 | | 156 |
| Benzidin | 127 | | l./80 | 199; 317[4] | 204; 352[4] | 232[4] | 243[4] | 220 | |
| p-Phenylendi- | 140<br>(147) | 267 | 1/15 | 163<br>304[4] | 128<br>300[4] | 247[4] | 266[4] | | |
| Anthranilsäure | 146 | | | 185 | 182 | | 217 | 104 | 190 |
| p-Nitro-anilin | 147 | | 2,2/80 | 215 | 199 | 139 | 141 | 100 | |
| o-Amino-phenol | 174 | | 1,7/0 | 209 (124[1]) | 165[2] | 141 | 146 (139) | | 146 |
| p-Amino-phenol | 184 | | 1,1/0 | 168 (150[1]) | 217[3] | 125 | | | 150 |
| p-Amino-benzoesäure | 187 | | 0,3/13 | | 278 | 212 | | | |

[1] Diacetylverb., [2] O-Benzoylderivat: 185 °C, [3] O-, N-Dibenzoylderivat: 234 °C, [4] Di

*Tabelle 6.9*
Amine, tertiär

| Amin | F | Kp | Löslichkeit in g/100 g W. | Pikrat F | Methyl-ammo-nium-iodid F | p-Toluen-sulfonat F |
|---|---|---|---|---|---|---|
| Trimethyl- | | 3 | 41/19 | 216 | 230 | |
| Triethyl- | | 89 | ∞/<18,7 2/65 | 173 | | |
| Pyridin | | 116 | ∞ | 167 | 117 | 139 |
| 2-Methyl-pyridin | | 129 | 1.1. | 169 | 230 | 150 |
| 3-Methyl-pyridin | | 143 | ∞ | 150 | | |
| 4-Methyl-pyridin | | 143 | ∞ | 167 | | |
| N,N-Dimethyl-anilin | | 194 | w.l. | 163 | 228 | 161 |
| N,N-Diethyl-anilin | | 218 | w.l. | 142 | 102 | |
| Chinolin | | 237 | w.l./15 1.1./80 | 203 | 133[1]) | 126 |
| Isochinolin | | 240 | s.w.l. | 222 | 159 | 163 |
| 2-Methyl-chinolin | | 247 | | 194 | 195 | 162 |
| 4-Methyl-chinolin | 10 | 262 | w.l. | 212 | 174 | |
| Pyrimidin | 21 | 124 | ∞ | 156 | | |
| 8-Hydroxy-chinolin | 75 | 266 | s.w.l. | 204 | 143 | |
| Acridin | 108 | | s.w.l. | 208 | 224 | |
| Urotropin | 280 | | 81,3/12 | 179 | 190 | 205 |

[1]) wasserfrei; Hydrat 72 °C.

## 6.2.2.  Extraktion

Dieses Trennverfahren nutzt die unterschiedliche Löslichkeit der Komponenten eines Gemisches in entsprechenden Lösungsmitteln (Diethylether, Wasser, verd. Salzsäure, konz. Salzsäure, Natriumhydrogencarbonatlösung, verd. Natronlauge) aus.

Um zu erkennen, ob eine Komponente eines Gemisches in einem Lösungsmittel löslich ist, versetzt man in einem kleinen Reagenzglas (5 × 75 mm) etwa 1 ml des Gemisches mit 1 ml Lösungsmittel. Man erkennt nach dem Schütteln unschwer am Vorhandensein bzw. Nichtvorhandensein oder der Verschiebung der Phasengrenze, ob eine vollständige oder teilweise Lösung von Substanz erfolgt ist oder nicht.

Man kann die Extraktion im Scheidetrichter (vgl. Abschn. 3.2.) durchführen, verwendet aber im analytischen Maßstab zweckmäßigerweise ein Reagenzglas und eine Pipette. Aus der unterschiedlichen Löslichkeit können bereits Hinweise auf die Substanzklassen erhalten werden (vgl. Abschn. 6.1.1.5.).

Im einfachsten Falle kann z. B. Pyridin von Chloroform durch Zusatz von Wasser getrennt werden. Chloroform löst sich praktisch nicht im Wasser, Pyridin ist damit misch-

*Tabelle 6.10*
Nitroverbindungen[1])

| Nitroverbindung | $F$ | $Kp$ | $n_D^{20}$ | Nitrierungs-produkt (Position) $F$ |
|---|---|---|---|---|
| Nitromethan | | 101 | 1,3797 | |
| Nitroethan | | 114 | 1,3920 | |
| Nitrobenzen | | 210 | 1,5530 | 90 (1,3-) |
| m-Dinitro-benzen | 90 | 320 | | |
| o-Nitro-toluen | | 220 | 1,5474 | 70 (2,4-) |
| m-Nitro-toluen | 15 | 232 | 1,54919 | 93 (3,5-) |
| p-Nitro-toluen | 52 | 238 | | 70 (2,4-) |
| 2,4-Dinitro-toluen | 70 | | | 80 (2,4,6-) |
| o-Nitro-phenol | 46 | 216 | | |
| m-Nitro-phenol | 97 | | | |
| p-Nitro-phenol | 114 | | | |
| Pikrinsäure | 122 | | | |
| o-Nitro-anilin | 71 | | | |
| m-Nitro-anilin | 114 | 285 | | |
| p-Nitro-anilin | 147 | | | |
| p-Nitro-benzoylchlorid | 75 | | | |
| 3,5-Dinitro-benzoylchlorid | 70 | | | |
| 1-Chlor-2-nitro-benzen | 33 | 244 | | 51 (2,4-) |
| 1-Chlor-4-nitro-benzen | 83 | 242 | | 51 (2,4-) |
| 1-Chlor-2,4-dinitro-benzen | 51 | 315 | | |
| 1-Nitro-naphthalen | 61 | 304 | | |
| 2-Nitro-naphthalen | 79 | | | |
| 1-Ethyl-2-nitro-benzen | | 224 | 1,5407 | 37 (2,4,6-) |
| 1-Ethyl-4-nitro-benzen | | 241 | 1,5458 | 37 (2,4,6-) |

[1]) Löslichkeit in Wasser: Nitromethan 9,5/20; Nitroethan 4,5/20; alle anderen Nitroverbindungen sind weniger löslich bis unlöslich.

bar. Ähnlich kann Glycerol von Propanol durch Diethylether getrennt werden, in dem das Glycerol praktisch unlöslich ist.

Ein Gemisch aus einer sauren oder basischen Substanz und einem Neutralstoff kann durch Ausschütteln mit 10%iger Natronlauge (Salzbildung mit der Säure) oder mit 10%iger Salzsäure (Salzbildung mit der organischen Base) getrennt werden. Hinweise für saure oder basische Stoffe erhält man aus der Reaktion mit Lackmuspapier oder aus der unterschiedlichen Löslichkeit in Wasser, Salzsäure und Natronlauge.

Liegt eine saure Substanz, z. B. Phenol, neben einem Neutralstoff, z. B. Decalin vor, so wird Phenol mit 10%iger Natronlauge als Natrium-phenolat ausgeschüttelt. Decalin wird in Diethylether aufgenommen, die etherische Phase von der wäßrigen (Natrium-phenolat in Wasser) abgetrennt und mit Natriumsulfat getrocknet. Nach Abdestillation des Ethers kann die Identifizierung des Neutralstoffes (Decalin) vorgenommen werden. Aus dem Al-

*Tabelle 6.11*
Halogenkohlenwasserstoffe, aliphatisch

| Halogenid | Chlorid $Kp$ | Bromid $Kp$ | Iodid $Kp$ | S-Alkyl-isothiuronium-pikrat $F$ | Anilid $F$ |
|---|---|---|---|---|---|
| Methyl- | −24 | 5 | 43 | 224 | 114 |
| Ethyl- | 12 | 38 | 72 | 188 | 104 |
| Isopropyl- | 36 | 60 | 89 | 196 (148) | 103 |
| Propyl- | 46 | 71 | 102 | 181 (176) | 92 |
| Allyl- | 46 | 71 | 103 | 155 | 114 |
| tert-Butyl- | 51 | 72 | 98 | 160 | 128 |
| Isobutyl- | 68 | 91 | 120 | 174 | 109 |
| Butyl- | 77 | 100 | 130 | 180 (177) | 63 |
| Isopentyl- | 100 | 118 | 148 | 179 (173) | 108 |
| Pentyl- | 107 | 129 | 156 | 154 | 96 |
| Hexyl- | 134 | 157 | 180 | 157 | 69 |
| Cyclohexyl- | 142 | 165 | 179 | | 146 |
| Benzyl- | 179 | 198 | 24[1]) | 188 | 117 |
| p-Nitro-benzyl- | 71[1]) | 99[1]) | | | |

[1]) $F$

*Tabelle 6.12*
Halogenkohlenwasserstoffe, aromatisch

| Halogenid | $F$ | $Kp$ | Sulfonsäure-amid (Position) $F$ | Nitrierungs-produkt (Position) $F$ |
|---|---|---|---|---|
| Chlorbenzen | | 132 | 143 (4-) | 51 (2,4-) |
| Brombenzen | | 156 | 162 (4-) | 75 (2,4-) |
| 2-Chlor-toluen | | 159 | 126 (5-) | 64 (3,5-) |
| 3-Chlor-toluen | | 162 | 185 (6-) | 91 (4,6-) |
| 4-Chlor-toluen | 7 | 162 | 143 (2-) | 38 (2-) |
| 1,2-Dichlor-benzen | | 180 | 135 (4-) | 110 (4,5-) |
| 2-Brom-toluen | | 181 | 146 (5-) | 82 (3,5-) |
| Iodbenzen | | 188 | | 174 (4-) |
| 1,2-Dibrom-benzen | | 219 | 176 (4-) | 114 (4,5-) |
| 1-Chlor-naphthalen | | 259 | 186 (4-) | 180 (4,5-) |
| 1-Brom-naphthalen | | 281 | 193 (4-) | 85 (4-) |
| 4-Brom-toluen | 28 | 185 | 165 (2-) | 47 (2-) |
| 1,4-Dichlor-benzen | 53 | 174 | 180 (2-) | 54 (2-) |
| 2-Brom-naphthalen | 59 | 281 | 208 (8-) | |
| 2-Chlor-naphthalen | 61 | 265 | 126 (8-) | 175 (1,8-) |
| 1,4-Dibrom-benzen | 89 | 219 | 195 (2-) | 84 (2,5-) |

*Tabelle 6.13*
Halogenkohlenwasserstoffe, mehrfach halogeniert

| Halogenid | $Kp$ | $n_D^{20}$ |
|---|---|---|
| Dichlormethan | 41 | 1,423 7 |
| Chloroform | 61 | 1,444 5 |
| Tetrachlorkohlenstoff | 77 | 1,460 3 |
| 1,2-Dichlor-ethan | 84 | 1,444 3 |
| Trichlorethen | 87 | 1,477 3 |
| Tetrachlorethen | 121 | 1,505 5 |
| 1,2-Dibrom-ethan | 132 | 1,537 9 |
| 1,1,2,2-Tetrachlor-ethan | 147 | 1,494 2 |
| Bromoform | 151 | 1,589 0 |
| Pentachlorethan | 161 | 1,504 0 |
| 1,3-Dibrom-propan | 165 | 1,523 0 |
| Benzylidendichlorid | 207 (214) | 1,551 5 |
| Benzylidintrichlorid | 221 | 1,557 3 |
| Tetrabromkohlenstoff | 92[1]) | |
| Iodoform | 120[1]) | |
| Hexachlorethan | 185[1]) | |

[1]) *F*

*Tabelle 6.14*
Aliphaten, Cycloaliphaten und Olefine

| Kohlenwasserstoff | $Kp$ | $n_D^{20}$ | Derivate $F$ |
|---|---|---|---|
| Pentan | 36 | 1,347 5 | |
| Hexan | 69 | 1,375 1 | |
| Cyclohexan | 80 | 1,426 3 | |
| Cyclohexen | 84 | 1,446 5 | Adipinsäure 152 |
| Heptan | 98 | 1,387 8 | |
| Octan | 125 | 1,389 0 | |
| Styren | 146 | 1,547 2 | |
| Nonan | 150 | 1,405 4 | |
| Inden | 180 | 1,571 0 | Pikrat 98 |
| trans-Decalin | 185 | 1,470 1 | |
| cis-Decalin | 194 | 1,482 8 | |
| Stilben | 306 | | Pikrat 94; Dibrom- 237 |

kaliextrakt wird das Phenol durch Ansäuern mit verd. Schwefelsäure in Freiheit gesetzt und in Ether aufgenommen. Die etherische Lösung wird mit Natriumsulfat getrocknet, der Ether abdestilliert und der Rückstand (Phenol) identifiziert.

Die im Wasser nicht löslichen sauren Verbindungen, wie z. B. Anthranilsäure, α- und

*Tabelle 6.15*
Aromaten

| Kohlenwasserstoff | F | Kp | $n_D^{20}$ | Sulfonamid $F$ | Aroyl-benzoesäure $F$ | Pikrat $F$ | Nitro-verbindung (Position) $F$ |
|---|---|---|---|---|---|---|---|
| Benzen | 5 | 80 | 1,5011 | 148 | 128 | 84 | 89 (1,3-) |
| Toluen | | 110 | 1,4969 | 137 | 138 | 88 | 70 (2,4-) |
| Ethylbenzen | | 135 | 1,4959 | 109 | 122 | 97 | 37 (2,4,6-) |
| p-Xylen | | 138 | 1,4958 | 147 | 132 | 90 | 139 (2,3,5-) |
| m-Xylen | 13 | 139 | 1,4972 | 137 | 126 | 91 | 183 (2,4,6-) |
| o-Xylen | | 144 | 1,5054 | 144 | 178 | 88 | 118 (4,5-) |
| Cumen | | 152 | 1,4915 | 107 | 133 | | 109 (2,4,6-) |
| Mesitylen | | 165 | 1,4994 | 141 | 212 | 97 | 96 (2,4-) |
| 1,2,4,5-Tetramethylbenzen | 79 | 193 | | 155 | 264 | | 205 (3,6-) |
| 1,2,3,4-Tetrahydronaphthalen | | 207 | | | 154 | 94 | 95 (5,7-) |
| Naphthalen | 80 | 218 | | | 173 | 150 | 60 (1-) |
| 1-Methyl-naphthalen | | 244 | 1,6182 | | 169 | 141 | 71 (4-) |
| 2-Methyl-naphthalen | 34 | 241 | | | 190 | 116 | |
| Diphenyl | 69 | 255 | | | 225 | | 233 (4,4'-) |
| Acenaphthen | 96 | 278 | | | 198 | 162 | 101 (5-) |
| Fluoren | 114 | 294 | | | 228 | 84 (79) | 157 (2-) |
| Phenanthren | 100 | 339 | | | | 144 | |
| Anthracen | 216 | 351 | | | | 138 | |

β-Naphthol, können nach der Zugabe der Schwefelsäure abfiltriert und nach eventueller Umkristallisation identifiziert werden.

Auch die Trennung einer sauren und einer basischen Verbindung voneinander ist möglich, wie das Schema in Abbildung 6.1 zeigt.

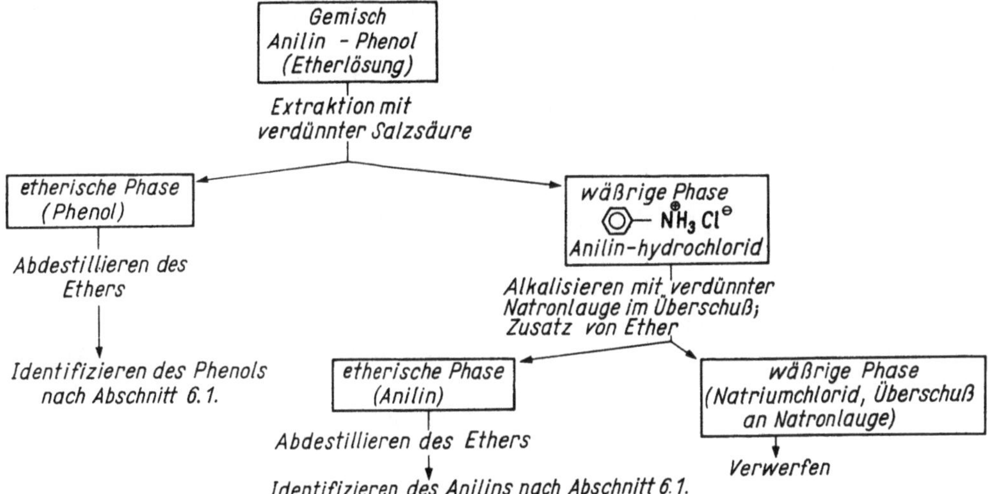


Abb. 6.1
Schema der Trennung eines Gemisches durch Extraktion

Ebenso kann ein Dreikomponentengemisch aus einem wasserunlöslichen Neutralstoff, einer wasserunlöslichen Säure und einer wasserunlöslichen Base durch Extrahieren mit verd. Natronlauge und anschließend mit verd. Salzsäure getrennt werden.

Die wasserlöslichen aliphatischen Carbonsäuren, z. B. Ameisen- und Essigsäure, erhält man durch Destillation des neutralisierten Natronlaugeauszuges. In diesem können auch die etherunlöslichen Verbindungen, wie Oxal-, Citronen-, Bernstein-, Wein-, Milchsäure, enthalten sein, auf die man dann speziell prüfen muß.

Bei der Trennung eines Gemisches aus einer neutralen und einer basischen Substanz (Chlorbenzen/Anilin) wird analog verfahren. Statt der Natronlauge wird 10 %ige Salzsäure zum Ausschütteln verwendet. Der Salzsäureextrakt wird mit 30 %iger Natronlauge neutralisiert.

Eine weitere Möglichkeit zur Extraktion besteht darin, Aldehyde und Ketone durch Natriumhydrogensulfitlösung von einer etherischen Phase abzutrennen.

## 6.2.3.    Wasserdampfdestillation

Liegen Verbindungen unterschiedlicher Polarität als Gemisch vor, so ist eine Trennung durch die Wasserdampfdestillation möglich. Allgemein gilt, daß wenig polare Substanzen eher mit Wasserdampf flüchtig sind als solche hoher Polarität. Da diese Eigenschaft durch Einführung einer weiteren funktionellen Gruppe in ein Molekül zunimmt, kann folgende Regel aufgestellt werden: Monofunktionelle Substanzen sind mit Wasserdampf flüchtig, bi- und polyfunktionelle sind es nicht. So sind von den Gemischen Ethanol/Ethylenglycol, Essigsäure/Oxalsäure, Benzoesäure/Phthalsäure die zuerst genannten Verbindungen wasserdampfflüchtig.

Eine Ausnahme von dieser Regel bilden die ortho-disubstituierten Benzenderivate wie o-Nitro-phenol, Salicylaldehyd. Diese sind als bifunktionelle Substanzen mit Wasserdampf flüchtig, da durch Wasserstoffbrückenbindung zwischen den orthoständigen Substituenten die Polarität vermindert wird.

# 6.3.    Protokollführung (Musterprotokoll)

Während der Durchführung der Analyse sind alle Phänomene genau zu beobachten und zu notieren. Aus den gefundenen Sachverhalten werden Schlußfolgerungen für den weiteren Ablauf der Analyse gezogen. Aus dem Protokoll soll der logische Gang der Analyse erkennbar sein.

Als zweckmäßig wird die im folgenden Beispiel angegebene Gliederung und Form angesehen:

Name, Datum
Identifizierung Nr. ...

– *Vorproben* nach Abschnitt 6.1.1.

| | |
|---|---|
| Substanz: flüssig, fast farblos, nach bitteren Mandeln riechend, brennt mit stark rußender Flamme. | $F < 20\,°C$<br>vermutlich stark ungesättigte Verbindung, Aromat? |
| Siedetemperaturbestimmung:<br>$Kp$ 178...181 °C, ca. 0,5 ml Vorlauf bei etwa 100 °C, Destillationsrückstand ca. 10 % der Ausgangsmenge. | Vorlauf eventuell Wasser, Substanz entweder verunreinigt oder thermisch nicht sehr stabil. |
| Löslichkeit: in Ether löslich,<br>in Wasser unlöslich, | Substanz der Gruppe I |
| unlöslich in 5 %iger Natronlauge, | kein Phenol, keine Carbonsäure |
| unlöslich in 5 %iger Salzsäure und konz. Salzsäure, | kein gesättigter Kohlenwasserstoff oder Halogenkohlenwasserstoff, enthält vermutlich |
| löslich in konz. Schwefelsäure. | O und/oder N als Heteroatom |
| Beilstein-Probe negativ | kein Halogen |
| Lassaigne-Probe negativ | kein N und S |

– *Charakterisierungsreaktionen* zur Festlegung der Stoffklasse nach Abschnitt 6.1.2. Aufgrund der Vorproben ist die Prüfung auf folgende Stoffklassen überflüssig: Carbonsäureanhydride, Carbonsäuren und Salze, Amine, Phenole, Enole, Carbonsäureamide, Nitrile, Nitroverbindungen, Halogenkohlenwasserstoffe, Paraffine, Cycloparaffine. Auch

Benzen scheidet als mögliche Verbindung aufgrund der Löslichkeitsuntersuchungen in
konz. Schwefelsäure aus.

Reaktion auf Alkohole mit
Acetylchlorid: negativ                        kein Alkohol
Reaktion mit Schiff-Reagens: positiv          Aldehyd oder andere leicht oxidierbare bzw.
                                              reduzierend wirkende Verbindung

— *Hinweisreaktionen* nach Abschnitt 6.1.4.4.

Benedict-Reaktion: negativ                    kein $\alpha$-Hydroxyaldehyd oder -keton, kein $\alpha$-
                                              Ketoaldehyd

Fehling-Reaktion: negativ                     kein aliphatischer Aldehyd, keine Polyhy-
                                              droxy-Verbindung

Tollens-Reaktion: positiv                     Aldehyd, aufgrund vorangegangener Reak-
                                              tionen ist nur noch ein aromatischer Al-
                                              dehyd möglich

Nach Tabelle 6.4 (Aldehyde) sind aufgrund der Siedetemperatur der Analysensubstanz
von $Kp$ 179...181 °C nur Benzaldehyd ($Kp_{\text{Lit.}}$ 179 °C) und eventuell Salicylaldehyd
($Kp_{\text{Lit.}}$ 196 °C) möglich. Bei Salicylaldehyd sollte jedoch wegen der vorhandenen Hydroxygruppe Löslichkeit in Natronlauge beobachtet worden sein. Da das nicht der Fall
war, entfällt dieser.

— *Darstellung von Derivaten* nach Abschnitt 6.1.5.

Synthese eines p-Nitro-phenyl-hydra-        Sehr gute Übereinstimmung mit der tabel-
zons, zweimalige Umkristallisation aus      lierten Schmelztemperatur des p-Nitro-phe-
Ethanol:                                    nylhydrazons des Benzaldehyds, $F_{\text{Lit.}}$ 192 °C
$F$ 190...191 °C

— *Reaktionsgleichung der Derivatbildung*

$$\text{C}_6\text{H}_5\text{-CHO} + \text{H}_2\text{N-NH-C}_6\text{H}_4\text{-NO}_2 \longrightarrow \text{C}_6\text{H}_5\text{-CH=N-NH-C}_6\text{H}_4\text{-NO}_2 + \text{H}_2\text{O}$$

— *Name des Derivates*                        Benzaldehyd-p-nitro-phenylhydrazon

— *Zusammenfassung*
Die Analysensubstanz Nr. ... ist Benzaldehyd.

Bei der Identifizierung von Gemischen ist nach den Vorproben das eventuell angewandte
Trennungsverfahren anzugeben. Das Protokoll ist zusammen mit dem synthetisierten Derivat dem Praktikumsassistenten zu übergeben.

## 6.4.    Chemikalien und Reagenzien

Die nachfolgend aufgeführten Reagenzien und Chemikalien sollten im Praktikumslabor ausstehen. Dabei ist es zweckmäßig, die Substanzen Nr. 88 bis 98 wegen ihrer Geruchsbelästigung und Giftigkeit unter dem Abzug, die Lösungsmittel Nr. 68 bis 87 und die Säuren, Laugen und Salzlösungen Nr. 99 bis 110 getrennt von den übrigen Chemikalien und Reagenzien zu deponieren. Die Vorschriften für die Herstellung der mit * gekennzeichneten Lösungen und Reagenzien werden unter Abschnitt 6.5. angegeben.

| | |
|---|---|
| 1. Aktivkohle | 31. Kongorotpapier |
| 2. Ammoniumchlorid | 32. Kupferdraht |
| 3. Anilin | 33. Kupfersulfat-Lösung, wäßrig, 2 % |
| *4. Benedict-Reagens | 34. Lackmuspapier, blau; rot |
| 5. Blei-acetatpapier | *35. Lukas-Reagens |
| 6. Bortrifluoriddietherat | 36. Magnesiumspäne |
| *7. Bromlösung in Tetrachlorkohlenstoff | 37. Methyliodid |
| *8. Brom-Kaliumbromid-Lösung in Wasser | *38. Methylorange-Lösung |
| | *39. β-Naphthol-Natronlauge-Lösung |
| 9. p-Brom-phenacylbromid | 40. α-Naphthylisocyanat |
| 10. Calciumchlorid, wasserfrei | 41. Natrium unter Toluen |
| *11. Ceriumammoniumnitrat-Reagens | 42. Natrium-acetat |
| 12. Chloressigsäure | 43. Natriumhydroxid |
| *13. Denigès-Reagens | *44. Natriumiodid in Aceton |
| 14. 2,2′-Dioxy-diethanol | 45. Natriumnitrit |
| 15. 3,5-Dinitro-benzoylchlorid (oder 3,5-Dinitro-benzoesäure) | 46. Natriumsulfat, wasserfrei |
| | 47. p-Nitro-benzoylchlorid |
| 16. 2,4-Dinitro-phenylhydrazin | 48. p-Nitro-phenylhydrazin |
| 17. Eisen(III)-chlorid-Lösung, wäßrig, 5 % | 49. 3-Nitro-phthalsäureanhydrid |
| 18. Eisen(II)-sulfat | 50. Phenacylbromid |
| *19. Fehling-Lösung I | 51. Phenolphthalein-Lösung, ethanolisch, 1 % |
| *20. Fehling-Lösung II | 52. Phenylisocyanat |
| 21. Hydroxylaminhydrochlorid | 53. Phenylisothiocyanat |
| 22. Hydroxylaminhydrochlorid-Lösung, ethanolisch, 0,5 N | 54. pH-Papier |
| | 55. Phthalsäureanhydrid |
| 23. Iod | 56. Pikrinsäure |
| *24. Iod-Kaliumiodid-Lösung | 57. Pikrinsäure-Lösung, ethanolisch, gesättigt |
| 25. Iodidstärkepapier | *58. Schiff-Reagens |
| *26. Kalilauge, methanolisch, 1 N | 59. Semicarbazidhydrochlorid |
| 27. Kaliumhydroxid | 60. Silbernitrat-Lösung, wäßrig, 5 % |
| 28. Kaliumiodid | 61. Silbernitrat-Lösung, ethanolisch, 2 % |
| 29. Kaliumbromid | 62. Thioharnstoff |
| 30. Kaliumpermanganat-Lösung, wäßrig, 2 % | 63. p-Toluensulfonylchlorid |

64. p-Toluensulfonsäuremethylester
65. Zinkchlorid, wasserfrei
66. Zinkstaub
67. Zinn

*Lösungsmittel*
68. Aceton
69. Benzen
70. Benzen über Natrium
71. Chloroform
72. Chloroform über Natriumsulfat
73. Cyclohexan
74. Dichlormethan
75. Diethylether
76. Diethylether über Natrium
77. 1,4-Dioxan
78. Essigsäure, 100 %
79. Essigsäureethylester
80. Ethanol, abs.
81. Ethanol, 96 %
82. Kohlenstoffdisulfid
83. Ligroin
84. Methanol
85. Methanol, abs.
86. Petrolether
87. Tetrachlorkohlenstoff

*Chemikalien unter dem Abzug*
88. Acetanhydrid
89. Acetylchlorid
90. Aluminiumchlorid, wasserfrei

91. Benzensulfonylchlorid
92. Benzoylchlorid
93. Benzylamin
94. Chloroschwefelsäure
95. Phosphor(V)-chlorid
96. Pyridin
97. Salpetersäure, rauchend, ca. 100 %, $D = 1,52$
98. Thionylchlorid

*Säuren, Basen und Salzlösungen*
99. Ammoniak, konz., ca. 25 %, $D = 0,91$
100. Ammoniak, verd., ca. 3,5 %, $D = 0,983$
101. Kalilauge, 5 N (ca. 23 %)
102. Natriumcarbonat, 10 %
103. Natriumhydrogencarbonat, 10 %
104. Natriumhydrogensulfitlösung, 40 %
105. Natronlauge, 2,5 N, 10 %
106. Salpetersäure, konz., ca. 66 %, $D = 1,40$
107. Salzsäure, konz., ca. 37 %, $D = 1,19$
108. Salzsäure, 2 N, ca. 7,5 %, $D = 1,03$
109. Schwefelsäure, konz., ca. 95 %, ca. 36 N, $D = 1,84$
110. Schwefelsäure, 2 N, ca. 17,5 %, $D = 1,12$

# 6.5.   Herstellung von Reagenzien und Lösungen

*Benedict-Reagens*
63 g Citronensäure und 103 g wasserfreies Natriumcarbonat werden unter Erwärmen in 400 ml destilliertem Wasser gelöst. Dazu gibt man langsam und unter Rühren eine Lösung von 8,7 g Kupfersulfat ($CuSO_4 \cdot 5 H_2O$) in 50 ml destilliertem Wasser. Anschließend füllt man mit destilliertem Wasser auf 500 ml auf.

*Bromlösung in Tetrachlorkohlenstoff*
35 ml Brom werden in 1 000 ml Tetrachlorkohlenstoff gelöst.

*Bromlösung in Wasser*

100 g Kaliumbromid werden in 1 l Wasser gelöst und mit 40 ml Brom versetzt.

*Ceriumammoniumnitrat-Reagens*

40 g Ceriumammoniumnitrat $(NH_4)_2Ce(NO_3)_6$ werden in 100 ml 2 N Salpetersäure unter Erwärmen gelöst.

*Denigès-Reagens*

Man löst 5 g Quecksilberoxid in 20 ml konz. Schwefelsäure und gießt anschließend in 100 ml Wasser.

*Fehling-Lösung I*

Man löst 21 g Kupfersulfat $(CuSO_4 \cdot 5\,H_2O)$ in 300 ml destilliertem Wasser.

*Fehling-Lösung II*

Man löst 104 g Kaliumnatrium-tartrat und 42 g Natriumhydroxid in 300 ml destilliertem Wasser. (Die Flasche zur Aufbewahrung von Fehling II wird mit einem Gummistopfen verschlossen!)

*Iod-Kaliumiodid-Lösung*

20 g Kaliumiodid und 10 g Iod werden in 80 ml destilliertem Wasser unter Rühren gelöst.

*Kalilauge, methanolisch, 1 N*

56 g Kaliumhydroxid werden in 20 ml destilliertem Wasser gelöst und mit Methanol auf 1 l aufgefüllt. Die Vorratsflasche ist mit einem Gummistopfen zu verschließen.

*Lukas-Reagens*

Unter Kühlung löst man 136 g wasserfreies Zinkchlorid in 90 ml konz. Salzsäure.

*Methylorange-Lösung*

1 g Methylorange wird in 1 l Wasser gelöst.

*β-Naphthol-Natronlauge-Lösung*

50 g β-Naphthol werden in 1 l 10 %iger Natronlauge gelöst.

*Natriumiodid in Aceton*

10 g Natriumiodid werden in 70 ml reinem Aceton gelöst. Die Lösung wird in einer braunen Flasche aufbewahrt. Das Reagens ist zu verwerfen, sobald es eine rotbraune Farbe angenommen hat.

*Schiff-Reagens*

Man leitet in eine 0,025 %ige wäßrige Fuchsin-Lösung bis zur Entfärbung Schwefeldioxid ein. Das Reagens wird unter Luftabschluß in einer braunen Flasche aufbewahrt.

*Tollens-Reagens*

2 bis 3 ml einer 5 %igen Silbernitratlösung werden mit 2 Tropfen einer etwa 10 %igen Natriumhydroxidlösung versetzt. Unter Schütteln gibt man anschließend tropfenweise 2 bis 3 %ige Ammoniaklösung hinzu, bis der Niederschlag von Silberhydroxid gerade wieder gelöst wird. Die Empfindlichkeit des Reagens hängt von der genauen Einhaltung der Arbeitsvorschrift ab. Man vermeide unbedingt einen Ammoniaküberschuß!

Die Lösung ist unmittelbar vor dem Gebrauch anzusetzen, da sie sich bei längerem Stehen unter Bildung hochexplosibler Silberverbindungen zersetzt.

# 6.6.   Platzinventar für Identifizierungen

1 Rückflußkühler (Dimroth- oder Kugelkühler), NS 14,5
1 Liebig-Kühler mit angeschmolzenem Claisen-Aufsatz, NS 14,5
1 Thermometer, NS 14,5, zum Claisen-Aufsatz passend
1 Siedekapillare, NS 14,5
1 Vorstoß, NS 14,5
2 Rundkolben, 25 ml, NS 14,5
1 Rundkolben, 50 ml, NS 14,5
2 Glasstopfen, NS 14,5
2 Erlenmeyerkolben, 50 ml
1 Scheidetrichter
1 Mensur, 10 ml
1 Becherglas, 250 ml oder 400 ml
2 Bechergläser, 50 ml
1 Saugreagenzglas oder 1 Saugflasche, 50 ml
1 Büchner-Trichter, 10−30 mm Durchmesser
1 Glastrichter
2 Uhrgläser
1 Porzellanschale, 40−60 mm Durchmesser
1 Bunsen- oder Teclu-Brenner, groß
1 Mikrobrenner
2 Asbestdrahtnetze
1 Reagenzglashalter
12 Reagenzgläser, 130 × 15 mm
5 Glühröhrchen
1 Reagenzglasbürste
5 Pipetten mit Gummisauger
3 Glasstäbe
1 Metallspatel
Stativmaterial, Dreifuß
Weitere Geräte, wie z. B. Kolonnen, sind beim Praktikumsassistenten auszuleihen.

# 6.7.  Kontrollfragen

**Kontrollfragen zu Abschnitt 6.1.1.**

1. Eine in Wasser unbegrenzt lösliche organische Substanz siedet bei ca. 55° bis 58 °C. Weshalb kann es sich nicht um einen Kohlenwasserstoff, einen Halogenkohlenwasserstoff oder um eine Nitroverbindung handeln? Verwenden Sie zur Beantwortung der Frage Tabelle 6.1!

2. Kann man durch Untersuchung der Löslichkeit Ethanol von Ethyl-acetat unterscheiden? Welches Lösungsmittel schlagen Sie vor?

3. Mit welcher der folgenden Proben (Bestimmung der Siedetemperatur, Bestimmung der Dichte, Bestimmung der Wasserlöslichkeit) kann man Isopentylchlorid von Butylbromid unterscheiden?

4. Bei einer Substanz besteht Unklarheit, ob es sich um Anilin oder Benzylamin handelt. Wie ist in kürzester Zeit eine Unterscheidung möglich? (Verwenden Sie Tab. 6.8)

5. Schätzen Sie auf Grund Ihrer allgemeinen Kenntnisse über die Löslichkeit ab, ob und wie gut die folgenden Substanzen in den betreffenden Lösungsmitteln löslich sind bzw. mit diesen reagieren!

| *Substanz* | *Lösungsmittel* |
|---|---|
| Essigsäure | Wasser, Diethylether |
| Pentan | Schwefelsäure, Diethylether, Wasser |
| Glycerol | Wasser, Schwefelsäure, Diethylether |
| Cyclohexen | Schwefelsäure, Wasser, Diethylether |
| Anilin | Wasser, Natronlauge, Diethylether, Salzsäure |
| Natrium-benzoat | Salzsäure, Wasser, Diethylether |
| Acetylchlorid | Diethylether, Wasser, Natronlauge |

**Kontrollfragen zu Abschnitt 6.1.3.**

6. Versuchen Sie die im Abschnitt 6.1.3. beschriebenen Charakterisierungsreaktionen, soweit es möglich ist, als chemische Gleichungen zu formulieren!

7. Eine stickstoffhaltige, flüssige organische Substanz ist zu charakterisieren, bzw. es ist zu entscheiden, ob der Stickstoff als $-NO_2$ (Nitroverbindung); $-NH_2$, $-NH-R$, $-NR_2$ (primäres, sekundäres oder tertiäres Amin); $-C\equiv N$ (Nitril) oder $-CO-NH_2$ (Amid) vorliegt. Welche Reaktionen führen Sie durch?

**Kontrollfragen zu Abschnitt 6.1.4.**

8. Begründen Sie die Tatsache, daß aromatische Halogenkohlenwasserstoffe, Vinylhalogenide sowie Tetrachlorkohlenstoff keine Fällung mit ethanolischer Silbernitratlösung (s. Abschn. 6.1.4.1.) geben.

9. Formulieren Sie folgende Umsetzungen als chemische Gleichungen:
   a) Anilin + Chloroform + Natronlauge
   b) Natriumiodidlösung (in Aceton) + Cyclohexylbromid
   c) p-Toluidin (in Salzsäure) mit Natriumnitritlösung

d) Reaktionsprodukt von c) mit β-Naphthol

e) Hexylamin (in Salzsäure) mit wäßriger Natriumnitritlösung

f) sec-Butylalkohol + Iod + Natronlauge

g) Propionsäuremethylester + Hydroxylaminlösung + Natronlauge.

Kontrollfragen zu Abschnitt 6.1.5.

10. Eine Substanz, die als Alkohol charakterisiert wurde, siedet bei 117 °C. Weshalb ist es nicht sinnvoll, als Derivat ein p-Nitro-benzoat, ein α-Naphthylurethan, ein Acetat oder ein Benzoat herzustellen? (Verwenden Sie dazu Tabelle 6.2)

11. Aus einem bei 184 °C siedenden primären Amin wurde ein Phenylthioharnstoff ($F$ 155 °C) hergestellt. Ist eine eindeutige Identifizierung des Amins durch dieses Derivat möglich?

12. Aus einem flüssigen Alkohol sollte durch Umsetzung mit Phenylisocyanat ein Derivat hergestellt werden. Es fiel ein in Chloroform auch in der Wärme nicht lösliches Produkt mit der Schmelztemperatur von 239 °C an; vermutlich wurde unsauber gearbeitet. Welche Verunreinigung hat die unerwünschte Reaktion verursacht? Formulieren Sie die Reaktion!

13. Zur Identifizierung eines Ketons ($Kp$ 129...132 °C) sollten Derivate hergestellt werden.
    a) Weshalb ist die Herstellung eines Oxims nicht sinnvoll?
    b) Welches Keton liegt vor, wenn das 2,4-Dinitro-phenylhydrazon ein Schmelzintervall von 104 bis 107 °C zeigte?

14. Für eine Substanz ($Kp$ 254...256 °C) konnte die eindeutige Zuordnung zur Stoffklasse Aldehyde bzw. Ketone nicht getroffen werden. Begründen Sie nach Tabelle 6.4 bzw. 6.5, warum die Darstellung eines p-Nitro-phenylhydrazons nicht sinnvoll ist. Schlagen Sie ein geeignetes Derivat für die Identifizierung vor!

15. Eine Analysensubstanz wurde als Carbonsäureester ($Kp$ 77...81 °C) charakterisiert.
    a) Entnehmen Sie Tabelle 6.6 bzw. 6.7 die in Frage kommenden Ester und geben Sie deren Formeln an!
    b) Schlagen Sie eine einfache analytische Reaktion vor, mit der Sie die unter a) gefundene Zahl von Estern einschränken können!
    c) Entnehmen Sie der Tabelle 6.6 ein geeignetes Derivat zur Identifizierung des Esters!

16. Zwei flüssige Ester wurden destilliert und für beide eine Siedetemperatur von 100 bis 102 °C gefunden. Bei dem einen Ester (X) blieb bei der Destillation eine größere Menge zähflüssiger Substanz zurück. Ein p-Brom-phenacylester konnte nicht hergestellt werden. Vom anderen Ester (Y) wurde ein p-Brom-phenacylester ($F$ 83...84 °C) hergestellt.
    Geben Sie die Formeln der beiden Ester an, und begründen Sie das Reaktionsverhalten! (Verwenden Sie Tabellen 6.6 und 6.7!)

17. Ein nicht näher untersuchtes Amin bildet ein Pikrat mit der Schmelztemperatur von 167° ± 2 °C.
    a) Suchen Sie in den Tabellen 6.8 und 6.9 wenigstens sechs Amine auf, die dieses Pikrat bilden könnten!

b) Welche Charakterisierungs- bzw. Hinweisreaktionen sollten unbedingt durchgeführt werden?

Kontrollfragen zu Abschnitt 6.2.

18. Schlagen Sie Trennungsverfahren für die folgenden Gemische vor:
    a) Chloroform–Pyridin
    b) Phenol–Pyridin
    c) Anilin–Decalin
    d) Benzylalkohol–m-Cresol
    e) Ethylenglycol–Benzylalkohol
    f) o-Nitro-phenol–p-Nitro-phenol

19. Welche der nachfolgenden Gemische müssen nicht aufgetrennt werden, um aus den einzelnen Komponenten Derivate herzustellen?
    a) Essigsäure–Butan-2-on
    b) Ameisensäure–Benzen
    c) Cyclohexanol–Cyclohexanon
    d) Ethanol–Zimtsäureethylester
    e) 2-Furaldehyd–Cyclohexanon

20. Formulieren Sie das Schema zur Trennung eines Gemisches von Decalin, p-Chlor-phenol und o-Toluidin.


# 6.8.    Literatur

BAUER, K.H.; MOLL, H.: Die organische Analyse. 5.Aufl. – Akademische Verlagsgesellschaft Geest & Portig, Leipzig 1967.

LAATSCH, H.: Die Technik der organischen Trennungsanalyse. – Georg Thieme Verlag, Stuttgart/New York 1988.

Organikum. Organisch-chemisches Grundpraktikum. 17. Aufl. – Deutscher Verlag der Wissenschaften, Berlin 1988

STAUDINGER, H.; KERN, W.; KÄMMERER, H.: Anleitung zur organischen qualitativen Analyse. 7. Aufl. – Springer-Verlag, Berlin/Heidelberg/New York 1968.

UTERMARK, W.; SCHICKE, W.: Schmelzpunkttabellen organischer Verbindungen. 2. Aufl. – Akademie-Verlag, Berlin 1963.

VEČEŘA, M.; GASPARIČ, J.: Detection and Identification of Organic Compounds. – Plenum Press, New York/London; SNTL-Publishers of technical literature, Prague 1971.

# 7. Strukturaufklärung (Ü 95 – Ü 142)

Im Kapitel Identifizierungen wurde die Struktur einer organischen Substanz durch chemische Reaktionen mit dieser Substanz, die meist zur Derivatbildung führen, und durch Vergleich dieser Derivate mit bekannten Substanzen ermittelt. Dafür sind in der Regel große Stoffmengen notwendig, da die zu untersuchende Substanz bei jeder Operation verändert wird.

Die in den letzten Jahrzehnten entwickelten spektroskopischen Methoden (UVS-, IR-, NMR-, Massenspektroskopie) sind für den in der organischen Chemie tätigen Chemiker zu einem unentbehrlichen Hilfsmittel bei der Strukturaufklärung geworden, da diese Methoden mit geringsten Stoffmengen (0,01...0,1 g) auskommen, die untersuchten Stoffe in der Regel nicht verändert werden und somit für andere Untersuchungen wieder verwendet werden können und der Zeitaufwand gegenüber rein chemischen Methoden gering ist. Voraussetzung ist jedoch, daß die zu untersuchende Substanz in hoher Reinheit vorliegt.

Mit Hilfe *einer* spektroskopischen Methode ist man in der Regel nicht in der Lage, eine genaue Strukturzuordnung vorzunehmen. Erst wenn die Ergebnisse aller Methoden keine sich widersprechenden Aussagen liefern, kann eine postulierte Struktur als wahrscheinlich angenommen werden. Deshalb sind Grundkenntnisse hinsichtlich der Leistungsfähigkeit und der Aussagekraft dieser Methoden unumgänglich.

In den folgenden Abschnitten, die die spektroskopischen Methoden beschreiben, soll deshalb weniger auf die physikalischen Grundlagen dieser Methoden, als vielmehr auf deren Anwendbarkeit für die Strukturaufklärung eingegangen werden, wobei an Hand konkreter Beispiele die Methoden erläutert werden und in den sich anschließenden Übungen die Anwendung einer dieser Methoden zur Lösung von Strukturproblemen führen soll. Die hier vorgestellten Beispiele sind so gewählt, daß mit nur einer Methode ein Resultat erreicht wird.

## 7.1. UVS-Spektroskopie (Ü 95 – Ü 102)

### 7.1.1. Theoretische Grundlagen

Wenn ein Lichtstrahl oder allgemeiner eine elektromagnetische Strahlung geeigneter Wellenlänge $\lambda$ bzw. Wellenzahl $\bar{\nu} = 1/\lambda$ mit der Lichtgeschwindigkeit $c$ auf die Moleküle einer Verbindung auftrifft, ist es möglich, daß der Strahl teilweise oder vollständig absorbiert wird.

Die durch das Licht repräsentierte Energiemenge überführt die Moleküle aus dem normalerweise eingenommenen *Grundzustand* (mit der Energie $E_1$) in einen *Anregungszustand* (mit der Energie $E_2$). Die von den Molekülen aufgenommene Energiemenge:

$$E = E_2 - E_1 = h \cdot c \cdot \bar{\nu} = \frac{h \cdot c}{\lambda} \qquad h \text{ Plancksche Konstante} \tag{7.1}$$

dient zur Anregung von *Rotationen* der Moleküle, von *Schwingungen* der Atome und Atomgruppen im Molekül sowie zur *Elektronenanregung*.

In Abhängigkeit von Energiegehalt $E$ bzw. Wellenlänge $\lambda$ bzw. Wellenzahl $\bar{\nu}$ der Strahlung (s. Gl. (7.1)) werden diese drei Anregungsarten, die bestimmte Rückschlüsse auf die Struktur der Moleküle erlauben, ermöglicht.

Abbildung 7.1 zeigt den Zusammenhang zwischen einigen Strahlungsarten und den dazu gehörigen Anregungen in den Molekülen.

Zeichnet man die Lichtintensität, die von der bestrahlten Substanz durchgelassen wird, als Funktion der Wellenzahl $\bar{\nu}$ oder der Wellenlänge $\lambda$ auf, so erhält man ein *Absorptionsspektrum*.

| Spektral-bereich | Ultraviolett (UV) | sichtbar (S) | Infrarot- oder Ultrarot (IR oder UR) | | |
|---|---|---|---|---|---|
| $\lambda$/nm | 200    400 | 800 | (2 500 | 50 000) | |
| $\bar{\nu}$/cm$^{-1}$ | | | 4 000 | 200 | |
| Anregung von | σ-Elektronen | π-Elektronen, freie Elektronenpaare | Oberschwingungen | Molekülschwingungen | Molekülrotationen |
| Spektrum | Elektronenanregungsspektren | | Rotations-Schwingungsspektren | | Rotationsspektren |

Abb. 7.1
Übersicht UVS- und IR-Spektroskopie

Die Aufnahme der Spektren erfolgt heute mit Hilfe vollautomatischer Spektrometer, die meist den in Abbildung 7.2 gezeigten schematischen Aufbau besitzen. Die von der Lichtquelle $L$ ausgehende kontinuierliche Strahlung gelangt in den Monochromator $Mo$, in dem sie durch Prismen oder Gitter zerlegt wird. Aus dem Monochromator treten nacheinander in bestimmter zeitlicher Folge die einzelnen Wellenlängen des ursprünglich kontinuierlichen „Strahlengemisches" aus und können anschließend als Meßstrahl $Me$ im Meßgefäß bei Erfüllung der Gleichung (7.1) mit den Substanzmolekülen in Wechselwirkung treten. Der das Meßgefäß verlassende Strahl, der nur noch die Intensität $I$ besitzt, wird mit dem Vergleichsstrahl $V$ der Intensität $I_0$ (der Vergleichsstrahl durchläuft entweder ein leeres Meßgefäß ohne Substanz oder eine Küvette mit reinem Lösungsmittel, das bei der entsprechenden Wellenlänge wenig oder gar nicht absorbiert) in einem geeigneten Empfängersystem *Em* verglichen.

Durch automatische Division von $I_0$ durch $I$ ermittelt das Spektrometer einen Wert für die Absorptionsintensität bei der jeweiligen Wellenlänge, der durch den Schreiber *S* als Absorptionsspektrum registriert wird.

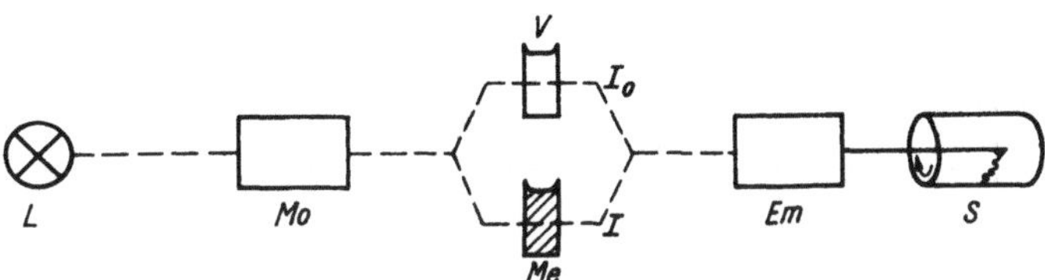


Abb. 7.2
Schema eines Spektrometers

Der dekadische Logarithmus dieses Quotienten $I_0/I$ wird als *Extinktion E* bezeichnet und ist nach LAMBERT und BEER durch Gleichung (7.2) gegeben:

$$E = \lg \frac{I_0}{I} = \varepsilon \cdot c \cdot l \tag{7.2}$$

$\varepsilon$ molarer Extinktionskoeffizient (Stoffkonstante), $c$ Konzentration in $\text{mol} \cdot \text{l}^{-1}$, $l$ Schichtdicke der Substanz bzw. des Meßgefäßes in cm

Wie aus Abbildung 7.1 zu erkennen ist, werden durch Lichtstrahlen des Wellenlängenbereiches 200 bis 800 nm, d.h. durch Strahlung des sichtbaren Lichtes und des längerwelligen, energieärmeren UV-Bereiches nur die lockeren $\pi$-Elektronen und die sogenannten freien Elektronenpaare angeregt, und man erhält ein Elektronenanregungsspektrum, das anstelle der erwarteten scharfen Absorptionslinien aus breiten Absorptionsbanden (Abb. 7.3) besteht. Das ist so zu erklären, daß sich gleichzeitig mit der Elektronenanregung auch Schwingungs- und Rotationszustände des Moleküls verändern.

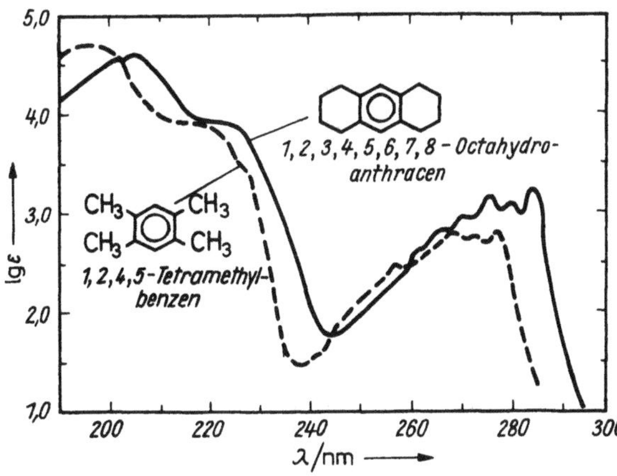


Abb. 7.3
UV-Spektren zweier Substanzen mit gleichem Chromophorsystem

Man bezeichnet Atomgruppen im Molekül, die $\pi$-Elektronen oder freie Elektronenpaare besitzen und deshalb im sichtbaren und nahen UV-Bereich des Spektrums anregbar sind, als *Chromophore*. Diese aus der Farbenchemie stammende Bezeichnung besagt, daß solche Atomgruppen die Farbigkeit einer Substanz (d. h. die Absorption eines Teils des sichtbaren Lichtes und das Auftreten der Komplementärfarbe) verursachen können. In Tabelle 7.1 sind einige häufig auftretende Chromophore zusammengestellt.

*Tabelle 7.1*
Häufig auftretende chromophore Gruppen

| Chromophor | Qualitat. Angabe der Intensität | $\lambda_{max}$ in nm | Anregung von |
|---|---|---|---|
| $\mathrm{C{=}C}$ | eine starke Bande | etwa 175...200 (vgl. Tab. 7.2) | $\pi$-Elektronen |
| $\mathrm{C{=}O}$ | eine starke Bande<br>eine schwache Bande | etwa 180...195<br>etwa 270...205 | $\pi$-Elektronen<br>freie Elektronenpaare am Sauerstoff |
| $-\mathrm{\bar{N}{=}\bar{N}}-$ | eine schwache Bande[1] | etwa 340...370 | freie Elektronenpaare am Stickstoff |
| $-\mathrm{\underline{\bar{O}}}-\mathrm{H}$ | eine mittelstarke Bande | etwa 185 | freie Elektronenpaare am Sauerstoff |
| $-\mathrm{\bar{N}}\genfrac{}{}{0pt}{}{H}{H}$ | eine mittelstarke Bande | etwa 215 | freies Elektronenpaar am Stickstoff |

[1]) Beim $-\mathrm{N{=}N}$-Chromophor existiert daneben auch die bei kürzeren Wellenlängen liegende Absorption durch Anregung der $\pi$-Elektronen.

*Tabelle 7.2*
Bathrochromer Effekt von Alkylgruppen

| Substituiertes Olefin | $\lambda_{max}$ in nm |
|---|---|
| $\mathrm{R}_2\mathrm{C{=}CH}_2$ | 185...189 |
| $\mathrm{R}_2\mathrm{C{=}CHR}$ | 192...195 |
| $\mathrm{R}_2\mathrm{C{=}CR}_2$ | 196 |

Die genaue Lage des Absorptionsmaximums $\lambda_{max}$ ist jeweils noch von der Umgebung des Chromophors im Molekül abhängig. So verschieben z. B. die Alkylgruppen R, die der chromophoren Gruppe benachbart sind, die Absorption *bathochrom*, d. h. etwas nach längeren Wellen (s. Tab. 7.2).

Häufig befinden sich im gleichen Molekül mehrere chromophore Gruppen. Sind zwei Chromophore durch mindestens zwei Einfachbindungen getrennt (z. B. die isolierten Doppelbindungen im Penta-1,4-dien $CH_2{=}CH{-}CH_2{-}CH{=}CH_2$), so bleibt die Absorptionswellenlänge gegenüber der eines einzelnen Chromophors unverändert, aber die Extinktion wird vervielfacht.

Sind mehrere, mindestens aber zwei Chromophore, nur durch je eine Einfachbindung voneinander getrennt (z. B. die Doppelbindungen in den konjugierten Systemen Buta-1,3-dien $CH_2{=}CH{-}CH{=}CH_2$ oder dem $\alpha,\beta$-ungesättigten Keton $CH_2{=}CH{-}CO{-}CH_3$), so können die Elektronen in Wechselwirkung treten. Es entsteht ein ausgedehnteres *Chromophorsystem*, und dies bewirkt eine bathochrome Verschiebung der Absorptionsbanden:

$$CH_2{=}CH{-}CH{=}CH_2 \qquad \frac{\lambda_{max}\text{ in nm}}{217}$$

$$CH_2{=}CH{-}\underset{\underset{CH_3}{|}}{C}{=}O \qquad 219, 320$$

Viele Aromaten (z. B. Benzen, Naphthalen) und Heteroaromaten (z. B. Pyridin, Chinolin) besitzen, in Abhängigkeit von Ausdehnung und Anordnung des jeweiligen $\pi$-Elektronensystems, UV-Spektren mit einem für den entsprechenden Grundkörper charakteristischen Gesamtbild. Dadurch ist es z. B. möglich, verschiedene Vertreter des gleichen aromatischen Grundgerüstes (s. Abb. 7.3), d. h. der gleichen Chromophoranordnung, an Hand ihrer annähernd identischen UV-Spektren (Bandenlage, -intensität) zu erkennen und damit Strukturzuordnungen durchzuführen.

Die Aufnahme der UVS-Spektren von festen oder flüssigen organischen Substanzen erfolgt im allgemeinen an $10^{-2}$ bis $10^{-6}$-molaren Lösungen, und als ideale Lösungsmittel bieten sich die Kohlenwasserstoffe Hexan, Heptan und Cyclohexan an, die selbst erst unterhalb ca. 150 nm absorbieren.

## 7.1.2.  Auswertung der UVS-Spektren

Bei der Aufnahme des Spektrums ermittelt das Spektrometer den Wert des Quotienten $I_0/I$. Moderne Geräte nehmen außerdem die Logarithmierung dieses Quotienten vor, d. h., sie zeichnen Spektren auf, in denen die Extinktion $E$ linear gegen die Wellenlänge $\lambda$ bzw. die Wellenzahl $\bar{\nu}$ aufgetragen ist (Abb. 7.4a). Um ein von der molaren Konzentration $c$ der im Spektrometer vermessenen Substanzlösung unabhängiges, d. h. bezüglich der Absorptionsintensität *substanzspezifisches Spektrum* zu erhalten, muß es mit Hilfe des Lambert-Beerschen Gesetzes (Gl. (7.2)) punktweise so umgezeichnet werden, daß $\lg \varepsilon$ bzw. $\varepsilon$ als Funktion von $\lambda$ oder $\bar{\nu}$ (siehe Kontrollfrage 2) dargestellt sind (Abb. 7.4b).

Es soll unseren Genauigkeitsanforderungen genügen, wenn als Umzeichnungspunkte die Maxima und Minima des Spektrums (Abb. 7.4a und b) herangezogen werden. Nur wenn diese Punkte sehr weit voneinander entfernt sind, wählt man einen oder zwei weitere Umrechnungspunkte $P$ (Abb. 7.4a und b). Für jeden gewählten Punkt werden $E$ und $\lambda$ abgelesen, $E$ wird in $\lg \varepsilon$ umgerechnet, und dann wird $\lg \varepsilon$ gegen $\lambda$ aufgetragen. Durch Verbinden der einzelnen Umrechnungspunkte entsteht dann das *umgezeichnete Spektrum* (Abb. 7.4b).

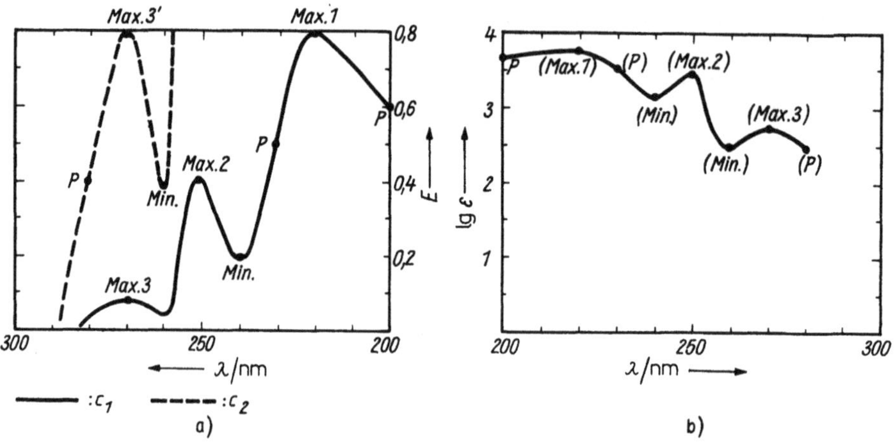


Abb. 7.4
Umzeichnung eines UV-Spektrums

Oft unterscheiden sich die Absorptionsintensitäten verschiedener Banden des gleichen Spektrums um Größenordnungen voneinander. Um aber alle Banden des Spektrums (z.B. die schwache Bande Max. 3 in Abb. 7.4.a) genügend genau zu erfassen, ist es unumgänglich, für eine Substanz mehrere Extinktionskurven verschiedener molarer Konzentrationen (z. B. Abb. 7.4a, Bande Max. 3' mit zehnfacher molarer Konzentration) aufzunehmen.

Wenn demnach das für die Umzeichnung vorgesehene Originalspektrum mehrere übereinanderliegende, verschiedenen Konzentrationen entsprechende Kurvenzüge aufweist, sind die Umrechnungspunkte so auszuwählen, daß sie nicht bei Extinktionswerten von $E < 0{,}1$ liegen. In Abbildung 7.4a würde man also zur Berechnung des $\lg \varepsilon$-Wertes der längstwelligen Absorption den Punkt Max. 3' (Konzentration $c_2$, gestrichelte Kurve) und nicht Max. 3 (Konzentration $c_1$, durchgezogene Kurve) heranziehen.

Nach der Umzeichnung des UVS-Spektrums kann die eigentliche Auswertung beginnen. Es sei aber an dieser Stelle ausdrücklich betont, daß die Diskussion beliebiger UVS-Spektren umfangreiche theoretische Kenntnisse und praktische Erfahrungen voraussetzt.

Die folgenden einfachen Übungen Ü 95 bis Ü 102 basieren deshalb nur auf den Kenntnissen, die in Abschnitt 7.1.1. vermittelt wurden und sollten an der jeweiligen Ausbildungseinrichtung durch andere, auf die Forschungsthematik bezogene Beispiele ergänzt oder ersetzt werden.

## 7.1.3.  Übungen zur UVS-Spektroskopie (Ü 95–Ü 102)

**Ü 95**  Im Anilin fungiert nebem dem Benzenring mit seinen $\pi$-Elektronen auch das freie Elektronenpaar des Stickstoffs als Chromophor. Beide Chromophore stehen außerdem in Konjugation zueinander. Durch Salzbildung in verdünnter Schwefelsäure wird das UV-Spektrum des Anilins verändert.

**Aufgaben**

1. Das Originalspektrum des Anilins (Abb. 7.5) ist umzuzeichnen in $\lg \varepsilon = f(\lambda)$.
2. Anschließend ist das umgezeichnete Anilinspektrum mit dem Spektrum des Aniliniumions (Abb. 7.6) zu vergleichen.
3. Die Unterschiede in der Lage der Hauptbanden sind zu deuten.

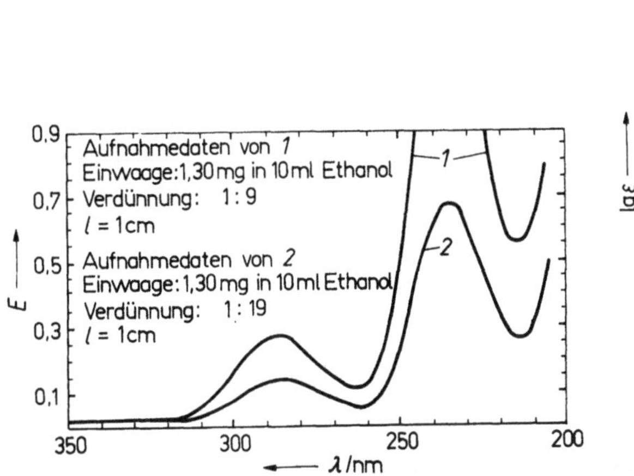


Abb. 7.5
UV-Spektrum von Anilin

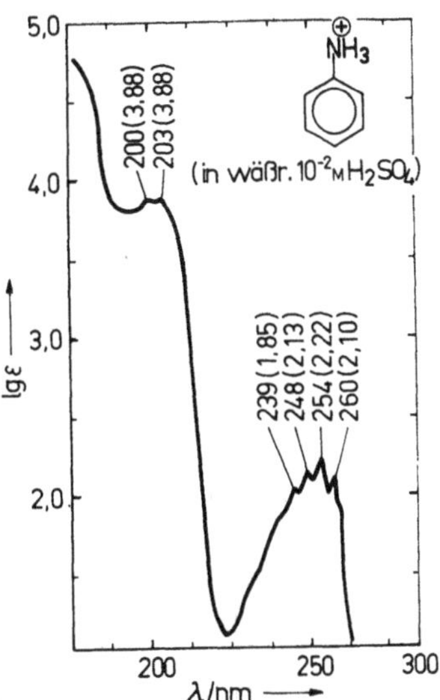


Abb. 7.6
UV-Spektrum des Aniliniumions

**Ü 96**  Wie in Abschnitt 7.1.1. ausgeführt wurde, ist die C=C-Doppelbindung einer der wichtigsten Chromophore.
Ein kompliziertes Abwandlungsprodukt $A$ (UV-Spektrum in Abb. 7.7) eines Naturstoffes aus der Klasse der Steroide, das zwei derartige Doppelbindungen besitzt, soll strukturell endgültig aufgeklärt werden. Zur Diskussion stehen die Strukturen $I$ und $II$.

$I$                    $II$                    $III$

In beiden Verbindungen haben die Doppelbindungen eine charakteristische Stellung zueinander, die auch entsprechend unterschiedliches Absorptionsverhalten erwarten läßt.

**Aufgaben**

1. Das Elektronenanregungsspektrum der Verbindung $A$ ist umzuzeichnen auf $\lg \varepsilon = f(\lambda)$.
2. Es ist zu überlegen, bei welcher Wellenlänge im Spektrum der Struktur $I$ die intensivste Absorption liegen müßte. Für die Abschätzung des Spektrums von $II$ ist zum Vergleich die Absorptionskurve einer hinsichtlich der C=C-Chromophore ähnlichen Verbindung, des Bicyclohex-1-enyls $(III)$ angegeben (allerdings wellenzahlenlinear!) (Abb. 7.8).

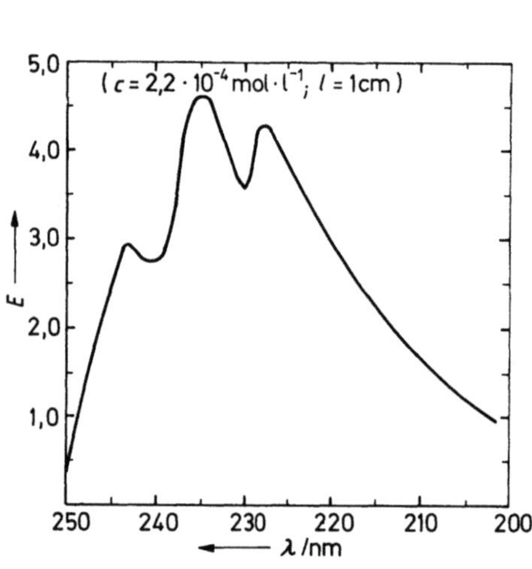

Abb. 7.7
UV-Spektrum von $A$ (in Ethanol)

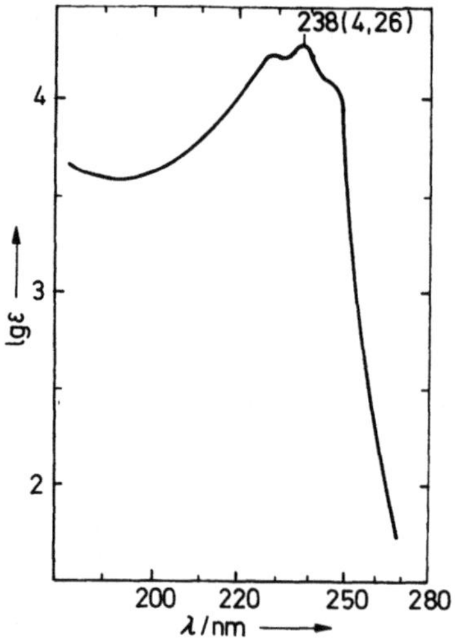

Abb. 7.8
UV-Spektrum von $III$ (in Heptan)

Weitere Beispiele für die Lage der intensivsten Absorptionsbande ($\lambda_{max}$) von Verbindungen, die mit $II$ und $III$ hinsichtlich der Lage der Doppelbindungen verwandt sind:

| | $\lambda_{max}$ in nm |
|---|---|
| $CH_2=\overset{\overset{\textstyle CH_3}{\textstyle \vert}}{C}-CH=CH_2$ | 220 |
| 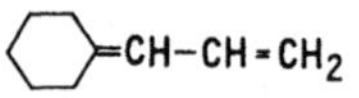 ⬡=CH–CH=CH₂ | 236 |
|  ⬡ (Cyclohexadien) | 256 |
| 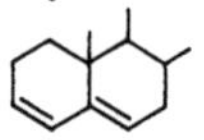 (bicyclisches Dien) | 234 |

3. Durch Vergleich des umgezeichneten Spektrums von $A$ mit den für $I$ bzw. $II$ zu erwartenden Absorptionen ist zu entscheiden, ob $A$ die Struktur $I$ oder $II$ besitzt.

**Ü 97**  Zwei Kohlenstoffdoppelbindungen sind auch in dem Abwandlungsprodukt *B* (UV-Spektrum in Abb. 7.9) eines Naturstoffes als Chromophore vorhanden.

Für *B* stehen die Strukturen *I* und *II* zur Diskussion:

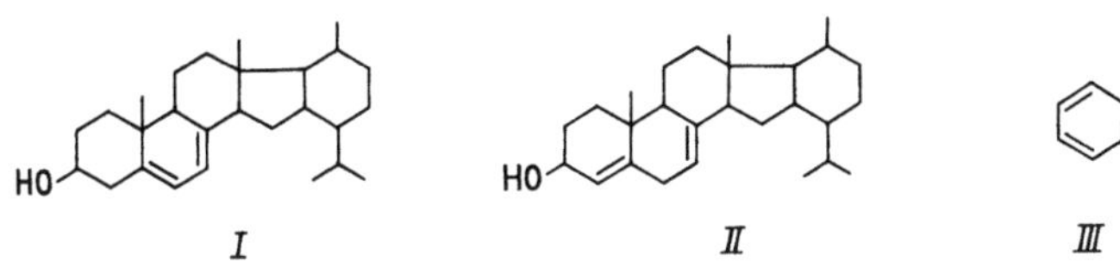

*I*                    *II*                    *III*

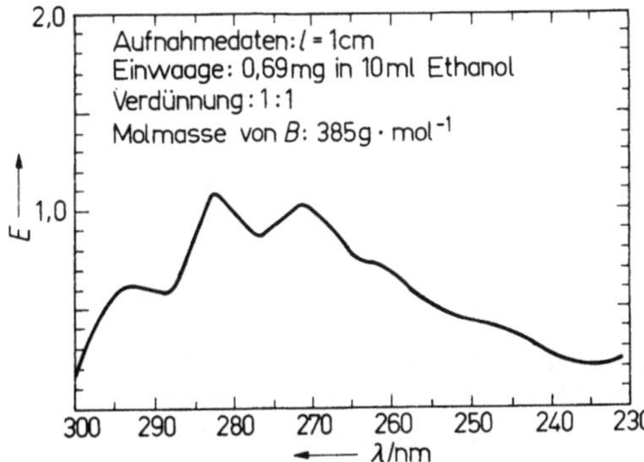


Abb. 7.9
UV-Spektrum von *B* (in Ethanol)

Die Doppelbindungen in *I* und *II* haben charakteristische Stellungen zueinander, die auch ein entsprechend unterschiedliches Absorptionsverhalten erwarten lassen. Die Hydroxy-Gruppen werden bei diesen Betrachtungen nicht berücksichtigt. Für die Abschätzung des Spektrums von *I* ist zum Vergleich die Absorptionskurve einer hinsichtlich der C=C-Chromophore ähnlichen Verbindung, des Cyclohexa-1,3-diens *(III)* angegeben (allerdings wellenzahlenlinear!) (Abb. 7.10).

Weitere Beispiele für die Lage der intensivsten Absorptionsbande ($\lambda_{max}$) von Verbindungen, die mit *I* bzw. *III* hinsichtlich der Lage der Doppelbindungen verwandt sind:

| | $\lambda_{max}$ in nm | | $\lambda_{max}$ in nm |
|---|---|---|---|
| $CH_2{=}\overset{\overset{\textstyle CH_3}{\textstyle \vert}}{C}{-}CH{=}CH_2$ | 220 | | 238 |
| $\langle\rangle{=}CH{-}CH{=}CH_2$ | 236 | | 275 |

**Aufgaben:**

1. Das Elektronenanregungsspektrum von *B* ist umzuzeichnen in $\lg \varepsilon = f(\lambda)$.
2. Es ist zu überlegen, bei welcher Wellenlänge im Spektrum der Struktur *II* die intensivste Absorption liegen müßte.

3. Durch Vergleich des umgezeichneten Spektrums von *B* mit den für *I* bzw. *II* zu erwartenden Absorptionen ist zu entscheiden, ob *B* die Struktur *I* oder *II* besitzt.

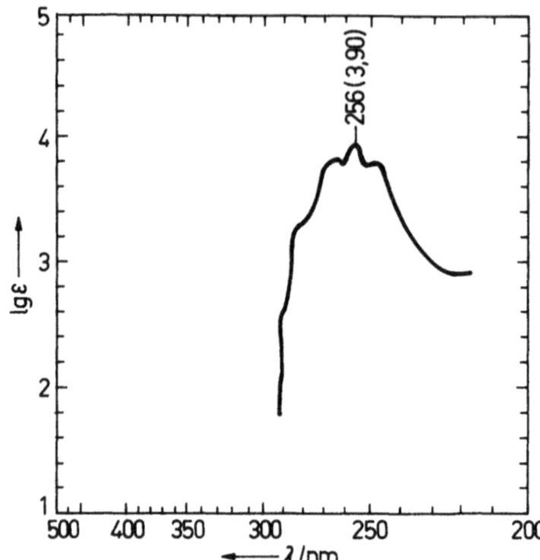



Abb. 7.10
UV-Spektrum von *III* (in Hexan)

**Ü 98**  In einem cyclischen, einfach ungesättigten Keton *C* soll die genaue Lage der Doppelbindung festgestellt werden. Als mögliche Strukturen stehen *I* und *II* zur Diskussion, die jeweils eine charakteristische Lage der beiden für das UV-Spektrum wichtigen Chromophore ($-\overset{|}{C}=\overset{|}{C}-$ und $>C=O$) zueinander ausweisen.

$$CH_3 \atop CH_3 \bigg\rangle C=CH-CO-CH_3$$

*I*          *II*          *III*

Zur endgültigen Aufklärung liegt neben dem *bereits umgezeichneten Spektrum* von *C* (allerdings wellenzahlenlinear, Abb. 7.11) das von einem Spektrometer aufgenommene Originalspektrum von 4-Methyl-pent-3-en-2-on (*III*, Abb. 7.12) vor, das in der Anordnung der Chromophore der Struktur *I* entspricht.

**Aufgaben**

1. Das UV-Spektrum von *III* ist umzuzeichnen in $\lg \varepsilon = f(\lambda)$.
2. Die für die Strukturen *I* bzw. *II* zu erwartenden Absorptionen sind zu überlegen. Als Vergleichsbasis für das Absorptionsverhalten von *I* dient das nach Aufgabe 1 umgezeichnete Spektrum von *III*.
3. Durch Vergleich des vorliegenden Spektrums von *C* mit den für *I* bzw. *II* zu erwartenden Absorptionen ist zu entscheiden, ob *C* die Struktur *I* oder *II* besitzt.

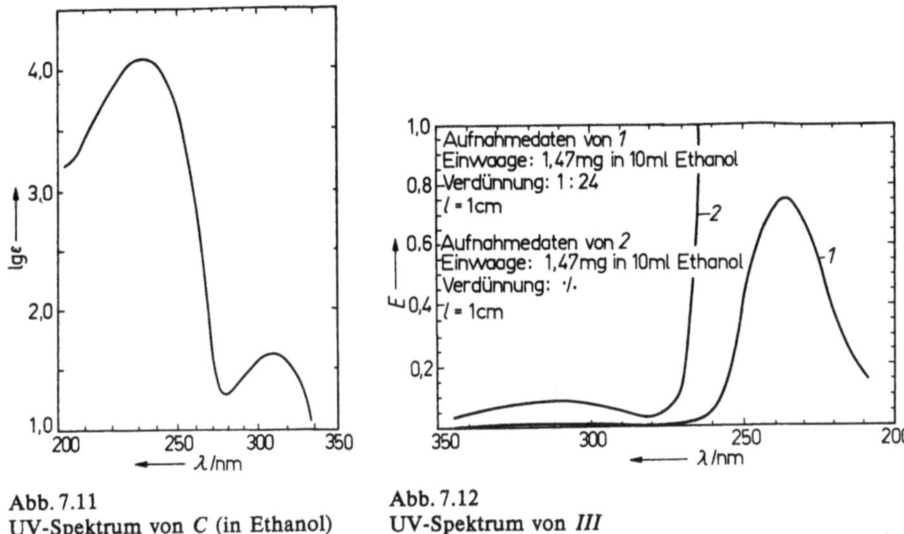

Abb. 7.11
UV-Spektrum von *C* (in Ethanol)

Abb. 7.12
UV-Spektrum von *III*

**Ü 99**  Von einer heterocyclischen Verbindung *D* ist bekannt, daß sie entweder ein substituiertes Acridin oder Phenanthridin darstellt. Da die Stammverbindungen der beiden heterocyclischen Substanzklassen jeweils charakteristische Bandenstrukturen aufweisen, sollte die Zugehörigkeit von *D* zu einer der beiden Reihen durch Spektrenvergleiche ermittelbar sein.

**Aufgaben**

1. Das Originalspektrum von *D* (Abb. 7.13) ist umzuzeichnen in $\lg \varepsilon = f(\lambda)$.
2. Durch Vergleich des Spektrums von *D* (hinsichtlich Lage und Intensität der Absorptionsbanden) mit den vorliegenden, *wellenzahllinearen* Spektren des Acridins (Abb. 7.14) und des Phenanthridins (Abb. 7.15) soll entschieden werden, zu welchem der beiden Heterocyclentypen die unbekannte Verbindung *D* gehört.

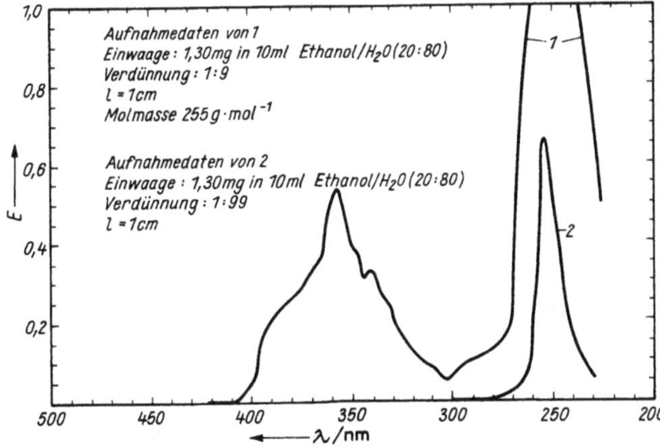

Abb. 7.13
UV-Spektrum von *D*

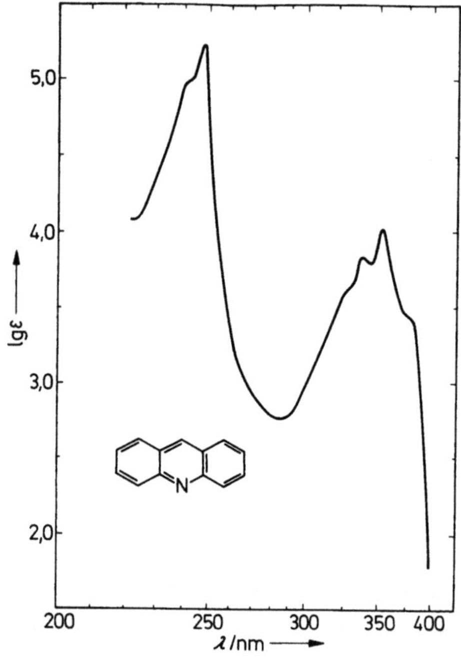

**Abb. 7.14**
UV-Spektrum von Acridin (in Ethanol)

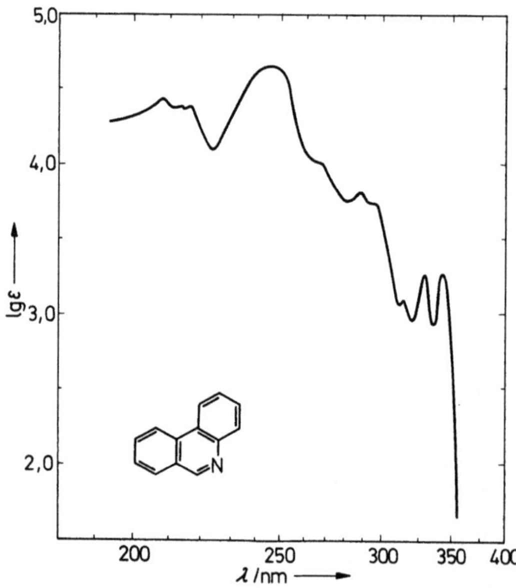

**Abb. 7.15**
UV-Spektrum von Phenanthridin
(in Ethanol)

**Ü 100**  Eine heterocyclische Verbindung $E$ besitzt laut elementaranalytischer und Molmassebestimmung die Summenformel $C_8H_5ClN_2$. Als Grundgerüst liegt ihr eines der vier folgenden Diazanaphthalene zugrunde:

Cinnolin        Phthalazin        Chinazolin        Chinoxalin

Da die Stammverbindungen der vier Substanzklassen jeweils charakteristische Bandenstrukturen aufweisen, sollte die Zugehörigkeit von $E$ zu einer der vier Reihen durch Spektrenvergleiche ermittelbar sein.

**Aufgaben**

1. Das Originalspektrum von E (Abb. 7.16) ist umzuzeichnen in $\lg \varepsilon = f(\lambda)$.
2. Durch Vergleich des Spektrums von $E$ (hinsichtlich Lage und Intensität der Absorptionsbanden) mit den wellenzahlenlinearen Spektren der vier Diazanaphthalene (Abb. 7.17 und 7.18) ist zu entscheiden, welchem Heterocyclentyp die unbekannte Verbindung $E$ angehört.

**Ü 101**  Drei linear anellierte tricyclische Systeme sind durch die Formeln *I, II* und *III* dargestellt. Sie unterscheiden sich in ihren chromophoren Eigenschaften dadurch, daß in *I* das Benzensystem, in *II* das Naphthalensystem und in *III* das Anthracensystem die für das Elektronenanregungsspektrum maßgeblichen „Bausteine" sind. Wie aus den Spektren (Abb. 7.19 und 7.20) ersichtlich, nimmt die Wellenlänge der längstwelligen Bande mit zunehmender Größe der Konjugation zu (bathochrome Verschiebung der längstwelligen Absorption von *I* zu *III*).
Außerdem bestehen gewisse Unterschiede im Gesamtbild der jeweiligen Spektren. Die Lage der längstwelligen Absorption gestattet unter Berücksichtigung des Gesamtbildes des Spektrums in vielen Fällen die Klärung, ob ein Benzen-, Naphthalen- oder Anthracensystem vorliegt.

*I*        *II*        *III*

In einen Vertreter der Struktur *I* (ein substituiertes *I*) sollten durch Dehydrierung weitere Doppelbindungen eingeführt werden. Durch Diskussion des Elektronenanregungsspektrums des entsprechenden Reaktionsproduktes *F* soll festgestellt werden, wie weit die Dehydrierung vorangeschritten ist oder ob der Versuch erfolglos war:

F?        F?        F?

**Aufgaben**

1. Das Originalspektrum von F (Abb. 7.21) ist umzuzeichnen in $\lg \varepsilon = f(\lambda)$!
2. Durch Vergleich des umgezeichneten Spektrums von *F* mit den Spektren von *I, II* und

*III*, die wieder wellenzahlenlinear sind, ist zu entscheiden, ob und wie weit die Dehydrierung abgelaufen ist.

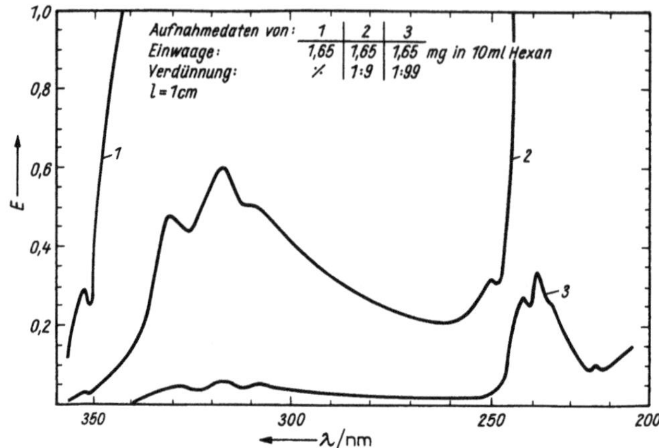


Abb. 7.16
UV-Spektrum von *E*

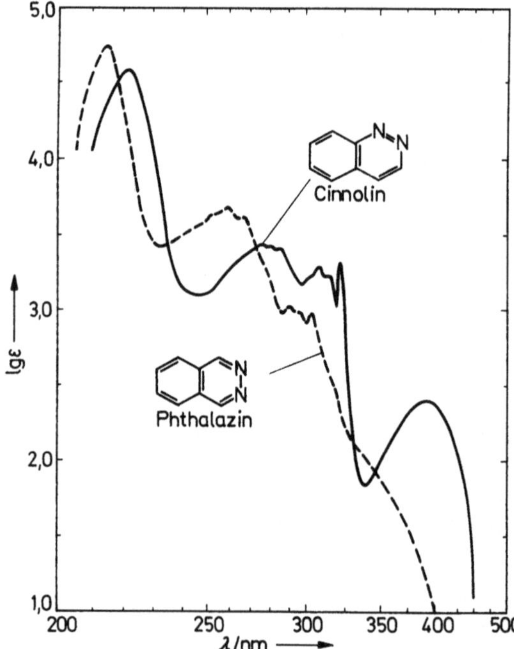


Abb. 7.17
UV-Spektren von Cinnolin und Phthalazin

**Ü 102**  Die Formel *I* stellt den tetracyclischen, vollkommen ungesättigten Kohlenwasserstoff Chrysen, die Formeln *II* bis *IV* teilweise hydrierte Chrysene dar. Alle Systeme unterscheiden sich charakteristisch in ihren für das Elektronenanregungs-

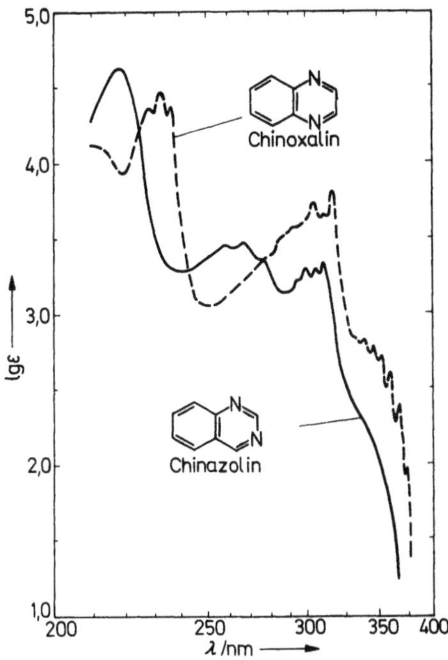



**Abb. 7.18**
**UV-Spektren von Chinazolin und Chinoxalin**

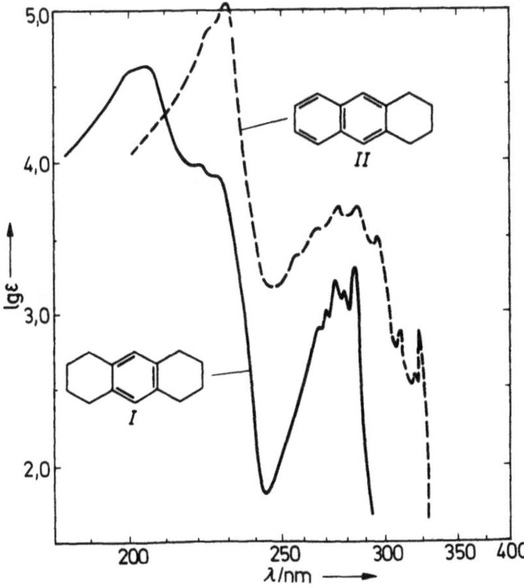



**Abb. 7.19**
**UV-Spektren von *I* und *II***

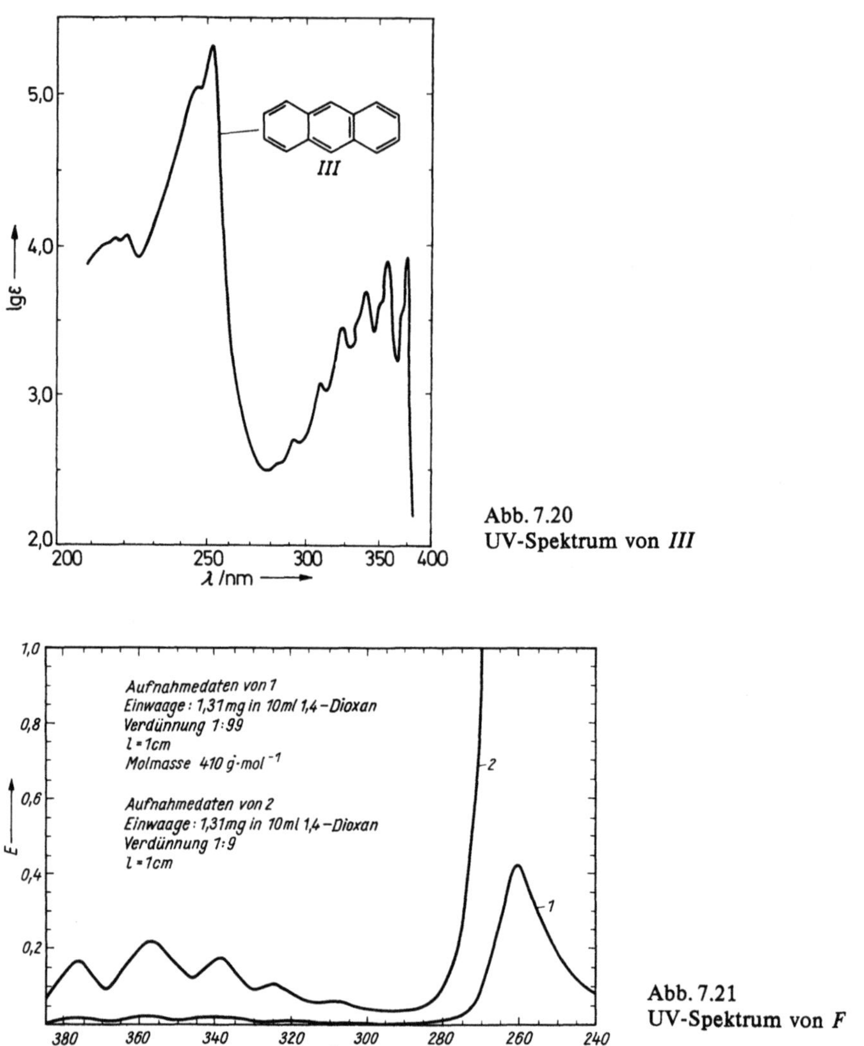

Abb. 7.20
UV-Spektrum von *III*

Abb. 7.21
UV-Spektrum von *F*

spektrum entscheidenden Chromophorsystemen. In *IV* ist z. B. das Naphthalensystem zu erkennen.

Es ist ersichtlich, daß je nach Ausmaß der Konjugation die längstwellige Absorption, aber auch in gewissem Maße das Gesamtbild des Spektrums, unterschiedlich sind. Für eine unbekannte Substanz *G* soll die Zugehörigkeit zu einer der vier Typen und damit die Struktur des in ihr enthaltenen cyclischen Systems festgestellt werden.

**Aufgaben**

1. Das Originalspektrum von *G* (Abb. 7.22) ist umzuzeichnen in $\lg \varepsilon = f(\lambda)$.
2. Durch Vergleich des umgezeichneten Spektrums von *G* mit den Spektren von *I* bis *IV* (Abb. 7.23 bis 7.26, wellenzahlenlineare Darstellung) ist zu entscheiden, welchem der vier Typen die Verbindung *G* angehört.

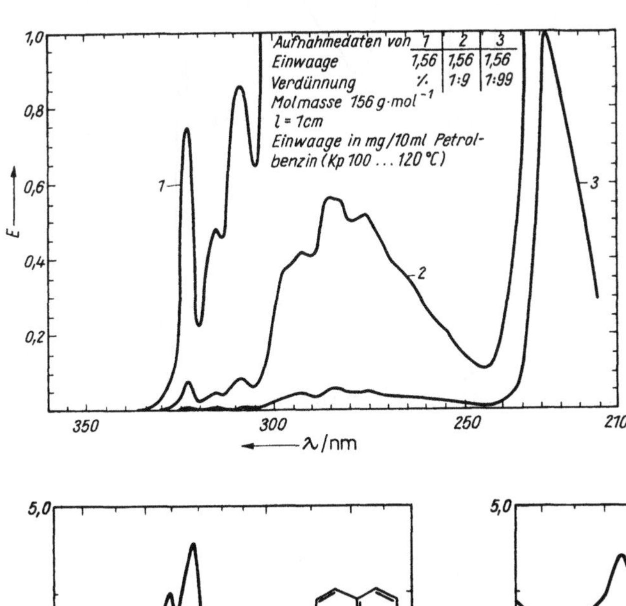


Abb. 7.22
UV-Spektrum von *G*

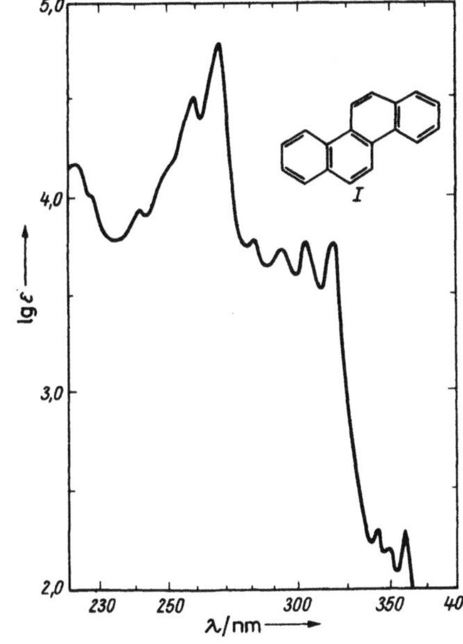


Abb. 7.23
UV-Spektrum von *I*

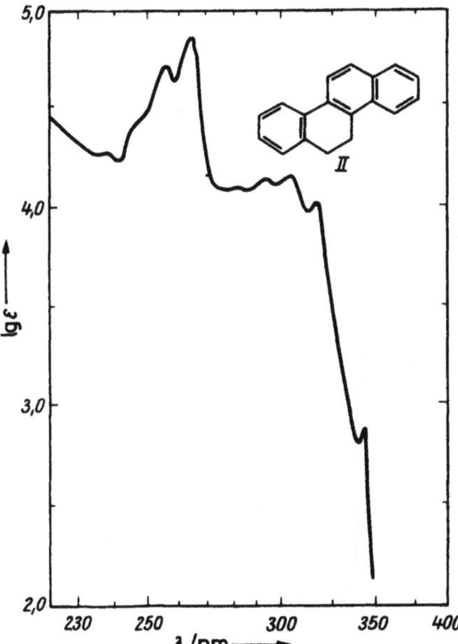


Abb. 7.24
UV-Spektrum von *II*

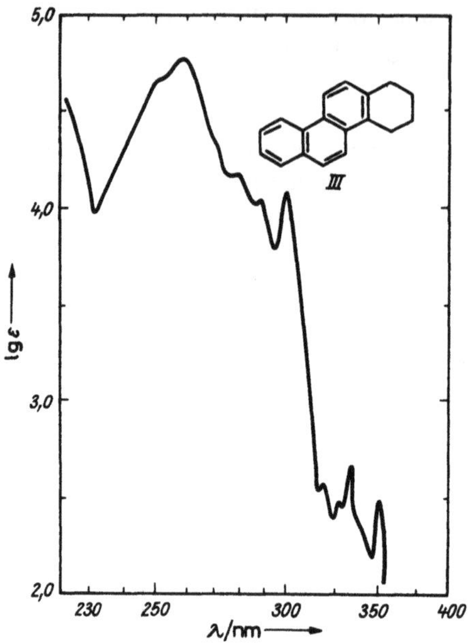

Abb. 7.25
UV-Spektrum von *III*

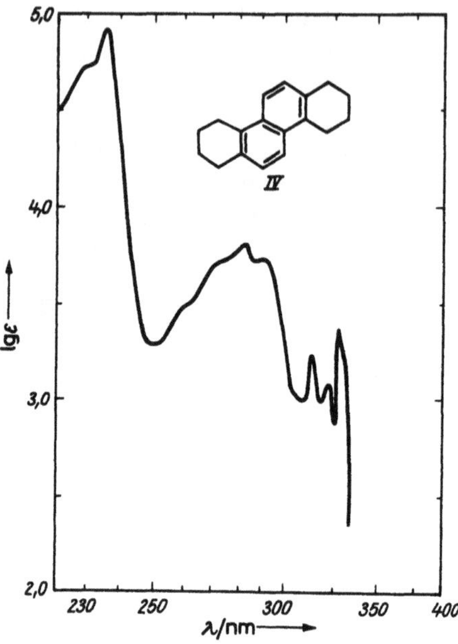

Abb. 7.26
UV-Spektrum von *IV*

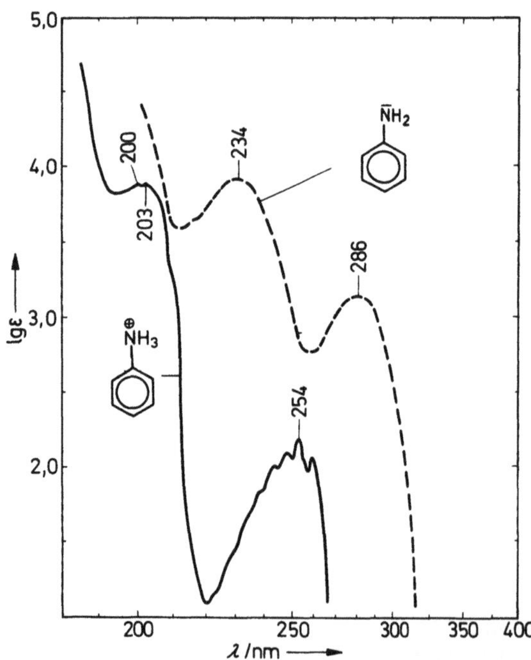

Abb. 7.27
UV-Spektren des Anilins und des Ani-
linium-Kations

## 7.1.4.    Lösungen

**Ü 95.** Für die Umzeichnung der Kurven in Abbildung 7.5 werden folgende molare Konzentrationen errechnet:
Kurve *1*: $1{,}4 \cdot 10^{-4}\,\mathrm{mol} \cdot l^{-1}$; Kurve *2*: $0{,}7 \cdot 10^{-4}\,\mathrm{mol} \cdot l^{-1}$.
Die $\lg \varepsilon = f(\lambda)$-Kurve des Anilins wird in Abbildung 7.6 eingezeichnet, und es ergibt sich Abbildung 7.27. Es ist zu erkennen, daß durch die Salzbildung am freien Elektronenpaar des Anilinstickstoffs die Gesamtkonjugation im Molekül verringert und dadurch eine hypsochrome Verschiebung der längstwelligen und auch der nächsten Benzenbande bewirkt wird.

**Ü 96.** Die Umzeichnung des Spektrums aus Abbildung 7.7 ergibt eine Kurve, die der in der Abbildung 7.28 gezeigten Kurve der Verbindung *III* (mit zwei konjugierten Doppelbindungen) weitgehend analog ist; demnach ist der Verbindung *A* (Cholesta-3,5-dien) die Struktur *II* zuzuordnen. Die Struktur *I* müßte bei 180 bis 190 nm mit erhöhter Extinktion (zwei *isolierte* Doppelbindungen) absorbieren.

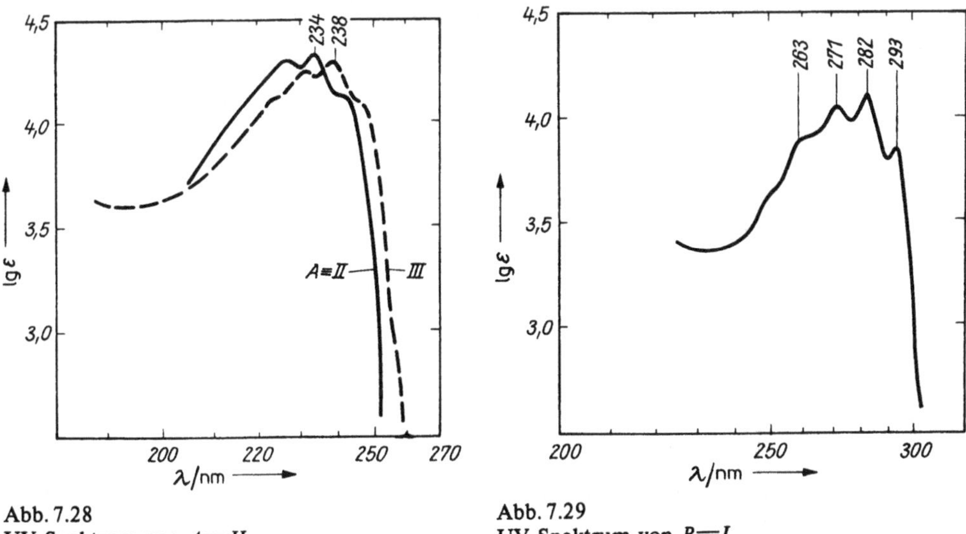


Abb. 7.28
UV-Spektrum von $A \equiv II$

Abb. 7.29
UV-Spektrum von $B \equiv I$

**Ü 97.** Für die Umzeichnung der Kurve in Abbildung 7.9 wird die folgende molare Konzentration errechnet: $c = 9 \cdot 10^{-5}\,\mathrm{mol} \cdot l^{-1}$.
Es ergibt sich Abbildung 7.29, und da eine weitgehende Analogie zu *III* sowie den zahlenmäßig angegebenen weiteren Beispielen für konjugierte Diene festzustellen ist, kann der Verbindung *B* die Struktur *I* zugeordnet werden. Struktur *II* müßte eine Absorption bei etwa 180 bis 190 nm mit erhöhter Extinktion (zwei *isolierte* Doppelbindungen) zeigen.

**Ü 98.** Für die Umzeichnung der Kurven in Abbildung 7.12 werden folgende molare Konzentrationen errechnet:

Kurve *1*: $1,5 \cdot 10^{-3}\,\mathrm{mol} \cdot \mathrm{l}^{-1}$; Kurve *2*: $6,0 \cdot 10^{-5}\,\mathrm{mol} \cdot \mathrm{l}^{-1}$.

Abbildung 7.30 zeigt diese umgezeichneten Kurven des 4-Methyl-pent-3-en-2-ons *(III)* und der Verbindung *C*, die offensichtlich beide eine α,β-ungesättigte Carbonylgruppe enthalten. *C* ist demnach identisch mit *I* (3,5,5-Trimethyl-cyclohex-2-en-1-on).

Struktur *II* müßte durch folgende Banden charakterisiert sein:

- 175 bis 195 nm, intensiv; Anregung der π-Elektronen der Doppelbindung und der Carbonylgruppe;
- 270 bis 290 nm, schwach; Anregung der freien Elektronenpaare des Carbonylsauerstoffes.

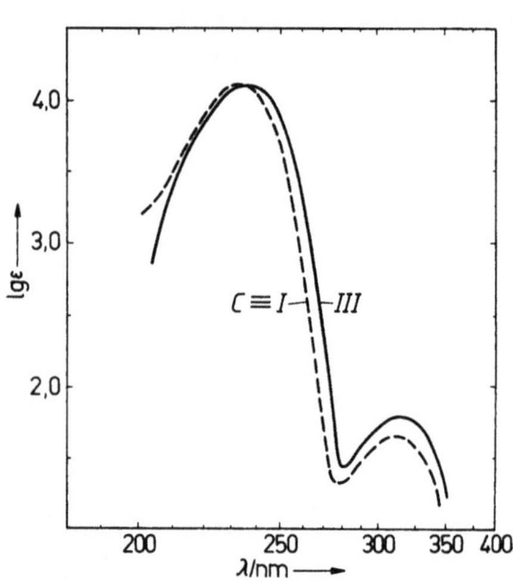


Abb. 7.30
UV-Spektren von *III* und *C*≡*I*

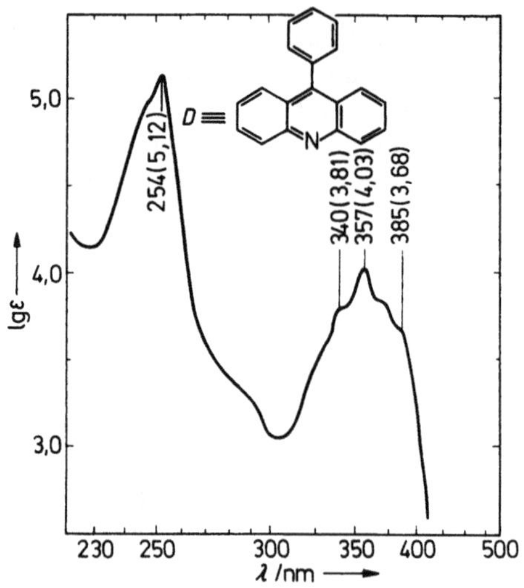

Abb. 7.31
UV-Spektrum von *D*

Ü 99. Für die Umzeichnung der Kurven in Abbildung 7.13 werden folgende molare Konzentrationen errechnet:

Kurve *1*: $5,1 \cdot 10^{-5}\,\mathrm{mol} \cdot \mathrm{l}^{-1}$; Kurve *2*: $5,1 \cdot 10^{-6}\,\mathrm{mol} \cdot \mathrm{l}^{-1}$.

Abbildung 7.31 zeigt das Spektrum der Verbindung *D*, und die Übereinstimmung mit der Kurve in Abbildung 7.14 läßt *D* als Acridinabkömmling erkennen.

Ü 100. Für die Umzeichnung der Kurven in Abbildung 7.16 werden folgende molare Konzentrationen errechnet:

Kurve *1*: $10^{-3}\,\mathrm{mol} \cdot \mathrm{l}^{-1}$; Kurve *2*: $10^{-4}\,\mathrm{mol} \cdot \mathrm{l}^{-1}$; Kurve *3*: $10^{-5}\,\mathrm{mol} \cdot \mathrm{l}^{-1}$.

Da die in Abbildung 7.32 dargestellte Kurve für *E* hinsichtlich Bandenlage und Intensität eine weitgehende Analogie zur Kurve des Chinoxalins in Abbildung 7.18 aufweist, ist das heterocyclische Grundgerüst zugeordnet.

Ü 101. Für die Umzeichnung der Kurven in Abbildung 7.21 werden folgende molare Konzentrationen errechnet:

Kurve *1*: $3{,}2 \cdot 10^{-6}\,\text{mol} \cdot \text{l}^{-1}$; Kurve *2*: $3{,}2 \cdot 10^{-5}\,\text{mol} \cdot \text{l}^{-1}$.

Vergleicht man die Kurve in Abbildung 7.33 mit denen der Abbildungen 7.19 und 7.20, so ist leicht zu erkennen, daß die Dehydrierung vollständig verlaufen ist, d. h., daß *F* ein Anthracenderivat (Typ *III* in Abb. 7.20) ist.

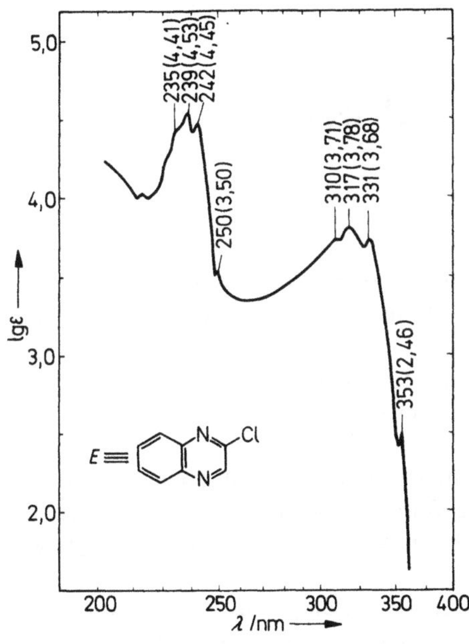

Abb. 7.32
UV-Spektrum von *E*

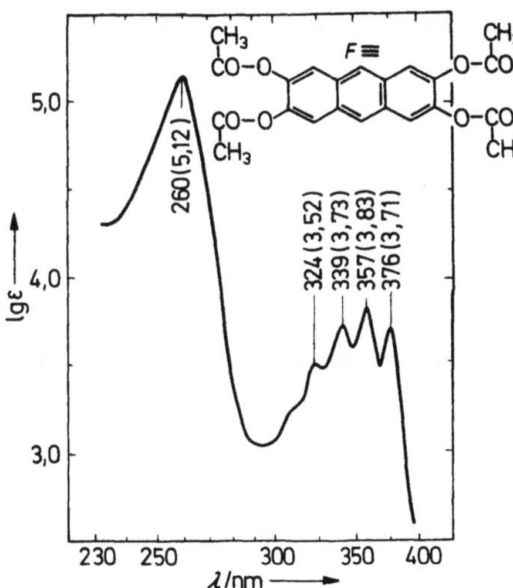

Abb. 7.33
UV-Spektrum von *F*

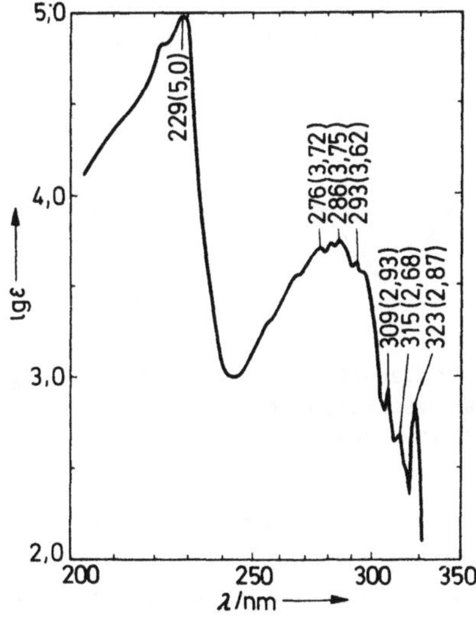

Abb. 7.34
UV-Spektrum von *G*

Ü 102. Für die Umzeichnung der Kurven in Abbildung 7.22 werden folgende molare Konzentrationen errechnet:

Kurve *1*: $10^{-3}$ mol·l$^{-1}$; Kurve *2*: $10^{-4}$ mol·l$^{-1}$; Kurve *3*: $10^{-5}$ mol·l$^{-1}$.

Auch hier kann durch Vergleich der Kurve in Abbildung 7.34 mit denen der Abbildungen 7.23 bis 7.26 das Grundgerüst zugeordnet werden. Die Verbindung *G* gehört demnach zur Klasse der Naphthalene (Typ *IV*, Abb. 7.26).

# 7.2.   IR-Spektroskopie (Ü 103–Ü 120)

## 7.2.1.   Theoretische Grundlagen

Es wird die Kenntnis des Abschnitts 7.1.1. vorausgesetzt. Die im ersten Teil dieses Abschnitts formulierten Aussagen sind für die UVS- als auch die IR-Spektroskopie gleichermaßen von Bedeutung.

Mit Hilfe der Infrarotspektroskopie werden im allgemeinen die Absorptionseigenschaften von Substanzen untersucht, die mit Licht der Wellenzahlen 400 bis 4 000 cm$^{-1}$ (d. h. der Wellenlänge 25 bis 2,5 µm) bestrahlt werden.

Abbildung 7.1, Abschnitt 7.1.1., ist zu entnehmen, daß der Gesamtbereich der infraroten Strahlung wesentlich umfangreicher ist und daß in dem oben genannten Frequenzbereich die Energie des absorbierten Lichtes zur Anregung von Molekülschwingungen dient.

Die Schwingungen in einem beliebigen Molekül werden eingeteilt in *Valenzschwingungen* (die eine Bindung begrenzenden Atome bewegen sich unter periodischer Änderung ihrer Atomabstände) und *Deformationsschwingungen* (unter periodischer Änderung der Valenzwinkel), die man am Beispiel des Wassermoleküls folgendermaßen erläutern kann (Abb. 7.35):

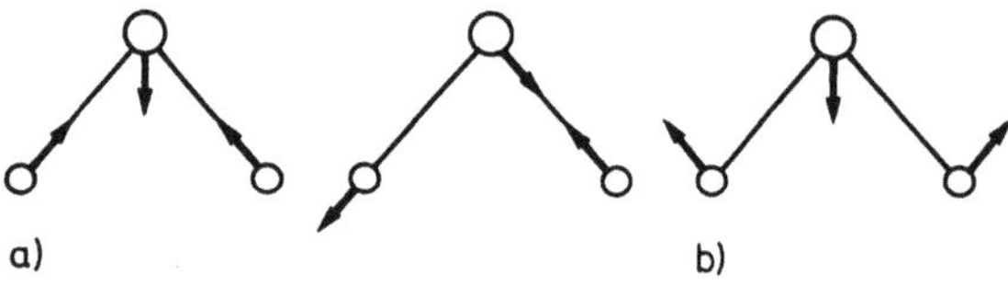


Abb. 7.35
Schematische Darstellung der durch IR-Strahlung angeregten Schwingungen des Wassermoleküls
a) zwei Valenzschwingungen
b) eine Deformationsschwingung

Die von einem Spektrometer registrierten IR-Spektren weisen mehr oder weniger verbreiterte Absorptionsbanden auf – wie dies in allerdings wesentlich stärkerem Umfang bei der UVS-Spektroskopie beobachtet wird –, da die Schwingungen durch Rotationen überlagert sind („*Rotations-Schwingungs-Spektren*"). Abbildung 7.36 zeigt als Beispiel das IR-Spektrum von Octan-2-ol.

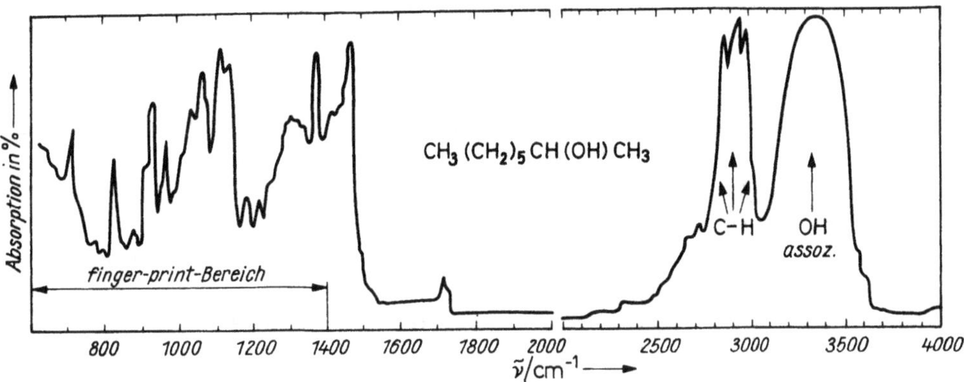


Abb. 7.36
IR-Spektrum von Octan-2-ol

Die große praktische Bedeutung der IR-Spektroskopie ergibt sich u. a. aus der Tatsache, daß bestimmte funktionelle Gruppen organischer Substanzen von ganz bestimmten, annähernd gleichbleibenden Wellenzahlen des eingestrahlten infraroten Lichtes zur Schwingung angeregt werden. In Tabelle 7.3 ist die Lage einiger dieser *charakteristischen Gruppenschwingungen* angegeben.

*Tabelle 7.3*
Charakteristische Gruppenschwingungen im IR-Bereich

| Gruppe | Schwingungs-typ | Wellenzahl in cm⁻¹ | Intensität | Form der Bande |
|---|---|---|---|---|
| —O—H (in Alkoholen, Phenolen, Carbonsäuren) frei | Valenz | 3 500…3 650 | variabel | scharf |
| assoziiert (intermolekular, polymer) | Valenz | 3 200…3 400 | variabel | breit |
| —NH₂ (in primären Aminen) frei | Valenz | ca. 3 400 und ca. 3 500 | mittel | 2 scharfe Banden |
| ⟩NH (in sek. Aminen) frei | Valenz | 3 300…3 500 | mittel | scharf |
| —NH₂, ⟩NH assoz. | Valenz | 3 100…3 400 | mittel | breit |
| ≡C—H (in Alkinen) | Valenz | 3 280…3 340 | stark | scharf |
| =C—H (in Alkenen u. Aromaten) | Valenz | 3 000…3 100 | variabel | scharf |
| ⟩C—H (in Alkanen, Alkylgruppen) | Valenz | 2 700…3 000 | variabel, oft stark | scharf |
| —CH₂— u. —CH₃ | | | | 2 Banden |
| —C≡N (in Nitrilen) | Valenz | 2 210…2 260 | variabel | scharf |
| —C≡C— (in Alkinen) | Valenz | 2 100…2 260 | variabel | scharf |

*Tabelle 7.3* (Fortsetzung)

| Gruppe | Schwingungs-typ | Wellenzahl in cm$^{-1}$ | Intensität | Form der Bande |
|---|---|---|---|---|
| $>$C$=$O (in Aldehyden, Ketonen, Säuren, Säurederivaten) | Valenz | 1 630...1 800 | stark | scharf |
| $>$C$=$C$<$ (in Alkenen u. Aromaten) | Valenz | 1 590...1 680 | stark | scharf |
| —NO$_2$ (in Nitroverbin-dungen) | Valenz | 1 500...1 600 | stark | scharf |
| $>$C—Cl (organ. Chlor- u. | Valenz | 600... 780 | stark | scharf |
| $>$C—Br Bromverbindungen) | Valenz | $<$750 | stark | scharf |
| **Substituierte Benzenringe[1]):** | | | | |
| mono- | Deformation | 730... 770<br>690... 710 | stark<br>stark | } 2 scharfe Banden |
| ortho-di- | Deformation | 735... 770 | stark | scharf |
| meta-di- | Deformation | 860... 900<br>750... 810<br>680... 725 | mittel<br>stark<br>mittel | } 3 scharfe Banden |
| para-di- | Deformation | 800... 860 | stark | scharf |
| 1,2,3-tri- | Deformation | 750... 810<br>680... 725 | stark<br>mittel | } 2 scharfe Banden |
| 1,2,4-tri- | Deformation | 860... 900<br>800... 860 | mittel<br>stark | } 2 scharfe Banden |
| 1,3,5-tri- | Deformation | 810... 865<br>690... 730 | stark<br>stark | } 2 scharfe Banden |

[1]) Neben den hier angeführten Banden gibt es weitere, vom Substitutionstyp des Benzenrings abhängige Absorptionen im IR-Bereich. Erst die gemeinsame Betrachtung aller dieser Absorptionen läßt genaue Aussagen über die Anzahl und Stellung der Substituenten zu.

## 7.2.2.    Einfache Anwendungen der IR-Spektroskopie

Als Teil der Strukturaufklärung einer unbekannten organischen Substanz kann man mit Hilfe der im IR-Spektrum nachgewiesenen charakteristischen Gruppenschwingungen mit weitgehender Sicherheit auf vorhandene funktionelle Gruppen und Strukturelemente (s. Tab. 7.3) schließen.

Im IR-Spektrum von Octan-2-ol (Abb. 7.36) erkennt man bei etwa $3\,350\,\text{cm}^{-1}$ eine sehr breite, intensive Bande, die der über Wasserstoffbrücken assoziierten Hydroxy-Gruppe entspricht. Die Banden zwischen $2\,860$ und $2\,970\,\text{cm}^{-1}$ sind durch die CH-Valenzschwingung der $-CH_3-$, $>CH_2-$ und $->CH$-Gruppen entstanden.

Zahlreiche andere Absorptionsbanden des Spektrums lassen sich mit Hilfe ausführlicher Tabellen- und Nachschlagewerke, die dem forschenden Chemiker zur Verfügung stehen, ebenfalls zuordnen. Außer bei sehr einfachen Molekülen bleibt aber meist eine große Zahl von Banden des Spektrums ungedeutet.

Neben der Feststellung bestimmter Atomgruppen anhand der charakteristischen Gruppenschwingungen ermöglicht das IR-Spektrum eine *exakte Identitätsprüfung* zweier Substanzen. Zwei organische Substanzen sind identisch, wenn ihre IR-Spektren völlig übereinstimmen. Besonders ist dabei auf die Übereinstimmung im bandenreichen Gebiet von $700$ bis $1\,400\,\text{cm}^{-1}$, dem „*fingerprint*"-Bereich, zu achten!

Bei der Lösung eines Strukturproblems mit Hilfe eines IR-Spektrums kommt es meist lediglich auf die Lage der charakteristischen Banden und ihre qualitativ ermittelte Intensität (schwach, mittel, stark) an. Es erübrigt sich dann – im Gegensatz zur UVS-Spektroskopie –, die genaue molare Konzentration und die Schichtdicke der untersuchten Probe zu bestimmen.

Mit Hilfe der Infrarotspektroskopie lassen sich feste Substanzen (als KBr-Preßlinge oder in Lösung), Flüssigkeiten (in geeigneten Küvetten) und Gase vermessen.


## 7.2.3.    Übungen zur IR-Spektroskopie (Ü 103–Ü 120)

**Ü 103**  Von einer organischen Verbindung mit der Summenformel $C_{12}H_{11}N$ soll die Struktur festgelegt werden. Folgende Möglichkeiten sind in Betracht zu ziehen:

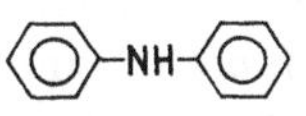

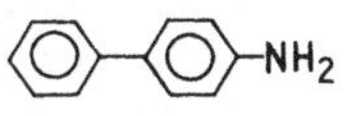

Mit Hilfe des IR-Spektrums (Abb. 7.37) der Verbindung und unter Verwendung der Tabelle der charakteristischen Gruppenschwingungen (Tab. 7.3) ist zwischen den beiden Alternativstrukturen zu unterscheiden. Darüber hinaus notiert man sich alle Banden des Spektrums, die sich mit Hilfe der Tabelle 7.3 deuten lassen, und zwar hinsichtlich Lage der Bande (in $\text{cm}^{-1}$), Intensität (stark, mittel, schwach) und Form (scharf; breit durch Assoziation). Die systematischen Namen der beiden oben formulierten Substanzen sind aufzuschreiben.

**Ü 104**  Eine organische Verbindung besitzt die Summenformel $C_6H_4BrNO_2$. Für ihre Strukturformel kommen drei Möglichkeiten in Betracht:

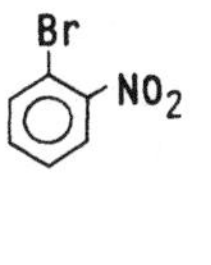

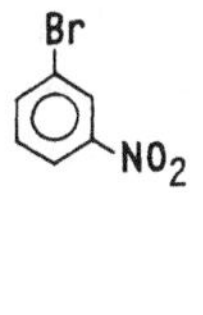

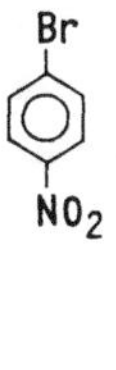

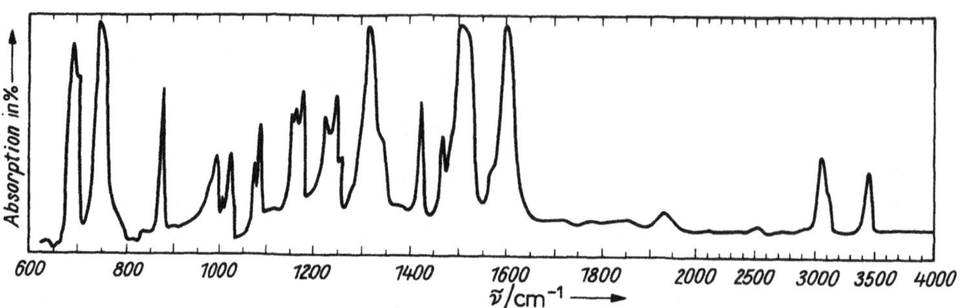

**Abb. 7.37**
IR-Spektrum für Ü 103

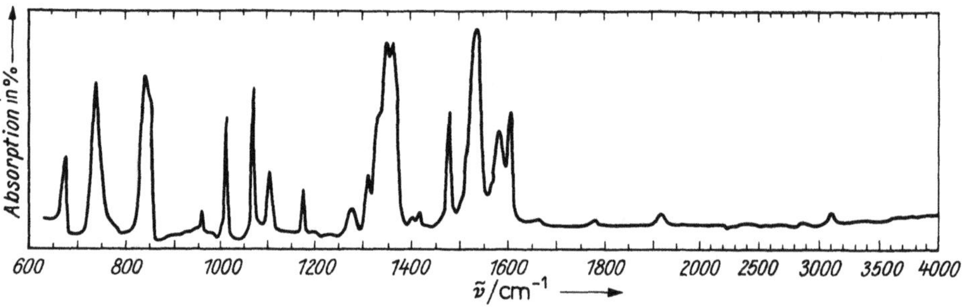

**Abb. 7.38**
IR-Spektrum für Ü 104

Unter Verwendung der Tabelle 7.3 sind möglichst viele Banden des IR-Spektrums (Abb. 7.38) zu deuten. Man notiere sich neben der charakteristischen Gruppe die Bandenlage (in cm$^{-1}$), Intensität (stark, mittel, schwach) und Form (scharf, unscharf, breit). Eine der drei formulierten Substanzen ist auf Grund des IR-Spektrums auszuwählen und zu benennen.

**Ü 105**  Durch Kolbesche Nitrilsynthese wurde versucht, folgende Reaktion zu realisieren:

$$Cl-CH_2-COOC_2H_5 + NaCN \longrightarrow NC-CH_2-COOC_2H_5 + NaCl$$

Anhand des IR-Spektrums (Abb. 7.39) des Reaktionsproduktes soll kontrolliert werden, ob die Synthese erfolgreich verlief.

Das IR-Spektrum des isolierten Produktes ist unter Verwendung der Tabelle 7.3 mit dem Ziel zu analysieren, eine Entscheidung zwischen Gelingen oder Nichtgelingen der Reaktion (Vorliegen der organischen Ausgangsverbindung) herbeizuführen. Gleichzeitig sollen möglichst viele Banden des Spektrums gedeutet werden. Man notiere neben chemischer Gruppe die Bandenlage (in cm$^{-1}$), Intensität (stark, mittel, schwach) und Form (scharf, unscharf, breit). Die Struktur, die dem Spektrum entspricht, ist zu benennen.

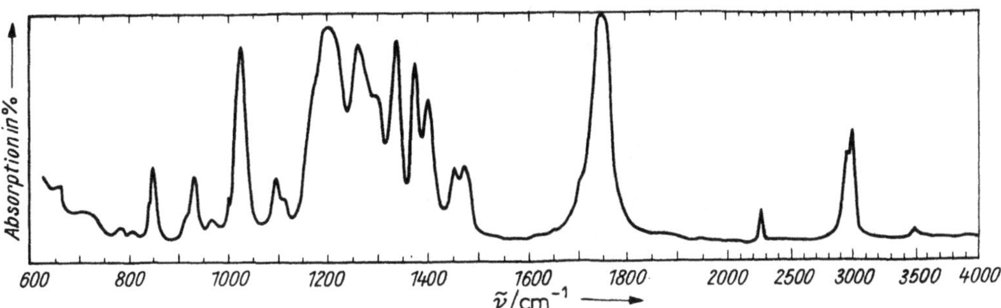

Abb. 7.39
IR-Spektrum für Ü 105

**Ü 106**  Fur-2-yl-methanol *(A)* wurde der katalytischen Hydrierung unterworfen. Nach folgender Gleichung sollte der hydrierte Alkohol *(B)* entstehen:

$$\text{(A)}\;\;\langle\text{Furan}\rangle\text{-CH}_2\text{OH} + 2\,\text{H}_2 \xrightarrow{\;(Kat.)\;} \langle\text{THF}\rangle\text{-CH}_2\text{OH}\;\;\text{(B)}$$

Das IR-Spektrum (Abb. 7.40) des isolierten Produktes ist unter Verwendung der Tabelle 7.3 mit dem Ziel zu sichten, eine Entscheidung zwischen Gelingen oder Nichtgelingen der Reaktion herbeizuführen.

Gleichzeitig sollen möglichst viele Banden des Spektrums gedeutet werden. Man notiere neben chemischer Gruppe jeweils Bandenlage (in cm$^{-1}$), Intensität (stark, mittel, schwach) und Form (scharf, unscharf, breit).

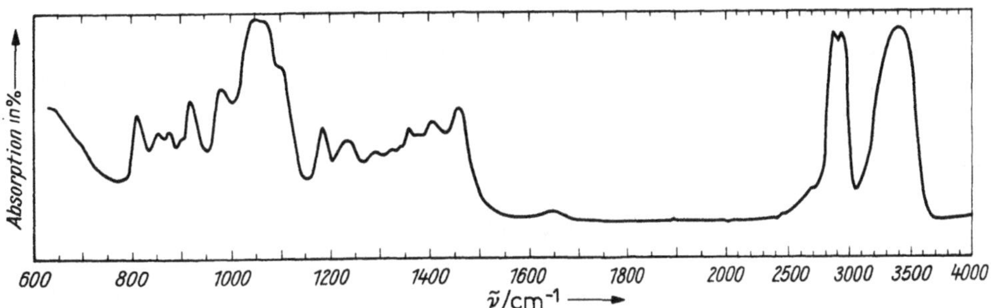

Abb. 7.40
IR-Spektrum für Ü 106

**Ü 107**  m-Nitro-benzoesäure wird mit Ethanol zum entsprechenden Ester umgesetzt. Auf spektroskopischem Wege soll nun das Ergebnis der Reaktion gesichert werden. Die Reaktionsgleichung für die Veresterung von m-Nitro-benzoesäure mit Ethanol ist zu formulieren!

Das IR-Spektrum (Abb. 7.41) des nach der Reaktion isolierten Produktes ist unter Verwendung der Tabelle 7.3 mit dem Ziel zu sichten, eine Entscheidung zwischen Gelingen oder Nichtgelingen der Reaktion herbeizuführen.

Gleichzeitig notiere man sich sämtliche Banden des Spektrums, die gedeutet werden können, hinsichtlich chemischer Gruppe, Bandenlage (in $cm^{-1}$), Intensität (stark, mittel, schwach) und Form (scharf, unscharf, breit).

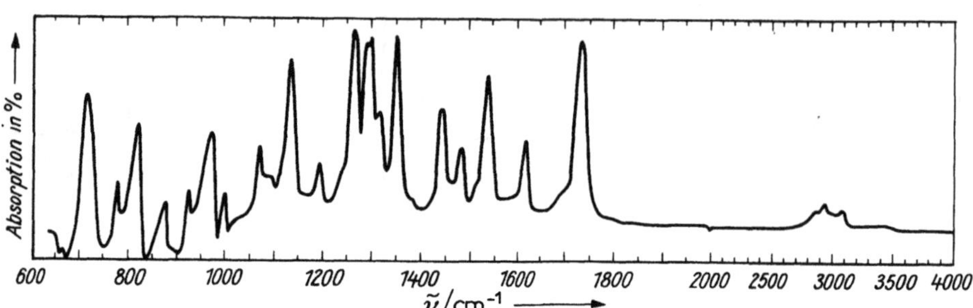

Abb. 7.41
IR-Spektrum für Ü 107

**Ü 108**    Nach einem bekannten Verfahren wurde versucht, das 3-Nitro-pyridin *(A)* zum 3-Amino-pyridin *(B)* zu reduzieren. Der Erfolg der Reaktion soll auf spektroskopischem Wege geprüft werden.

$$\text{A} \quad + 3H_2 \longrightarrow \text{B} \quad + 2H_2O$$

Das IR-Spektrum (Abb. 7.42) des nach der Reaktion isolierten Produktes ist unter Verwendung der Tabelle 7.3 mit dem Ziel zu sichten, eine Entscheidung zwischen Gelingen oder Nichtgelingen der Reaktion herbeizuführen.

Gleichzeitig notiere man sich sämtliche Banden des Spektrums, die gedeutet werden können, hinsichtlich chemischer Gruppe, Bandenlage (in $cm^{-1}$), Intensität (stark, mittel, schwach) und Form (scharf, unscharf, breit).

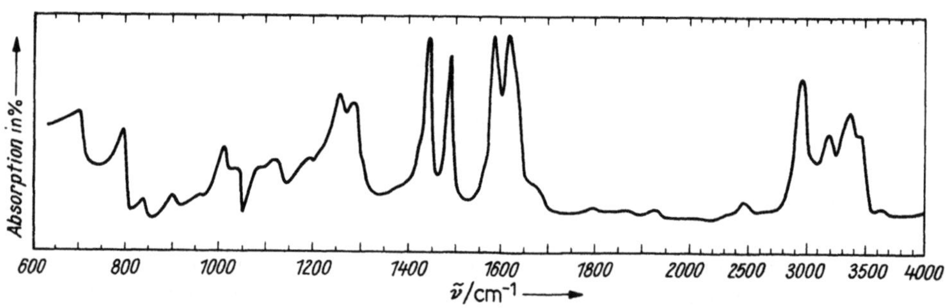

Abb. 7.42
IR-Spektrum für Ü 108

**Ü 109**    Unter Verwendung der Tabelle 7.3 überlege man, durch welche charakteristischen Unterschiede sich die IR-Spektren innerhalb folgender Gruppen von

Verbindungen auszeichnen werden:

$CH_3-O-CH_3$ ; $CH_3-CH_2-OH$

$CH_3-CH_2-CH_2-NH_2$ ; $CH_3-CH_2-NH-CH_3$ ;

Die formulierten Strukturen sind zu benennen.

**Ü 110**  Von einer organischen Verbindung mit der Summenformel $C_{14}H_{12}$ soll die Struktur festgelegt werden. Nach verschiedenen chemischen Vorprüfungen stehen noch folgende zwei Möglichkeiten zur Diskussion:

Anhand des IR-Spektrums (Abb. 7.43) und unter Verwendung der Tabelle 7.3 ist zwischen den zwei Alternativstrukturen zu unterscheiden.

Gleichzeitig notiere man sich sämtliche Banden des Spektrums, die gedeutet werden können, hinsichtlich chemischer Gruppe, Bandenlage (in $cm^{-1}$), Intensität (stark, mittel, schwach) und Form (scharf, unscharf, breit).

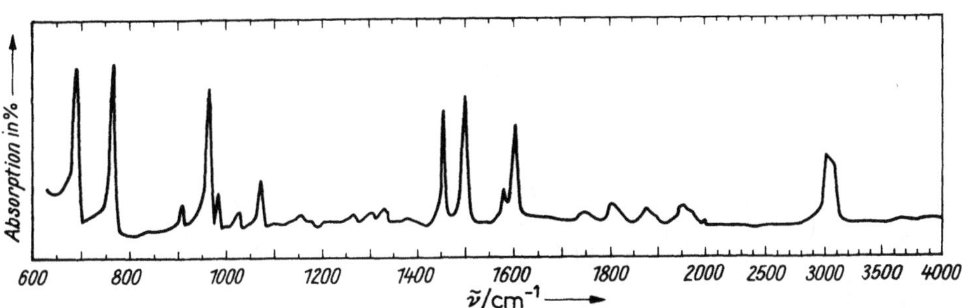


Abb. 7.43
IR-Spektrum für Ü 110

**Ü 111**  Im Rahmen einer Reihe von Dehydrierungsversuchen wurde auch das Methylcyclopentan untersucht. Bei erfolgreicher Dehydrierung ist eine ganze Reihe von Reaktionsprodukten zu erwarten, z. B.:

Nach dem ersten Versuch wurde von der isolierten organischen Substanz ein IR-Spektrum (Abb. 7.44) angefertigt. Anhand des Spektrums und unter Verwendung der Tabelle 7.3 ist der Erfolg des Dehydrierungsversuches zu ermitteln.

Gleichzeitig notiere man sich die Bande(n) des Spektrums, die gedeutet werden konnte(n), hinsichtlich chemischer Gruppe, Bandenlage (in $cm^{-1}$), Intensität (stark, mittel, schwach) und Form (scharf, unscharf, breit). Die möglichen Dehydrierungsprodukte *I–IV* sind zu benennen.

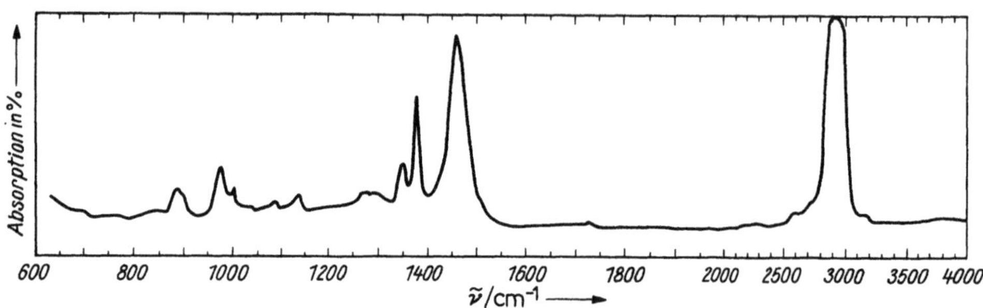

Abb. 7.44
IR-Spektrum für Ü 111

**Ü 112**    Von einer Substanz ist bekannt, daß sie ein Acetophenonabkömmling ist. Außerdem besitzt die Substanz eine Amino-Gruppe. Damit ergeben sich folgende Strukturmöglichkeiten:

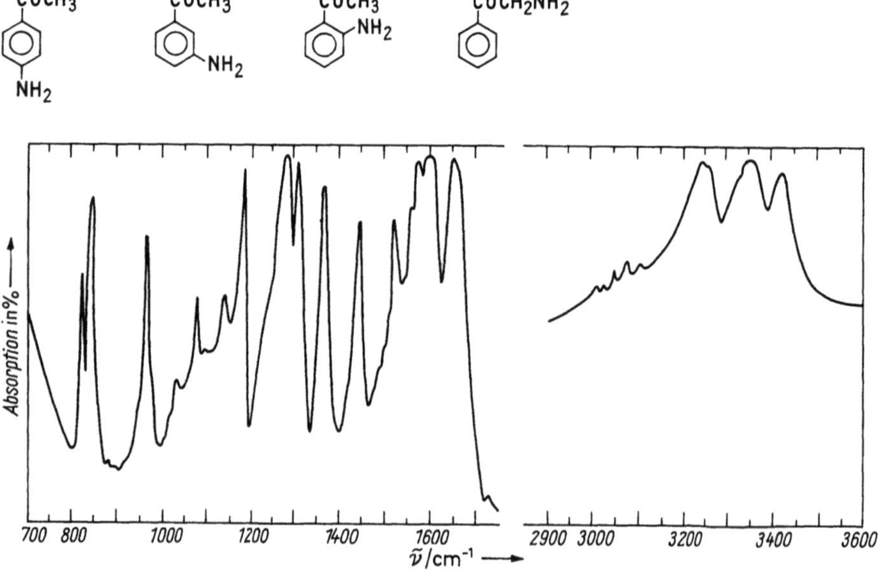

Abb. 7.45
IR-Spektrum für Ü 112

Anhand des IR-Spektrums (Abb. 7.45) und unter Verwendung der Tabelle 7.3 ist zwischen den vier Alternativstrukturen zu entscheiden.

Gleichzeitig notiere man sich sämtliche Banden des Spektrums, die gedeutet werden können, hinsichtlich chemischer Gruppe, Bandenlage (in $cm^{-1}$), Intensität (stark, mittel, schwach) und Form (scharf, unscharf, breit).

**Ü 113**  Anhand des IR-Spektrums (Abb. 7.46) einer organischen Substanz und unter Verwendung der Tabelle 7.3 ist zu entscheiden, ob der Substanz die Struktur *I, II* oder *III* zukommt. Die Strukturen *I* bis *III* sind zu benennen.

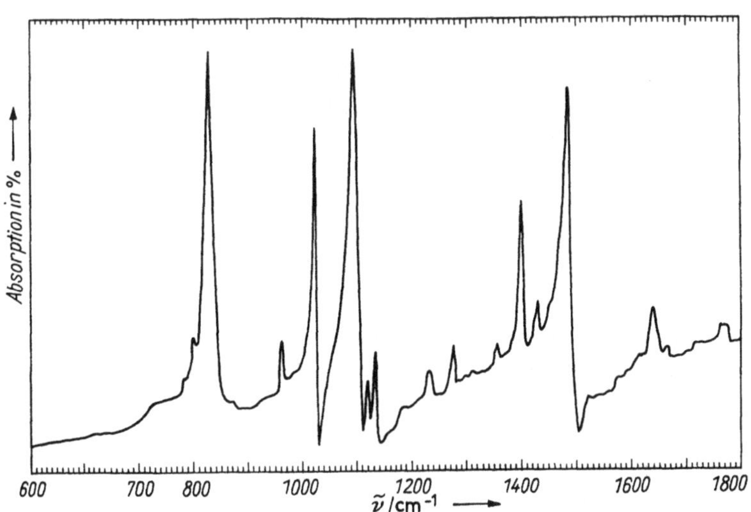

Abb. 7.46
IR-Spektrum für Ü 113

**Ü 114**  Es wurde versucht, Benzen durch Friedel-Crafts-Acylierung mit Acetylchlorid umzusetzen. Zur Kontrolle von Erfolg oder Mißerfolg der Synthese wurde ein IR-Spektrum des Endprodukts angefertigt.

Anhand des vorliegenden Spektrums (Abb. 7.47) und unter Verwendung der Tabelle 7.3 ist zu entscheiden, ob die Synthese erfolgreich verlaufen ist. Die Reaktionsgleichung der Friedel-Crafts-Acetylierung ist zu formulieren.

Gleichzeitig notiere man sich sämtliche Banden des Spektrums, die man deuten konnte, hinsichtlich chemischer Gruppe, Bandenlage (in $cm^{-1}$), Intensität (stark, mittel, schwach) und Form (scharf, unscharf, breit).

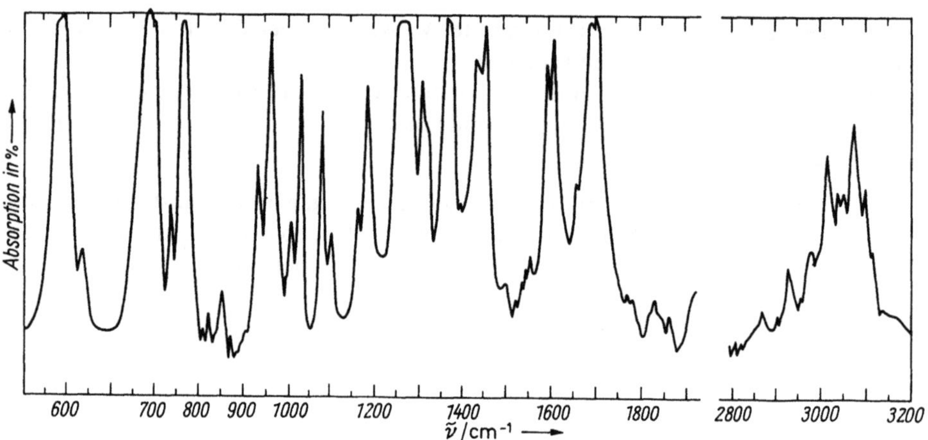

**Abb. 7.47**
IR-Spektrum für Ü 114

**Ü 115**   Ethan wurde mit Chlor im Überschuß chloriert. Von einer der chlorreichsten Fraktionen wurde ein IR-Spektrum angefertigt, das darüber Auskunft geben soll, ob die Fraktion die Struktur *I* oder *II* besitzt.

$$\begin{array}{cccc} & Cl & Cl & \\ & | & | & \\ Cl- & C- & C- & Cl \\ & | & | & \\ & Cl & Cl & \\ & & I & \end{array} \qquad \begin{array}{cccc} & Cl & Cl & \\ & | & | & \\ Cl- & C- & C- & H \\ & | & | & \\ & Cl & Cl & \\ & & II & \end{array}$$

Anhand des vorliegenden Spektrums (Abb. 7.48) und unter Verwendung der Tabelle 7.3 ist zu entscheiden, ob die untersuchte Fraktion Struktur *I* oder *II* besitzt.

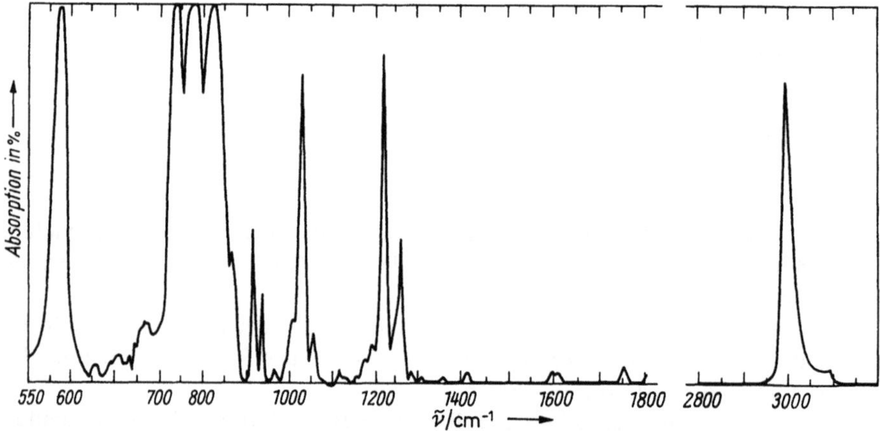

**Abb. 7.48**
IR-Spektrum für Ü 115

Gleichzeitig notiere man sich sämtliche Banden des Spektrums, die man deuten konnte, und zwar hinsichtlich chemischer Gruppe, Bandenlage (in cm$^{-1}$), Intensität (stark, mittel, schwach) und Form (scharf, unscharf, breit). Die beiden Formeln *I* und *II* sind zu benennen.

**Ü 116**  Eine Verbindung besitzt die Summenformel $C_3H_6O$. Für diese Summenformel ist eine Reihe von Strukturformeln denkbar:

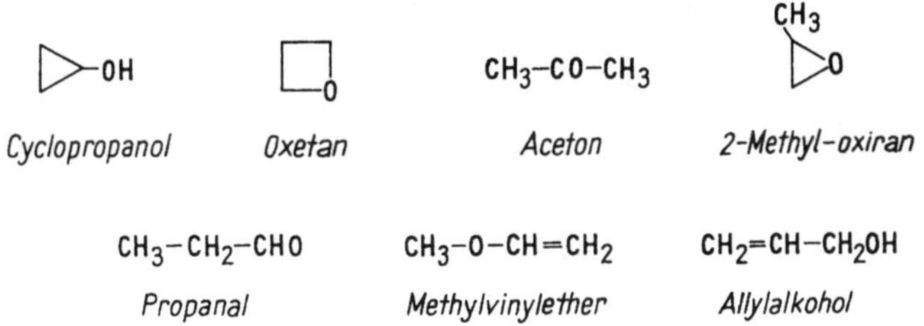

Anhand des vorliegenden IR-Spektrums (Abb. 7.49) und unter Verwendung der Tabelle 7.3 ist zu entscheiden, welche der zahlreichen Alternativstrukturen zutrifft.

Gleichzeitig notiere man sich sämtliche Banden des Spektrums, die man deuten konnte, und zwar hinsichtlich chemischer Gruppe, Bandenlage (in cm$^{-1}$), Intensität (stark, mittel, schwach) und Form (scharf, unscharf, breit).

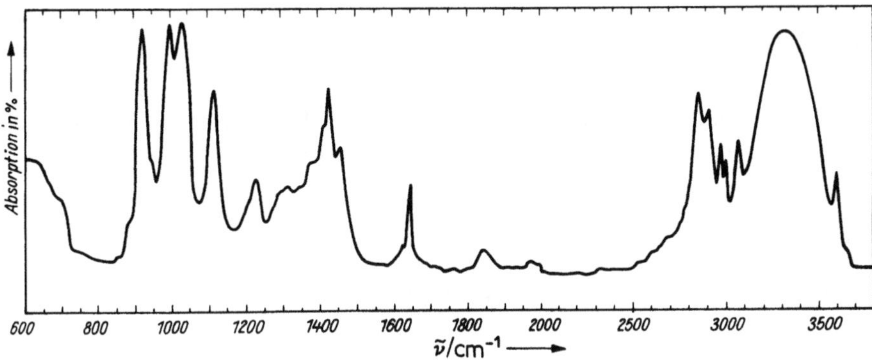

Abb. 7.49
IR-Spektrum für Ü 116

**Ü 117**  Die Identität oder Nichtidentität zweier organischer Polymerer soll auf spektroskopischem Wege geprüft werden. Die vorliegenden zwei IR-Spektren (Abb. 7.50a und b) sind mit dem Ziel zu vergleichen, Identität oder Nichtidentität der Spektren und damit der entsprechenden Polymeren festzustellen.

Beachte: Beide IR-Spektren sind mit unterschiedlichen Spektrometern aufgezeichnet worden; Ordinaten- und Abszissenachsen haben deshalb voneinander abweichende Bedeutung (%-Durchlässigkeit und %-Absorption ergeben addiert für jede Wellenzahl bzw. Wellenlänge jeweils 100%, d. h. bei 90% Absorption beträgt die Durchlässigkeit 10%)!

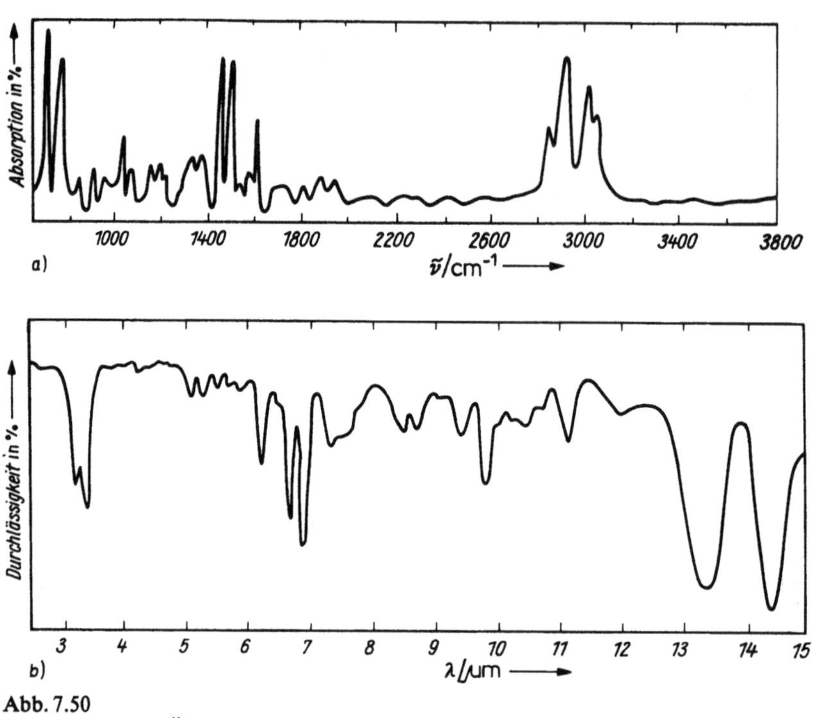

Abb. 7.50
IR-Spektrum für Ü 117

**Ü 118**   Eine Verbindung besitzt die Summenformel $C_4H_9N$. Folgende Strukturformeln stehen für die genannte Verbindung zur Diskussion:

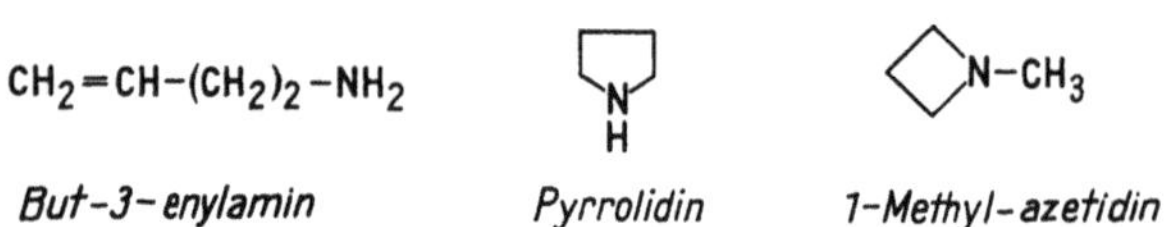

$CH_2=CH-(CH_2)_2-NH_2$

*But-3-enylamin*          *Pyrrolidin*          *1-Methyl-azetidin*

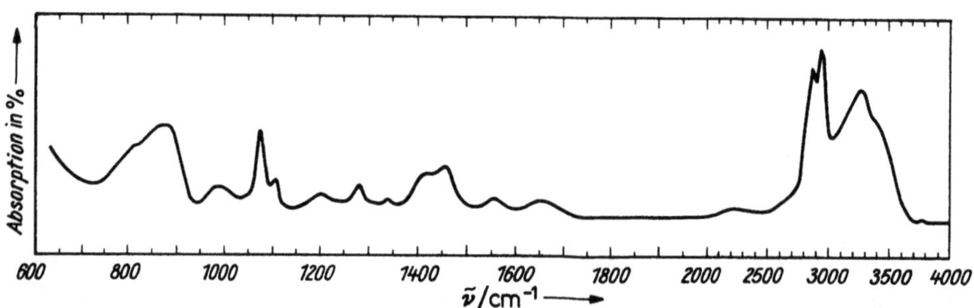

Abb. 7.51
IR-Spektrum für Ü 118

Anhand des vorliegenden IR-Spektrums (Abb. 7.51) und unter Verwendung der Tabelle 7.3 ist zu entscheiden, welche der Alternativstrukturen zutrifft.

Gleichzeitig notiere man sich die Banden des Spektrums, die man deuten konnte, und zwar hinsichtlich chemischer Gruppe, Bandenlage (in cm$^{-1}$), Intensität (stark, mittel, schwach) und Form (scharf, unscharf, breit).

**Ü 119**    Für eine organische Substanz mit der Summenformel $C_7H_9N$ stehen folgende Strukturformeln zur Diskussion:

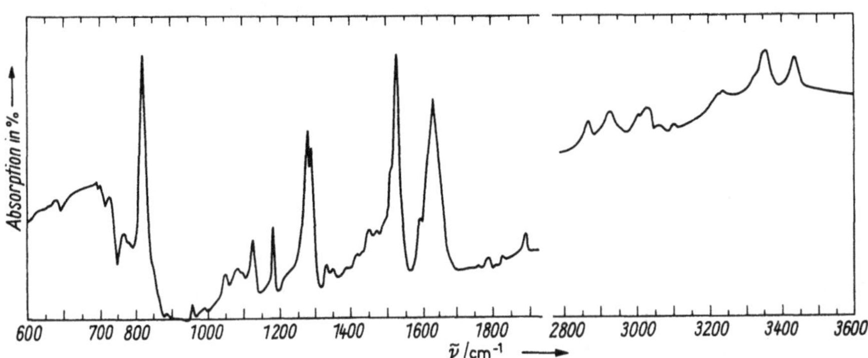



Anhand des vorliegenden IR-Spektrums (Abb. 7.52) und unter Verwendung der Tabelle 7.3 ist zu entscheiden, welche der Alternativstrukturen zutrifft.

Gleichzeitig notiere man sich die Banden des Spektrums, die man deuten konnte, und zwar hinsichtlich chemischer Gruppe, Bandenlage (in cm$^{-1}$), Intensität (stark, mittel, schwach) und Form (scharf, unscharf, breit).

Abb. 7.52
IR-Spektrum für Ü 119

**Ü 120**    Unter Verwendung der Tabelle 7.3 überlege man, durch welche spezifischen Unterschiede sich die IR-Spektren innerhalb folgender Gruppen von Verbindungen bzw. der Ausgangs- und Endprodukte einer Reaktion auszeichnen werden. Alle auftretenden Substanzen sind zu benennen.

$$CH_3-C{\equiv}C-CH_2-CH_3 \; ; \; CH_2{=}CH-CH_2-CH{=}CH_2$$

## 7.2.4.   Lösungen

Aufgenommen wurden nur Lösungen von Aufgaben, die anhand vorliegender IR-Spektren zu erarbeiten waren, d.h. also nicht Lösungen der Übungen 109 und 120. Andere Aufgaben, wie Benennung chemischer Verbindungen oder Voraussagen über charakteristische Unterschiede in den Spektren zweier oder mehrerer Verbindungen ähnlicher Struktur oder gleicher molarer Masse, wurden hier nicht berücksichtigt!

Ü 103 Diphenylamin

Ü 104 1-Brom-4-nitro-benzen

Ü 105 Cyanessigsäureethylester

Ü 106 Tetrahydrofur-2-ylmethanol

Ü 107 3-Nitro-benzoesäureethylester

Ü 108 3-Amino-pyridin

Ü 110 trans-Stilben

Ü 111 Methylcyclopentan

Ü 112 4-Amino-acetophenon

Ü 113 p-Dichlor-benzen

Ü 114 Acetophenon

Ü 115 Pentachlorethan

Ü 116 Allylalkohol

Ü 117 beide Spektren sind identisch (Polystyren)

Ü 118 Pyrrolidin

Ü 119 p-Toluidin

# 7.3.   Kernmagnetische Resonanzspektroskopie (Ü 121–Ü 135)

## 7.3.1.   $^1$H-NMR-Spektroskopie (Ü 121–Ü 129)

### 7.3.1.1.   Theoretische Grundlagen

Die Absorption elektromagnetischer Strahlung durch magnetische Atomkerne liefert die Kernresonanzspektren (NMR-Spektren). Dabei kommen nur solche Kerne in Betracht, die ein magnetisches Moment aufweisen, d.h. Kerne mit ungerader Neutronen- oder Protonenzahl, wie z.B. $^1$H, $^{13}$C, $^{14}$N, $^{31}$P.

Werden derartige Kerne in ein äußeres statisches Magnetfeld gebracht, erfolgt eine Orientierung dieser magnetischen Momente. Wirkt auf diese Kerne noch zusätzlich ein elektromagnetisches Wechselfeld ein, dessen magnetischer Vektor senkrecht auf dem äußeren Magnetfeld steht, kommt es unter bestimmten Bedingungen (im Resonanzfall) zur Umorientierung der magnetischen Momente. Dabei nehmen die Kerne Energie aus dem elektromagnetischen Wechselfeld auf. Diese Energie $E$ und die ihr entsprechende Frequenz $v$ der absorbierten Strahlung hängen von den magnetischen Eigenschaften des Atomkerns ($\mu$ = magnetisches Kernmoment, $I$ = Kernspin) ab und sind der Stärke des äußeren Magnetfeldes $H_0$ proportional:

$$E = E_2 - E_1 = hv = \frac{\mu \cdot H_0}{I}$$

Im Gegensatz zur optischen Spektroskopie sind die Energieniveaus $E_1$ und $E_2$, zwischen denen die Absorption der elektromagnetischen Strahlung erfolgt, nicht im Molekül vorhanden, sondern werden erst durch das äußere Magnetfeld geschaffen, wobei der Abstand dieser Niveaus von der Stärke dieses Magnetfeldes abhängt.

Den Resonanzfall kann man meßtechnisch auf zweierlei Weise herbeiführen: Entweder arbeitet man bei konstantem statischen Magnetfeld $H_0$ und variiert die Frequenz des Wechselfeldes, bis Absorption eintritt und der Schreiber des Gerätes das Resonanzsignal aufzeichnet. Oder man strahlt als übliche Methode eine feste Wechselfrequenz ein und verändert die magnetische Feldstärke $H_0$ kontinuierlich bis zum Resonanzpunkt.

Durch die Elektronenhülle der Atome wird der Atomkern elektromagnetisch abgeschirmt. Das Resonanzsignal erscheint gegenüber dem nicht abgeschirmten Atomkern erst bei einer größeren Feldstärke (bzw. Frequenz). Diesen Effekt nennt man *chemische Verschiebung*. Da die Elektronendichte durch induktive Effekte benachbarter Atome verändert wird, treten in Abhängigkeit von der chemischen Umgebung die Resonanzsignale bei verschiedenen Feldstärken (bzw. Frequenzen) auf. Erst dadurch wird eine Unterscheidung der betrachteten Kerne, z. B. von Protonen in unterschiedlicher Umgebung, möglich. Chemisch äquivalente Kerne liefern ein gemeinsames Signal. Elektronenakzeptoren in Nachbarschaft zu dem betrachteten Kern verringern die Elektronendichte, setzen die magnetische Abschirmung herab, und das Resonanzsignal tritt bei einem schwächeren Zusatzfeld auf.

Zur Bestimmung der chemischen Verschiebung setzt man der zu untersuchenden Probe eine Vergleichssubstanz zu. Man verwendet Tetramethylsilan $Si(CH_3)_4$ (TMS) als Standard und bestimmt die Differenz der Resonanzfeldstärke (bzw. Resonanzfrequenz) von TMS und Probe. Diese Differenz ist jedoch der benutzten Senderfrequenz (bzw. der

*Tabelle 7.4*
$^1$H-chemische Verschiebung $\delta$ in ppm

| Gruppe | $\delta$ (ppm) | Gruppe | $\delta$ (ppm) |
|---|---|---|---|
| $(CH_3)_4Si$ | 0 | $-CH_2-^1)$ | 0,9... 1,6 |
| $CH_3-C\!<^1)$ | 0,8...1,3 | $>\!C-CH_2-\overset{\mid}{C}=$ | 1,1... 2,4 |
| $CH_3-C=C\!<$ | 1,6...2,1 | $>\!C-CH_2-Ar$ | 2,6... 3,3 |
| $CH_3-C\equiv C-$ | 1,8...2,1 | $>\!C-CH_2-O-$ | 3,3... 4,5 |
| $CH_3-Ar$ | 2,1...2,7 | $>\!CH-^1)$ | 1,3... 2,1 |
| $CH_3-O-$ | 2,3...4,0 | $\equiv CH$ | 2,4 |
| $CH_3-I$ | 2,2 | $R-CH=CH-$ | 5,5 |
| $CH_3-Br$ | 2,7 | $Ar-H$ | 6 ... 9 |
| $CH_3-Cl$ | 3,05 | $C_6H_6$ | 7,27 |
| $CH_3-F$ | 4,3 | $R-CHO$ | 9,7...10,1 |
| $CH_3-NO_2$ | 4,3 | $R-COOH$ | 9,7...13,0 |

$^1)$ in gesättigten Kohlenwasserstoffen

Magnetfeldstärke) proportional. Um zu einer von den Aufnahmebedingungen unabhängigen Angabe zu kommen, wird in der Praxis der Abstand des Probensignals vom TMS-Signal, gemessen in Hz, durch die Aufnahmefrequenz dividiert. Man erhält so den sogenannten $\delta$-Wert der chemischen Verschiebung. $\delta$ ist dimensionslos und wird in ppm (parts per million) angegeben.

Die Tabelle 7.4 enthält die $^1$H-chemischen Verschiebungen von ausgewählten Strukturelementen und ermöglicht Rückschlüsse von den Signalen einer Probe auf mögliche Strukturelemente der untersuchten Substanz.

OH- und NH-Protonen lassen sich keinem festen Bereich in der ppm-Skala zuordnen. Ihre Lage ist abhängig von äußeren Faktoren wie Lösungsmittel, Konzentration, Temperatur, der Ausbildung von inter- und intramolekularen Wasserstoffbrücken. Diese Protonen sind jedoch leicht nachweisbar, wenn man sich deren Austauschbarkeit durch Deuterium zu Nutze macht. Wird die Probe mit schwerem Wasser oder einer deuterierten Säure geschüttelt, wird die Intensität dieser Signale schwächer bzw. sie verschwinden ganz. Die Signale, die die chemischen Verschiebungen anzeigen, sind oft durch die sogenannte Spin-Spin-Kopplung, die durch die benachbarten $^1$H-Kerne $n$ bewirkt wird, in Dubletts, Tripletts oder Multipletts aufgespalten. Dabei ergibt sich die Anzahl der Linien $M$ zu $M = n + 1$. Für die Angabe der Lage der chemischen Verschiebung der Multipletts wird deren Schwerpunkt ausgewählt.

Der Abstand der Linien der Multipletts, der nur wenige Hertz beträgt, wird als *Kopplungskonstante J* bezeichnet (s. Tab. 7.5). Sie ist im Gegensatz zur chemischen Verschiebung in ihrer Größe unabhängig von der äußeren Feldstärke. Aus der Linienaufspaltung eines Signals können Rückschlüsse auf die Anzahl der diese Linien hervorrufenden benachbarten Protonen und deren Art gezogen werden.

Bei Spektren, die mit einem hochauflösenden Spektrometer aufgenommen wurden, kann eine Kopplung auch über 3 Bindungen sichtbar gemacht werden, so daß man eine weitere Signalaufspaltung beobachtet.

Nach dem Verhältnis der chemischen Verschiebung $\delta$ zu der Größe der Kopplungskonstanten $J$ unterscheidet man verschiedene Typen von Spektren. Ist $\delta > J$, so bezeichnet man die koppelnden Kerne mit Buchstaben, die im Alphabet weit voneinander entfernt sind (A,X), ist $\delta \approx J$, wählt man benachbarte Buchstaben (A,B). An den Buchstaben wird als Index die Zahl der äquivalenten Kerne angegeben.

*Tabelle 7.5*
H—H-Kopplungskonstanten $J$ in Hz

| Atomgruppe | $J$ | Atomgruppe | $J$ |
|---|---|---|---|
| $CH_3$—$CH_2$— | 6,5... 7,5 | 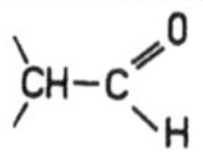 | 1... 4 |
| —CH=CH— | 6 ...18 | 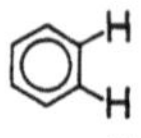 | 7...10 |
| >C=CH—$\overset{|}{C}$H | 4 ...10 | 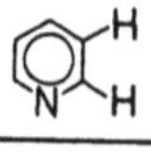 | 4... 5 |

Schließlich ist der Flächeninhalt unter den Signalen proportional der Anzahl der Protonen, die diese Signale bilden. Moderne Spektrometer geben diesen Flächeninhalt in Form von Integralen über den Signalen an, deren Höhen im Vergleich zueinander die Anzahl der Protonen darstellen.

## 7.3.1.2.  Auswertung von $^1$H-NMR-Spektren

Das Kernresonanzspektrum liefert folgende Informationen:

- Die chemische Verschiebung der Signale zeigt die Art der Atomgruppen an.
- Die Aufspaltung der Signale gibt einen Hinweis auf die Anzahl der benachbarten Protonen.
- Die Kopplungskonstanten zeigen an, welche Signale durch benachbarte Protonen hervorgerufen werden.
- Die Integrale (Intensitäten der Signale) geben einen Hinweis auf die Anzahl der Protonen, die sich unter dem Signal verbergen.

Zur Auswertung eines Spektrums muß bekannt sein:

- Das verwendete Lösungsmittel, da hochaufgelöste Spektren stets in flüssiger Phase aufgenommen werden. Besonders geeignet sind solche Lösungsmittel, die selbst keine Protonen enthalten, z. B. $CCl_4$, $CS_2$ oder deuterierte Lösungsmittel, z. B. Dimethylsulfoxid-$d_6$. Da in letzterem stets ein geringer Anteil an nicht deuterierter Substanz und Wasser enthalten sind, müssen die Signale und deren Lage, die durch das Lösungsmittel verursacht werden, möglichst durch ein Vergleichsspektrum angegeben werden. Auch Lösungsmittel, deren Signale nicht unter denen der zu untersuchenden Probe liegen, sind geeignet, z. B. $CHCl_3$, $CH_3CN$ u. a.
- Der Maßstab, mit welchem das Spektrum aufgezeichnet wurde, d. h. wieviel Hertz einem Zentimeter auf der Abszisse entsprechen.
- Die Arbeitsfrequenz des Spektrometers.

Nachfolgend wird an Beispielen die Auswertung von $^1$H-NMR-Spektren demonstriert.

*Beispiel 1*

Die Abbildung 7.53 zeigt das $^1$H-NMR-Spektrum von Phenacetin.

$$CH_3{-}CH_2{-}O{-}\langle\bigcirc\rangle{-}NH{-}CO{-}CH_3$$

Das Spektrum wurde in $CCl_4$ als Lösungsmittel mit einem Spektrometer, dessen Arbeitsfrequenz 90 MHz beträgt, aufgenommen. Der Maßstab der Abszisse beträgt 45 Hz/cm. Zur Aufnahme des Spektrums *II* wurde die Probe mit deuterierter Essigsäure angesäuert. Das Signal des Tetramethylsilans bei 0 cm ist nicht mit aufgezeichnet worden.

Im Spektrum findet man 6 Signalgruppen (*a–f*), deren chemische Verschiebung berechnet wird. Für die Signalgruppe *a* befindet sich der Schwerpunkt bei 2,8 cm. Die chemische Verschiebung ergibt sich zu $\delta = \dfrac{2,8 \cdot 45}{90} = 1,4$ ppm.

Die Multiplizität ist ein Triplett. Diese Aufspaltung kann nur von 2 benachbarten äquivalenten Protonen hervorgerufen werden. Die Signalgruppe *b* wird von Protonen erzeugt, an deren Nachbaratomen sich keine Protonen befinden (Singulett). Die Signalgruppe *c* hat 3 benachbarte Protonen, *d* und *e* je 1 benachbartes Proton. Die Signalgruppe *f* als Singulett ist in Nachbarschaft ebenfalls protonenfrei. Aus den relativen Intensitäten ergeben sich für *a* und *b* je 3 Protonen, *c, d* und *e* je 2 Protonen und für *f* 1 Proton. Damit läßt sich aus der Tabelle 7.4 für die chemischen Verschiebungen die Zuordnung der Protonen zu Atomgruppen treffen. Da *f* im Spektrum *II* durch Zusatz von Säure verschwunden ist, muß es sich um ein leicht austauschbares Proton, also um ein NH- oder OH-Proton handeln. Die erhaltenen Erkenntnisse werden in der Tabelle 7.6 zusammengefaßt.

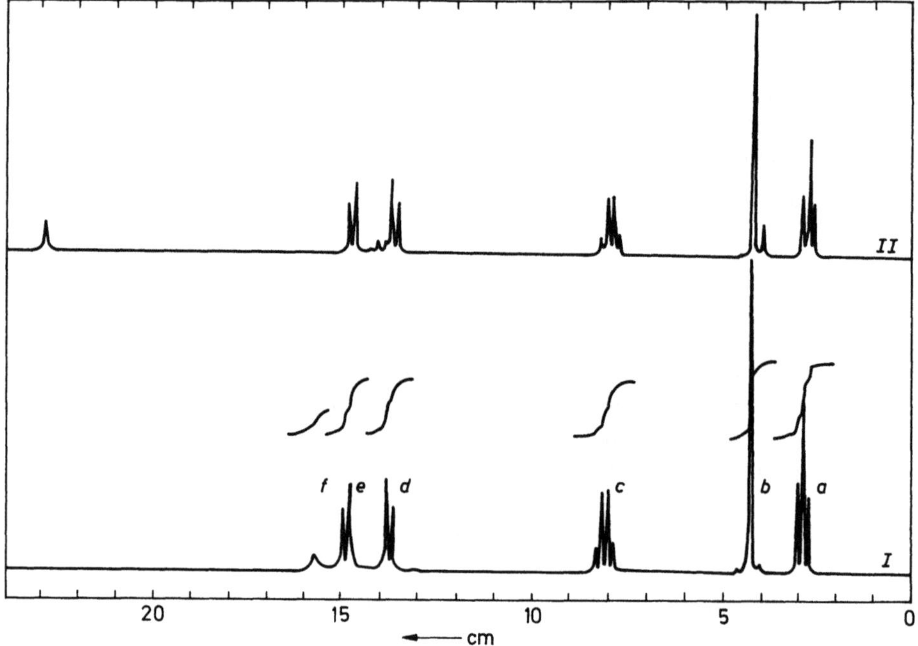

Abb. 7.53
$^1$H-NMR-Spektrum von Phenacetin

Da die Signalgruppen *a* und *c* die gleichen Kopplungskonstanten ($J = 0{,}15$ cm $\times$ 45 Hz/cm = 6,8 Hz) besitzen, müssen deren Signale von benachbarten Gruppen herrühren. Es ergibt sich also eine $CH_3$–$CH_2$-Gruppe. Der relativ hohe $\delta$-Wert der $CH_2$-Gruppe weist darauf hin, daß diese $CH_2$-Gruppe an Sauerstoff gebunden ist. Gleiche Kopplungskonstanten von $J = 9$ Hz besitzen auch die Signalgruppen *e* und *f*. Folglich handelt es sich auch hier um benachbarte Protonen. Da jedes Signal die relative Intensität 2 aufweist, können sich diese Protonen nur an einem p-disubstituierten Aromaten befinden, dessen Substituenten unterschiedlicher Natur sind. Der hohe $\delta$-Wert für *b* zeigt an, daß diese $CH_3$-Gruppe entweder an einem Heteroatom oder an einer Atomgruppierung, die als Elektronenakzeptor wirkt (z. B. CO-Gruppe), gebunden ist. Die breite Linie für das Signal *f* läßt vermuten, daß es sich um ein NH-Proton einer Säureamidgruppierung handelt.

Die zusätzlichen Linien im Spektrum *II* gegenüber *I* in den Signalgruppen *b* und *d* deuten auf eine Entacetylierung hin.

Es ergeben sich somit folgende Atomgruppen:

$CH_3$—$CH_2$—O— , —⟨O⟩— und —NH—CO—$CH_3$. Diese lassen sich zweifelsfrei der Struktur des Phenacetins zuordnen.

*Tabelle 7.6*
$^1$H-NMR-Daten von Phenacetin

| Signal-gruppe | $\delta$ (ppm) | Multi-plizität | Relative Intensi-tät | Zuordnung |
|---|---|---|---|---|
| *a* | 1,4 | 3 | 3 | $CH_3$ |
| *b* | 2,2 | 1 | 3 | $CH_3$ |
| *c* | 4,1 | 4 | 2 | $CH_2$ |
| *d* | 6,9 | 2 | 2 | 2 aromatische CH |
| *e* | 7,4 | 2 | 2 | 2 aromatische CH |
| *f* | 7,8 | 1 | 1 | NH oder OH |

*Beispiel 2*

Aus dem $^1$H-NMR-Spektrum (s. Abb. 7.54) soll für eine Substanz unbekannter Struktur mit der Summenformel $C_{10}H_9Cl_2NO_2$ ein Strukturvorschlag erarbeitet werden. Das Signal für TMS ist weggelassen. Auf der Abszisse sind die $\delta$-Werte in ppm für die chemische Verschiebung angegeben. Die Aufnahme erfolgte in Dimethylsulfoxid-$d_6$ (DMSO-$d_6$), welches Wasserspuren enthielt. Die Signalgruppen *a* und *b* stammen aus dem Lösungsmittel und entfallen für die Betrachtung. Wird die Probe angesäuert, verschwindet das Signal *h*.

Die Tabelle 7.7 wird analog, wie für Beispiel 1 angegeben wurde, aufgestellt.

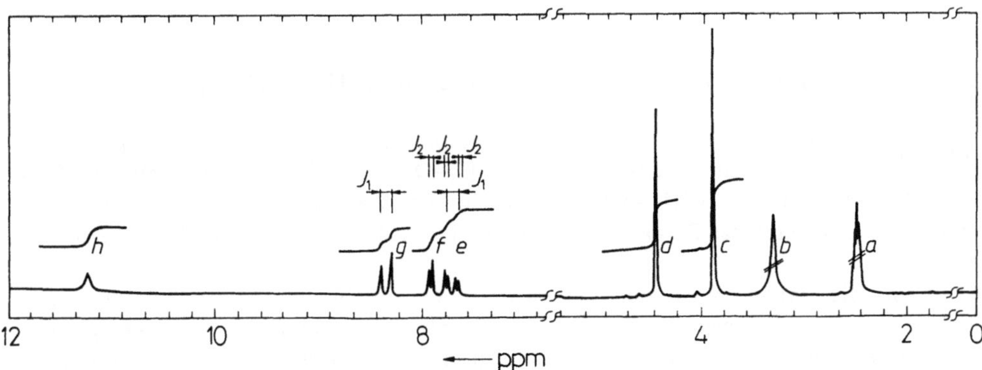

Abb. 7.54
$^1$H-NMR-Spektrum der Verbindung $C_{10}H_9Cl_2NO_2$

*Tabelle 7.7*
$^1$H-NMR-Daten der unbekannten Substanz $C_{10}H_9Cl_2NO_2$

| Signal-gruppe | $\delta$ (ppm) | Multiplizität | | Relative Intensi-tät | Zuordnung |
|---|---|---|---|---|---|
| c | 3,9 | 1 | | 3 | $CH_3$ |
| d | 4,4 | 1 | | 2 | $CH_2$ |
| e | 7,7 | 2 | 2 | 1 | |
| f | 7,9 | 1 | 2 | 1 | je 1 |
| g | 8,3 | 2 | | 1 | aromatisches CH |
| h | 11,2 | 1 | | 1 | NH |

Der hohe $\delta$-Wert für die $CH_3$- und die $CH_2$-Gruppe deutet darauf hin, daß sich Elektronenakzeptoren in Nachbarschaft befinden. Die $CH_3$-Gruppe kann z. B. aus einem Methylester stammen. Die $CH_2$-Gruppe muß ebenfalls von Elektronenakzeptoren flankiert sein, evtl. Cl oder CO. Das Signal *h* stammt aus einer Säureamidgruppierung. Daraus resultieren folgende Atomgruppierungen: $-COOCH_3$, $-NH-CO-CH_2Cl$. Die Aufspaltung im Aromatenbereich kann folgendermaßen gedeutet werden: Die Gruppen *e* und *g* stammen von 2 benachbarten Protonen ($J = 8$ Hz). Da das Signal *e* nochmals aufgespalten ist, was durch das Proton der Signalgruppe von *f* bewirkt wird (*e* und *f* haben die gleiche kleine Feinaufspaltung von 2 Hz), kann diese Aufspaltung nur von einem Proton, das sich in m-Position zu dem Proton, das die Signalgruppe *e* erzeugt, befindet, stammen. Damit ergibt

sich für den Aromaten das Substituentenmuster $-\langle\bigcirc\rangle-$, wobei die freien Positionen mit

einem Halogenatom, einer Methoxycarbonyl- und einer Chloracetamino-Gruppe besetzt sind. Deren Anordnung am Aromaten ist jedoch nicht aus dem Spektrum zu entnehmen.

## 7.3.1.3.   Übungen zur $^1$H-NMR-Spektroskopie (Ü 121–Ü 129)

**Ü 121**   Für eine Verbindung mit der Summenformel $C_3H_8O$ stehen folgende Isomere zur Diskussion: $CH_3-O-CH_2-CH_3$, $CH_3-CH(OH)-CH_3$, $CH_3-CH_2-CH_2-OH$. Das $^1$H-NMR-Spektrum (s. Abb 7.55) wurde in $CCl_4$ aufgenommen. Bei 0 ppm erscheint das Signal von TMS. Beim Ansäuern verschwindet das Signal bei 4,65 ppm.

Es sind die Signalgruppen, deren chemischen Verschiebungen, Multiplizitäten und relativen Intensitäten sowie die Kopplungskonstanten zu bestimmen. Die Signalgruppen sind Atomgruppen zuzuordnen. Die Strukturformel für die unbekannte Verbindung ist zu formulieren, und es ist eine Begründung für den Ausschluß der alternativen Strukturen zu geben.

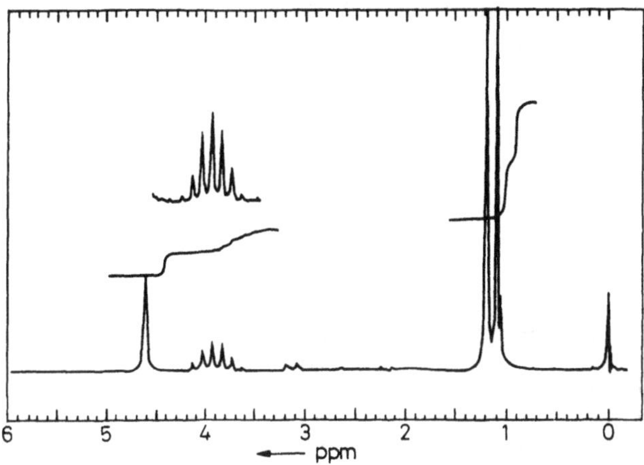

Abb. 7.55
$^1$H-NMR-Spektrum der Verbindung $C_3H_8O$ (Ü 121)

**Ü 122**   Mit Hilfe des $^1$H-NMR-Spektrums (s. Abb. 7.56), aufgenommen in $CCl_4$, soll entschieden werden, ob Benzen mit Propionylchlorid reagiert hat.

Es sind die Signalgruppen, deren chemische Verschiebungen, Multiplizitäten und relative Intensitäten sowie die Kopplungskonstanten zu bestimmen. Die Strukturformel ist zu formulieren.

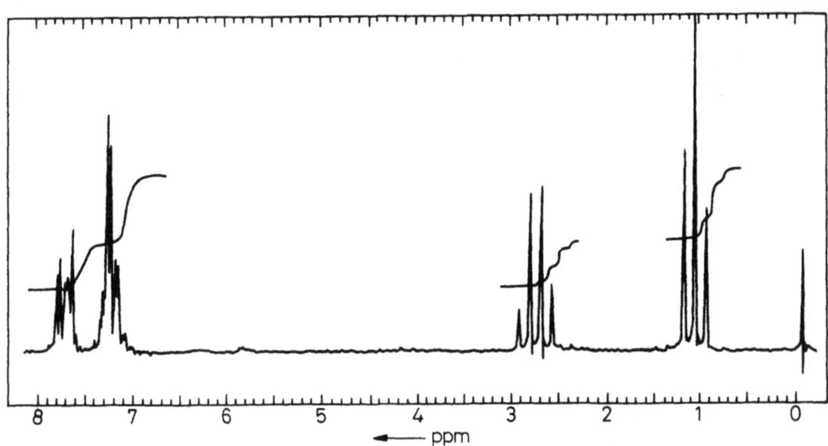

Abb. 7.56
$^1$H-NMR-Spektrum zu Ü 122

**Ü 123**   Durch das $^1$H-NMR-Spektrum, aufgenommen in $CCl_4$, (s. Abb. 7.57) einer unbekannten Substanz soll deren Struktur gesichert werden. Von der Substanz ist bekannt, daß diese in der Kälte Brom addiert und daß sie sich mit Natronlauge verseifen läßt, wobei wasserlösliche Produkte entstehen. Es sind die Signalgruppen, deren

Kopplungskonstanten, chemische Verschiebungen und relative Intensitäten zu bestimmen. Die Strukturelemente und die Strukturformel sind zu formulieren.

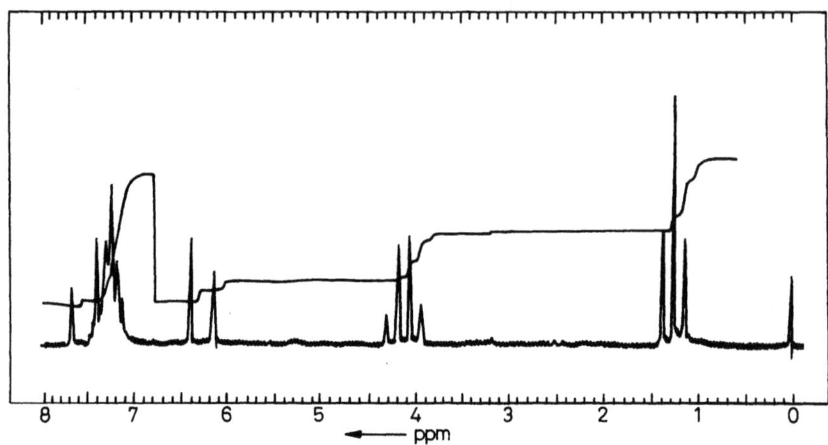

**Abb. 7.57**
$^1$H-NMR-Spektrum zu Ü 123

**Ü 124**  Das $^1$H-NMR-Spektrum (s. Abb. 7.58) wurde von einer unbekannten Substanz mit der Summenformel $C_8H_8O_2$ in $CCl_4$ aufgenommen. Man beachte, daß das mit *2* gekennzeichnete Spektrum mit einer anderen Verstärkung als *1* aufgezeichnet wurde und daß dafür die Abszisse mit 5 ppm beginnt. Es sind die Signalgruppen, deren chemische Verschiebungen, Kopplungskonstanten, Multiplizitäten und relative Intensitäten zu bestimmen. Ein Strukturvorschlag für die unbekannte Substanz ist zu formulieren.

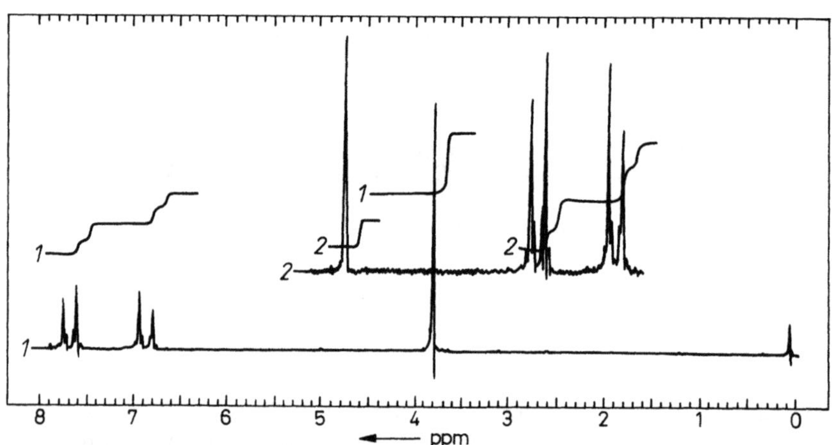

**Abb. 7.58**
$^1$H-NMR-Spektrum der Verbindung $C_8H_8O_2$ (Ü 124)

**Ü 125** Für die Summenformel $C_3H_6O_2$ sind mögliche isomere Strukturen zu formulieren. An Hand des $^1$H-NMR-Spektrums (s. Abb. 7.59), aufgenommen in $CCl_4$, ist zu entscheiden, welche Struktur vorliegt. (Man beachte, daß die Abszisse für die mit *2* gekennzeichnete Signalgruppe bei 5 ppm beginnt.) Die Strukturzuordnung ist zu begründen.

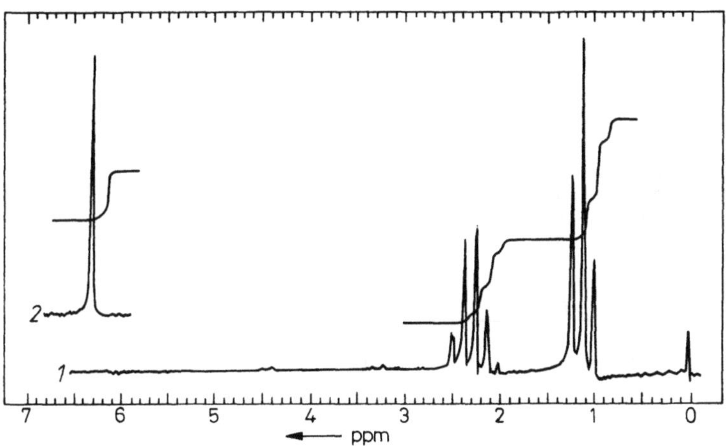

Abb. 7.59
$^1$H-NMR-Spektrum der Verbindung $C_3H_6O_2$ (Ü 125)

**Ü 126** Das $^1$H-NMR-Spektrum (s. Abb. 7.60), aufgenommen in $CCl_4$, stammt von einer Verbindung mit der Summenformel $C_7H_9N$. Beim Schütteln mit $D_2O$ verschwindet das Signal bei 1,4 ppm. Welche Strukturformel hat diese Verbindung? Begründen Sie, warum andere isomere Strukturen nicht zutreffen können!

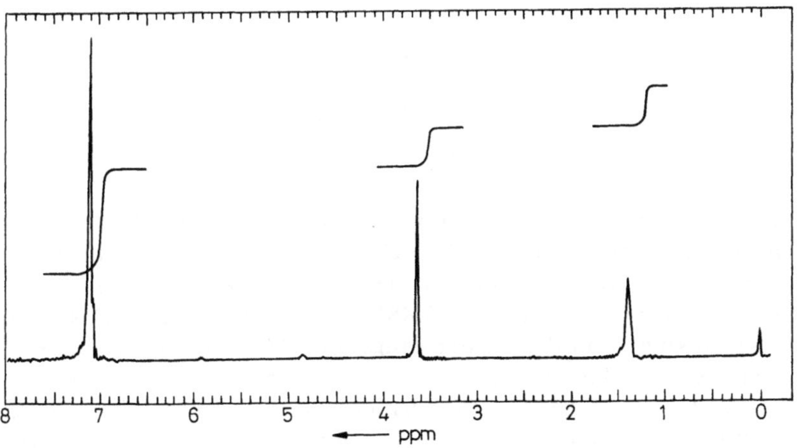

Abb. 7.60
$^1$H-NMR-Spektrum der Verbindung $C_7H_9N$ (Ü 126)

**Ü 127**  Eine unbekannte Substanz mit der Summenformel $C_4H_9NO$ liefert das in Abbildung 7.61 angegebene $^1$H-NMR-Spektrum. Beim Schütteln mit $D_2O$ verschwindet das Signal bei 1,75 ppm. Geben Sie einen Strukturvorschlag an und begründen Sie diesen!

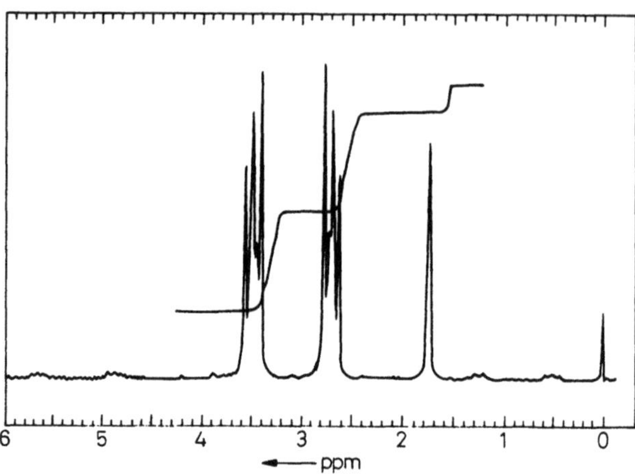

Abb. 7.61
$^1$H-NMR-Spektrum der Verbindung $C_4H_9NO$ (Ü 127)

**Ü 128**  Nach einer chemischen Reaktion stehen die beiden alternativen Strukturen für das Reaktionsprodukt zur Diskussion:

Mit Hilfe des $^1$H-NMR-Spektrums (s. Abb. 7.62) ist zu entscheiden, welche Struktur vorliegt. Zur Aufnahme des Spektrums wurde ein 90-MHz-Gerät verwendet. Der Aufnahmemaßstab beträgt 15 Hz/cm. Als Lösungsmittel diente DMSO-$d_6$ mit Wasserspuren. Die Signalgruppen für Wasser und nicht deuteriertes DMSO sind durchgestrichen. Das obere Spektrum wurde nach Ansäuern mit deuterierter Essigsäure (DAc) aufgenommen. Es ist zu prüfen, ob in dem oberen Spektrum bei einer Signalgruppe im Vergleich zum unteren Spektrum ein H→D-Austausch erfolgte. Die Signalgruppen sind zu kennzeichnen, deren chemische Verschiebungen sind zu berechnen, die relativen Intensitäten und Multiplizitäten sind zu bestimmen. Es ist eine Zuordnung der Signalgruppen zu einem Strukturelement zu treffen. Die Entscheidung, ob Struktur *I* oder *II* vorliegt, ist zu treffen.

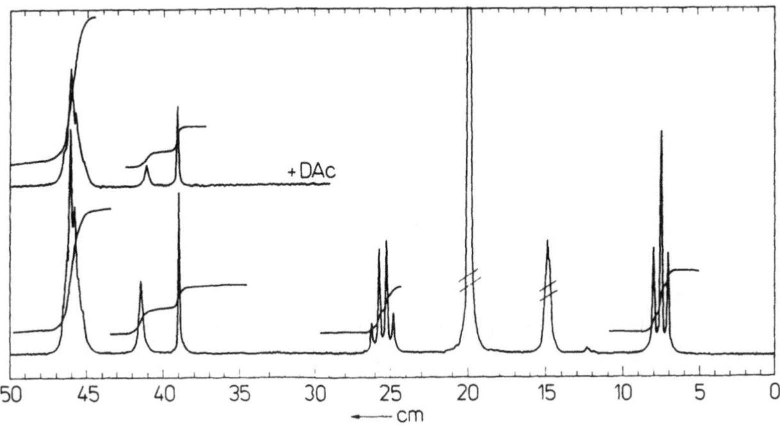


**Abb. 7.62**
$^1$H-NMR-Spektrum der Verbindung $C_{13}H_{13}N_3O_4S$ (Ü 128)

**Ü 129**  o-Nitranilin soll chloracetyliert und anschließend in einer 2. Reaktionsstufe mit Pyridin umgesetzt werden. Die Reaktionsgleichungen sind zu formulieren. Mit Hilfe des $^1$H-NMR-Spektrums von Abbildung 7.63 ist eine Aussage zu treffen, ob die Reaktion erfolgreich verlaufen ist. Die Aufnahme des Spektrums erfolgte mit einem 90-MHz-Gerät bei einem Aufnahmemaßstab von 20 Hz/cm. Als Lösungsmittel diente wasserhaltiges DMSO. Die Signalgruppen für das Lösungsmittel sind durchgestrichen. Es sind die Signalgruppen zu kennzeichnen, deren chemische Verschiebungen sind zu berechnen, die relativen Intensitäten und Multiplizitäten sind zu bestimmen und eine Zuordnung der Signalgruppen zu einem Strukturelement ist zu treffen. Eine Aussage über den Ablauf der Reaktion ist zu fällen.

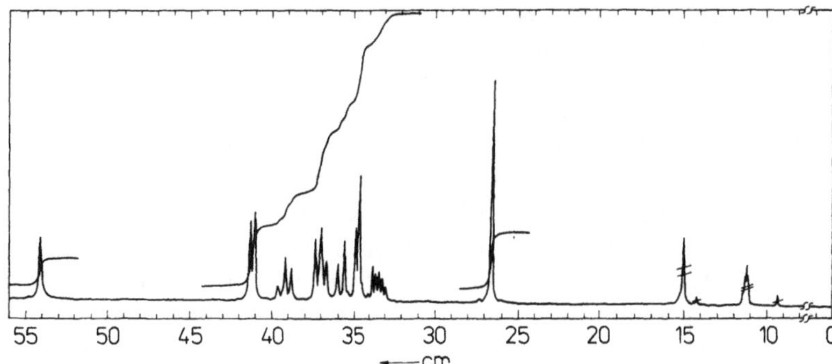


**Abb. 7.63**
$^1$H-NMR-Spektrum zu Ü 129

## 7.3.2.    $^{13}$C-NMR-Spektroskopie (Ü 130–Ü 135)

### 7.3.2.1.    Theoretische Grundlagen

Die Bearbeitung dieses Kapitels setzt die Kenntnis des Abschnitts 7.3.1. $^1$H-NMR-Spektroskopie voraus.

Im Gegensatz zur Häufigkeit der $^1$H-Kerne von 99,99 % im natürlich vorkommenden Wasserstoff beträgt jene der $^{13}$C-Kerne nur 1,1 %. Die Größe des magnetischen Moments der $^{13}$C-Kerne beträgt nur ein Viertel der $^1$H-Kerne. Daraus resultiert eine wesentlich geringere Empfindlichkeit bezüglich des Nachweises eines Kernresonanzeffektes für $^{13}$C-Kerne. Um auswertbare Spektren zu erhalten, muß gegenüber der $^1$H-NMR-Spektroskopie eine andere Aufnahmetechnik angewendet werden. Erst durch die Entwicklung der Puls-Fourier-Transform-Technik (PFT) hat die $^{13}$C-NMR-Spektroskopie für die Strukturaufklärung organischer Moleküle große Bedeutung erlangt.

Die zu untersuchende Probe befindet sich in einem starken konstanten Magnetfeld. Durch einen kräftigen Hochfrequenzimpuls werden alle $^{13}$C-Kerne gleichzeitig angeregt und kehren nach dieser kurzzeitigen Störung in den Gleichgewichtszustand zurück. Nach Ende des Impulses wird das Abklingen der von den $^{13}$C-Kernen erzeugten Induktionsspannung (free induction decay, FID) gemessen und in einem Computer gespeichert. Die Pulsanregung kann beliebig oft wiederholt und im Computer akkumuliert werden. Dabei muß jedoch beachtet werden, daß sich vor jeder neuen Pulsung die angeregten Kerne wieder im Gleichgewichtszustand befinden. Der Pulsabstand liegt im Sekundenbereich. Daraus ergibt sich, daß die Aufnahmezeit bei hoher notwendiger Pulszahl (einige 100…1 000) für ein Spektrum mehrere Stunden betragen kann. Durch Verwendung hoher Konzentrationen der zu untersuchenden Substanz in einem deuterierten Lösungsmittel kann der Zeitaufwand wesentlich herabgesetzt werden. Mit Hilfe einer mathematischen Operation, der Fourier-Transformation, wird aus dem FID, der ein komplexes Interferogramm überlagerter Schwingungen darstellt, das Kernresonanzspektrum erhalten.

Durch die Spin-Spin-Kopplung mit direkt an den betrachteten Kern gebundenen oder weiter entfernten Protonen verteilt sich die Intensität eines Kohlenstoffsignals auf mehrere Multiplettlinien. Dadurch wird das Kernresonanzspektrum sehr unübersichtlich. Durch zusätzliche Einstrahlung eines intensiven Frequenzbandes, das den gesamten Protonenbereich erfaßt, werden diese Wechselwirkungen aufgehoben ($^1$H-Breitbandentkopplung). Die ursprünglichen Multiplettlinien fallen zum Singulett zusammen, so daß für jedes nicht äquivalente Kohlenstoffatom nur eine Linie erhalten wird. Es ist jedoch zu beachten, daß die Signalintensitäten im $^{13}$C-NMR-Spektrum nicht wie im $^1$H-NMR-Spektrum dem Verhältnis der Zahlen der entsprechenden $^{13}$C-Kerne entsprechen.

Liegt das zusätzlich eingestrahlte Frequenzband 100 bis 500 Hz vom Resonanzbereich der Protonen entfernt (Off-Resonance-Entkopplung), gelingt es, nur die Kopplung am Kohlenstoffatom gebundener Protonen sichtbar zu machen, da alle Kopplungen über 2 und mehr Bindungen zusammenbrechen und die direkten $^{13}$C-$^1$H-Kopplungskonstanten auf Werte von 10…30 Hz absinken. Eine $CH_3$-Gruppe stellt sich dann als Quadruplett, eine $CH_2$-Gruppe als Triplett, eine CH-Gruppe als Dublett und ein quartäres C-Atom als Singulett dar.

Die chemischen Verschiebungen der $^{13}$C-Kerne gegenüber Tetramethylsilan als Standard unterscheiden sich wesentlich von denen der $^1$H-Kerne. Während die $^1$H-chemischen Verschiebungen etwa 15 ppm umfassen, betragen die $^{13}$C-chemischen Verschiebungen etwa 240 ppm. Dadurch werden Unterschiede in der Umgebung der $^{13}$C-Kerne wesentlich deutlicher als bei $^1$H-Kernen angezeigt. Für die Verschiebungsbereiche der einzelnen funktionellen Gruppen gilt eine ganz ähnliche Reihenfolge wie in der Protonenresonanz (vergl. Tab. 7.8).

*Tabelle 7.8*
$^{13}$C-chemische Verschiebungen $\delta$ in ppm gegen Tetramethylsilan als Standard

| Gruppe | $\delta$ (ppm) | Gruppe | $\delta$ (ppm) |
|---|---|---|---|
| H$_3$C— (primäres C-Atom) | 0... 35 | —C=C— (Aromaten) | 100...160 |
| H$_3$C—N< | 20... 40 | —X—C= (Heteroaromaten) | 115...160 |
| H$_3$C—O— | 45... 60 | —CN (Nitrile) | 105...125 |
| —CH$_2$— (sekundäres C-Atom) | 20... 50 | —COOR (Ester) | 150...165 |
| —CH$_2$O— | 40... 70 | —CONH$_2$ (Amide) | 160...180 |
| —CH$_2$—Hal | 0... 50 | —COCl (Säurechloride) | 165...185 |
| —CH (tertiäres C-Atom) | 25... 60 | —COOH (Carbonsäuren) | 165...185 |
| —CH—O— | 55... 85 | —CHO (Aldehyde) | 175...205 |
| —C=C— (Alkene) | 100...150 | —C=O (Ketone) | 180...225 |

## 7.3.2.2. Auswertung von $^{13}$C-NMR-Spektren

Zur Auswertung von nichtentkoppelten $^{13}$C-NMR-Spektren, aus denen Rückschlüsse auf die chemische Umgebung der C-Kerne gezogen werden können, sind umfangreiche Übung und weitgehende Erfahrung erforderlich.

- Im $^1$H-breitbandentkoppelten Spektrum gibt die Anzahl der Signale die Zahl der nicht äquivalenten Kohlenstoffatome an.
- Die chemische Verschiebung der Signale gestattet Rückschlüsse auf Atomgruppen.
- Im $^1$H-off-resonance-entkoppelten Spektrum zeigt die Aufspaltung der Signallinien an, wieviel Protonen an diesem Kohlenstoffatom direkt gebunden sind.

Moderne Spektrometer drucken die chemischen Verschiebungen der angezeigten Signale direkt in ppm-Einheiten aus oder verwenden als Abszisse einen ppm-Maßstab. Damit können die Spektren ohne Kenntnis der Arbeitsfrequenz des Spektrometers ausgewertet werden. Die chemische Verschiebung braucht nicht mehr berechnet zu werden.

Die sich anschließenden Übungen stellen eine Einführung in diese Problematik dar. Mit Hilfe bekannter Strukturen soll vorwiegend die Zuordnung der Signale zu einzelnen C-Atomen geübt werden.

Bei der Auswertung der $^{13}$C-NMR-Spektren sollte folgendermaßen verfahren werden:

– Bestimmung der Anzahl nichtäquivalenter C-Atome,
– Festlegung der C-Atome ohne Wasserstoffatome,
– Bestimmung der Anzahl der H-Atome an den C-Atomen,
– Zuordnung der C-Atome mit Hilfe ihrer chemischen Verschiebungen zu Atomgruppen.

*Beispiel für die Auswertung von $^{13}$C-NMR-Spektren*

Die Abbildung 7.64 zeigt für die Verbindung mit der Summenformel $C_5H_7NO_2$ im unteren Teil das $^1$H-breitbandentkoppelte (*I*), im oberen Teil des $^1$H-off-resonance-entkoppelte Spektrum (*II*). Welche Strukturformel läßt sich daraus ermitteln?

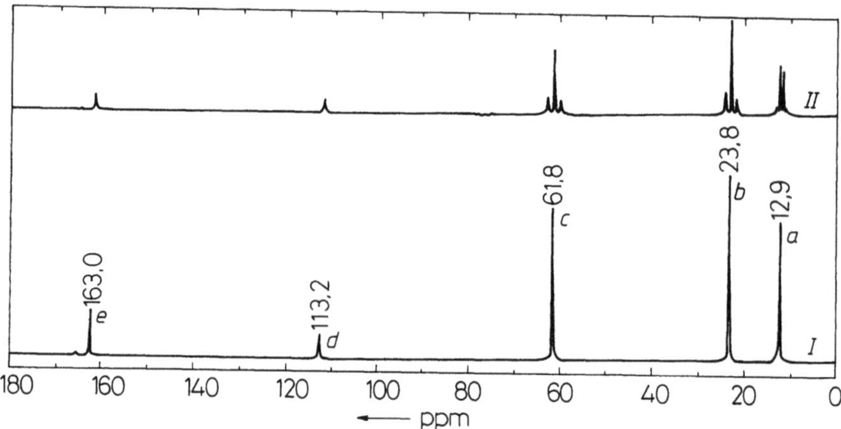

Abb. 7.64
$^{13}$C-NMR-Spektrum der Verbindung $C_5H_7NO_2$

Aus *I* erkennt man, daß die Verbindung 5 nicht äquivalente C-Atome enthält. Aus *II* folgt, daß an dem Kohlenstoffatom *a* 3 Protonen, an *b* und *c* je 2 Protonen und an *d* und *e* keine Protonen gebunden sind. Aus der $^{13}$C-chemischen Verschiebung für *a*, *b*, *c* (s. Tab. 7.8) ist zu entnehmen, daß es sich um aliphatische C-Atome handelt. Damit ergibt sich für *a* eine $CH_3$-Gruppe, für *b* eine $CH_2$-Gruppe und für *c* ebenfalls eine $CH_2$-Gruppe, die jedoch an Sauerstoff gebunden ist. *e* ist das Signal für ein C-Atom eines Carbonsäurederivates, also einer CO-Gruppe. Damit sind bis auf ein C- und ein N-Atom alle Atome für die Zuordnung verwendet. Für *d* bleibt letztlich nur noch die CN-Gruppe übrig, was mit der chemischen Verschiebung im Einklang steht. Somit stellt die oben angegebene Summenformel Cyanessigsäureethylester dar.


### 7.3.2.3.    Übungen zur $^{13}$C-NMR-Spektroskopie (Ü 130–Ü 135)

In den Abbildungen 7.65–7.70 stellt jeweils das obere Spektrum das $^1$H-off-resonance-entkoppelte, das untere das $^1$H-breitbandentkoppelte Spektrum dar.

**Ü 130**  Für die Substanz mit der Summenformel $C_9H_{10}O$ sind mögliche isomere Strukturen zu formulieren, und mit Hilfe des $^{13}C$-NMR-Spektrums ist zu entscheiden, welche Struktur vorliegt (s. Abb. 7.65). Die Entscheidung ist zu begründen.

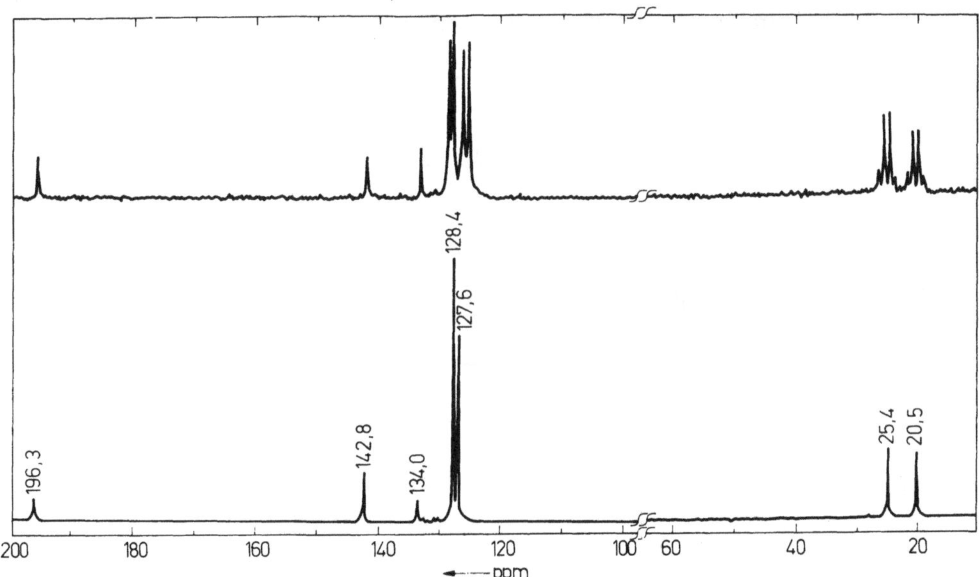

Abb. 7.65
$^{13}C$-NMR-Spektrum der Verbindung $C_9H_{10}O$ (Ü 130)

**Ü 131**  Die Abbildung 7.66 zeigt das Spektrum des α-Cyan-zimtsäuremethylesters. Die Signale und Signalgruppen sind den C-Atomen zuzuordnen und die Zuordnung ist zu begründen.

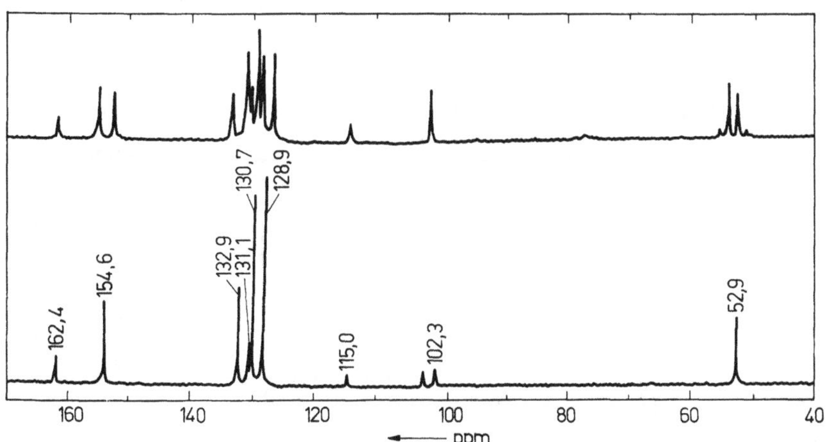

Abb. 7.66
$^{13}C$-NMR-Spektrum des α-Cyan-zimtsäuremethylesters (Ü 131)

18*

**Ü 132**   Durch eine Knoevenagel-Reaktion wurde Propiophenon mit Malononitril umgesetzt. Es ist die Strukturformel des Reaktionsproduktes zu formulieren und mit Hilfe der $^{13}$C-NMR-Spektren (s. Abb. 7.67) ist zu entscheiden, ob die Reaktion erfolgreich verlaufen ist. Die Signale und Signalgruppen sind den einzelnen C-Atomen zuzuordnen. Die getroffene Zuordnung ist zu begründen.

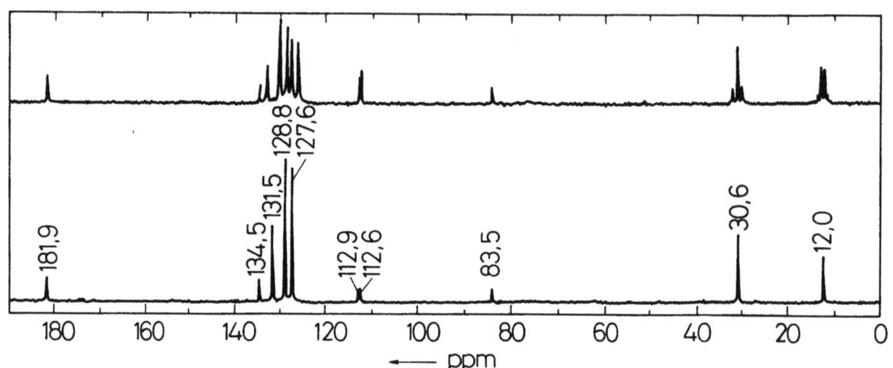

Abb. 7.67
$^{13}$C-NMR-Spektrum zu Ü 132

**Ü 133**   Ein aromatisches Amin wurde auf eine CH-acide Verbindung gekuppelt. Es ist zu entscheiden, ob Anilin oder ein substituiertes Anilin auf Cyanessigsäureethylester, auf Cyanacetamid oder auf Malononitril gekuppelt wurde. Die Abbildung 7.68 zeigt das $^{13}$C-NMR-Spektrum des Kupplungsproduktes. Die Entscheidung ist zu begründen.

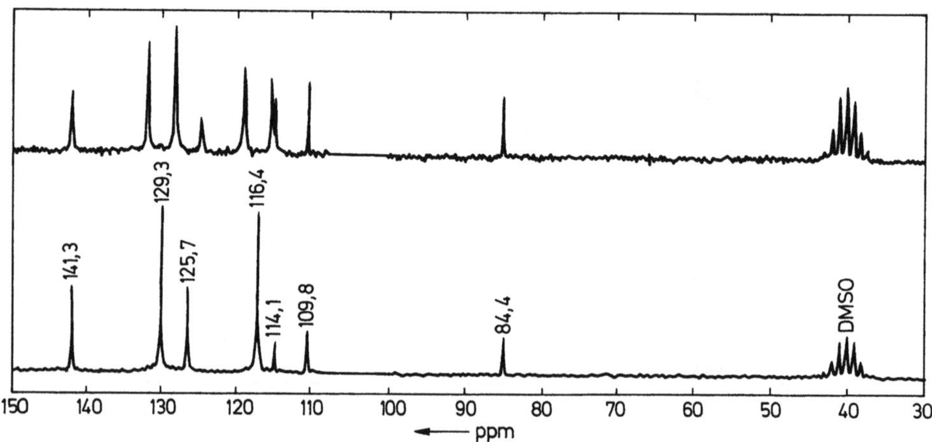

Abb. 7.68
$^{13}$C-NMR-Spektrum zu Ü 133

**Ü 134**   Die Abbildung 7.69 zeigt das $^{13}$C-NMR-Spektrum des cis-trans-Gemisches von 3-Cyan-2-methyl-prop-2-en-carbonsäureethylester. Es ist zu überlegen, nachdem die Strukturformeln der beiden Isomeren formuliert wurden, welche C-Atome in der cis- und in der trans-Form identische und welche unterschiedliche Signale geben. Die einzelnen Signale und Signalgruppen sind zuzuordnen und die Zuordnung ist zu begründen.

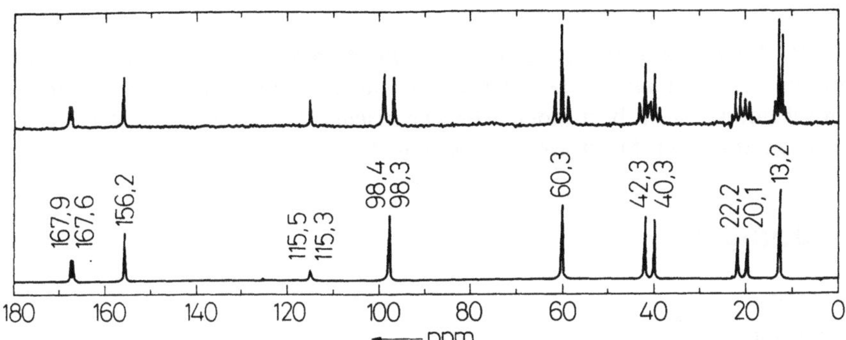

Abb. 7.69
$^{13}$C-NMR-Spektrum von (Z)/(E)-3-Cyan-2-methyl-prop-2-encarbonsäureethylester (Ü 134)

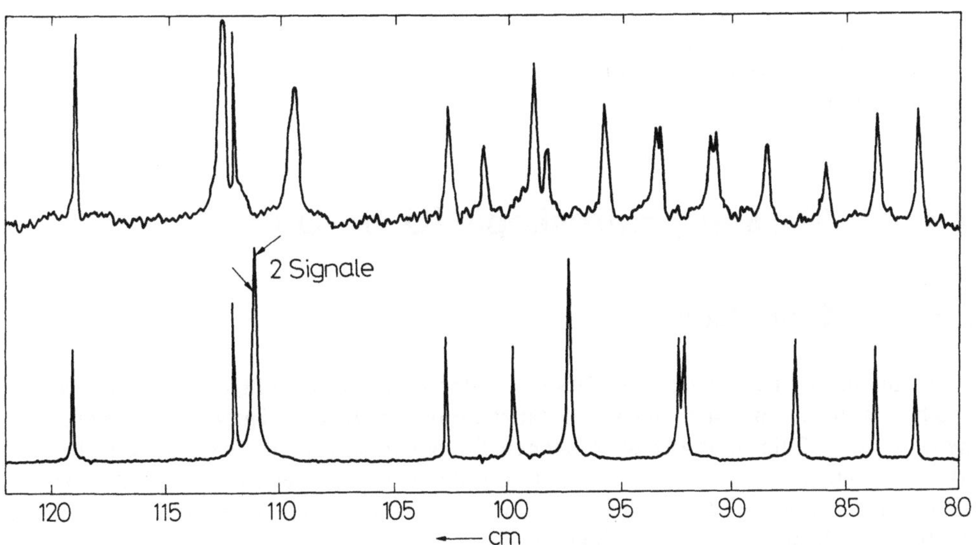


Abb. 7.70
$^{13}$C-NMR-Spektrum zu Ü 135

**Ü 135**   Nach einer chemischen Reaktion stehen 2 isomere Heterocyclensysteme (Chinolinon/Chinazolinon) zur Diskussion:

Mit Hilfe des $^{13}$C-NMR-Spektrums (s. Abb. 7.70), aufgenommen in Wasser bei einer Arbeitsfrequenz von 22,3 MHz mit 30 Hz/cm, soll entschieden werden, welche Struktur vorliegt. Die Entscheidung ist zu begründen. Die chemischen Verschiebungen der Signale im $^{1}$H-breitbandentkoppelten Spektrum sind zu berechnen.


### 7.3.3.   Lösungen

Ü 121  Propan-2-ol
Ü 122  Propiophenon
Ü 123  Zimtsäureethylester
Ü 124  Anisaldehyd
Ü 125  Propionsäure
Ü 126  Benzylamin
Ü 127  Morpholin
Ü 128  4-Amino-2-nitromethylen-3-phenyl-$\Delta^4$-thiazolin-5-carbonsäureethylester
Ü 129  N-(o-Nitro-anilinocarbonylmethyl)pyridiniumchlorid
Ü 130  4-Methyl-acetophenon
Ü 132  Reaktion erfolgreich
Ü 133  Phenylhydrazonomalononitril
Ü 135  Chinolinon


# 7.4.   Massenspektroskopie (Ü 136–Ü 142)

## 7.4.1.   Grundlagen

Während nach Ausführung der Messungen der bisher vorgestellten spektroskopischen Methoden die zu untersuchenden Substanzen unverändert zurückgewonnen werden können, da die auf die Substanz übertragenen Energiemengen gering sind, ist dies bei der Massenspektroskopie nicht mehr der Fall. Im Massenspektrometer wird die Substanz mit Elektronen beschossen. Dadurch wird sie ionisiert und regelrecht abgebaut (fragmentiert), so daß hier chemische Prozesse ablaufen.

In einem hohen Vakuum ($10^{-7}$ kPa $\stackrel{\wedge}{=}$ ~$10^{-6}$ Torr) wird die zu untersuchende Substanz (etwa 1...2 mg) verdampft und mit Hilfe eines Elektronenstrahls ionisiert. Die Substanz muß in hoher Reinheit vorliegen und darf sich nicht zersetzen. Durch elektrische Felder werden die positiven Ionen beschleunigt, gebündelt und durch einen engen Spalt in ein Magnetfeld gebracht. In diesem Magnetfeld werden die Ionen auf Kreisbahnen abgelenkt. Die Radien dieser Bahnen sind abhängig von der Ladung $e$ und der Masse $m$ der Ionen, von der Beschleunigungsspannung $U$ und der Stärke des Magnetfeldes $B$:

$$r = \sqrt{\frac{m \cdot 2U}{e \cdot B^2}}$$

Der Trenneffekt der Ionen beruht also darauf, daß $r$ proportional $m/e$ ist.

Im Ionenauffänger geben die Ionen ihre Ladung ab. Der dadurch in Abhängigkeit von der Beschleunigungsspannung erzeugte Ionenstrom liefert das Massenspektrum. Dabei ist die Spannung ein Maß für die Massenzahl und der Ionenstrom ein Maß für die Menge der Ionen. Das Massenspektrum kann durch einen Computer ausgedruckt werden. Zur Veranschaulichung wird es graphisch als Strichspektrum aufgezeichnet. Dabei wird die Intensität der einzelnen Peaks in Prozent des intensivsten Peaks (sog. Basispeak B) angegeben. Der Molekülpeak M (parent peak) ist im allgemeinen der Peak mit der höchsten Massenzahl, wenn keine leicht abspaltbaren Gruppen im Molekül vorliegen. Damit ist eine exakte Bestimmung der Molmasse möglich. Die meisten Elemente bestehen aus Isotopen, deren Massen sich um eine oder mehrere Masseneinheiten unterscheiden. Deshalb findet man in den Massenspektren vieler Verbindungen mehrere Molekülionenpeaks ($^{35}$Cl 100 %, $^{37}$Cl 32,4 %, $^{79}$Br 100 %, $^{81}$Br 97,9 %).

Ist die durch Elektronenstoß auf die Substanz übertragene Energie größer als diejenige, die zur Ionisierung benötigt wird, zerfällt das gebildete Molekülion in Bruchstücke (Fragmente), welche dann die Fragmentpeaks bilden.

Ein Molekül AB geht durch Elektronenstoß in das Molekülion $AB^{\oplus}$ über. Das Molekülion als Radikalkation zerfällt weiter in geladene, neutrale und/oder radikalische Bruchstücke:

$$AB + e \rightarrow AB^{\oplus} + 2e$$
$$AB^{\oplus} \ \ \rightarrow A^{\oplus} \ + B\cdot$$
$$\rightarrow A\cdot \ \ + B^{\oplus}$$
$$\rightarrow A^{\oplus} \ + B$$
$$\rightarrow A \ \ \ + B^{\oplus}$$

Die erhaltenen Bruchstücke können weiter zerfallen, sich umlagern oder durch einen Ionen-Molekül-Zusammenstoß Aufbaureaktionen ausführen.

Folgende Regeln bei der Fragmentierung sind zu beachten:

– Die Spaltung erfolgt so, daß stabile oder mesomeriestabilisierte Bruchstücke entstehen, wobei die Ladung, welche die Bruchstücke tragen, mit einbezogen wird.
– In gesättigten Kohlenwasserstoffen tritt die Spaltung bevorzugt an Kettenverzweigungen ein.
– Im Fall von Doppelbindungen erfolgt die Spaltung so, daß Allylcarbeniumionen entstehen.
– Heteroatome bewirken eine Spaltung am benachbarten Kohlenstoffatom (Oniumspal-

tung), die zu mesomeriestabilisierten Oniumionen führt, z. B.

$$R\text{—}CO\text{—}CH_3^{\oplus} \rightarrow R\text{—}C\equiv O^{\oplus} + CH_3\cdot$$
$$\updownarrow$$
$$R\text{—}C\equiv O$$
$$\oplus$$

- Bildung energiearmer Neutralmoleküle ($H_2O$, $CO$, $CO_2$, $NH_3$, $H_2S$).
- Auftreten von Umlagerungen bei Verbindungen, die eine Doppelbindung und dazu ein γ-ständiges Wasserstoffatom besitzen. Dabei muß sich ein sechsgliedriger Übergangszustand ausbilden können (McLafferty-Umlagerung):

$$H_2C\text{—}CH\text{—}X \quad \longrightarrow \quad H_2C\text{=}CH_2 \quad + \quad HX \qquad X = CH_2, O, S, NR$$
$$H_2C\text{—}C\text{—}Y \qquad \qquad \qquad H_2C\text{—}C\text{—}Y \qquad Y = H, Alkyl, Aryl, OR, SR, NR$$

Die Tabelle 7.9 gibt einige massenspektroskopische Fragmente und ihre Massenzahlen an.

## 7.4.2.  Auswertung von Massenspektren

Die Angabe eines Algorithmus zur Interpretation von Massenspektren ist nicht möglich. Die Ermittlung der Struktur einer Verbindung aus dem Massenspektrum setzt ein großes Maß an Wissen und Erfahrung voraus. Die Interpretation wird jedoch vereinfacht, wenn Informationen aus anderen Spektren zur Verfügung stehen.

Es sollte folgendermaßen vorgegangen werden:

- Ermittlung des Molekülpeaks M. Daraus resultiert die Molmasse der zu untersuchenden Substanz unter Beachtung, daß keine leicht abspaltbaren Gruppen vorliegen.

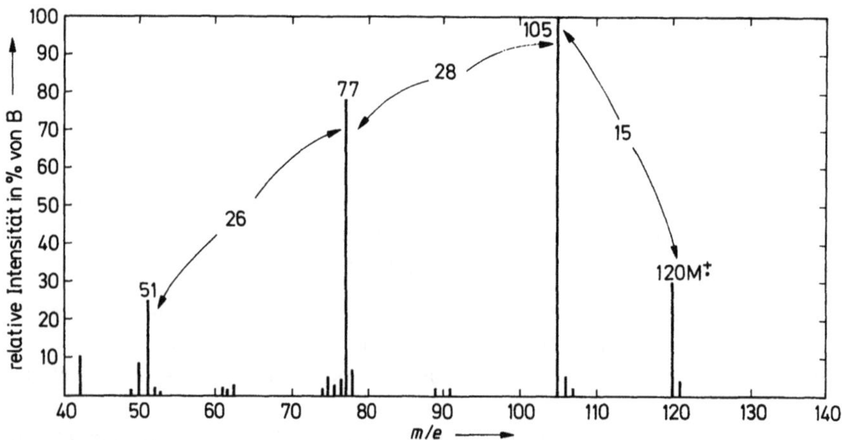


Abb. 7.71
Massenspektrum einer unbekannten Substanz

*Tabelle 7.9*
Schlüsselbruchstücke und ihre Massenzahlen

| Massenzahl | Fragment | Hinweis auf |
|---|---|---|
| 15 | $CH_3^\oplus$ | Alkylverbindungen |
| 16 | $NH_2^\oplus$ | aromatische Carbonsäureamide |
| 18 | $H_2O^\oplus$ | Alkohole, Carbonsäuren |
| 26 | $HC{=}CH^\oplus$ | Aromaten |
| 27 | $HCN^\oplus$ | N-haltige Heterocyclen, aromatische Amine, Nitrile |
| 28 | $CO^\oplus$ | Arylketone |
| 29 | $C_2H_5^\oplus$ | Alkylverbindungen |
| 30 | $NO^\oplus$ | Nitroverbindungen |
| 31 | $CH_3O^\oplus$ | Methoxyverbindungen |
| 35 | $^{35}Cl^\oplus$ | } Chlorverbindungen |
| 36 | $HCl^\oplus$ | |
| 43 | $C_3H_7^\oplus$ | Alkylverbindungen |
| 44 | $CO_2^\oplus$ | Carbonsäuren, Ester, Anhydride |
| 45 | $COOH^\oplus$ | Carbonsäuren |
| 46 | $NO_2^\oplus$ | Nitroverbindungen |
| 51 | $C_4H_3^\oplus$ | Aromaten |
| 65 | $C_5H_5^\oplus$ | Aromaten |
| 77 | $C_6H_5^\oplus$ | substituiertes Benzen |
| 79 | $^{79}Br^\oplus$ | } Bromverbindungen |
| 80 | $HBr^\oplus$ | |
| 80 | $C_5H_6N^\oplus$ | Pyridiniumion, Pyrrolverbindungen |
| 89 | $C_7H_5^\oplus$ | O- und N-haltige Heterocyclen |
| 90 | $C_7H_6^\oplus$ | } Benzylverbindungen |
| 91 | $C_7H_7^\oplus$ | |
| 127 | $I^\oplus$ | } Iodverbindungen |
| 128 | $HI^\oplus$ | |

– Deutung der Schlüsselpeaks hoher Massenzahlen durch Formulierung von Fragmentierungswegen. Dabei ist zu beachten, daß vom Molekülpeak verschiedene Fragmentierungswege ausgehen können.

*Beispiel für die Auswertung eines Massenspektrums*

Die Abbildung 7.71 zeigt das Massenspektrum einer unbekannten Substanz. Der Molekülpeak liefert eine Molmasse von 120. Das davon abgespaltene Bruchstück ($m = 15$) kann eine $CH_3$-Gruppe sein. Aus dem Schlüsselbruchstück mit $m = 105$ wird das Bruchstück $m = 28$ abgespalten. Das deutet auf eine CO-Gruppe hin. Das resultierende Bruchstück mit $m = 77$ gibt einen Hinweis auf ein substituiertes Benzen und dessen Zerfall zum Bruchstück mit $m = 51$ erhärtet diese Vermutung. Daraus folgt, daß die unbekannte Substanz Acetophenon ist.

## 7.4.3.    Übungen zur Massenspektroskopie (Ü 136–Ü 142)

**Ü 136**    Eine unbekannte Substanz, aus deren Elementaranalyse sich die Summenformel $C_7H_9NO$ ergibt, liefert das in Abbildung 7.72 angegebene Massenspektrum. Mit Essigsäureanhydrid ist ein Acetylderivat erhältlich. Die Substanz verbrennt mit rußender Flamme. Welche Strukturen kommen für diese Substanz in Frage? Das Fragmentierungsschema ist aufzustellen.

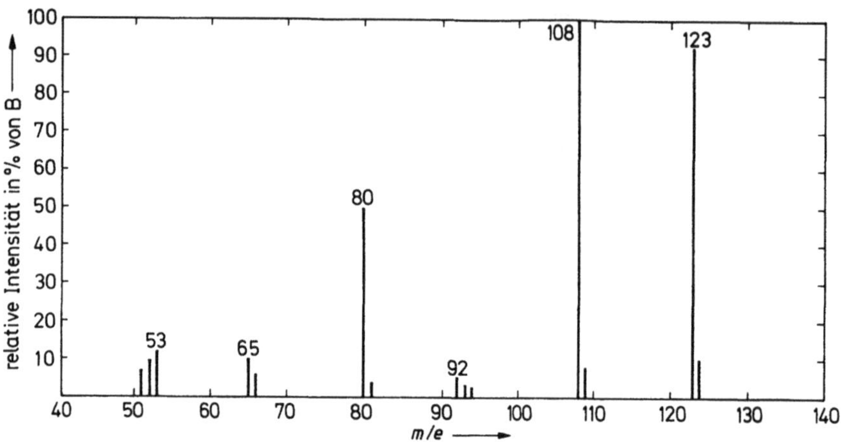

Abb. 7.72
Massenspektrum der Verbindung $C_7H_9NO$ (Ü 136)

**Ü 137**    Eine unbekannte organische Substanz zeigt eine positive Beilsteinprobe und enthält sonst nur Kohlenstoff und Wasserstoff. Ihr Massenspektrum ist in Abbildung 7.73 angegeben. Wie lautet die Summenformel dieser Substanz? Das Fragmentierungsschema ist anzugeben und isomere Strukturen sind zu formulieren.

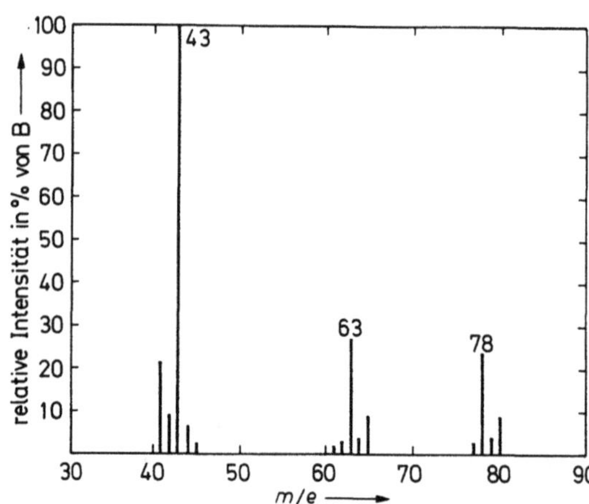

Abb. 7.73
Massenspektrum zu Ü 137

**Ü 138** Von einer Verbindung mit der Summenformel $C_8H_8O_3$ ist bekannt, daß diese einen Ester darstellt. Die Abbildung 7.74 zeigt das Massenspektrum dieser Verbindung. Welche isomeren Strukturen lassen sich mit dem Massenspektrum in Einklang bringen? Das Fragmentierungsschema ist anzugeben.

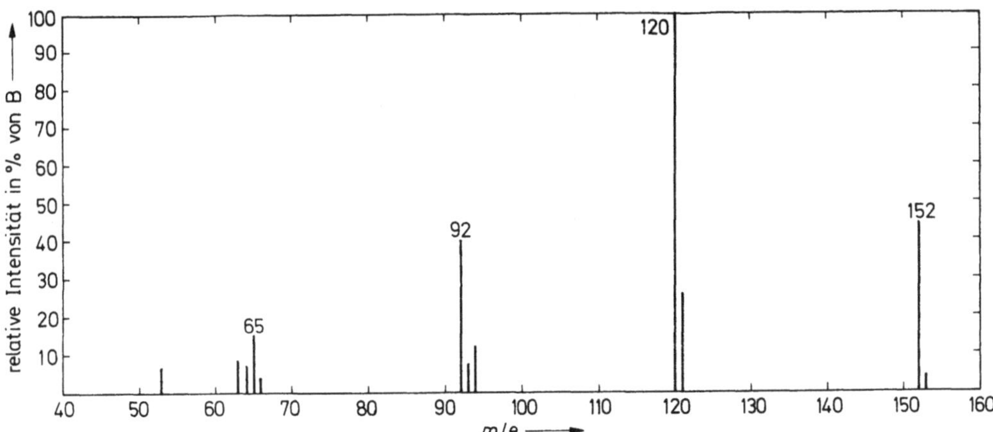

Abb. 7.74
Massenspektrum der Verbindung $C_8H_8O_3$ (Ü 138)

**Ü 139** Aus dem Massenspektrum (s. Abb. 7.75) eines in der organischen Chemie häufig verwendeten Extraktionsmittels, das nur die Elemente C, H, O enthält, soll dessen Strukturformel ermittelt werden. Das Fragmentierungsschema ist zu formulieren.

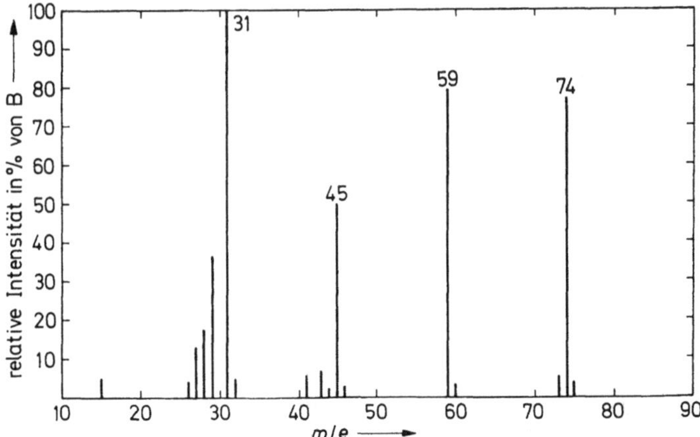

Abb. 7.75
Massenspektrum zu Ü 139

**Ü 140**  Wie lautet die Strukturformel eines organischen Lösungsmittels, dessen Massenspektrum in Abbildung 7.76 angegeben ist. Das Fragmentierungsschema ist zu formulieren.

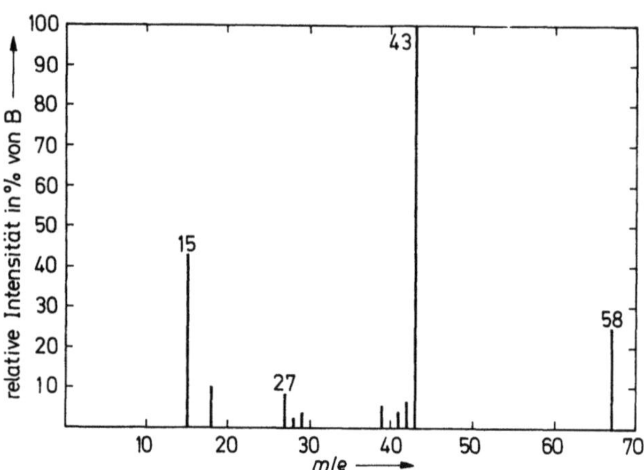

Abb. 7.76
Massenspektrum zu Ü 140

**Ü 141**  Das Massenspektrum einer nach bitteren Mandeln riechenden Substanz ist in Abbildung 7.77 angegeben. Wie lautet die Strukturformel dieser Substanz? Das Fragmentierungsschema ist anzugeben.

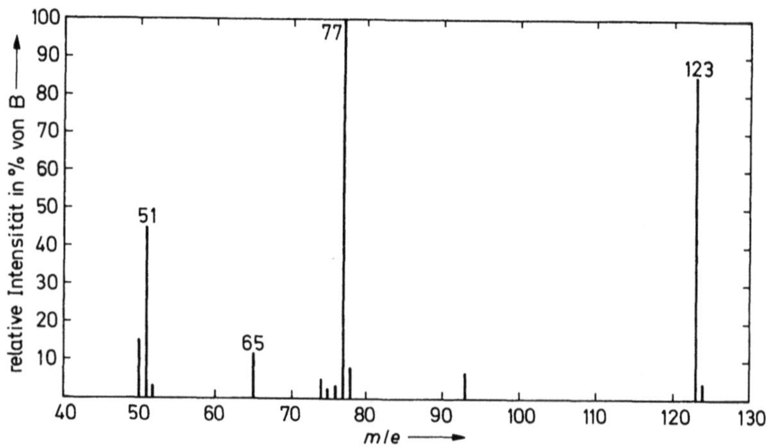

Abb. 7.77
Massenspektrum zu Ü 141

**Ü 142** Eine Substanz, die nur die Elemente C, H, O enthält, ist mit Natronlauge verseifbar. Dabei tritt ein übelriechender Geruch auf. Das Massenspektrum dieser Substanz ist in Abbildung 7.78 angegeben. Welche Strukturformel hat diese Substanz? In welche Fragmente zerfällt diese Substanz?

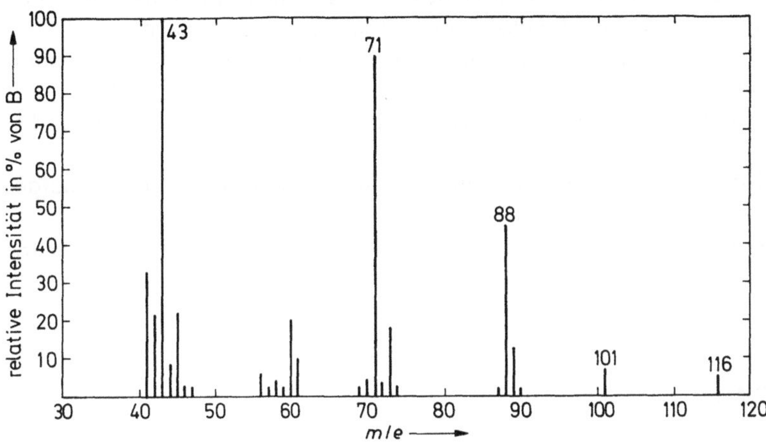


Abb. 7.78
Massenspektrum zu Ü 142

## 7.4.4.  Lösungen

In den Abbildungen 7.72–7.78 der Übungen Ü 136–Ü 142 sind die Massenspektren folgender Verbindungen dargestellt:

Ü 136 o-Anisidin
Ü 137 2-Chlor-propan
Ü 138 Salicylsäuremethylester
Ü 139 Diethylether
Ü 140 Aceton
Ü 141 Nitrobenzen
Ü 142 Buttersäureethylester

## 7.5.  Kontrollfragen

1. Leiten Sie aus der Definition $E = \lg I_0/I$ die entsprechenden Werte für $E$ ab, wenn der Meßstrahl
   a) zu 100 %
   b) zu 0 %
   absorbiert wird.

2. Erklären Sie dann, warum es nicht möglich ist, daß ein Spektrometer solche Banden, die sich in der Extinktion *E* um mehrere Größenordnungen unterscheiden, in Form einer einzigen Kurve auf Spektrenpapier des Formats A4–6 genau aufzeichnet!

3. Man mache sich klar, wie sich die Gesamtansicht eines Spektrums ändert, wenn es einmal wellenlängen- und einmal wellenzahlenlinear aufgetragen wird!

4. Unter Verwendung der Übersicht chromophorer Gruppen überlege man, ob auch Alkohole R—O—H als UVS-Lösungsmittel verwendbar sind!

5. Warum sind die Absorptionsbanden im UVS-Bereich wesentlich breiter als im IR-Bereich?

6. Was ist zu beachten, wenn das IR-Spektrum einer festen Substanz in Lösung aufgenommen werden soll?

7. Welche Bedeutung haben die charakteristischen Gruppenschwingungen in der IR-Spektroskopie?

# 7.6.    Literatur

BORSDORF, R.; SCHOLZ, M.: Spektroskopische Methoden in der organischen Chemie. 4. Aufl. – Akademie-Verlag, Berlin 1982.

Strukturaufklärung – Spektroskopie und Röntgenbeugung. 2. Aufl. – Deutscher Verlag für Grundstoffindustrie, Leipzig 1975. (Lehrwerk Chemie, Lehrbuch 3)

REMANE, H.; HERZSCHUH, R.: Massenspektrometrie in der organischen Chemie. Akademie-Verlag, Berlin 1977.

ZSCHUNKE, A.: Kernmagnetische Resonanzspektroskopie in der organischen Chemie. 2. Aufl. – Akademie-Verlag, Berlin 1977.

KLEINPETER, E.; BORSDORF, R.: $^{13}$C-NMR-Spektroskopie in der organischen Chemie. Akademie-Verlag, Berlin 1981.

# 8. Chemikalienverzeichnis

| Name | Formel | $F$ in °C | $Kp$ in °C | Dichte in g/ml | $n_D^{20}$ |
|---|---|---|---|---|---|
| Acetamid | $CH_3CO—NH_2$ | 82 | 221 | | |
| Acetanilid | $C_6H_5NHCOCH_3$ | 114 | 305 | | |
| Acetessigsäureethylester | $CH_3COCH_2CO—OC_2H_5$ | −45 | 180 | 1,025 | 1,4198 |
| Aceton | $CH_3COCH_3$ | −95 | 56 | 0,791 | 1,3591 |
| Acetonitril | $CH_3CN$ | −45 | 82 | 0,783 | 1,3441 |
| o-Acetoxy-benzoesäure | $CH_3CO—OC_6H_4COOH$ (2,1) | 143 | | | |
| Acetylchlorid | $CH_3CO—Cl$ | −112 | 52 | 1,105 | 1,3898 |
| Acrylonitril | $CH_2{=}CHCN$ | −82 | 77 | 0,806 | 1,393 |
| Adipinsäure | $HOCO(CH_2)_4COOH$ | 153 | | | |
| D,L-$\alpha$-Alanin | $CH_3CH(NH_2)COOH$ | 295 Z. | | | |
| Allylbromid | $CH_2{=}CHCH_2Br$ | −119 | 71 | 1,398 | 1,4655 |
| Aluminiumchlorid, wasserfrei | $AlCl_3$ | 194 | | | |
| Aluminiumoxid | $Al_2O_3$ | 2050 | | | |
| p-Amino-benzoesäureethylester | $H_2NC_6H_4CO—OC_2H_5$ (4,1) | 92 | | | |
| Ammoniaklösung, 25%ig | $NH_3$ | | | 0,91 | |
| Ammoniumchlorid | $NH_4Cl$ | 220 Z. | | | |
| Anilin* | $C_6H_5NH_2$ | −6 | 184 | 1,022 | 1,5863 |
| Anthracen | $C_{14}H_{10}$ | 216 | 351 | | |
| Anthranilsäure | $H_2NC_6H_4COOH$ (2,1) | 146 | | | |
| D,L-Arginin | $H_2NC({=}NH)NH(CH_2)_3CH(NH_2)COOH$ | 238 Z. | | | |
| L-Asparaginsäure | $HOCOCH_2CH(NH_2)COOH$ | 227 Z. | | | |
| Azobenzen | $C_6H_5N{=}NC_6H_5$ | 68 | 297 | | |
| Azoisobutyronitril | $(CH_3)_2(CN)C—N{=}N—C(CN)(CH_3)_2$ | | | | |
| Benzaldehyd | $C_6H_5CHO$ | −26 | 179 | 1,046 | 1,5448 |
| Benzamid | $C_6H_5CO—NH_2$ | 130 | 290 | | |
| Benzen | $C_6H_6$ | 5 | 80 | 0,879 | 1,5011 |
| Benzensulfonylchlorid | $C_6H_5SO_2Cl$ | 17 | 251 | 1,384 | |
| Benzilsäure | $(C_6H_5)_2C(OH)COOH$ | 150 | | | |
| p-Benzochinon | $C_6H_4O_2$ | 116 | Subl. | | |
| Benzoesäure* | $C_6H_5COOH$ | 122 | | | |

| Name | Formel | $F$ in °C | $Kp$ in °C | Dichte in g/ml | $n_{\mathrm{D}}^{20}$ |
|---|---|---|---|---|---|
| Benzoin | $C_6H_5CH(OH)COC_6H_5$ | 137 | | | |
| Benzoinoxim | $C_6H_5CH(OH)C(=NOH)C_6H_5$ | 152 | | | |
| Benzophenon | $C_6H_5COC_6H_5$ | 48 | 306 | | |
| Benzoylchlorid | $C_6H_5CO—Cl$ | −0,5 | 197 | 1,212 | 1,5537 |
| Benzylamin | $C_6H_5CH_2NH_2$ | | 184 | 0,982 | 1,5440 |
| Benzylcyanid | $C_6H_5CH_2CN$ | −24 | 234 | 1,018 | $n_{\mathrm{D}}^{17}$ 1,5242 |
| Bernsteinsäure | $(CH_2COOH)_2$ | 188 | 235 | | |
| Bernsteinsäureanhydrid | $C_4H_4O_3$ | 120 | 261 | | |
| Bortrifluoriddietherat | $BF_3 \cdot 2(C_2H_5)_2O$ | −60 | 125 | 1,13 | |
| Brom | $Br_2$ | −7 | 59 | 3,12 | |
| Brombenzen* | $C_6H_5Br$ | −30 | 156 | 1,495 | 1,5598 |
| p-Brom-phenacylbromid | $BrC_6H_4COCH_2Br$ (4,1) | 109 | | | |
| N-Brom-succinimid | $C_4H_4BrNO_2$ | 178 | | | |
| Bromthymolblau | $C_{27}H_{28}Br_2O_5S$ | | | | |
| Butylalkohol | $CH_3(CH_2)_3OH$ | −89 | 118 | 0,810 | 1,3991 |
| tert-Butylalkohol | $(CH_3)_3COH$ | 25 | 83 | 0,786 | 1,3878 |
| tert-Butylchlorid* | $(CH_3)_3CCl$ | −27 | 51 | 0,851 | 1,3903 |
| Calciumcarbonat | $CaCO_3$ | Z. | | | |
| Calciumchlorid, wasserfrei | $CaCl_2$ | 772 | | | |
| Ceriumammoniumnitrat | $Ce(NH_4)_2(NO_3)_6 \cdot 2\,H_2O$ | | | | |
| Chinolin | $C_9H_7N$ | −15 | 237 | 1,095 | $n_{\mathrm{D}}^{18,2}$1,6283 |
| Chlorbenzen | $C_6H_5Cl$ | −45 | 132 | 1,107 | 1,5251 |
| 1-Chlor-2,4-dinitro-benzen* | $ClC_6H_3(NO_2)_2$ (1,2,4) | 51 | | | |
| Chloressigsäure | $ClCH_2COOH$ | 63 | 189 | | |
| 4'-Chlor-2'-methyl-phenoxyessigsäure | $Cl(CH_3)C_6H_3OCH_2COOH$ (4',2',1') | 119 | | | |
| 1-Chlor-4-nitro-benzen | $ClC_6H_4NO_2$ (1,4) | 84 | 242 | | |
| Chloroform | $CHCl_3$ | −63 | 61 | 1,489 | 1,4455 |
| Chloroschwefelsäure (Chlorsulfonsäure) | $ClSO_3H$ | −80 | 151 | 1,79 | |
| Chromium(VI)-oxid | $CrO_3$ | 197 Z. | | | |
| Citronensäure, krist. | $C_6H_8O_7 \cdot H_2O$ | −H$_2$O : 100 | | | |
| Coffein | $C_8H_{10}N_4O_2$ | 236 | Subl. | | |
| Collidin(2,4,6-Trimethyl-pyridin) | $C_8H_{11}N$ | | 172 | 0,914 | |
| Cyanessigsäureethylester | $NCCH_2CO—OC_2H_5$ | −22 | 207 | 1,062 | 1,4179 |

| Name | Formel | Smp. | Sdp. | $d$ | $n_D$ |
|---|---|---|---|---|---|
| Cyclohexa-1,3-dien* | $C_6H_8$ | −98 | 80 | 0,840 | 1,4756 |
| Cyclohexan | $C_6H_{12}$ | 6 | 80 | 0,779 | 1,4263 |
| Cyclohexanol | $C_6H_{11}OH$ | 25 | 161 | 0,962 | |
| Cyclohexanon | $C_6H_{10}O$ | −31 | 156 | 0,947 | 1,450 |
| Cyclohexanonoxim* | $C_6H_{10}{=}NOH$ | 91 | 204 Z. | | |
| Cyclohexanonphenylhydrazon* | $C_6H_{10}{=}NNHC_6H_5$ | 81 | | | |
| Cyclohexen* | $C_6H_{10}$ | −104 | 84 | 0,810 | 1,4465 |
| L-Cystin | $[HOCOCH(NH_2)CH_2S{-}]_2$ | 260 Z. | | | |
| Decalin (techn. Isomerengemisch) | $C_{10}H_{18}$ | | ca. 192 | 0,887 | |
| Dibenzoylperoxid* | $(C_6H_5CO)_2O_2$ | 108 Z. | Explos. | | |
| 1,2-Dibrom-cyclohexan* | $C_6H_{10}Br_2$ | −6 | 223 | 1,790 | $n_D^{16}$ 1,554 |
| Dichlormethan | $CH_2Cl_2$ | −96 | 41 | 1,336 | 1,4237 |
| 4-(2′,4′-Dichlor-phenoxy)-buttersäure | $Cl_2C_6H_3O(CH_2)_3COOH$ (4′,2′,1′) | 119 | | | |
| 2′,4′-Dichlor-phenoxyessigsäure | $Cl_2C_6H_3OCH_2COOH$ (4′,2′,1′) | 141 | | | |
| Diethylether | $(C_2H_5)_2O$ | −116 | 34 | 0,714 | 1,3527 |
| 1,2-Dihydroxy-anthrachinon (Alizarin) | $C_{14}H_8O_4$ | 290 | 430 Subl. | | |
| N,N-Dimethyl-anilin | $C_6H_5N(CH_3)_2$ | 2 | 194 | 0,956 | 1,5587 |
| N,N-Dimethyl-formamid | $(CH_3)_2NCHO$ | −61 | 153 | 0,948 | $n_D^{22,4}$ 1,4294 |
| m-Dinitro-benzen* | $C_6H_4(NO_2)_2$ (1,3) | 90 | 302 | | |
| 3,5-Dinitro-benzoylchlorid | $(O_2N)_2C_6H_3CO{-}Cl$ (5,3,1) | 69 | | | |
| 2,4-Dinitro-phenylhydrazin* | $(O_2N)_2C_6H_3NHNH_2$ (4,2,1) | 198 | | | |
| 1,4-Dioxan | $C_4H_8O_2$ | 12 | 101 | 1,034 | 1,4224 |
| 1,5-Diphenyl-penta-1,4-dien-3-on* | $C_6H_5CH{=}CHCOCH{=}CHC_6H_5$ | 111 | | | |
| Eisen (Feilspäne bzw. Pulver) | Fe | 1539 | | | |
| Eisen(III)-chlorid, wasserfrei | $FeCl_3$ | 282 | | | |
| Eisen(II)-sulfat | $FeSO_4 \cdot 7\,H_2O$ | 64 | | | |
| Eosin | $C_{20}H_8Br_4O_5$ | 296 | | | |
| Essigsäure | $CH_3COOH$ | 17 | 118 | 1,049 | |
| Essigsäureethylester | $CH_3CO{-}OC_2H_5$ | −84 | 77 | 0,901 | 1,3724 |
| Essigsäurepentylester | $CH_3CO{-}O(CH_2)_4CH_3$ | −71 | 148 | 0,879 | 1,4012 |
| Essigsäureanhydrid | $(CH_3CO)_2O$ | −73 | 140 | 1,081 | 1,3904 |
| Ethanol | $CH_3CH_2OH$ | −114 | 78 | 0,789 | 1,3616 |
| Ethylenglycol | $HOCH_2CH_2OH$ | −15 | 198 | 1,114 | 1,4318 |

| Name | Formel | $F$ in °C | $Kp$ in °C | Dichte in g/ml | $n_D^{20}$ |
|---|---|---|---|---|---|
| Fluorescein | $C_{20}H_{12}O_5$ | 316 Z. | Subl. | | |
| Fuchsin | $C_{20}H_{21}N_3O$ | 186 Z. | | | |
| Fumarsäure | $HOCOCH{=}CHCOOH$ | 301 | Subl. | | |
| $\alpha$-D-Galactose | $C_6H_{12}O_6$ | 167 Z. | | | |
| D-Glucose | $C_6H_{12}O_6$ | 90 (146) Z. | | | |
| Glycerol | $HOCH_2CH(OH)CH_2OH$ | 20 | 290 | 1,26 | 1,474 0 |
| Glycin | $H_2NCH_2COOH$ | 232 Z. | | | |
| Harnstoff | $H_2NCONH_2$ | 133 | | | |
| Hexan | $CH_3(CH_2)_4CH_3$ | −95 | 69 | 0,659 | 1,375 1 |
| Hexan-1-ol | $CH_3(CH_2)_5OH$ | −52 | 157 | 0,820 | 1,413 3 |
| Hexyliodid* | $CH_3(CH_2)_5I$ | | 180 | 1,439 | 1,492 6 |
| Hydrazinhydrat, 72%ig | $H_2NNH_2 \cdot H_2O$ | | | | |
| Hydrochinon | $HOC_6H_4OH\ (1,4)$ | 172 | 286 | | |
| Hydroxylaminhydrochlorid | $H_2NOH \cdot HCl$ | 151 | Z. | | |
| N-(4'-Hydroxy-phenyl)-p-benzochinon-imin (Indophenol) | $C_{14}H_{14}N_2O$ | 162 | | | |
| Indan-1,2,3-trionhydrat (Ninhydrin) | $C_9H_6O_4$ | 240 Z. | | | |
| Iod | $I_2$ | 113 | Subl. | | |
| Kaliumbromid | $KBr$ | 730 | | | |
| Kaliumdichromat | $K_2Cr_2O_7$ | 398 | | | |
| Kaliumdisulfit | $K_2S_2O_5$ | Z. | | | |
| Kaliumhydroxid | $KOH$ | 380 | | | |
| Kaliumiodid | $KI$ | 723 | | | |
| Kaliumnatriumtartrat | $C_4H_4O_6KNa \cdot 4\,H_2O$ | 80 | | | |
| Kaliumnitrat | $KNO_3$ | 333 | | | |
| Kaliumpermanganat | $KMnO_4$ | Z. | | | |
| Kaliumperoxodisulfat | $K_2S_2O_8$ | Z. | | | |
| Kohlenstoffdisulfid | $CS_2$ | −111 | 46 | 1,263 | 1,627 6 |
| Kongorot | $C_{32}H_{22}N_6Na_2O_6S_2$ | | | | |
| Kupfer (Draht) | $Cu$ | 1083 | | | |

| | | | | | |
|---|---|---|---|---|---|
| Kupfernitrat | $Cu(NO_3)_2 \cdot 3\,H_2O$ | 114 | | | |
| Kupfersulfat | $CuSO_4 \cdot 5\,H_2O$ | $-4\,H_2O : 110$ | | | |
| Magnesium (Späne) | $Mg$ | 651 | | | |
| Malachitgrün | $C_{23}H_{26}N_2O$ | 110 | | | |
| Maleinsäureanhydrid | $C_4H_2O_3$ | 53 | 202 Subl. | | |
| Malonsäure | $HOCOCH_2COOH$ | 134 | | | |
| D,L-Mandelsäure | $C_6H_5CH(OH)COOH$ | 118 | Z. | | |
| D-Mannose | $C_6H_{12}O_6$ | 132 Z. | | | |
| Methacrylsäuremethylester | $CH_2{=}C(CH_3)CO{-}OCH_3$ | 48 | 100 | | |
| Methanol | $CH_3OH$ | $-98$ | 65 | 0,792 | 1,3286 |
| Methyliodid | $CH_3I$ | $-64$ | 43 | 2,279 | |
| Methylorange* | $C_{14}H_{14}N_3NaO_3S$ | | | | |
| Methylviolett B | | | | | |
| Naphthalen | $C_{10}H_8$ | 80 | 218 | | |
| $\beta$-Naphthol | $C_{10}H_8O$ | 123 | 286 | | |
| $\beta$-Naphtholorange | $C_{16}H_{11}N_2NaO_4S$ | | | | |
| $\alpha$-Naphthylisocyanat | $C_{10}H_7NCO$ | | 270 | 1,18 | |
| Natrium | $Na$ | 97 | 889 | 0,97 | |
| Natriumacetat, krist. | $CH_3COONa \cdot 3\,H_2O$ | 58 | | | |
| Natriumcarbonat, wasserfrei | $Na_2CO_3$ | 851 | Z. | | |
| Natriumchlorid | $NaCl$ | 800 | | | |
| Natriumdichromat | $Na_2Cr_2O_7 \cdot 2\,H_2O$ | $-2\,H_2O : 85$ | Z. | | |
| Natriumhydrogencarbonat | $NaHCO_3$ | $-CO_2 : 270$ | | | |
| Natriumhydrogensulfit | $NaHSO_3$ | Z. | | | |
| Natriumhydroxid | $NaOH$ | 318 | | | |
| Natriumiodid | $NaI$ | 651 | | | |
| Natriumnitrat | $NaNO_3$ | 308 | Z. | | |
| Natriumnitrit | $NaNO_2$ | 271 | Z. | | |
| Natriumsulfat, wasserfrei | $Na_2SO_4$ | | | | |
| Natriumthiosulfat, krist. | $Na_2S_2O_3 \cdot 5\,H_2O$ | Z. | | | |
| Nitrobenzen | $C_6H_5NO_2$ | 6 | 210 | 1,203 | 1,5532 |
| m-Nitro-benzoesäure | $O_2NC_6H_4COOH$ (3,1) | 142 | | | |
| p-Nitro-benzoylchlorid | $O_2NC_6H_4CO{-}Cl$ (4,1) | 72 | | | |
| o-Nitro-phenol* | $O_2NC_6H_4OH$ (2,1) | 45 | 216 | | |
| p-Nitro-phenol | $O_2NC_6H_4OH$ (4,1) | 114 | Subl. | | |

| Name | Formel | $F$ in °C | $Kp$ in °C | Dichte in g/ml | $n_D^{20}$ |
|---|---|---|---|---|---|
| p-Nitro-phenylhydrazin | $O_2NC_6H_4NHNH_2$ (4,1) | 158 | | | |
| 3-Nitro-phthalsäureanhydrid | $C_8H_3NO_5$ | 164 | | | |
| D,L-Norleucin | $CH_3(CH_2)_3CH(NH_2)COOH$ | 297 Z. | | | |
| Oxalsäure | $(COOH)_2 \cdot 2 H_2O$ | 100 | Subl. | | |
| 2,2′-Oxy-diethanol | $HO(CH_2)_2O(CH_2)_2OH$ | −10 | 245 | 1,118 | 1,447 5 |
| Phenacylbromid | $C_6H_5COCH_2Br$ | 50 | | | |
| Phenol | $C_6H_5OH$ | 42 | 182 | | |
| Phenolphthalein | $C_{20}H_{14}O_4$ | 262 | Subl. | | |
| p-Phenylendiamin | $C_6H_4(NH_2)_2$ (1,4) | 147 | 267 | | |
| Phenylharnstoff | $C_6H_5NHCONH_2$ | 148 | Z. | | |
| Phenylhydrazin | $C_6H_5NHNH_2$ | 19 | 243 | 1,098 | 1,608 1 |
| Phenylisocyanat | $C_6H_5NCO$ | | 162 | 1,096 | $n_D^{19,6}$ 1,536 8 |
| Phenylisothiocyanat | $C_6H_5NCS$ | −21 | 220 | 1,130 | $n_D^{23,4}$ 1,649 2 |
| Phosphor, rot | $P_4$ | | | | |
| Phosphor(V)-chlorid | $PCl_5$ | 148 | 160 Subl. | | |
| Phosphor(V)-oxid | $P_4O_{10}$ | 250 Subl. | | | |
| Phosphorsäure (ca. 85%ig) | $H_3PO_4$ | | | 1,689 | |
| Phthalsäureanhydrid | $C_8H_4O_3$ | 132 | 284 | | |
| Pikrinsäure | $(O_2N)_3C_6H_2OH$ (2,4,6,1) | 122 | | | |
| Polystyren* | $[—CH(C_6H_5)CH_2—]_n$ | | | | |
| Propan-1-ol | $CH_3CH_2CH_2OH$ | −127 | 97 | 0,804 | 1,385 4 |
| Propan-2-ol | $CH_3CH(OH)CH_3$ | −89 | 82 | 0,785 | 1,377 6 |
| Pyridin | $C_5H_5N$ | −41 | 116 | 0,983 | 1,510 0 |
| Quecksilber(II)-oxid | $HgO$ | 630 | | | |
| Resorcinol | $C_6H_4(OH)_2$ (1,3) | 110 | 280 | | |
| D-Rhamnose | $C_6H_{12}O_5$ | | | | |
| Salpetersäure, konz. (65%ig) | $HNO_3$ | | | 1,40 | |
| Salpetersäure, rauchend | $HNO_3$ | | | 1,52 | |

| | | | | | |
|---|---|---|---|---|---|
| Salzsäure, konz. (37%ig) | $HCl$ | | 110 (Azeotrop) | 1,184 | |
| Schwefel, amorph | $S$ | 120 | 444 | | |
| Schwefelsäure, konz. (96%ig) | $H_2SO_4$ | | 340 Z. | 1,834 | |
| Semicarbazidhydrochlorid | $H_2NCONHNH_2 \cdot HCl$ | 173 Z. | | | |
| Silbernitrat | $AgNO_3$ | 212 | | | |
| Styren | $C_6H_5CH\!=\!CH_2$ | −30 | 146 | 0,906 | 1,547 2 |
| Sulfanilsäure*, krist. | $H_2NC_6H_4SO_3H \cdot 1\!-\!2\,H_2O$ | 250...300 | Z. | | |
| 1,1,2,2-Tetrachlor-ethan | $CHCl_2CHCl_2$ | −42 | 147 | 1,600 | 1,494 2 |
| Tetrachlorkohlenstoff | $CCl_4$ | −22 | 77 | 1,594 | 1,460 3 |
| 1,2,3,4-Tetrahydrocarbazol* | $C_{12}H_{13}N$ | 119 | | | |
| 1,2,3,4-Tetrahydronaphthalen | $C_{10}H_{12}$ | −32 | 207 | 0,970 | 1,540 2 |
| Thioharnstoff | $H_2NCSNH_2$ | 180 | Z. | | |
| Thioindigo | $C_{16}H_8O_2S_2$ | 280 | Subl. | | |
| Thionylchlorid | $SOCl_2$ | −104 | 79 | 1,638 | |
| Toluen | $C_6H_5CH_3$ | −95 | 110 | 0,866 | 1,496 9 |
| p-Toluensulfonylchlorid | $CH_3C_6H_4SO_2Cl$ (1,4) | 69 | | | |
| p-Toluensulfonsäure | $CH_3C_6H_4SO_3H$ (1,4) | 38 | | | |
| p-Toluensulfonsäuremethylester | $CH_3C_6H_4SO_3CH_3$ (1,4) | 28 | | | |
| o-Toluidin | $CH_3C_6H_4NH_2$ (1,2) | −16 | 200 | 0,999 | 1,572 8 |
| p-Toluidin | $CH_3C_6H_4NH_2$ (1,4) | 45 | 200 | | |
| Trichlorethylen | $ClCH\!=\!CCl_2$ | | 87 | 1,462 | 1,477 8 |
| D,L-Tyrosin | $HOC_6H_4CH_2CH(NH_2)COOH$ (1′,4′) | 340 Z. | | | |
| D,L-Valin | $(CH_3)_2CHCH(NH_2)COOH$ | 298 Z. | | | |
| Vinyl-acetat | $H_2C\!=\!CHOCOCH_3$ | −93 | 73 | 0,932 | |
| Wasserstoffperoxid, 30%ig | $H_2O_2$ | | | 1,112 | |
| Xylen (Isomerengemisch) | $C_6H_4(CH_3)_2$ (1,x) | | 136...144 | | |
| o-Xylen | $C_6H_4(CH_3)_2$ (1,2) | −25 | 144 | 0,880 | 1,505 4 |
| α-D-Xylose | $C_5H_{10}O_5$ | 143 | | | |

| Name | Formel | $F$ in °C | $Kp$ in °C | Dichte in g/ml | $n_{\mathrm{D}}^{20}$ |
|---|---|---|---|---|---|
| Zimtsäure | $C_6H_5CH{=}CHCOOH$ | 133 | 300 | | |
| Zink (Staub) | Zn | 419 | | | |
| Zinkchlorid | $ZnCl_2$ | 283 | | | |
| Zinn | Sn | 232 | | | |

*Weitere Chemikalien, Reagenzien und Hilfsmittel:*

| | | |
|---|---|---|
| Aktivkohle | Nickellegierung n. RANEY | Ramsay-Fett |
| Benzin ($Kp$ 60…85 °C) | Petrolether ($Kp$ 30…50 °C) | Schiff-Reagens |
| Bleiacetatpapier | pH-Papier | Siliconöl |
| Iodidstärkepapier | Polyester G (Buna) | Spinat |
| Kallocryl-C | Polyethylenoxidharz | Stärke |
| Lackmuspapier | Polyphosphorsäure | Teestaub |
| Ligroin | Puderzucker | Tollens-Reagens |

Die mit * gekennzeichneten Substanzen werden in einer der Übungen des Abschnitts Organische Synthese hergestellt.

# Quellennachweis

Abb. 3.8, 3.9, 3.12, 3.15: Organikum. Organisch-chemisches Grundpraktikum. 15. Aufl. – Deutscher Verlag der Wissenschaften, Berlin 1976.

Abb. 7.37–7.44, 7.51: SIMON, W.; CLERC, E.: Strukturaufklärung organischer Verbindungen mit spektroskopischen Methoden. – Akademische Verlagsgesellschaft, Frankfurt/Main 1967.

Abb. 7.50 wurde gezeichnet in Anlehnung an BORSDORF, R.; SCHOLZ, M.: Spektroskopische Methoden in der organischen Chemie. 4. Aufl. – Akademie-Verlag, Berlin 1982.

BASIC-Programm S. 170 aus: SCHILDE, U.: Basic zur Lösung chemischer Probleme; Hrsg.: HA Lehrerbildung des Ministeriums für Volksbildung. – (Lehrmaterial zur Ausbildung von Diplomlehrern/ Chemie)

# Sachverzeichnis